改變人類命運的科學家們 之三

과학자들3

從林奈到門得列夫，揭開看不見的物質真相

現今社會中，若說凡事都可以用科學來說明，也不過分，一切都可以用「科學」或「不科學」判斷或解釋。我們人類，別說是遙遠的銀河系另一邊的宇宙了，就連同屬於太陽系較近的其他行星都無法看見，但科學家們深信所計算出來的星星運行定律，以及哈伯太空望遠鏡所傳送回來的資料照片。不論有任何爭論，只要能提出較多科學實證證據的一方，理所當然地就會是贏家。

今日的科學，與支配中世紀西方世界的羅格斯（Logos）啟示相比較，科學的權威也毫不遜色。科學的理性貫穿了整個19世紀到20世紀，在深深影響世界觀並滲透人類靈魂的同時，尚有胡塞爾（Edmund Husserl）等哲學家們，警告實證主義的穿鑿附會思維是危險的。只是時代已經走到這一步了，大眾已經捨棄觀念哲學、批判哲學，轉而選擇更聰明的科學。然而在過去，哲學家們以部分思維所研究的自然哲學，卻佔據了學問的龍頭地位。

在現代社會，連宗教都會被批評為不科學，顯見這個時代的科學已經比宗教更具有優先地位。然而在過去，也曾經有過宗教大於科學的時代。是人們只相信神的話語、信任神在人間的代理人的教誨，科學被視為非宗教、非合理，受到批評與責難的時代。其實那個時代並不遙遠，在那個時空中，許多思想家既是哲學家、又是科學家也是鬥士。這套《改變人類命運的科學家們》介紹了從古代自然哲學家，到20世紀的科學家們的奇聞趣事。為了告知世人自己理解這個世界原理與現象的方式，他們經歷了無數的奮戰歲月，最後成為了學問的主角，而這些終將成為他們的編年史也說不定。

對於熟悉人文多過於科學的人們來說，科學性的內容確實不易親近，然而，這些看似與我們毫無關係的科學，若能從歷史或人物角度開始接觸，或許就能當成故事一般慢慢理解，進而產生自信。於是，這本書誕生了。

《改變人類命運的科學家們》系列書籍，收錄了科學史50個經典場面，以及讓這些場面得以成真的52位科學家的故事。來到第三冊，有確立氣體體積與壓力關係的波以耳、開啟化學革命時代的拉瓦節、提出原子論的道爾吞、為物種分類的林奈，與在物種不變論的信念下，提出演化論主張的達爾文等等，我們將與探索生命、研究更細微世界的22位科學家相遇。

從想像那些看不見的存在，直到具體化、提出證明為止，這些科學家們需要承受多少壓力，這不僅是那些物質的故事而已。而演化論的提出，對於達爾文之前，那些深信物種不變論的人們來說，不也是種摧毀信仰、難以置信的主張。支撐著這些開創未知領域的科學家們的，不正是對於研究的熱情與透澈的實驗精神？《改變人類命運的科學家們【之三】：從林奈到門得列夫，揭開看不見的物質真相》一書，就是那些企圖觸及真理的科學家們努力的故事。

2018年9月

金載勳

「在自然科學中，真理的原則，就是以觀察確證結果。」

——林奈

肉眼可以看見的物質，非常好說明，

不但可以數得出來、也可以掌握其位置。

但是，看不見的物質又該怎麼辦呢？

為了假定這些看不見的粒子的模型與性質，

以證實各種反應及定律，

科學家們孤軍奮戰地持續進行著實驗。

目錄

01

親自解剖人體

維薩留斯

安德雷亞斯・維薩留斯 Andreas Vesalius (1514～1564)

比利時醫學家，批判長久以來被視為經典的蓋倫解剖學的錯誤，確立近代解剖學。維薩留斯透過直接解剖人體，說明人體構造。

1543年，科學史上出版了兩本深具意義的書籍。

一本是打破長久以來的「地心說」權威，打開近代宇宙觀新頁的哥白尼《天體運行論》；另一本則是揭開人體內部構造秘密，建立解剖學里程碑，讓解剖學得以繼續前進的維薩留斯《人體的構造》。

從文藝復興時代延續到近代的16世紀中葉，曾經是新式自然科學搖籃的義大利帕多瓦大學，新到任的醫科大學教授，正式開始了第一堂解剖課。教授一開始上課，學生們陷入心驚膽跳的情況。

教授該不會是自己拿起刀，直接往屍體的肚子切吧？

解剖課時間，教授直接拿刀這件事情，為何會引起如此大的騷動？那是因為當時的醫學大學，人體解剖是理髮師兼外科醫生的工作。

當時，這不是教授該做的事情。
什麼？
解剖。
那誰做？

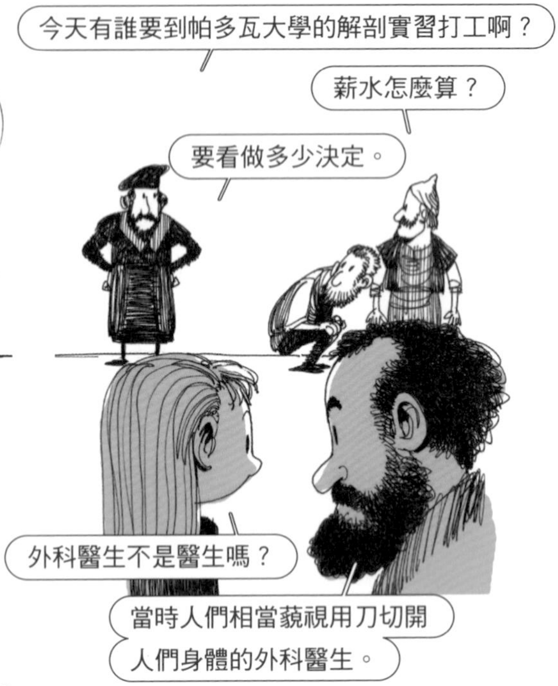
今天有誰要到帕多瓦大學的解剖實習打工啊？
薪水怎麼算？
要看做多少決定。
外科醫生不是醫生嗎？
當時人們相當藐視用刀切開人們身體的外科醫生。

因為害怕而不做嗎？

學問高深的教授就高高在上地坐在講台上說明，在人體解剖的過程中，完全不會靠近解剖現場。

對於學生來說，與其說是看解剖實習，倒不如說，他們更信賴遠在一角的教授的說明，以及用拉丁文寫成的教科書，而負責解剖的外科醫生，多數不懂拉丁文。

然而，這位教授卻不依循既有作法，而是直接拿起刀子進行人體解剖課程，並且向學生強調，比起讀課本，這是更重要的重點。

一開始大家都很驚慌失措，不過漸漸的，學生們都愛上這樣的教學方式。很快地其他大學的解剖課也開始出現改變。

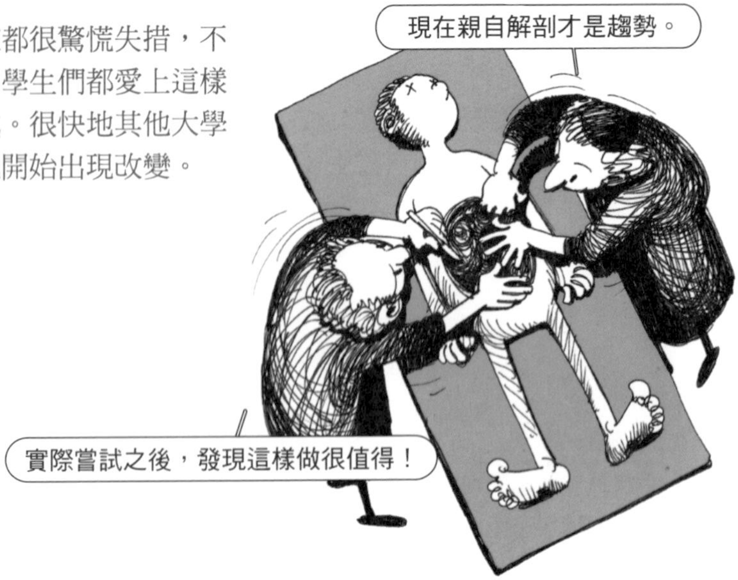
現在親自解剖才是趨勢。
實際嘗試之後，發現這樣做很值得！

以實驗與歸納的態度，將解剖學帶入新式醫學的歷史，翻開新頁的人物，就是近代解剖學之父——維薩留斯。

出生於布魯賽爾，在藥劑師父親的影響下，對醫學深感興趣，於魯汶大學與巴黎大學學習醫學，在帕多瓦大學取得博士學位。

維薩留斯認為，歐洲的醫學，歷經羅馬時代、中世紀到現在，別說是發展，甚至可以說是退步的狀況。

不論是從知性還是熱情，
古希臘的醫生都表現得更好……

探究其原因，研判可能是這些醫學學者過於嚴肅的態度，並且普遍輕視外科手術的風潮，以及毫無實證研究，僅會依賴老舊文獻權威的慣例。

你有看過肝在哪裡？長什麼樣子嗎？
當然有。
在哪裡看到的？
在書裡看到的。

我要用我的手，直接切開，用我的
眼睛，直接看清楚！

為了解決這個問題，他決心要以身作則。

靠近一點直接看了覺得如何？
是不是更有真實感？
我都要吐了。

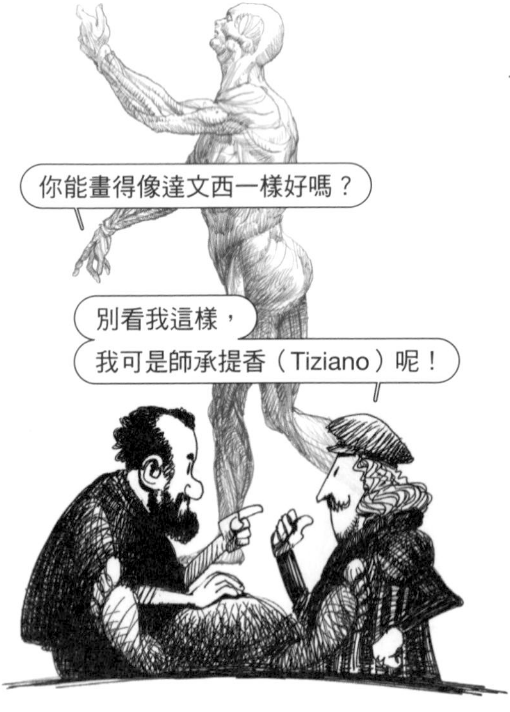
你能畫得像達文西一樣好嗎？
別看我這樣，
我可是師承提香（Tiziano）呢！

維薩留斯認為，應當建立一個能正確掌握人類身體，並共享這些資訊與知識的系統。有了正確的人體解剖，才能確立所有醫學的基礎。所以必須要有更正確、更精準的解剖學教科書。於是在他進行人體解剖的時候，一定會雇用一位插畫技巧高明的畫家在身旁。

維薩留斯的解剖課變得越來越有名。在帕多瓦地區的法官，甚至還提供執行死刑的屍體，給維薩留斯的實習課程使用。就在他持續以這種熱情解剖屍體之際，他卻發現一個很嚴重的問題。

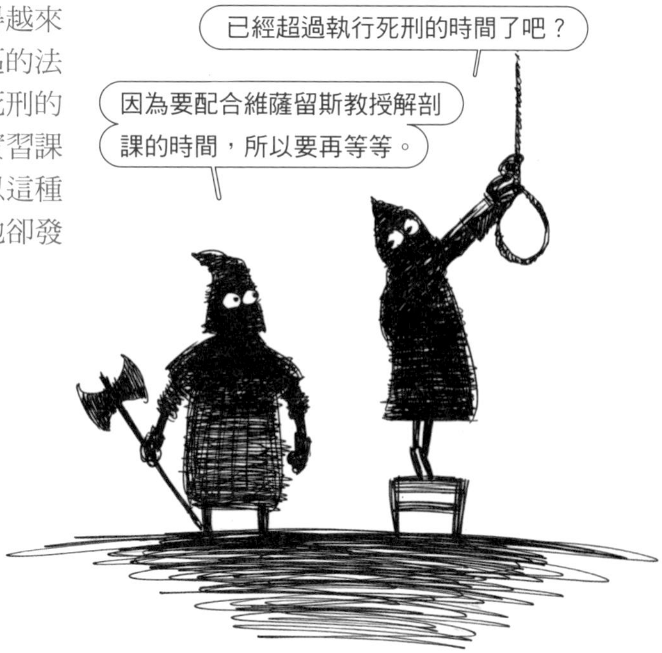

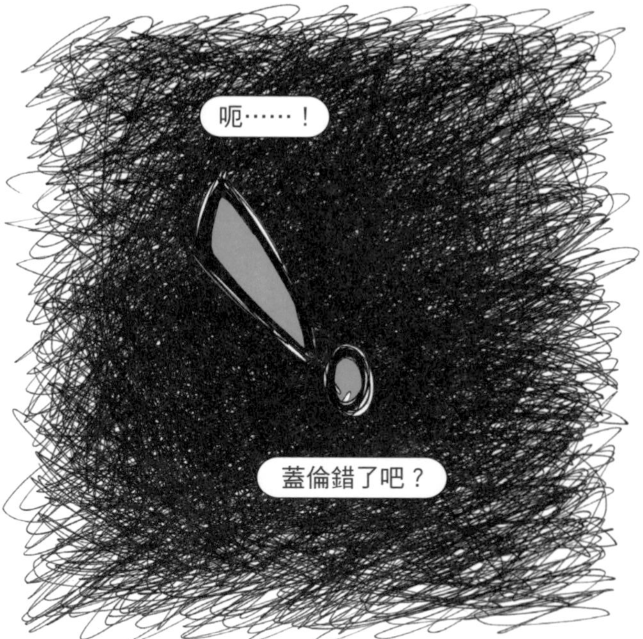

這是在持續人體探險之下，必定需要翻越的一座山，然而在維薩留斯之前，沒有任何人挑戰過那座山的權威。

蓋倫（Claudius Galenus）是古羅馬時代的醫學家，一直到文藝復興時期為止的1,500年間，是制霸歐洲醫學領域的盟主，擁有極大的影響力。

說到醫學，不是應該是希波克拉底（Hippocrates）嗎？
那是象徵性的代表。
實際上是蓋倫沒錯。
說到中世紀醫學，就是他了。

隊醫！快過來！
我來了！你說話客氣一點！

蓋倫在希臘化時代的最高知識殿堂亞歷山大博學園（Alexandria Mouseion）研讀醫學，開發出骨折、外傷治療、縫合、血管接合術、腫瘤切除、膀胱結石手術等眾多治療方法。此外，他也擔任了競技場鬥士的主治醫生約 5 年的時間。

隊醫！
我辭職了，我被皇帝挖角了～

之後，他成為有羅馬五賢帝之稱、斯多葛哲學支柱的皇帝奧理略（Marcus Aurelius）的主治醫生。

他建立了將人體功能分為消化、呼吸、神經活動三大部分的體系，蓋倫的醫學知識對於後世醫生來說是不可撼動的經典地位。

這位患者你目前身體的
狀況，是蓋倫文獻中沒有的情況。
所以就讓它繼續痛下去？
又不會要你的命？

在醫學研究論文或相關書籍中，最常出現的文字，就是「根據蓋倫」「蓋倫是這樣說的」這類的引述文句。

蓋倫指出……
蓋倫老師是這樣說的……

他也解剖了不少動物，留下眾多醫學理論的著作。

我也寫了腦部與脊椎是由中樞神經形成，
我應該是第一個發表的吧？
應該也抓了不少動物吧。

競技場中不也把活
生生的人丟給獅子吃嗎？
解剖很可怕不是嗎？
不是身為人可以做的事情。

可是在羅馬，法律明定禁止人體解剖，所以不能解剖真正的人的身體。

而這正是維薩留斯不解的地方，加上他實際解剖了人體、觀察後發現，蓋倫的理論有超過200個以上的錯誤。

你自己看看！是蓋倫錯！還是我錯！
我不要！
為什麼？
擔心要是蓋倫真的錯了怎麼辦？

就在責難與批評中，維薩留斯寫出這本全新的解剖學書籍。他日夜埋頭苦幹，花了兩年時間，請人仔細繪製的插畫也都收錄進書中。

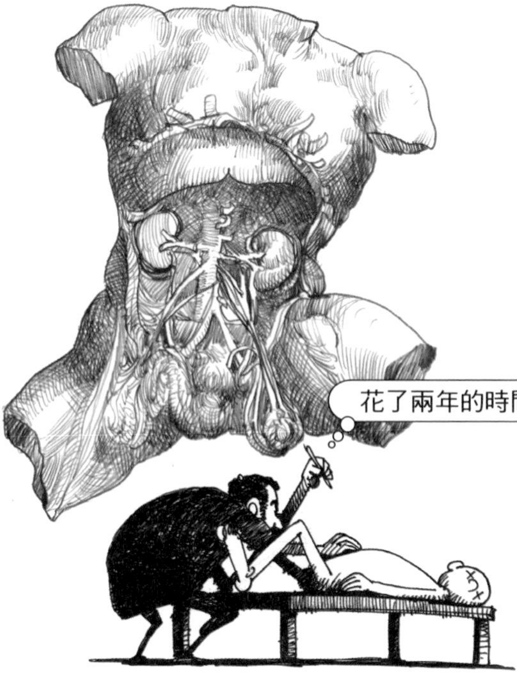
花了兩年的時間日夜埋首於解剖。

最後，終於在1543年，於瑞士的巴塞爾出版了這本《人體的構造》。

ANDREAE VESALII
BRVXELLENSIS, SCHOLAE
medicorum Patauinae professoris, de
Humani corporis fabrica
Libri septem.
把人的身體構造都仔細探索一遍了！

各冊內容分別是：第一冊骨頭、第二冊肌肉、第三冊血管、第四冊神經、第五冊腹部、第六冊胸部、第七冊腦，可說是完全涵蓋人體構造的一套著作。

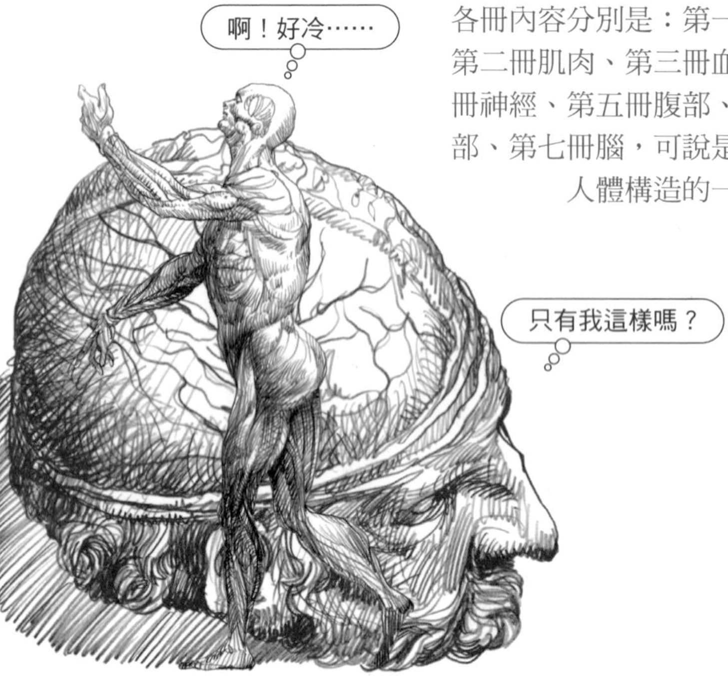

維薩留斯雖然不是進行人體解剖的第一位醫生，但是他仔細探究人體各個部分，可說是在醫學領域中，實踐文藝復興時代精神的研究先驅。

02

血液循環

哈維

威廉・哈維 William Harvey (1578～1657)

英國醫學家、生理學家，透過不斷地研究與實驗，否定蓋倫的體液說，發表靜脈血是流進心臟、動脈血是流出心臟的血液循環原理。

在維薩留斯之後，西方醫學在解剖領域出現長足的進步，但診斷疾病與治療的醫生，依然依循著蓋倫的醫學體系。

在16世紀末到17世紀為止，義大利的帕多瓦大學，成為孕育出許多偉大天才醫學家的實習場地。而當中成果最豐碩的，就是英國醫生哈維。他不認同長久以來蓋倫所定義的血液生成與消耗規則，完成了血液循環理論，為近代生理學的發展做出巨大貢獻。

我們的體內有血液在流動。

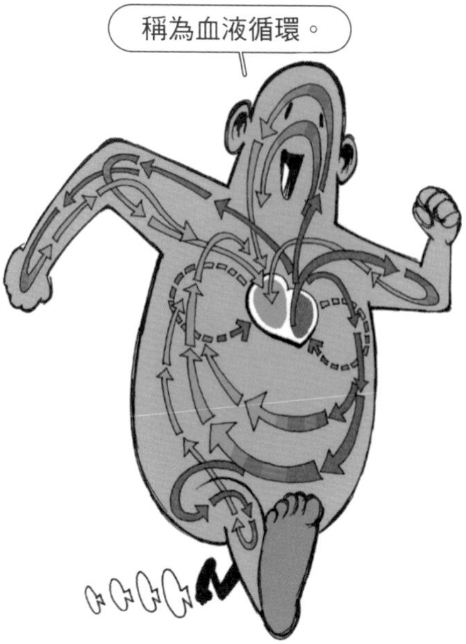
稱為血液循環。

血管分布於全身。

從心臟出發，經由
大動脈流過身體各器官的微血管，
流經大靜脈，經過心
臟，再流過肺動
脈，到達肺，
經過肺靜脈，再次流回
心臟。
然後再次從心臟開始，
經由大動脈通過身體各器官
的微血管。
好會流動喔！

由心臟負責讓血液不中斷地流動。

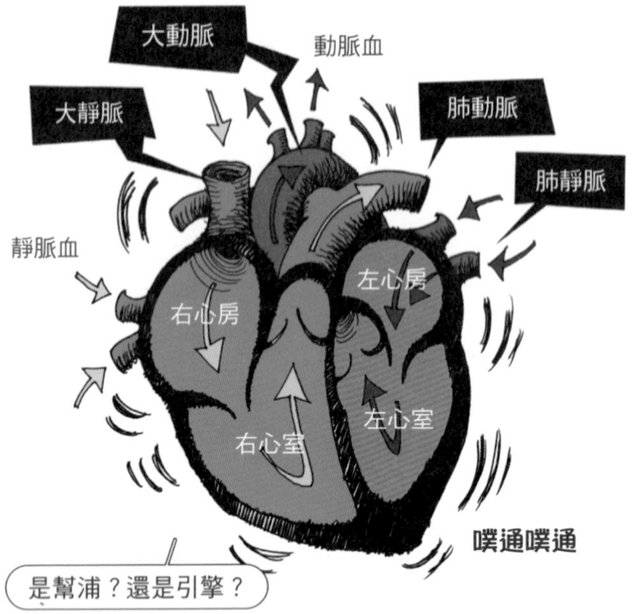

負責讓血液中的二氧化碳排出，並供應新鮮氧氣的器官是肺。

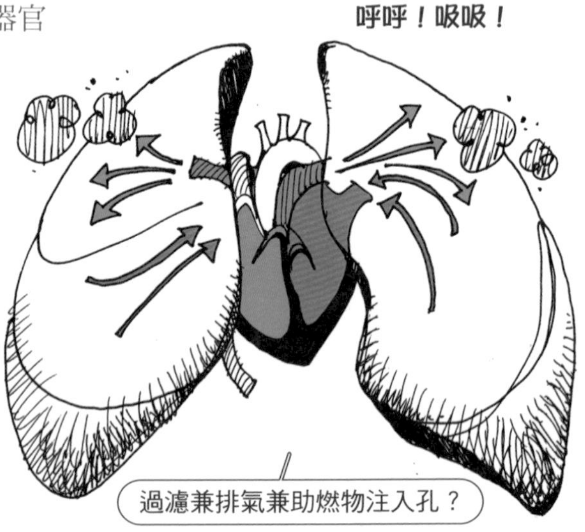

所以通過心臟的血液，會經過動脈、走過許多器官，再經由靜脈，回到心臟，這個過程稱為大循環或是體循環。

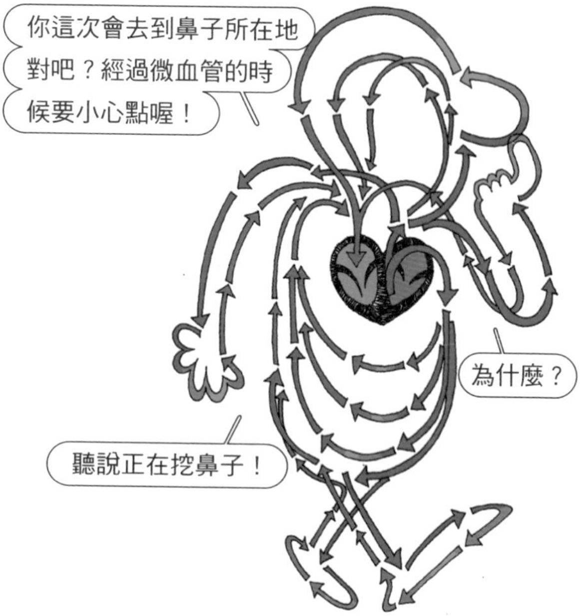
你這次會去到鼻子所在地對吧？經過微血管的時候要小心點喔！
為什麼？
聽說正在挖鼻子！

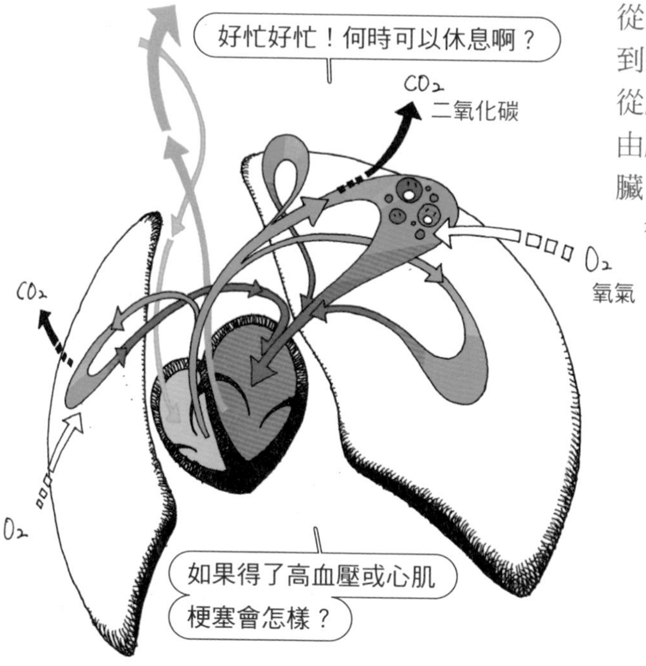
好忙好忙！何時可以休息啊？
CO2
二氧化碳
CO2
O2
氧氣
O2
如果得了高血壓或心肌梗塞會怎樣？

從心臟順著肺動脈，到達肺的靜脈血，會從肺成為動脈血，經由肺靜脈再次流回心臟，這個過程稱為小循環或是肺循環。

關於血液循環的知識，已經是一般人都知道的醫學常識了對吧？不過在過去，是件連醫生都不知道的事情。

才不過是 400 年前，醫學界所認定的定論，與血液循環是完全不同的。

17世紀的醫生們，依然遵循蓋倫的理論。

蓋倫說，血液是由肝所製造的。充滿著自然能量的血液，會沿著靜脈，流往全身各個器官，最後在末端消耗殆盡。

蓋倫是這樣說的。
飯吃下肚後，在胃中轉換成乳糜，
乳糜通過肝門靜脈到肝，變成血液。
所以意思是要好好吃飯才對囉！

血液持續地被製造、
被使用，直到被消耗為止。
所以說餓死
跟血液不足而死是一樣的囉？
那高血壓的人要先禁食才行耶。

在這個過程中，被傳送至心臟右心室的部分血液，會透過小孔移動到左心室，在左心室成為充滿生命精氣的動脈血，給各器官帶來所需的活力與養分。

雖然維薩留斯以新的解剖學，指出了蓋倫對於人體知識的錯誤，但是，多數醫生依然毫不在意地依循著蓋倫所教導的醫術苟延殘喘。

於此同時，義大利的帕多瓦大學有一群熱情的教授，藉由很多的實驗與解剖，瓦解了蓋倫的傳統論點。

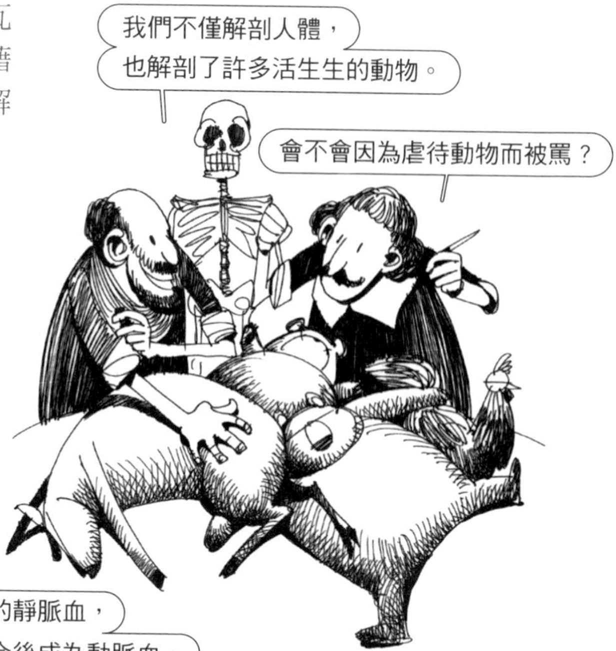
我們不僅解剖人體，
也解剖了許多活生生的動物。
會不會因為虐待動物而被罵？

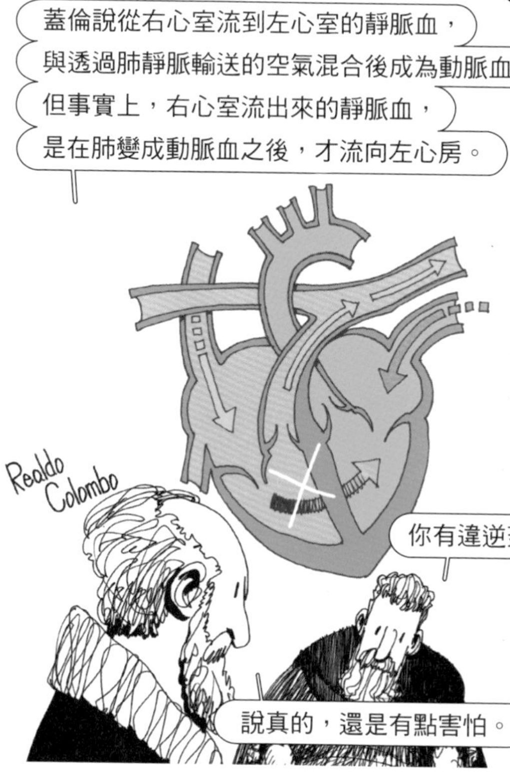
蓋倫說從右心室流到左心室的靜脈血，
與透過肺靜脈輸送的空氣混合後成為動脈血。
但事實上，右心室流出來的靜脈血，
是在肺變成動脈血之後，才流向左心房。
Realdo Colombo
你有違逆蓋倫的自信嗎？
說真的，還是有點害怕。

接替維薩留斯成為帕多瓦大學外科教授的可倫波（Realdo Colombo），也與蓋倫的主張有所不同，他認為血液並非從右心室流到左心室，而是經由肺。

在那之後，又有人對血液的流動提出了新發現，這是由同為帕多瓦大學外科教授的法布里休斯（Hieronymus Fabricius）提出，他發現靜脈中有瓣膜。

Hieronymus Fabricius
我也發現一件很可怕的事情。

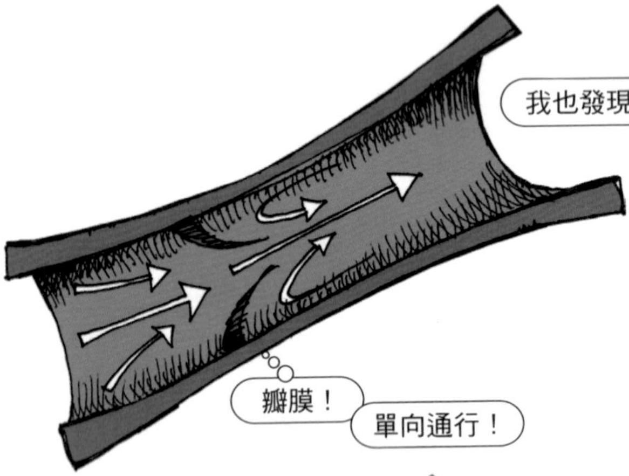
瓣膜！
單向通行！

只要再多努力一點，你就能以完成血液循環之名義，在歷史上留名了！你有這個信心嗎？
沒有。

然而，或許是蓋倫的理論太難完全否定，他無法確定自己所發現的瓣膜具有防止血液逆流的功能，僅認為瓣膜能調節血流量與速度。

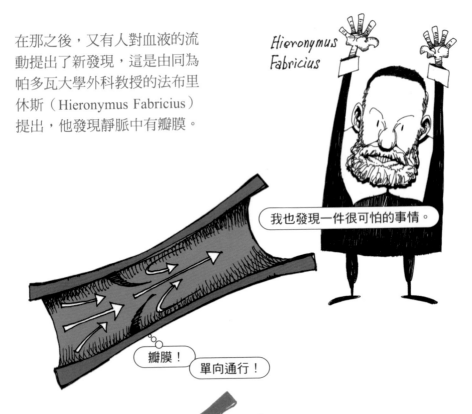

時值1602年，懷抱著遠大夢想從英國來的留學生哈維，加入了法布里休斯的解剖研究小組。哈維很積極地參與魚、青蛙、蛇、狗等動物活體解剖。

我從英國來的。
鄉巴佬啊？
鄉巴佬的頭腦是最好的。

如果想及時觀察到心臟跳動跟血液流動的話……
要先麻醉吧！

從右心室出來的血，經由肺流向左心室，
靜脈瓣膜讓血液僅能單向流動！
還在猶豫什麼？
就只剩下一件事情而已！
什麼事？
推翻蓋倫啊！

以可倫波與法布里休斯發現的事實為基礎，哈維大膽地確信了血液循環。

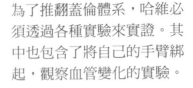

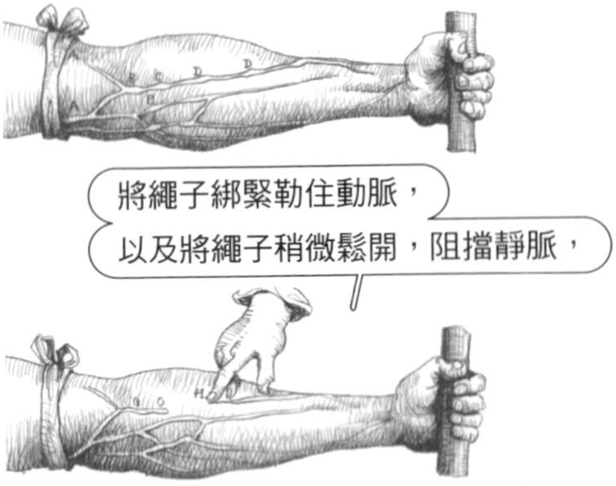

為了推翻蓋倫體系，哈維必須透過各種實驗來實證。其中也包含了將自己的手臂綁起，觀察血管變化的實驗。
將繩子綁緊勒住動脈，
以及將繩子稍微鬆開，阻擋靜脈，

讓我們看看會怎樣。
不管怎樣，我的手都麻了。

當靜脈被收緊時，可看到距離心臟較遠的血管膨脹產生充血現象，而當動脈被收緊時，則呈現相反狀況，也就是血液在距離心臟較近處匯集膨脹。確認了靜脈血液是流回心臟，而動脈血液是從心臟流出。

蓋倫所說，靜脈血液是從肝臟出來流往全身的說法是錯的！
動脈
靜脈
辛苦了！

並且，哈維也使用了自己獨創的方式，證明蓋倫所提出的理論，也就是血液是由肝臟生成並且會消耗殆盡的說法是錯的。

血液持續被製造出來，然後消失？
那麼血液量會有多大，要來計算看看才行？
抽血來量量看？

脈搏每一次跳動，都會釋出一定的血液量，乘上人的平均脈搏數，就能計算出每小時大約需要245kg的血。若是根據蓋倫的理論，血液是持續被製造，就必須吃足那個分量的食物，但這是不可能做到的事情。

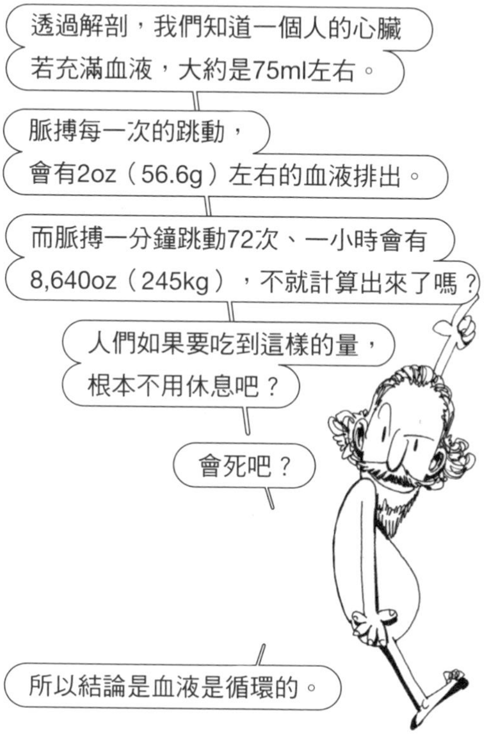
透過解剖，我們知道一個人的心臟
若充滿血液，大約是75ml左右。
脈搏每一次的跳動，
會有2oz（56.6g）左右的血液排出。
而脈搏一分鐘跳動72次、一小時會有
8,640oz（245kg），不就計算出來了嗎？
人們如果要吃到這樣的量，
根本不用休息吧？
會死吧？
所以結論是血液是循環的。

哈維於1628年很有自信地發表收錄血液循環理論的《關於動物心臟與血液運動的解剖研究》一書，不過發表當時，整個醫學界是反駁聲浪不斷，醫生們則是批判與無視他的新理論。

EXERCITATIO
ANATOMICA DE
MOTU CORDIS ET SAN-
GUINIS IN ANIMALI-
BUS.
GUILIELMI HARVEI ANGLI,
這本書寫得不錯，會讓您耳目一新，您要讀看看嗎？
如果沒有讓我耳目一新的話要怎麼辦呢？

在學校解剖的傢伙，懂什麼臨床？
心臟如果是幫浦的話，以後不就要弄什麼人工心臟了？

傳御醫！
您哪裡不舒服呢？
都是議會派那些傢伙讓我頭痛！

哈維回到英國，繼續擔任國王詹姆士一世與查理一世的主治醫生。

而他提出的血液循環模型，還是有未完成的部分，那就是從心臟流出，轉往身體各器官的動脈血液，在末端如何成為靜脈血液回到心臟的這個問題。

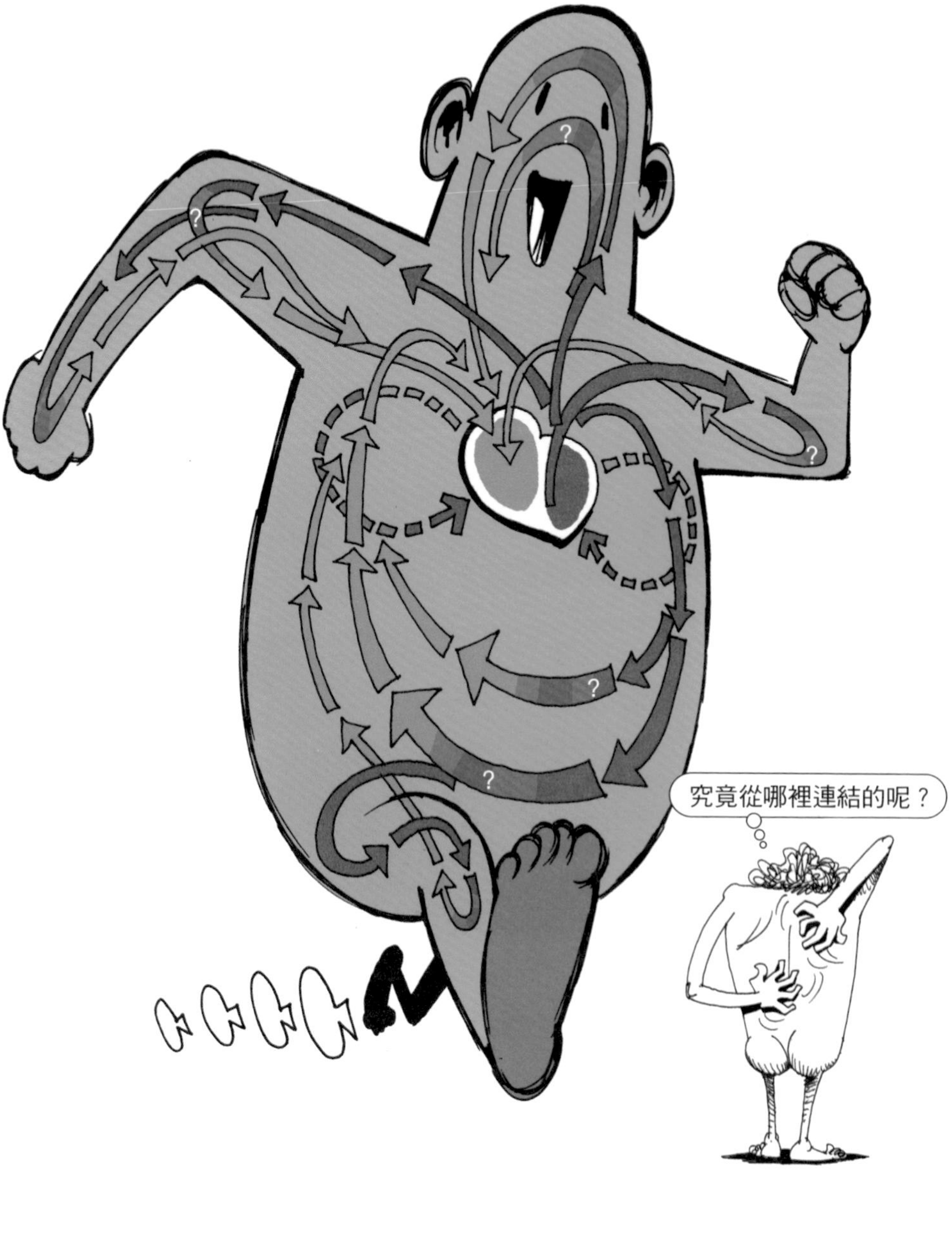

要解決這個問題，就必須找到肉眼看不見的微血管的存在，而這件事情，日後是馬爾皮吉（Marcello Malpighi）透過顯微鏡觀察證明。

哈維不安於傳統與固有觀念的現狀，透過比較解剖，收集實證案例，同時藉由近代科學實驗的方式，證明自己的理論。從這一點看來，哈維是整理出血液循環的偉大醫生，為自己留名於醫學史中。

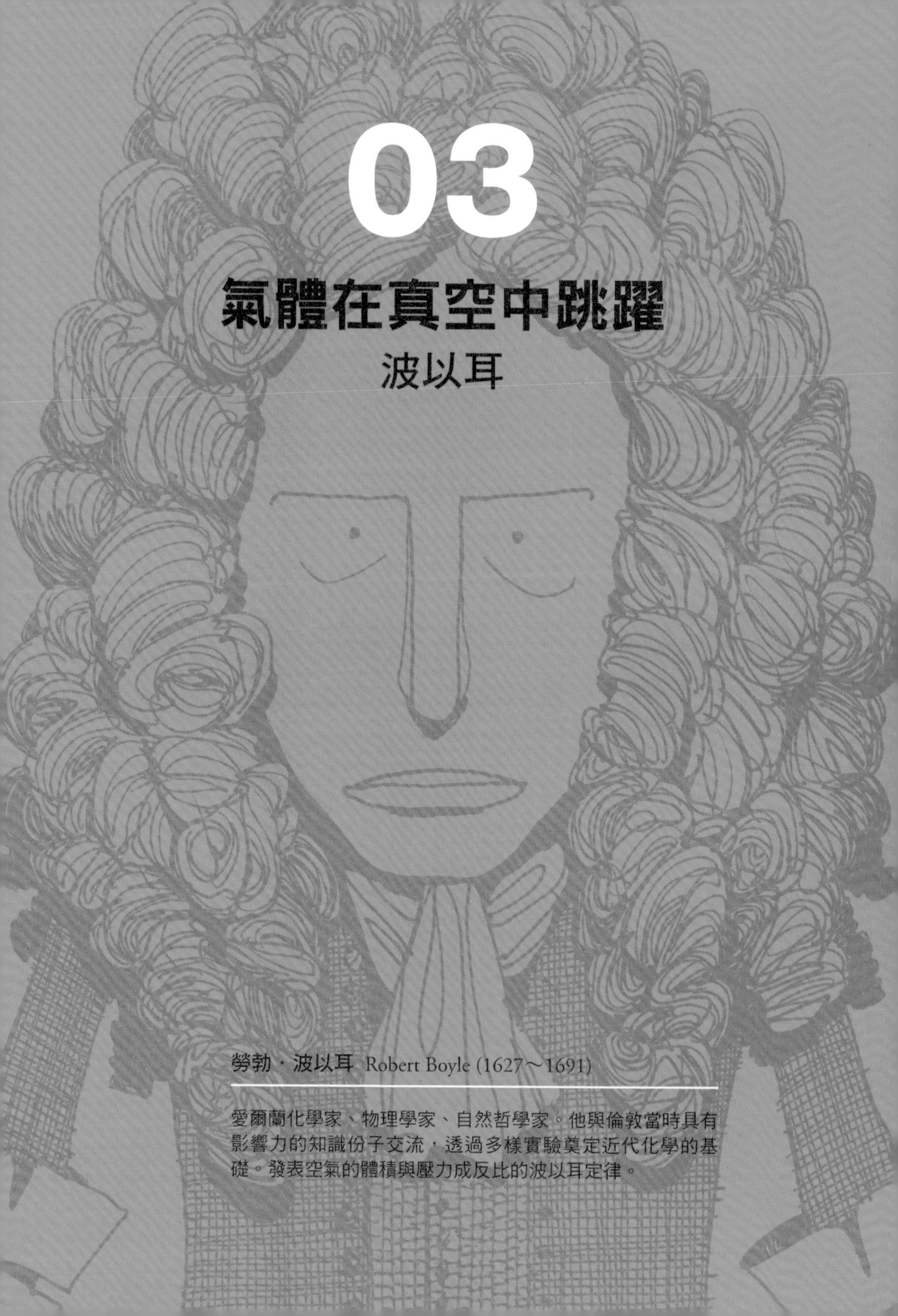

03

氣體在真空中跳躍

波以耳

勞勃・波以耳 Robert Boyle (1627～1691)

愛爾蘭化學家、物理學家、自然哲學家。他與倫敦當時具有影響力的知識份子交流，透過多樣實驗奠定近代化學的基礎。發表空氣的體積與壓力成反比的波以耳定律。

因明確定義出氣體的體積與壓力關係而聞名的波以耳，一生致力於研究自然現象，留下40多本偉大巨作。

他之所以能夠心無旁騖，專心關注在實驗與研究，是由於從父親那繼承了龐大的遺產。

當我們按壓氣球或游泳圈這類充了氣的物品時，會先感到收縮然後再次膨脹，這是由於空氣粒子在空隙中運動之故。

我們日常所使用的「氣壓」一詞，是指包圍著地球的空氣——大氣的單位面積所施加的力量。這個力量會因空氣的重量而不同。大氣越重、氣壓越高。

如果妳跟我之間什麼都沒有的話，會變成怎樣呢？
就兩個人一同相親相愛地窒息而死囉。

然而，若要用這個方式理解空氣現象的話，需要有一個前提，那就是什麼都沒有的全空空間，也就是真空狀態。

長久以來，西方自然哲學的主流意見是否認真空，這也是當時一般人的普遍常識。

以前好像有個誰說過，自然不喜歡真空。
為什麼？
如果有真空，就會想東想西地想很多。

如同前述的天文、力學領域，當既有理論與新知識相互衝突時一樣，17世紀的自然哲學家們，圍繞著真空爭論不休。

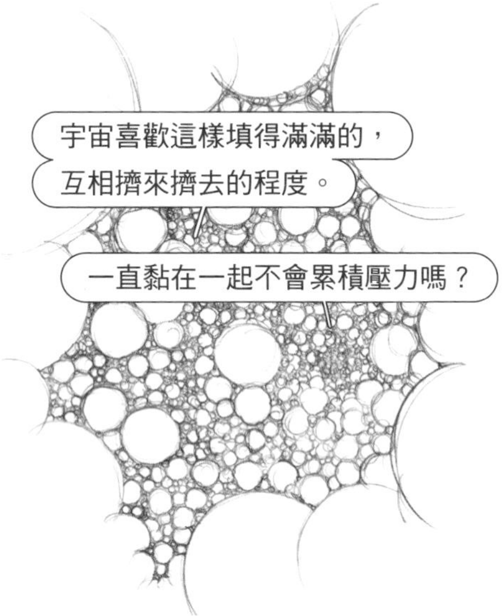

有一方認為，宇宙沒有空隙，是填滿著各種物質的狀態，而另一方則認為，粒子在虛無的空間中漂浮著。

笛卡兒（René Descartes）在設計近代科學體系時，抱持著否認真空的立場，認同他這種想法的人相信，宇宙的所有運行，是以物質相互接觸的狀態進行。

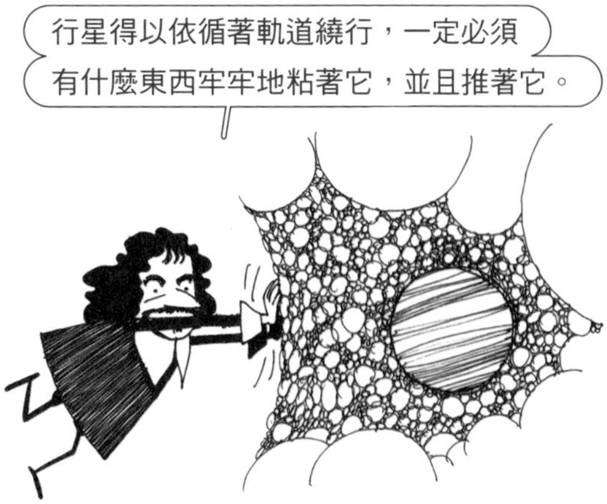

不過，另有一群自然哲學家，依據古代的原子論，接受真空的說法。

就算距離遙遠，也會產生互相拉推的力量。

反正也沒有證據，誰聲音大誰就贏了。
真是一群人無法溝通的人。

一開始沒有任何一方拿得出確切的證據，僅能以假說跟論證相抗衡，然而比較積極查明空氣真相的，正是擁護真空論的一方。他們為了證明自己的主張，進行了製造真空狀態的實驗。

面對無法溝通的人，只好用證據來證明！
能相信的，只有實驗了！

曾是伽利略（Galileo Galilei）研究室弟子的維維亞尼（Vincenzo Viviani），以及托里切利（Evangelista Torricelli），繼續進行著老師生前所關注的真空實驗。他們使用了1m長的玻璃管、寬口大碗以及水銀做實驗。

老師不是說過，測量填滿空氣的器具及全空器具的重量，顯示空氣也是有重量的嗎。
當然！
在還沒有汞中毒之前，就算把身體搞壞，就讓我們努力做實驗吧。
Vincenzo Viviani
Evangelista Torricelli

先將管口封住，然後整個倒過來放入碗中，在這樣的狀態下打開封口看看吧！

結果產生了76cm高的水銀柱，這是大氣壓力壓住碗中水銀的事實，他們並主張，玻璃管中剩餘的那個空間，就是沒有空氣的真空狀態。

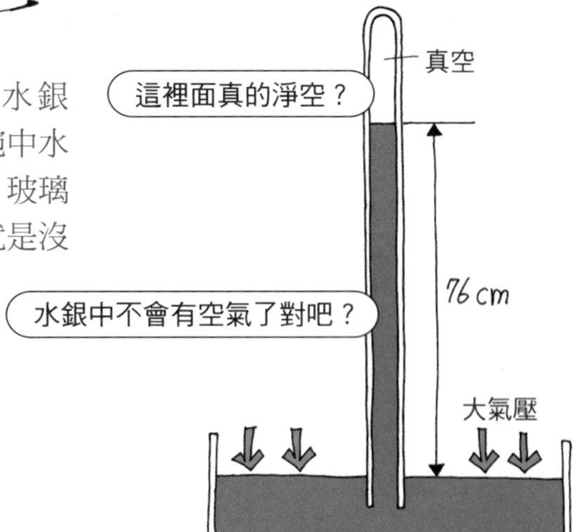
真空
這裡面真的淨空？
76 cm
水銀中不會有空氣了對吧？
大氣壓

這是最初以人工方式製作出真空實驗的紀錄，人們稱之為「托里切利真空」。

不能叫做維維亞尼真空嗎？
那聽起來不夠科學，比較像時尚單品不是嗎？

另一方面，托里切利組的實驗成功消息，也鼓舞了在法國的帕斯卡（Blaise Pascal）。帕斯卡想用實驗證明，高處與低處的空氣重量不同、氣壓差異也不同。

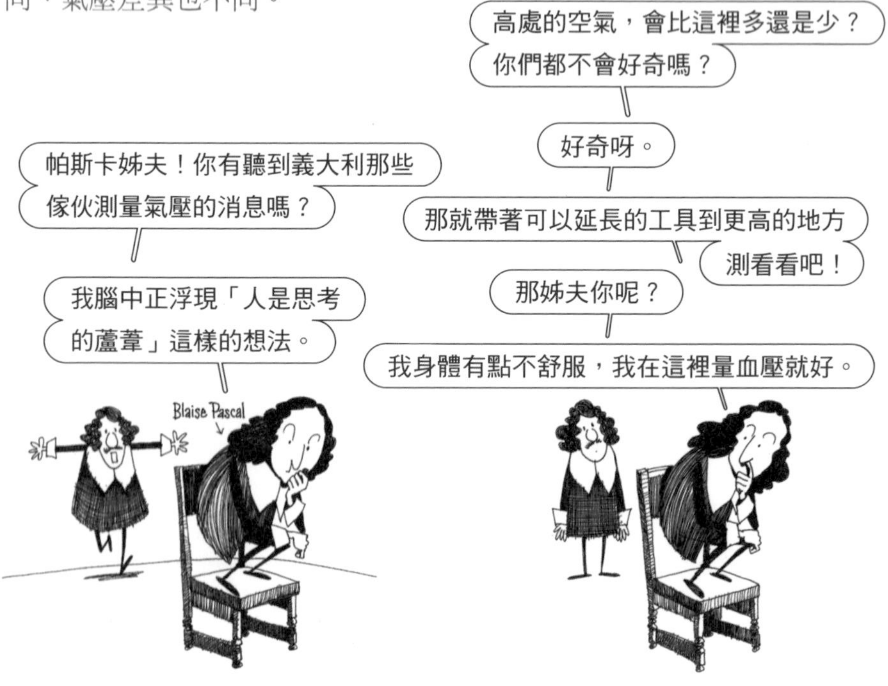
帕斯卡姊夫！你有聽到義大利那些傢伙測量氣壓的消息嗎？
我腦中正浮現「人是思考的蘆葦」這樣的想法。
Blaise Pascal
高處的空氣，會比這裡多還是少？你們都不會好奇嗎？
好奇呀。
那就帶著可以延長的工具到更高的地方測看看吧！
那姊夫你呢？
我身體有點不舒服，我在這裡量血壓就好。

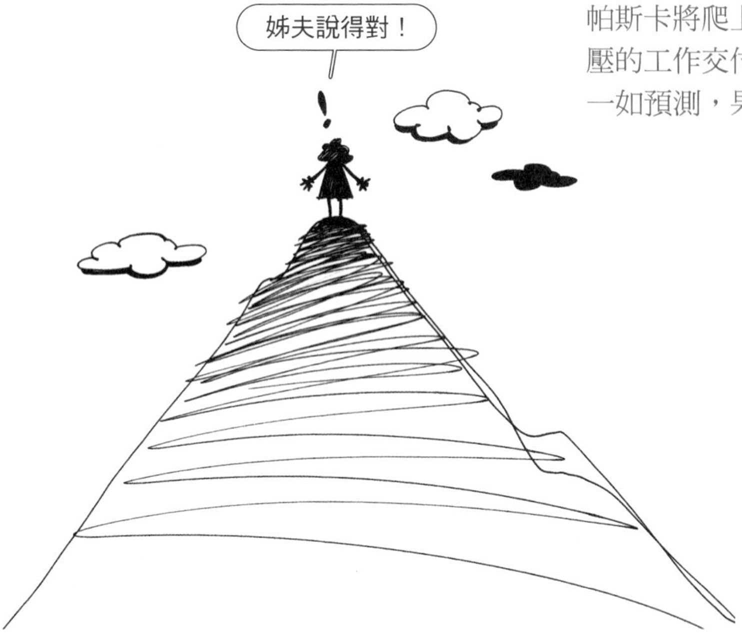
姊夫說得對！

帕斯卡將爬上高山測量氣壓的工作交付給小舅子，一如預測，果真發生了氣壓差異。

而最具戲劇化的真空與氣壓實驗，發生在1654年的普魯士。德國馬德堡的市長格里克（Otto von Guericke）採用了異想天開的方式進行了這項實驗。

舉辦真空實驗活動的市長，
全世界應該只有我一個吧？
Otto von Guericke

格里克用銅造了兩個半球，將兩個半球黏貼密合之後，再以特殊製造的幫浦將裡面的空氣抽了出來。

空氣都抽出來了嗎？
空氣又看不見，
要怎麼知道都抽完了，還是還有殘留？
看你氣力用盡的樣子就知道。

在這種人多的地方，是要
我們做什麼事情啊？
要我們丟臉囉～

接下來，為了測量銅球外的大氣壓力有多大，讓馬匹從兩側用力地向外拉，但緊黏的球體依然不為所動。

雖然還不到完美的真空狀態，但直到兩側各動員到8匹馬，才將這個球體扳開。格里克將自己成功的實驗內容，發表在1657年出版的書中。

這到底是什麼力量啊？
這就是大氣壓力。
真是不能小看空氣啊，不是嗎？

在此同時，倫敦有一位出生於貴族家族的男子，持續默默地關注著這整個局面，他的名字是波以耳（Robert Boyle）。

波以耳出生於愛爾蘭，是極為富裕的科克伯爵之子。他從年少時期開始周遊歐洲，見多識廣的他，決心要成為跟伽利略一樣偉大的自然哲學家。

所以他用父親留給他的遺產，在倫敦建了自己專屬的實驗室，並在那裡與各界知識份子進行交流、共同研究。以複合顯微鏡觀察細胞而知名的虎克（Robert Hooke），也以助手身分在這實驗室工作。

波以耳知道，若要比其他人做出更卓越的研究成果，就必須擁有性能更佳的實驗器具。幸好他的身旁有才能出眾的虎克。

波以耳要求虎克，製作出可以確實地將密閉容器中的空氣抽乾的幫浦，虎克不負眾望發揮了他的實力。

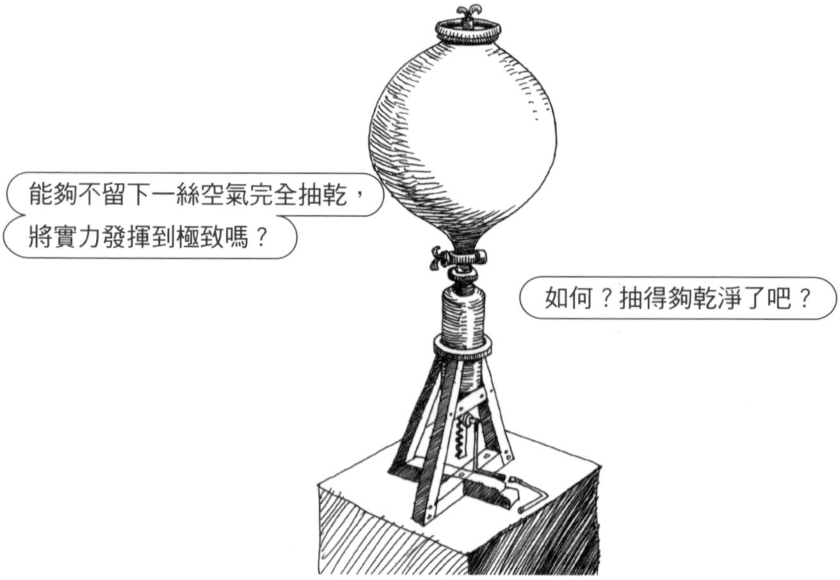

他們兩人使用以活塞與汽缸做成的幫浦，將直徑40cm左右的圓形容器內的空氣抽光，進行了不少實驗。

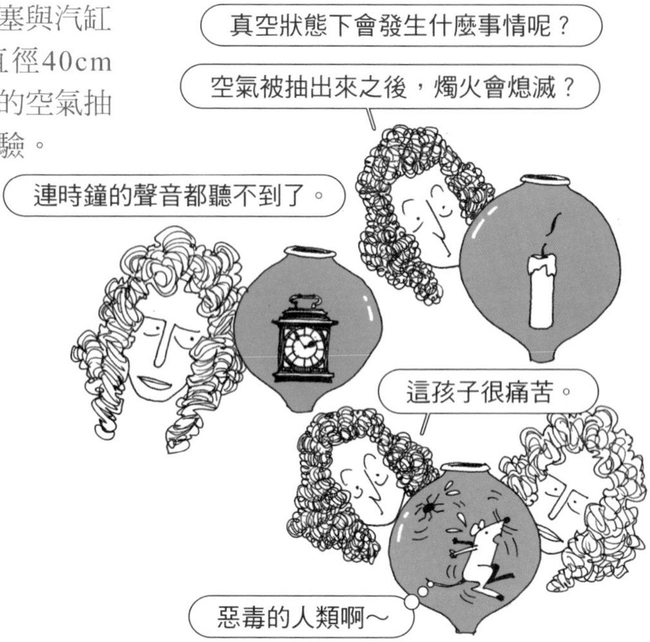

透過實驗，他們得知在燃燒過程中，空氣扮演了重要的角色，並且證實了聲音的傳導，以及動物的生存，都必須依賴空氣。

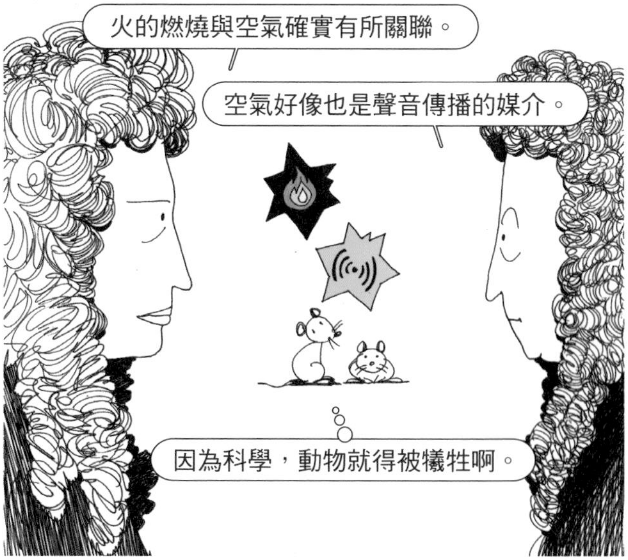

他們也發現，將裝有一半空氣的袋子放入容器中，
再將容器的空氣抽光，袋子會膨脹變大。

若要解釋這袋子的彈性變化，我們怎能不假設，細小的空氣粒子在空隙中四處彈跳亂竄？

在溫度固定的情況下，空氣的壓力與體積成反比，這是今日我們所熟知的「波以耳定律」。不過這個氣壓測量實驗，原本是由英國的湯利（Richard Towneley）與包爾（Henry Power）進行的，他們將這實驗結果與波以耳分享。

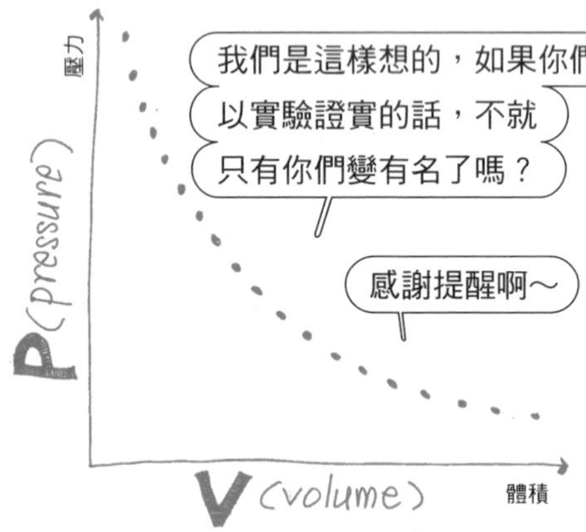
壓力
P(pressure)
V(volume)
體積
我們是這樣想的，如果你們以實驗證實的話，不就只有你們變有名了嗎？
感謝提醒啊～

波以耳與虎克一起檢視了所有與大氣壓力相關的內容，並做出湯利與包爾的推測是合理的結論。雖然波以耳強調，所有的成果都是與虎克共同研究的結果。

我希望你能明白，
我的本意並不是想獨佔這份為了
科學復興而做的努力。
NEW
EXPERIMENT
MECHANICAL

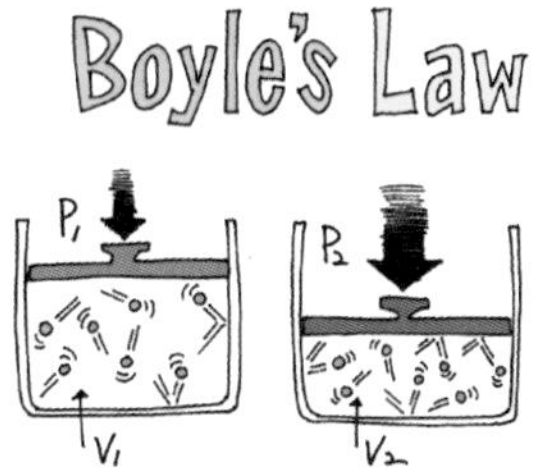
Boyle's Law
P1
P2
V1
V2

不過這個首度被整理出來，關於空氣現象的著名定律，最後被命名為「波以耳定律」。

這不是我決定的，是人們要這樣命名，
請你不要介意。
我怎麼會介意呢？
請給我獎金吧～

波以耳標榜著立足於培根主義的實驗精神與共同研究，持續與許多哲學家交流、交換意見，並與他們於1660年一起成立了英國皇家學會。

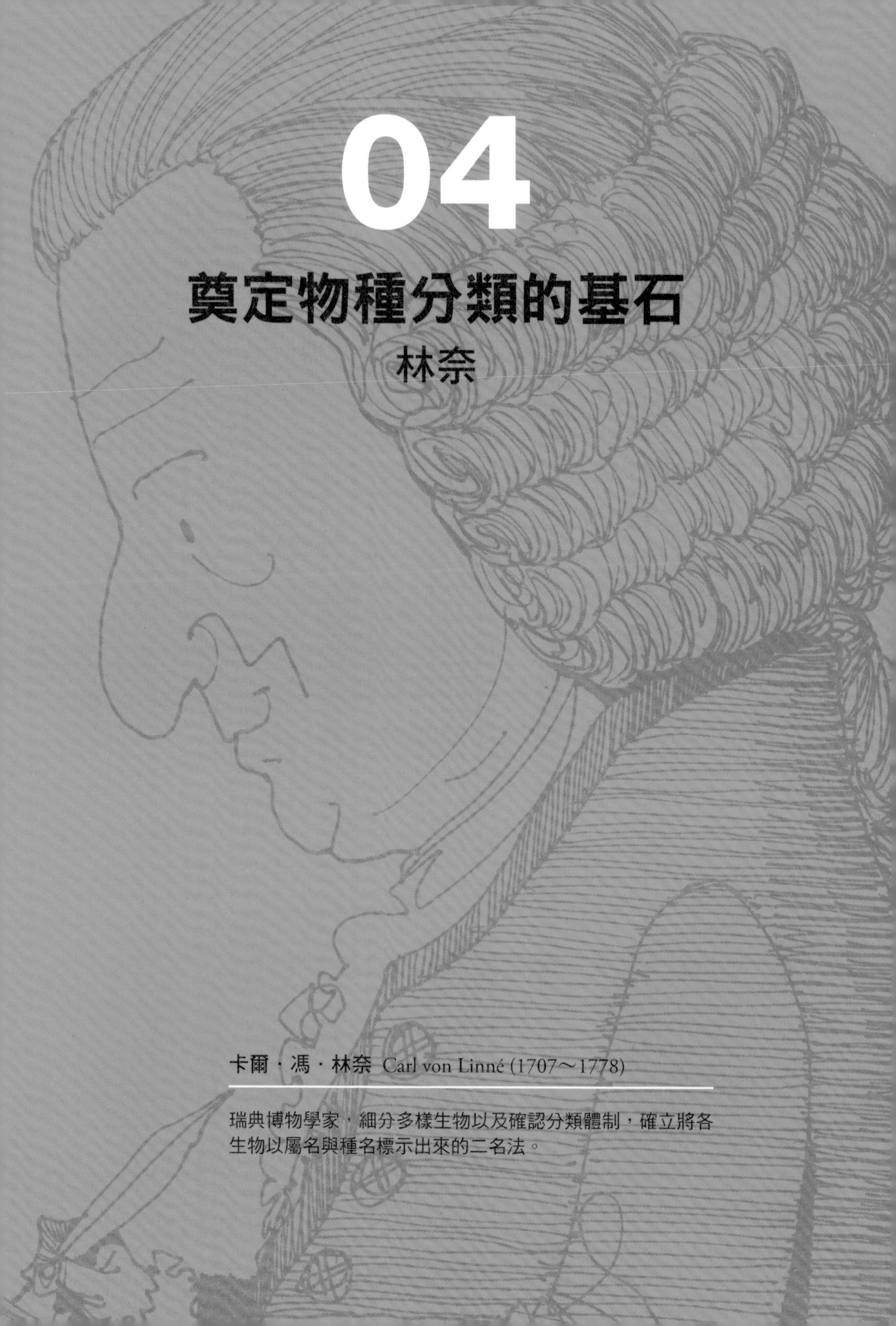

04

奠定物種分類的基石

林奈

卡爾・馮・林奈 Carl von Linné (1707～1778)

瑞典博物學家，細分多樣生物以及確認分類體制，確立將各生物以屬名與種名標示出來的二名法。

在《聖經・創世紀》中，造物主對第一個人類亞當所交付的第一個任務，就是為世間萬物命名。人類是動物的一種，卻是獨一無二可以為自己命名以及觀察分析其他對象的動物。18世紀，林奈確立了命名法與分類學體系的現代生物學基石。

這世上有許多種類的生物，他們各自有自己的名字。

大隊長，人們好像叫我們「獅子」呢。
好想要有個更可愛的名字。

而他們的命名，則是依據其外貌或行為等特徵來分類。

這小傢伙是有脊椎、會生小寶寶並哺乳的哺乳類動物。

不過動物自己不會知道自己被貼上什麼名字，屬於哪一個類別。

為生物命名、分類，是只有人類才關心的事情。

當然，就生物學來說人也是動物的一種，不過這也是人類自行決定的分類。

你要自己走進來？
是的。
為什麼？
為了要站上你們的頭頂。

例如，人類是唯一將自己當成主體，將其他生物及大自然當成客體分析的生物。

只有人類會那樣嗎？
那我們也要多思考了！
現在這不是你說的話，
是作者的想法吧。
那你現在說的話呢？
你去問作者吧。

在科學領域，命名原則就是要制定出一個可以與他人共享的標準。

將各種東西依據相似性質分類，
為的是可製作出方便的清單及系統圖。

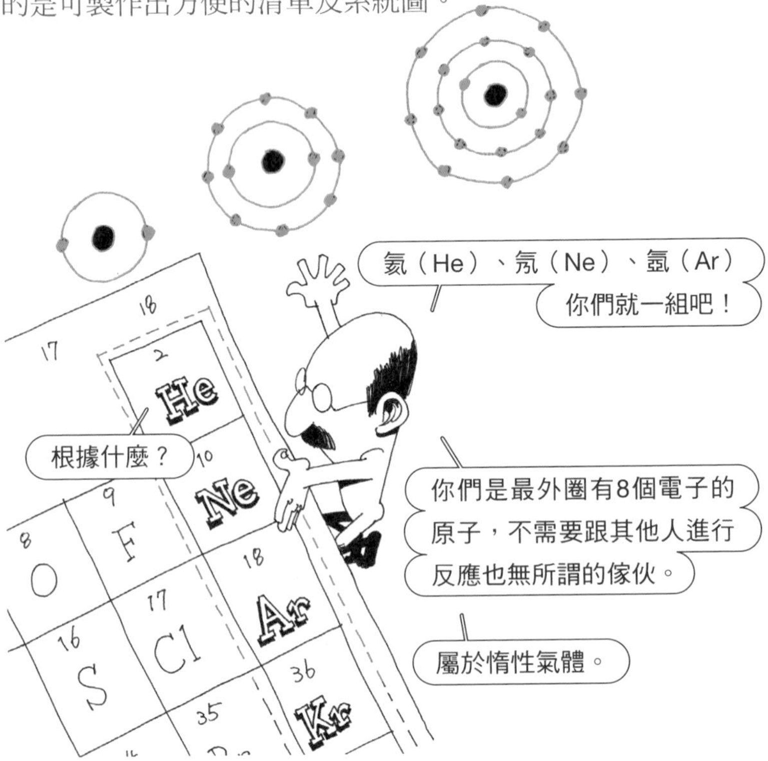

在生物學中，命名與分類也是學問的重要基礎。然而，生物的種類是如此多樣、屬性也相當複雜，難以單純地分類。

這是腔腸動物，是沒有脊椎、沒有肛門的生物。
沒有肛門？那吃下去的東西會去哪裡？
我不忍用我的嘴巴說出口。

從食性、生殖方法到移動方式……都相當複雜。

直到現今的科學分類系統完成為止，自然哲學家們為了構思出有效率的生物分類法，苦惱了很長一段時間。

我們用能吃的跟不能吃的分類吧。
這樣好像不太科學？
總是要先填飽肚子才能搞科學吧！

像亞里斯多德等古代自然哲學家們認為，地球上的所有生命體，皆依循著協調的階級順序。

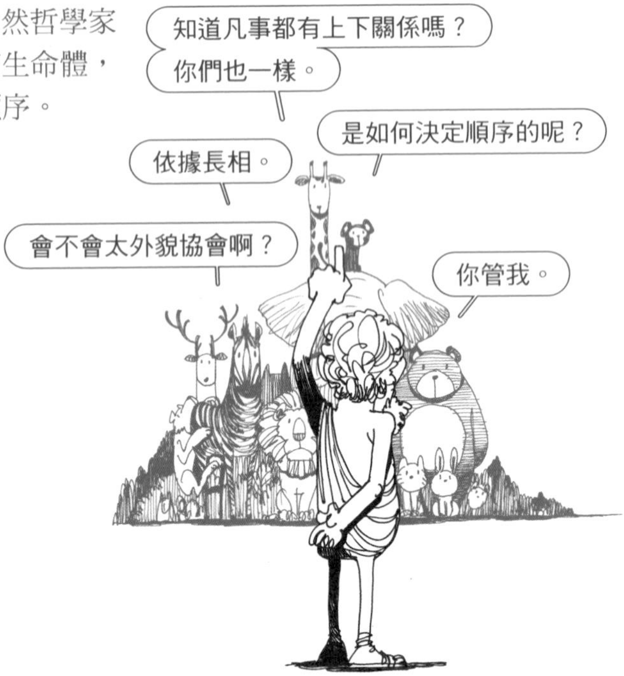
知道凡事都有上下關係嗎？
你們也一樣。
是如何決定順序的呢？
依據長相。
會不會太外貌協會啊？
你管我。

分類方式一路發展，直到16世紀義大利的切薩爾皮諾（Andrea Cesalpino）依據植物的果實與種子構造分類。

如果依據生殖方式與構造分類，會不會不夠科學？
Andrea Cesalpino

1686年，英國博物學家雷（John Ray）確定並定物種的概念。

所謂物種（species），是交配之後能產下後代，而其後代會長得像母親，我這樣說你們聽得懂嗎？
John Ray
這是說我們不能成為夫妻嗎？

延續這些努力與成果，完成具有現代意義的生物命名法與分類學的大師，就是出身自瑞典鄉村的林奈。

你父親是做什麼的？
他是村子裡的牧師。
你長大後想做什麼？
我想成為第一個以動植物特徵的相關詳細研究結果，做出有系統的分類法的人。

林奈被稱為小小植物學家，是一位好奇心重、沉溺於採集與研究的小孩。雖然他的父親希望自己的兒子順利成為一位牧師，但林奈為了生物學而進入醫學院就讀。

林奈在烏普薩拉大學遇上著名的植物學家，
攝爾修斯（Olof Celsius）教授，他看出林奈的潛能，自願成為他的資助者。

這論文是你寫的？
是的。
你今年幾歲？
22歲。
下學期你就負責授課吧！
我現在才二年級耶？
Olof Rudbeck

經由攝爾修斯的介紹，魯德貝克（Olof Rudbeck）教授也看到林奈的資質與踏實的個性，所以很早就將研究與授課工作交給他。

因為講師經歷，讓他很早就成為教授，雖然林奈相當嚴格，卻在學生之間擁有高人氣。

現在要徵求可以一起參與最嚴酷、艱辛的動植物採集探險任務的學生。
我！
我只要有飯吃就可以認真採集。
不用給我太多飯也可以！

他完全沒有浪費時間，組成有條不紊地執行現場調查工作的夢幻小組。林奈的執著與熱情終於開花結果，1735年，在自然界具有紀念性意義的著作《自然系統》出版。

休息時間除外，要認真地執行任務！
是的！
禁止穿私人服裝，要穿制服！
是的！
我們就如同採集實驗研究的軍隊！
遵命！

現在開始！
CAROLI LINNÆI
SYSTEMA NATURÆ
遵命！

《自然系統》一書直到林奈過世的1778年為止，總共發行了十二版，網羅了6,000多種植物與4,000多種動物。

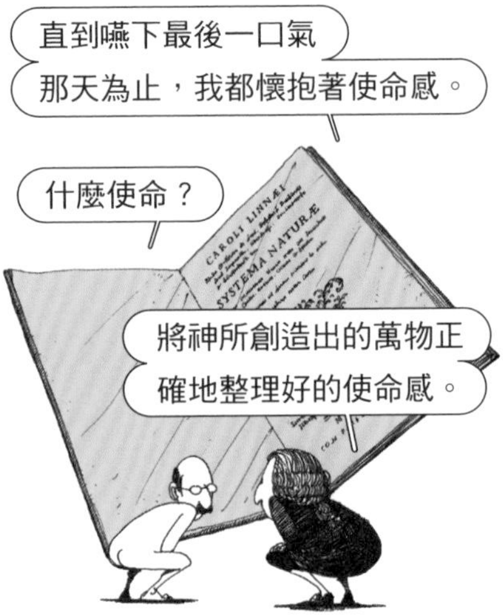
直到嚥下最後一口氣
那天為止，我都懷抱著使命感。
什麼使命？
將神所創造出的萬物正
確地整理好的使命感。

在過去，生物的分類方式因人而異，令人相當混亂。不過林奈從整體生物群開始細分，一層層分下去，完成了有系統的生物分類方式。

今日生物學所使用的「界」（kingdom）到種（species）的標準分類系統，就是由林奈所創造的。

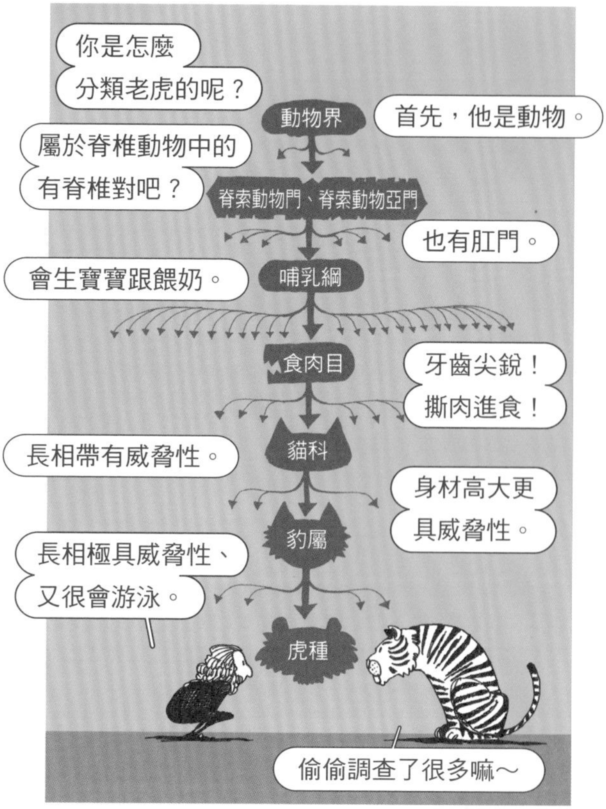

現在我要發表標準的命名方式。
你怎能擅自作主？
因為你們到目前為止都沒有做，
所以我說了算。

林奈認為，為了能更有效率地研究生物學，必須讓所有的科學家採用同樣的方式為生物命名。

林奈所提案的生物屬名、種名並行的記載方式，直至今日，仍是全世界生物學家遵循的二名法。

屬名的第一字母是大寫、種名的第一個字母是小寫，全部以拉丁文表示。
Homo sapiens
一定要用拉丁文嗎？
為了看起來更有程度，就用拉丁文吧。

因為二名法的關係，即使世界各地對於同一生物可能會有不同的名稱，但在學術名稱上是統一的。

호랑이 !
老虎！
Tiger !
tigre!
Panthera tigris

林奈認為，在他所設計的生物分類框架下，人類也毫無例外，智人（*Homo sapiens*）是屬於在動物界之下。

動物界、脊索動物門、哺乳綱、靈長目……
叫我進去動物班？
去那邊當老大吧！

不過在他的命名中，人類不與其他動物共用屬名，是單一物種。

讓現代生物學奠定穩固基礎的林奈，享有極高的名譽，在1778年逝世於瑞典。

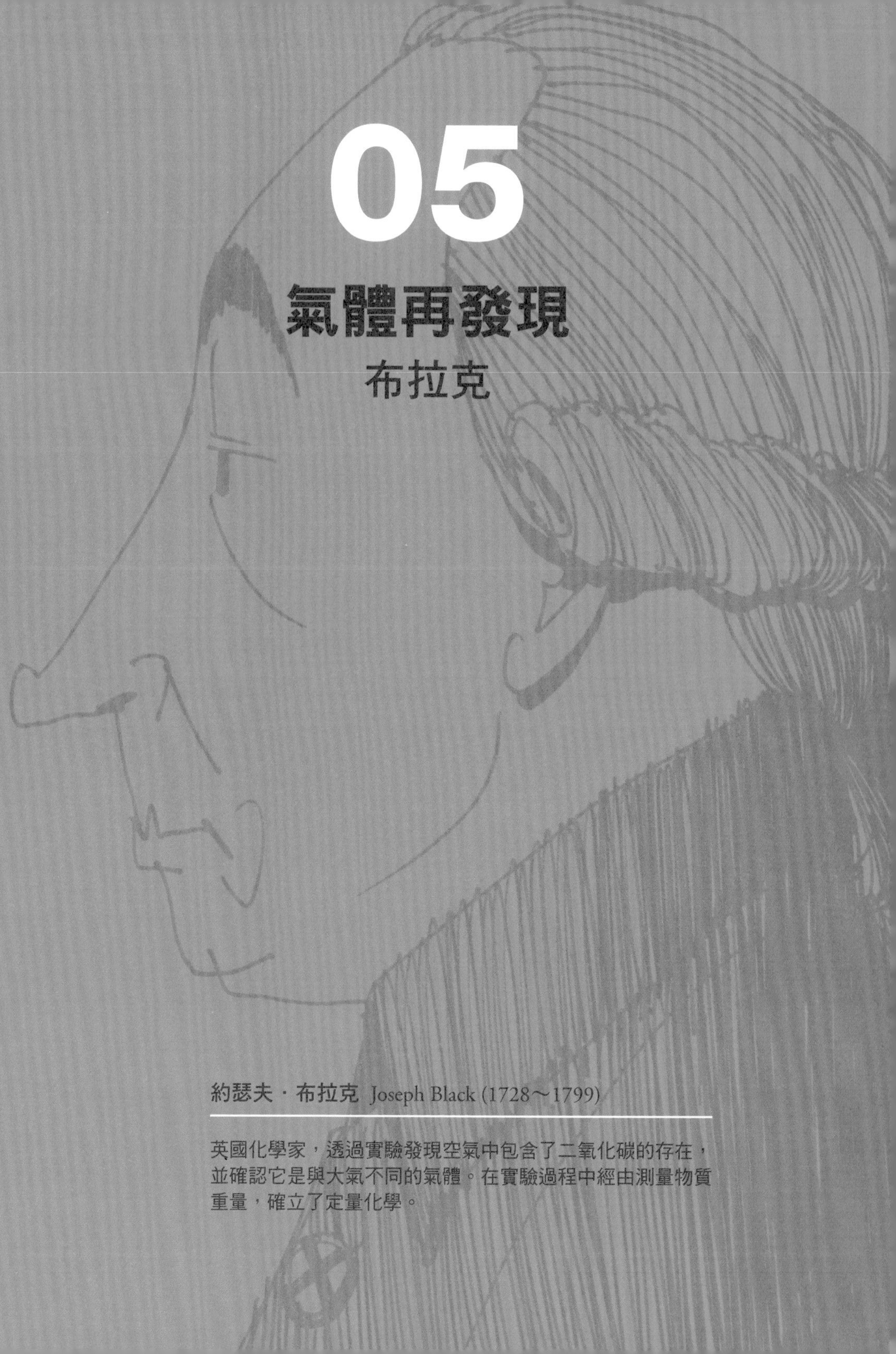

05

氣體再發現

布拉克

約瑟夫・布拉克 Joseph Black (1728～1799)

英國化學家，透過實驗發現空氣中包含了二氧化碳的存在，並確認它是與大氣不同的氣體。在實驗過程中經由測量物質重量，確立了定量化學。

18世紀的科學家們，達成發現二氧化碳、氫氣、氧氣等各種氣體的不凡成就。其中最初被發現的，就是今日被我們稱為二氧化碳的氣體，是在1754年由布拉克經由縝密的實驗所發現。首度確認了空氣並非單一物質，而是由混合物質組成。

我們都知道空氣是由許多不同氣體混合而成。

氮氣（N_2）、氧氣（O_2）、二氧化碳（CO_2）……
N_2
O_2
CO_2
追加甲烷！
噗

但是直到18世紀中葉為止，人們還認為空氣就只有一個元素。

空氣就只是空氣啊。
真的要分開的話……
就是污濁的空氣跟乾淨的空氣？

原因在於亞里斯多德。

在天文學領域，已經克服了由亞里斯多德
區分為地上界與天上界的世界觀。

在物理學的領域，也出現令人刮目相看的革新。

然而，在探索物質的性質與變化的領域中，依然無法跨越亞里斯多德這座高山。

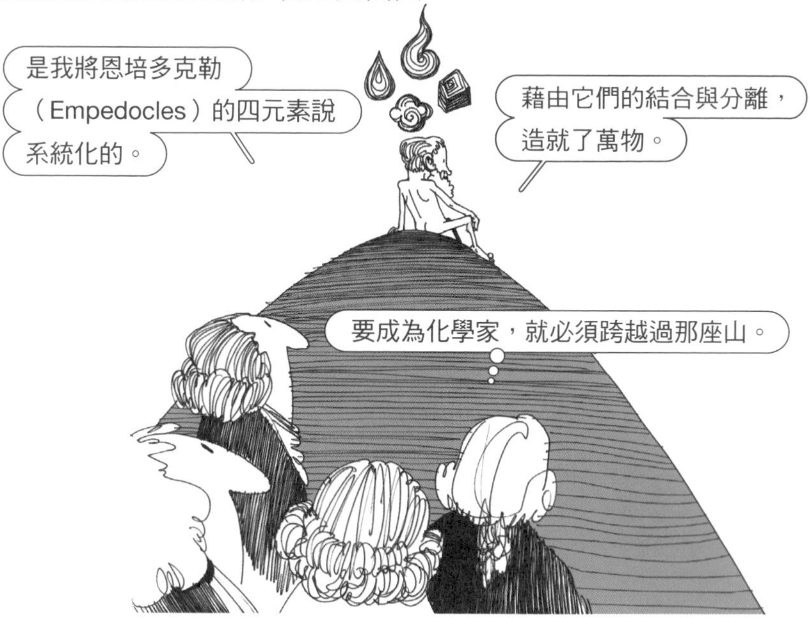

而最先打破這頑固物質觀的先驅，就是研究氣體的科學家們。

他們透過多種實驗，發現了一個個不同的氣體。

在近代化學的氣體發現之旅中，第一個達成的人就是布拉克。

我是第一個！
什麼的第一個？
是我先發現那個！
1st.

他透過實驗首度發現的氣體，就是二氧化碳。

不過二氧化碳這個名字是之後才出現的。
那你發現的時候它叫什麼？
我叫它「固定氣體」。
為什麼？
說來話長。
fixed air

如同一切探索未知的發現一樣，布拉克並非一開始就想要發現什麼特定氣體。

那最初是帶著怎樣的想法呢？
開發新藥的夢想？
藥？
別看我這樣，我可是個醫學博士。

布拉克在大學專攻醫學、解剖學，他所就讀的學校有一位思想開闊，擁有最新思維的教授。

我是卡倫（William Cullen）。
我突然感覺到教授會帶給我很大的影響。
這感覺不錯。

遇到對的老師，真的會讓人生如盛開的花朵一樣。
我一直覺得我會比教授更厲害。
一直有感覺嗎？

布拉克深深著迷於卡倫教授的化學課，最後成為教授的助教，一同進行研究。

1752年左右，在博士論文發表之前，
布拉克沉迷於實驗碳酸鈣（$CaCO_3$）、碳酸鎂（$MgCO_3$）一類的碳酸鹽。

碳酸鹽是溶解在水中的碳酸根離子與鈣或鎂結合的狀態。石灰石的主要成分也是碳酸鈣。

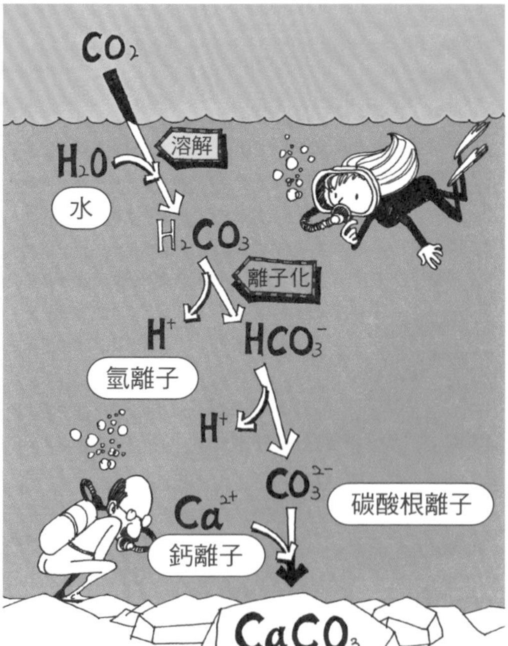

就像今天我們若要採集二氧化碳，多半也是用石灰石。

將石灰石與鹽酸或硫酸反應，
2HCl
$CaCO_3$
CO_2
會產生二氧化碳。
H_2O
$CaCl_2$

布拉克將石灰石加熱，非常仔細觀察轉變成生石灰的過程。

當石灰石（碳酸鈣）變成生石灰（氧化鈣）。
石灰石
$CaCO_3$
CO_2
生石灰
CaO
好像感覺來囉～
作者好像發現我們跑走了！

在實驗過程中，他執著於測量反應前與反應後的物質重量。

也正因如此，當時沒有人注意到的事實，反而讓布拉克發現。

他發現，相較於反應前，反應後所產生的物質反而更輕。

在變化過程中，沒有檢測出水或是其他物質，更讓他確立了自己的想法。

為了捕捉這些氣體，布拉克做了無數實驗，最後終於了解了氣體性質。

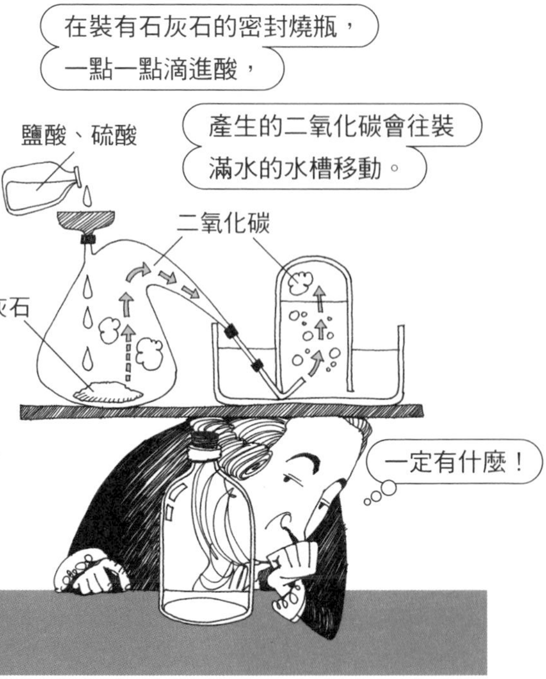

在裝有石灰石的密封燒瓶，
一點一點滴進酸，
產生的二氧化碳會往裝
滿水的水槽移動。
鹽酸、硫酸
二氧化碳
石灰石
一定有什麼！

燃燒得好好的蠟燭熄滅了。
動物所吐出來的氣，
也是相同的氣體，
大氣中也含有
這個氣體，
這溶於水的話，就成了碳酸飲料？

接著，他將自己發現的氣體取名為「固定氣體（fixed air）」。

布拉克收集了所有與固定氣體相關的所有研究結果，於1754年提出論文、1756年出版成書。

因為發現了二氧化碳這種特別氣體的存在，
也一併改變了眾人對於空氣的既有概念。

有能讓心情變好的氣體嗎？
空氣中會有多少氣體呢？
會有那種一吸就讓人頭痛的吧？

同時，透過布拉克的研究案例，科學界終於領悟到定量實驗的方法有多重要。

為了獲得確實的證據，需要些什麼？
正確的秤
誰教你的？
布拉克先生。

布拉克在水與水蒸氣的相關研究中，也取得卓越的成果。

有聽過潛熱嗎？
那是我先發現的。
潛熱？

舉例來說，要讓冰（固態的水）熔化變回液態的水，需要熱能。

當到達熔點開始轉變成水時，溫度並不會產生變化，而是持續吸收熱量。

冰會從留在杯中的水吸收熱能，所以冰會變水。

從哪裡？

潛熱，即隱藏的熱能。是固體變成液體、液體變成氣體等狀態變化時，吸收或釋放的熱。此時熱還是持續吸收或釋放，但因所有能量都用於改變狀態的關係，所以物質的溫度不會產生變化。

當水到達沸點變成水蒸氣時也是，水的溫度會維持在100°C。

總之，布拉克對於氣體所執著的好奇心與眾多研究，讓他不僅僅為近代化學開啟了大門，也為工業革命提供了重要的線索。

06

相信「燃素說」的科學家們

卡文迪許與普利斯特里

亨利・卡文迪許 Henry Cavendish (1731～1810)

英國化學家及物理學家，發現了氫氣，以及發現氫與氧結合會變成水的事實。

約瑟夫・普利斯特里 Joseph Priestley (1733～1804)

英國牧師及化學家，首次發現氧氣。氧的發現，使得大家得以全新理解化學反應中的元素、化合物等概念。

直到18世紀後期，許多科學家仍認為火這種物質是燃素（phlogiston）的釋放。

發現了氫氣等多種氣體的卡文迪許，也是燃素說的支持者。

普利斯特里即使發現了氧氣，也依然相信燃素說，這讓他為化學發展貢獻的功勞拱手讓人。

火會發出強烈的亮光，炙熱地燃燒。

然而，火並不是某種物質，而是燃燒過程中所產生的現象。

但是，從前的人覺得火本身是一種物質，他們認為燃燒的火焰是某種向外流失的物質。

水、火、土、空氣。
Aristotle
我對這些說法感到厭倦了。

靠近一點看仔細，
看得到什麼跑出來嗎？
真累。
G.E.Stahl
我感覺到眉毛要燒焦了。

根據今日的科學知識，空氣中的氧氣在物質的「燃燒過程」中會漸漸減少；而當時的人們卻認為，物質越燃燒，周圍的空氣會越增加。

氧氣
可以理解成，從讓火燃燒的物質
中跑出了些什麼到空氣中。
好像懂又好像不懂。

在近代科學時期，連許多著名科學家，都被「燃素」這個假設物質給迷惑。

這名字是我取的。
我是史塔爾（Georg Ernst Stahl）。
除了為根本不存在的東西取名字之外，你還有做什麼嗎？
都沒有這件事有名。
G.E.Stahl

先別一味地堅持，好好看著唷！
你要做什麼？
先來點燃吧。

在當時，相信燃素說的科學家們的主張，其實也不算太荒謬。舉例來說，仔細看木材燃燒時，是不是好像有什麼東西跑出來一樣？

仔細看，再看仔細點，直到看到為止，看仔細點！
還滿值得一看的。

再者，燃燒過後剩餘的灰燼，重量就好像真的掉了什麼似的變輕了。

根據推測，燃燒得越旺，就代表燃素的含量越多。
我也變輕了嗎？

他們也解釋了在密閉空間中，當氧氣消耗殆盡時燃燒終止的情況。

當跑出來的燃素充滿整個空間時，就停止燃燒。
要將木材全部燒完的話，這房子坪數要更大才行。

不過金屬的情況就不同了，當金屬氧化時，會比燃燒之前更重。

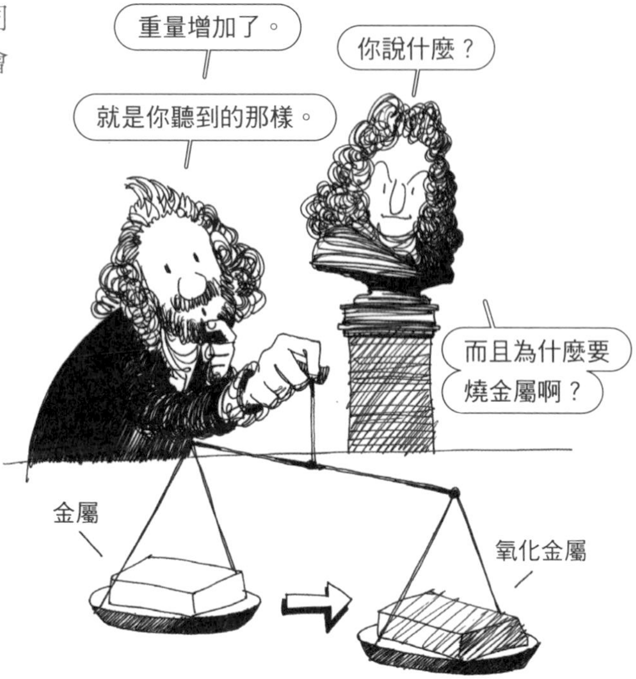

無法放棄燃素的科學家們，用盡各種方法，
守護著這個假設性的物質。

爾後18世紀後半葉氧被發現，因而重新定義了燃燒過程，從此這個關於火的錯誤線索——燃素，就此走入歷史。

C.W.Scheele
J. Priestley
A.de Lavoisier
是誰發現氧氣的？
我！
是我
應該是我吧？
大家都說自己發現的耶？
有點複雜，這晚點再說吧！

在此期間，還有其他科學家依據各自的觀點，致力於氣體研究。1754年，布拉克首度發現二氧化碳。

布拉克將二氧化碳
稱為「固定氣體」。
Joseph Black
(1728 – 1799)

第二個被發現的氣體是氫氣。

卡文迪許確認了當鋅、鐵、錫這類金屬與酸進行反應時，會產生氣泡。

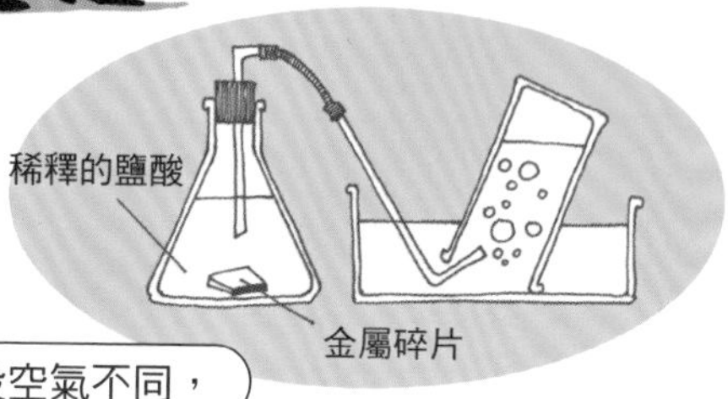

氫氣產生於金屬溶於酸的過程中，卡文迪許認為該氣體是從金屬中釋出的。

鋅
氯化鋅
Zn + 2HCl ⇨ ZnCl2 + H2
鹽酸
氫氣
所以你認為它是燃素嗎？
是有這個念頭。

然後在實驗過程中，他發現該氣體可以燃燒，所以將之命名為「可燃性氣體（inflammable air）」。

我試著測量重量與計算密度。
然後呢？
它大約是一般空氣密度的14分之1左右。
可以飛上天的氫氣熱氣球就是這樣被發明的吧？
發明那要做什麼？我可是無法言喻的有錢人喔。

1781年，卡文迪許也發現了燃燒的氫氣與氧氣結合後會變成水的事實。

氧氣
氫氣
水
為什麼跳過了氧氣？
氧氣的故事有點長，等我講完我的故事之後再說。

將可燃性氣體與一般空氣混合後，在其爆炸過後的容器內側會出現水珠。
碰
那是純水。
也證實了水的化學式？

在當時氧氣已經被發現，但是他推斷出氧氣與氫氣以1：2的體積比例結合可形成水，其實驗成果與直覺依然令人讚嘆。

氧氣的發現，比起其他氣體的發現更具戲劇性。

發現氧氣之後，也開啟了化學革命的時代。
我才是發現它的始祖。
有證據嗎？
你有寫論文嗎？

當時許多人提出了各種不同觀點，但無庸置疑地，普利斯特里扮演了決定性的關鍵角色。

就是我。
你是科學家嗎？
我的本業是牧師。
很讓人意外呢？
牧師就該無知嗎？

當我看到酒桶上因發酵
而形成的氣體層時，恰巧發覺的。
發覺什麼？
我將燃燒的蠟燭靠近那層氣體，燭火
就會熄滅。所以那是固定氣體。

他的氣體研究，開始於在釀酒廠發現了二氧化碳——也就是當時已知的固定氣體。

同時，他也得知將那氣體溶於水的話，會變成人造蘇打水。

你還發明了碳酸飲料耶？
知道會這樣就好，為什麼還要發明呢？
你也是有錢人嗎？
因為我是牧師！

普利斯特里的家境並不寬裕，但在舒爾伯爵的支持下，可以滿足他對科學的好奇心。

我剛好沒什麼事情好做，
你就來當我的圖書管理員一邊做研究吧！
是喜歡上我的人品嗎？
我是迷上你做的蘇打水。

普利斯特里最重要的成就，發生在1774年8月1日。在密閉燒瓶中放入水銀灰並加熱的過程中，出現了神奇的現象。

像這樣捕捉到氣體之後，然後利用鏡片凝聚太陽能加熱，
然後你知道出現了什麼嗎？
水銀灰
什麼？
純水銀，以及吸了會讓人很開心的空氣！

那個空氣是會讓燭火燒得更久更旺，人吸了之後心情會變好的特別氣體。

兩隻老鼠吸了之後也是開心得手舞足蹈，並且活了很久。

那個特別的氣體就是氧氣，所以當然有助於燃燒，不過普利斯特里卻被燃素給限制住了！

在這氣體中，越燃燒就會跑出越多燃素對吧？
啊？

所以這個氣體跟普通的空氣不一樣，可以更充裕地接受更多燃素不是嗎？
越來越？
這是沒有燃素的氣體。
我的天啊！

正式紀錄上，首度發現氧氣者是普利斯特里，他將自己發現的氣體命名為「脫燃素氣體（dephlogisticated air）」。

居然可以想出脫燃素氣體這名字！我真是太佩服我自己。
看來吸了氧氣有點興奮啊。

越想越覺得我實在是太了不起。

普利斯特里解開火的秘密，成為最偉大的近代科學家。但他對於燃燒過程的說明依然稍嫌不足。

不過普利斯特里為了驗證自己的看法，前往拜訪了某人。

您在嗎？

為什麼要找他呢？
可能因為吸了太多會令人開心的氣體，
所以想說些什麼吧！

您在嗎？
？

那個人就是拉瓦節。

07

化學革命的悲劇

拉瓦節

安東萬·拉瓦節 Antoine Lavoisier (1743～1794)

法國化學家。與多數科學家不同，他不相信燃素的存在，確立了新的燃燒理論，透過定量實驗，樹立質量守恆定律。

氧氣、oxygen、化學符號O、原子序8，一般來說，氣體是由兩個原子相結合而成。18世紀時，確認了氧氣的存在，也被稱為化學革命的時代。開啟這個時代序幕的主角，就是拉瓦節。

1774年，英國的普利斯特里，
前來拜訪巴黎的拉瓦節。

此時的普利斯特里，因為發
現了新氣體而相當興奮。

普利斯特里想必長篇大論說起自己的發現吧？

這是把水銀灰加熱之後獲得的。就是啊，這個氣體居然可以讓燭火不停地燃燒耶！所以這個物質，就是在燃燒時會跑出很多很多燃素氣體。換句話說，這是沒有燃素的氣體！
這是在說啥咪？

不過，普利斯特里正在說明的當下，拉瓦節卻想著其他事情。

當火熊熊燃燒的時候，應該不是有什麼跑出來，而是加了什麼進去的感覺才對啊。
我還沒說完哪，你怎麼就神遊起來了？

拉瓦節與當時多數科學家的想法不一樣，他並不相信燃素的存在。

聽到燃素就覺得累。
還不如說，物質燃燒是因為加進了某種空氣所導致的現象。
是因為我的說明太困難了嗎？

這個人所發現的那個空氣，該不會就是我所想的那個吧？
沒什麼反應呢，那我走囉～

他認為普利斯特里所說的氣體，應該就是自己最近透過實驗所預測，與燃燒和鍛燒*直接相關的氣體。

*鍛燒
將固體加熱，進行熱分解或去除揮發性成分的熱處理過程。

那個氣體就是氧氣。

oxygen
O
化學符號O、原子序8。

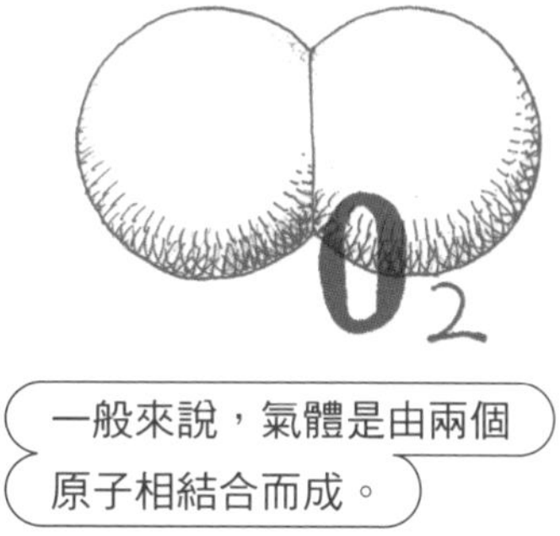
O2
一般來說，氣體是由兩個原子相結合而成。

法國名門律師家族出身的拉瓦節，依照父親的期望，認真地朝律師之路邁進。

要我們家門世世代代不愁吃穿的話，要怎麼做呢？
要聽父親的話。
很好，不虧是我兒子。

然而，他關心的始終是科學。

那我用法律賺錢、用科學獲得名聲怎麼樣？
很好，比我棒！

教授對我非常的好！
你很有天分、又是名門出身，不支持你要支持誰呢？

教授們毫不保留地鼓勵、支持拉瓦節的天分與熱情。

拉瓦節則是以認真地上課、研究、探險，來回報教授們的賞識與鼓勵。

魯艾爾教授的化學課、
蓋塔教授的地質學探險……
你真的很認真喔！
沒錯！這都是為了不負大家對我的期望啊。

也多虧於此，讓拉瓦節得以比其他人更早成為法國科學會的一員，在有制度的學會之中，可以穩定專注地進行研究。同時，他也努力不懈地賺錢。

恭喜你成為最年輕的學會會員。
果然認真努力是會有代價的。

因為拉瓦節打破當時人們所認定的普通觀念，因而獲得科學界莫大的矚目。

身為稅收代理人，賺了很多錢。
真的是金錢跟名譽兩邊都兼顧了。
看來野心不小喔。

來思考一下水用火加熱後，會變成土這件事吧。
你看，水全部蒸發之後，剩下一些殘渣對吧？
嗯！
這就是水變成土？

拉瓦節並不認為水、火、土、空氣是單一元素，他用不同於其他人的方式進行了各種實驗。

重量量好了。
什麼重量？
加熱前跟加熱後，所有物質與器具的全部重量。
然後呢？
裝水的容器減少的重量，就是水全部蒸發後殘渣的重量。

……
我是你的一部分。

因此得到的結論是，水並沒有變成土，而是容器溶解在水中，水蒸發後所留下的沉澱物。

所以不是那樣，是這樣？
有點虛無縹緲。

每回都這樣縝密地測量重量，讓我想起一句話。
什麼話？
好像是什麼質量守恆定律……？

拉瓦節比任何人都還深刻地領悟到，在化學研究中，定量實驗的重要性。

將錫放進燒瓶中密封，然後加熱。
會產生灰燼。
再將燒瓶放入水中，
將瓶蓋打開，空氣就減少了呢。
減少了多少？
5分之1。

當時，拉瓦節埋首在新的實驗當中，他大膽地認為，一部分的空氣與錫相結合了。

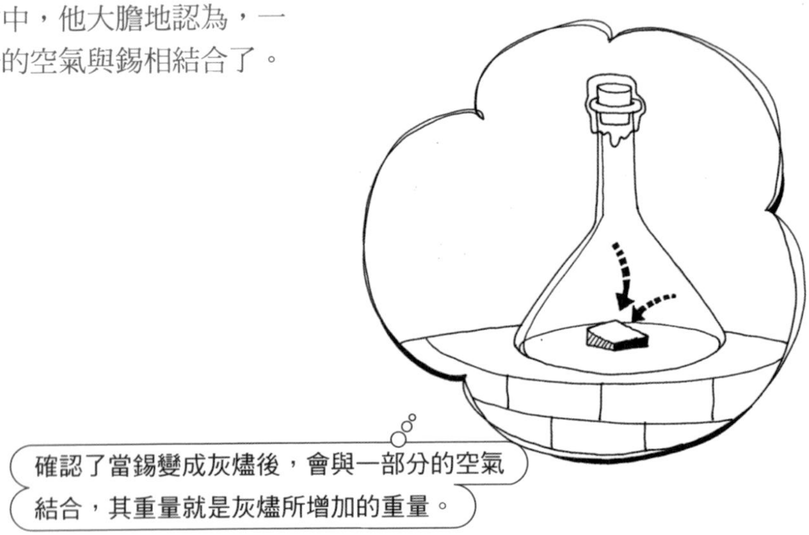
確認了當錫變成灰燼後，會與一部分的空氣
結合，其重量就是灰燼所增加的重量。

就此證明了空氣並非單一元素，而是最少兩種元素以上組成的混合物。

空氣中有會與錫結合的東西，
以及不會與錫反應的東西。

拉瓦節用水銀做了相同的實驗，結果也是一樣。

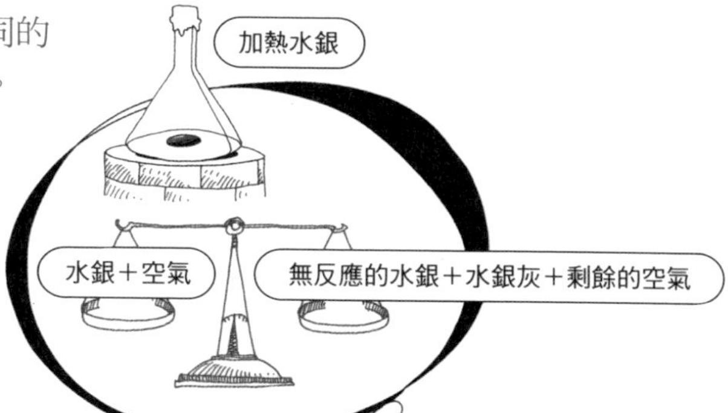
加熱水銀
水銀＋空氣
無反應的水銀＋水銀灰＋剩餘的空氣

量了一下重量，兩邊剛好一樣。

就在此時，普利斯特里找上門。拉瓦節與普利斯特里兩人發現了同樣的空氣，但兩人的實驗過程卻完全相反。

請問有什麼事嗎？
想要您稱讚我。
最近我沒空稱讚人呢？

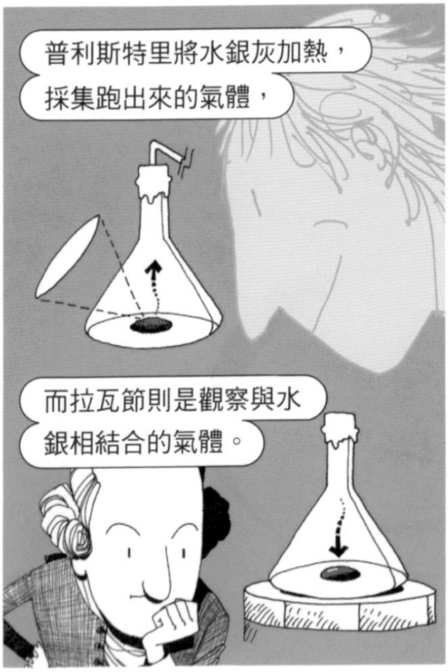
普利斯特里將水銀灰加熱，
採集跑出來的氣體，
而拉瓦節則是觀察與水
銀相結合的氣體。

聰明的拉瓦節意識到，普利斯特里所發現的「脫燃素氣體」，與自己實驗中減少的空氣是同一種氣體。

就是那個！
呵呵呵……

不過，對於這個新氣體，拉瓦節卻跟普利斯特里有著不同的想法與看法。

燃素真是個很大的錯覺。

此外，拉瓦節更進一步證明，那個氣體在燃燒過程中扮演了什麼角色。

物質與這個氣體結合的過程中，
又發熱、又發光，
氣體
光
熱
是火啊！
物質
人們一看見那個，就會說是火。

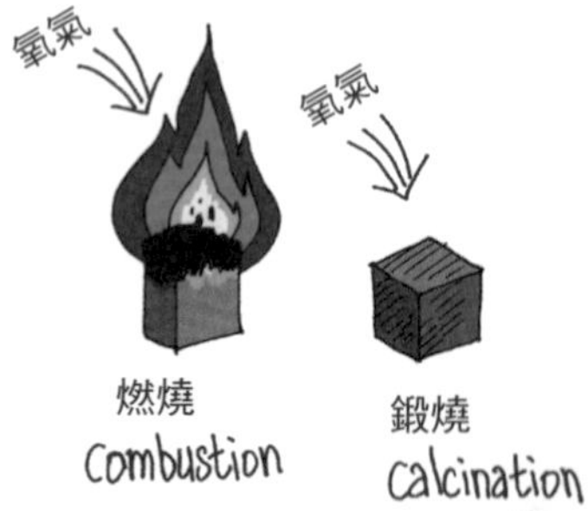
氧氣
氧氣
燃燒
Combustion
鍛燒
Calcination

就這樣，關於物質燃燒、金屬氧化的燃燒與鍛燒的秘密就此解開，也讓長久以來為了說明火而必須採用的燃素理論，自此在科學領域消失無蹤。

金屬生鏽也是相同的反應。

往後的人們，會稱呼這叫化學革命吧？
怎麼都不說是託我的福呢？
Marie Anne Lavoisier

瑪麗安．拉瓦節，是拉瓦節的夫人，也是拉瓦節學術研究上的夥伴。

我要幫你取名為……
你要叫它什麼呢？
氧氣！
為什麼？
因為它與磷結合會形成磷酸，所以是製造酸性的氣體之意。

雖然後來證實，只有非金屬的氧化物溶解後才是酸的，但瓦拉節的貢獻還是毋庸置疑。

同時，他也讓一直以來名稱各異的化合物名稱，開始採用有系統的命名法。

只要聽到名字，就可以知道化合物的構成要素有哪些。
例如？
硫化鉛（lead sulfide）。
一看就知道是硫與鉛的結合對吧？
它原本的名字是什麼？
方鉛礦（galena）

經過一連串的定量實驗，也就此確立這項重要的科學定律。

質量守恆定律！
你說什麼？
反應前所有物質的總重量，在反應後不會改變。

拉瓦節這些值得被稱為化學革命的所有研究成就，收錄在《化學要論》一書，於1789年出版。

TRAITÉ ÉLÉMENTAIRE DE CHIMIE,
PRÉSENTÉ DANS UN ORDRE NOUVEAU ET D'APRÈS LES DÉCOUVERTES MODERNES,
PAR M. LAVOISIER
法國大革命！

然而，身為稅金徵收員的這個職業，卻成了大問題。

拉瓦節最終於1794年被送上斷頭台。

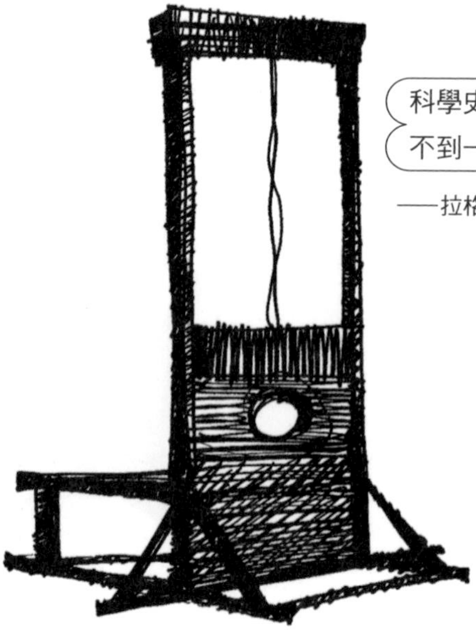

科學史等待了百年的人才，不到一秒就消失了。

——拉格朗日（Joseph Lagrange）

08

偉大的假說——原子論

道爾吞

約翰・道爾吞 John Dalton (1766～1844)

英國化學家、物理學家，他規範了物質最基本的單位為原子，透過定量實驗所得資料，賦予物質基本原子量，這也成為日後諸多科學家構思出更精巧的原子模型的基礎。

在科學家們不關心的鍊金術，也發展出以定量處理物質性質與變化的化學的時代，道爾吞提出了近代原子論，即所有元素都是由所持固有性質的最小基本粒子所組成，為化學研究提供了重要的關鍵線索。

人們多半不相信無法親眼所見的事物。

……
聽說那口井裡有鬼。
你有看到過嗎？
太可怕了我不敢看。

你家有住著鬼。
我沒看到啊？
如果看得見，還算是鬼嗎？

除了那些相信超自然存在的宗教或民間信仰，以及長久以來的習俗領域。

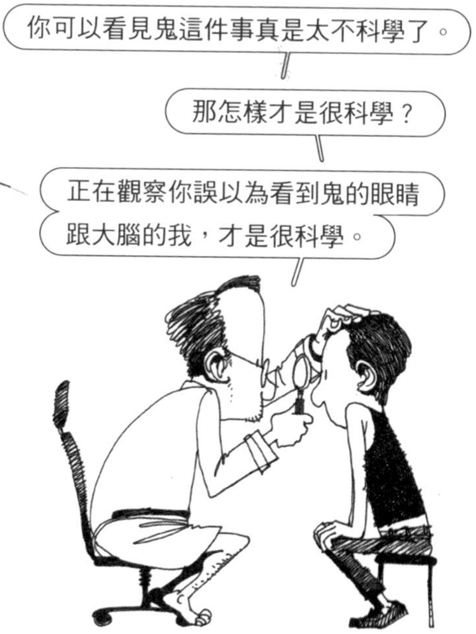
你可以看見鬼這件事真是太不科學了。
那怎樣才是很科學？
正在觀察你誤以為看到鬼的眼睛跟大腦的我，才是很科學。

一般認為，至少在科學領域中，只討論明確的、有經驗的、有感覺的研究對象。

然而到了今日，我們的科學發展得越高端先進，我們越是將肉眼看不見的微觀世界中發生的現象作為研究目標。

你今天成為科學家，是為了研究那些顯而易見的東西嗎？

而且，那些所有研究的基礎，都是我們日常生活中看不見、摸不著，卻又確實存在的東西。

就算看不見，也必須要相信。
為什麼？
如果不相信這個，就做不了科學了。
那個是什麼？

物質的最小單位是原子（atom）。

原子！
ATOM

萬物的根源，是無法再被細分的小微粒。
拿來給我看看。
因為沒有電子顯微鏡跟粒子加速器，所以沒辦法給你看。
你真是在胡說一通。

在原子概念最早被提出的西元前400年左右，當時無法被理解狀況就更不用說了。

沉睡超過2,000年的原子論，終於在19世紀又重回科學舞台，但原子依舊是無法被觀察到的存在。

可以讓我看看嗎？
有點困難。
那就不能算是科學啊！

正因為違背了一般常識，所以古代哲學家才會放棄原子論。

AIRE
AGUA
FUEGO
TIERRA
水、火、土、空氣的四元素說。
那原子論呢？
放棄吧！

近代科學家們對於這看不見的原子，也有過長久的爭執。

雖然眼睛看不見，但可以用腦袋理解。
我不要。
可以用原子論解釋的定律你知道有多少嗎？
我不想知道。

我不勉強你，但你願不願意試著敞開心胸，發揮一下想像力呢？
我不要。

想像力比較靈活的人，與堅持要看到實證的人們，就這樣直到20紀初，都不斷地爭執著原子論。

將這個燙手山芋丟進近代科學世界的，是白手起家的英國科學家，道爾吞。

因為這無止境的反覆爭論，聽說甚至有科學家因此過度憂鬱而自殺。
是被惡意留言困擾導致的嗎？

原子是由無法再進行分割的最終粒子……
這不是我以前說過的話嗎？
這跟那在層次上不同。
德謨克利特（Democritus）

道爾吞出生於兄弟眾多的貧窮家庭，但他卻非常好學，尤其對數學與自然科學深感興趣。

15歲起就有規律地仔細觀測氣象，可說是一位天生的科學家。

因為對於氣象學的熱情，自然而然地也對大氣成分中的氣體開始想要研究探索。

就在道爾吞以科學家身分漸漸獲得名聲之時，已經有幾位科學家透過實驗，發表了著名的化學反應定律。

拉瓦節確認了，化學所使用的物質，在反應前與反應後的質量總和不會改變。

1779年，普魯斯特（Joseph Louis Proust）發表了定比定律。

1803年，道爾吞也發現了一個定律，名留科學史。

當兩個元素可互相生成不同的化合物時，其中一元素與所結合的另一元素的質量，會呈現簡單的整數比。

這就是倍比定律。

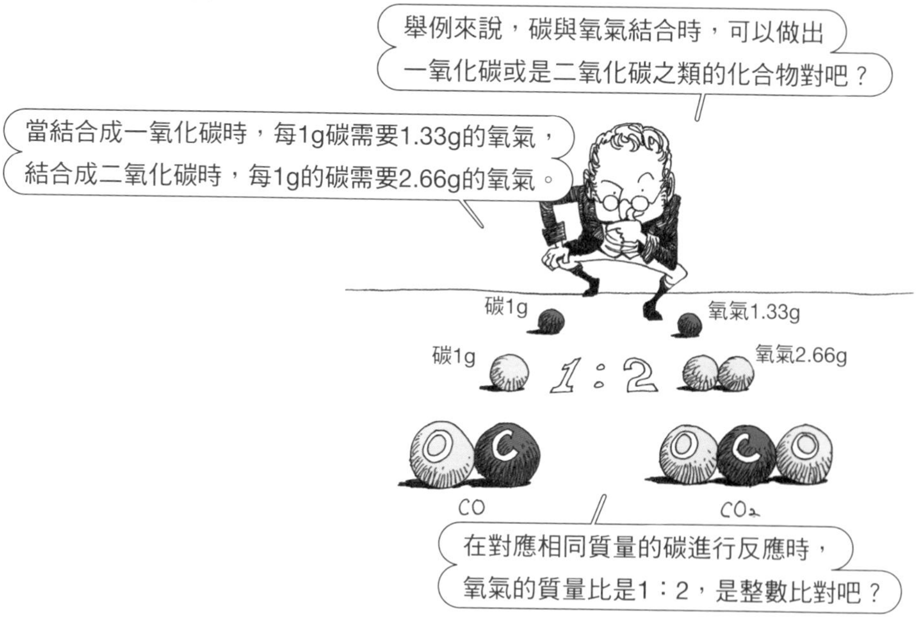
舉例來說，碳與氧氣結合時，可以做出一氧化碳或是二氧化碳之類的化合物對吧？
當結合成一氧化碳時，每1g碳需要1.33g的氧氣，結合成二氧化碳時，每1g的碳需要2.66g的氧氣。
碳1g
氧氣1.33g
碳1g
1：2
氧氣2.66g
CO
CO_2
在對應相同質量的碳進行反應時，氧氣的質量比是1：2，是整數比對吧？

這些都是透過嚴密的定量實驗所獲得的事實，但還是有一個問題尚待解決。在化學反應中，元素們為何都依循著這些定律，沒有科學家都找得出原因。

道爾吞所被賦予的時代課題，
就是解決那個問題。

道爾吞認為，要先理解物質的根本型態與屬性，才是解決這個問題的關鍵。

要能成為簡單整數比，
就意味著要有一直固定的基本單位……
所以，讓我們假設物質
是以基本粒子組成？
以及，所有的元素
都有其固定的質量值？

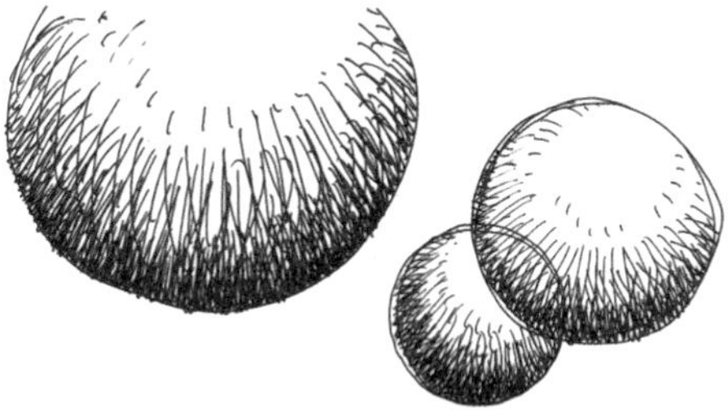

首先要先決定最輕的元素的原子量，
再繼續進行比較。

帶著這份確信，他測量元素們的相對質量，也就是原子量。而參考測量值就是氫氣的質量。

Hydrogen
沒錯！就將氫的原子量訂為1吧。

就這樣，他測量了物質的基本原子量。

1g的氫氣與8g的氧氣反應之後，
形成9g的水，所以氧的原子量是8。
Oxygen
8
咦！不是這樣吧？
那些之後再說啦……

道爾吞也規範了原子。

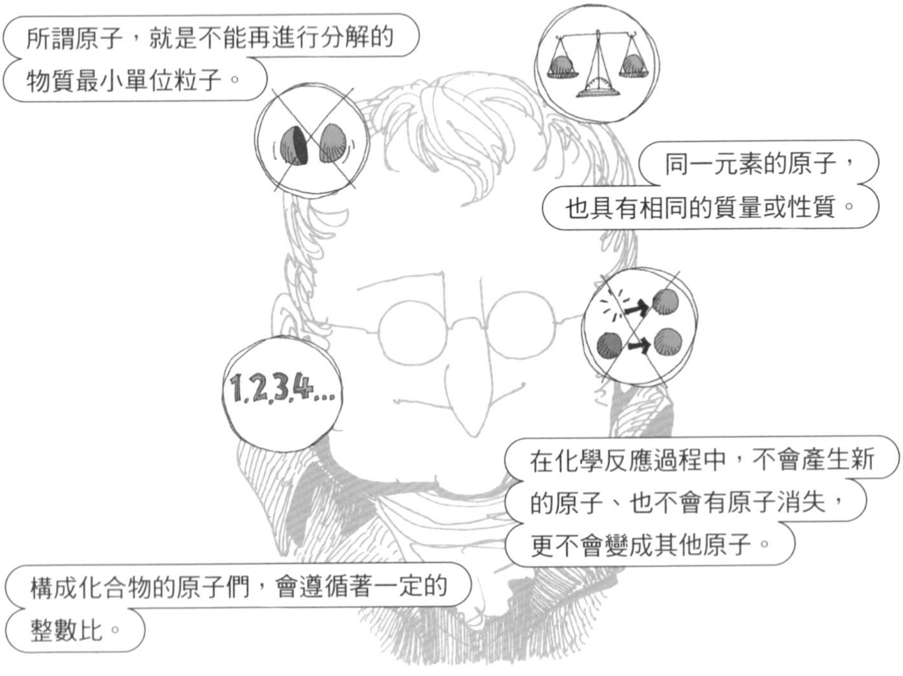
所謂原子，就是不能再進行分解的物質最小單位粒子。
同一元素的原子，也具有相同的質量或性質。
1,2,3,4...
在化學反應過程中，不會產生新的原子、也不會有原子消失，更不會變成其他原子。
構成化合物的原子們，會遵循著一定的整數比。

1808年出版的《化學哲學的新體系》，記錄著這些所有相關內容。

我也為元素們製作了象徵記號。
ELEMENTS
Hydrogen
Azote
Carbon
Oxygen
Phosphorus
Sulphur
Magnesia
Iron
Zinc
Lead
Silver
Gold
Platina
Mercury

道爾吞的原子論，以現代科學觀點來看，依然有其侷限性。

原子還可以被分為電子、質子、中子，甚至夸克。
即使是同位素的原子，原子量也有可能會不同。
透過核融合或是核分裂，也可以改變成另一個原子。
19世紀初的我，怎麼可能知道那種事情呢？

不過，他的原子論仍然是科學史上非常重要的假說。繼他之後，許多科學家開始構思更為精巧的原子模型。

湯姆森、拉塞福、波耳……
原子論讓我們繼續發展。
我們的成就都是受益
自原子論。
Joseph John Thomson
Ernest Rutherford
Niels H. D. Bohr

20世紀的明星科學家費曼（Richard Feynman）曾說過，若這世上僅能留下一項科學知識的話，那當然就是原子假說。

是我說的嗎？
哈哈哈哈哈哈哈。
你還真會開玩笑。

一生無怨無悔地研究。

道爾吞於1822年成為皇家學會會員，直到過世為止，持續為科學貢獻。

然而，如前所述，他的原子論仍有部分缺陷。

你以8計算氧的原子量，然後將氫氣與氧氣結合成水標示為HO對嗎？
HO
錯了嗎？
錯了呢。
哪裡錯了？

因為他不知道原子在大部分的自然狀態中，是以分子為單位存在。

H2
O2
N2
CO2
為什麼會黏在一起呢？

接下來，又出現了難解的
關卡。

為了解決這個問題，科學界又迎來另一位
天才科學家的到來。

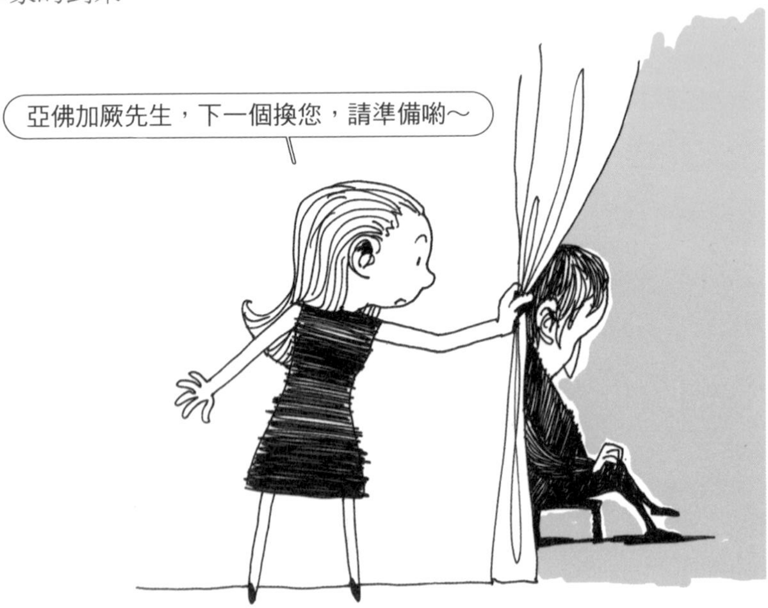

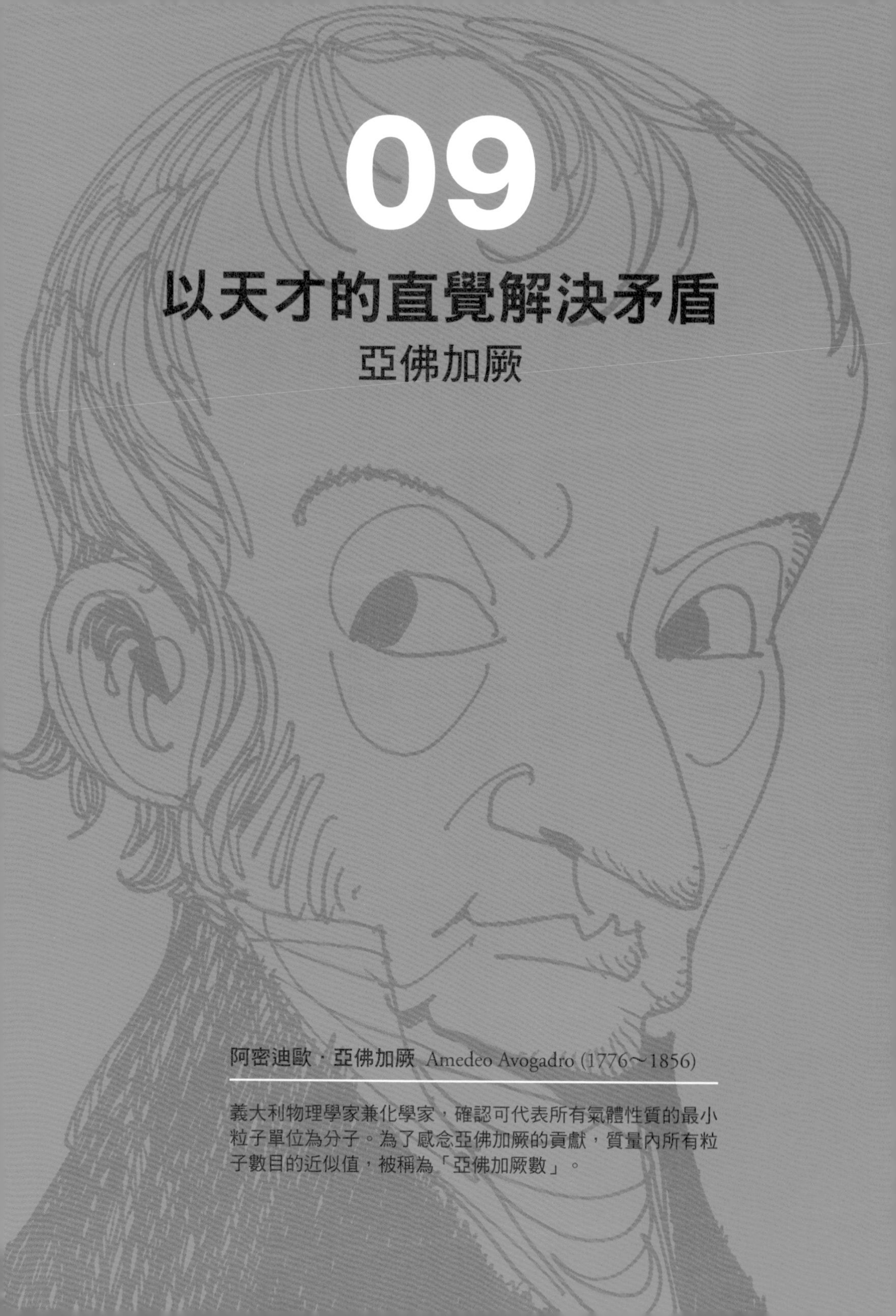

09

以天才的直覺解決矛盾

亞佛加厥

阿密迪歐．亞佛加厥 Amedeo Avogadro (1776～1856)

義大利物理學家兼化學家，確認可代表所有氣體性質的最小粒子單位為分子。為了感念亞佛加厥的貢獻，質量內所有粒子數目的近似值，被稱為「亞佛加厥數」。

道爾吞的原子論，規範出物質的最小單位，是相當卓越的成就，然而卻還不足以說明氣體的化學反應。

這是由於在自然狀態中，氣體多半是由幾個原子結合而成，以另一種物質單位——分子的型態存在。義大利科學家亞佛加厥是首位解決這個問題的人，對化學發展具有重要貢獻。

只要一有機會，原子們就會互相交換或共享電子，引起化學反應。

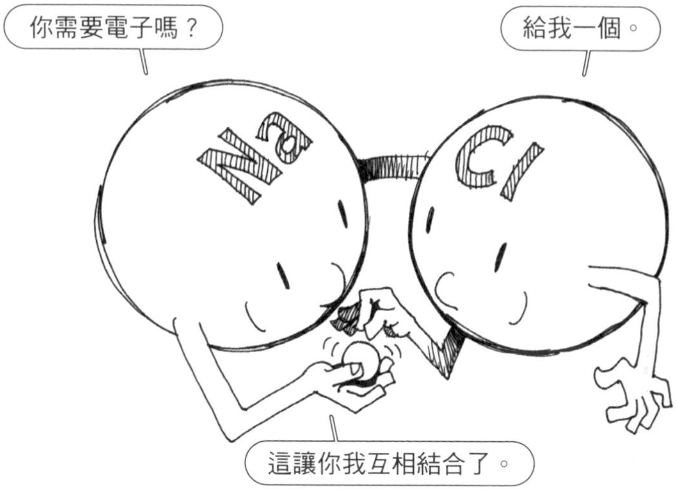

這是因為原子想要具有更穩定的狀態。

原子是由中心的原子核，以及周邊依循著軌道繞行的電子所構成。每個軌道可以進入的電子數量各不相同。

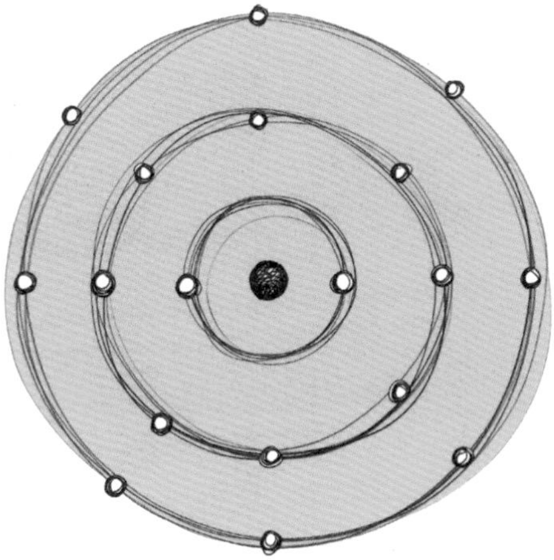

第一個軌道有2個、第二個軌道有8個、加上再下一層軌道，電子總數會是18個，距離原子核越遠，電子數量就越多。但若軌道上的電子沒有填滿，原子就會呈現不穩定的狀態。

於是為了填滿那數字，就需要與其他原子結合。

終於可以安心了。
為什麼要填滿才能安心呢？
因為這是我們的家訓，不多不少剛剛好。

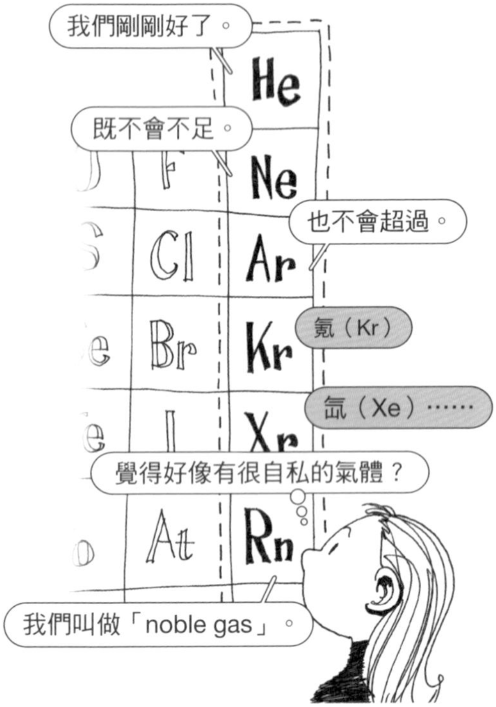

我們剛剛好了。
既不會不足。
也不會超過。
氪（Kr）
氙（Xe）……
覺得好像有很自私的氣體？
我們叫做「noble gas」。
He
Ne
Cl
Ar
Br
Kr
At
Rn

除了氦（He）、氖（Ne）、氬（Ar）等元素週期表18族的惰性氣體（inert gas）之外，氣體大部分在自然狀態下，都是以分子或是集結成化合物的狀態存在。

二氧化碳有2個氧原子與1個碳原子。
CO2

氧氣則是有2個氧原子。
O2

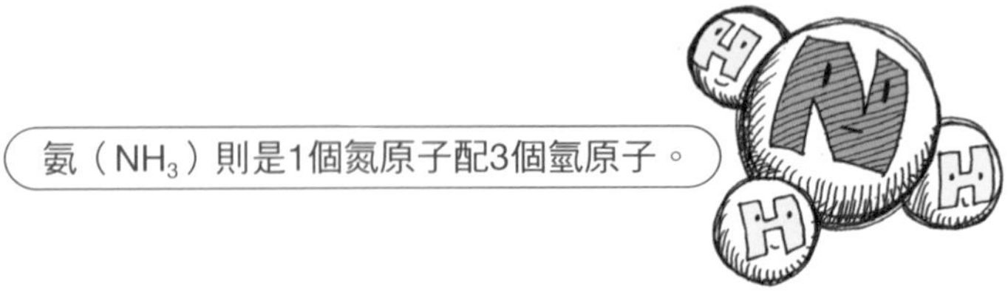

氨（NH3）則是1個氮原子配3個氫原子。
NH3

像這樣經由原子結合所形成的物質，其化學性質基本單位就是分子，是化學研究中極為重要的必要概念。

道爾吞先生不知道分子嗎？
不知道。
只知道原子，不知道分子這種話，你自己能相信嗎？
我覺得原子就說得通了。
John Dalton
你很堅持己見嗎？
接下來還要跟人一決勝負呢。
誰？
再過不久就會出現。

18世紀開啟的氣體研究延續到19世紀，因法拉第（Michael Faraday）等科學家的努力，達到了更進一步的成果。

也知道了加熱液體所形成的蒸氣，與氣體具有相同的性質。
誰要跟道爾吞先生打一架？
Michael Faraday
不是我。

在這些科學家當中，來自法國的給呂薩克（Joseph Louis Gay-Lussac）發現了一個很重要的定律。他出生在一個令人稱羨的富裕家庭，所以能夠無負擔地做他喜歡的科學實驗與研究。

請教大名？
來了！
我，是我！
給呂薩克。

擁有富裕父親的兒子，
通常會有兩條出路。
不是變成無賴，就是獲得偉大的發現。

他持續地關注氣體，並做了許多實驗。

他發現了當氣體的質量與
體積固定時，壓力與溫度會
等比例上升的定律。
我，查理，也在5分鐘前也想出同樣的定律。
Jacques
Charles
那麼你就拿去吧。
這怎麼好意思，不然叫做「查理—
給呂薩克定律」好嗎？
隨便你。

他還搭乘熱氣球飛上高空，
調查大氣的成分。

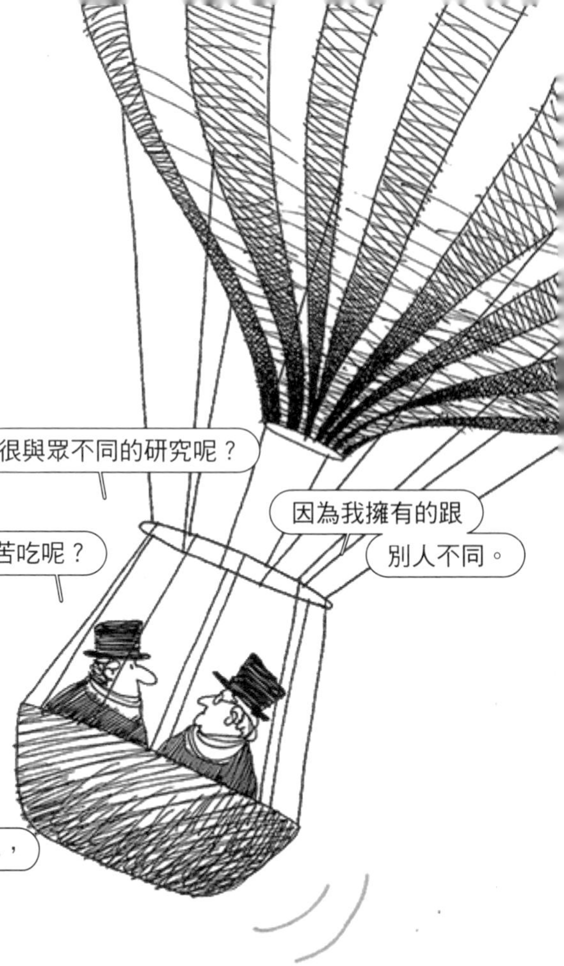
這真是很與眾不同的研究呢？
但為什麼要這樣自討苦吃呢？
因為我擁有的跟
別人不同。

就算因為高度提升導致壓力越小，
空氣的組成成分也沒有改變。
但我的心情改變了。
你怎麼了？
有點想吐。

熱氣球上升到大約7,000m的高
空中，他在此期間觀察在各種高
度下，空氣會是什麼狀態。

在此過程中，他也發現了水蒸氣是氫氣與氧氣依據一定的整數比結合而成。

氫氣與氧氣的體積固定都是2：1的比例。
所以水蒸氣的體積是？
2
John Dalton
那樣不對吧？

在化學反應時，
反應的氣體與產生的氣體之體積，
會呈現簡單的整數比。
0
1
2
3
4
5
6
7
-2
-3
-4
-5

給呂薩克於1808年發表氣體反應定律，
不過這個定律隨即就產生了問題。

你說什麼？
體積2的氫氣加上體積1的氧氣，
得到的水蒸氣體積居然是2？
你不會算數嗎？
看來是不會呢。
不要以為自己長得好看就在那邊亂說話！
看吧，我就說不可行吧！

因為他的說法與當時科學界所擁戴的
道爾吞原子論有所矛盾。

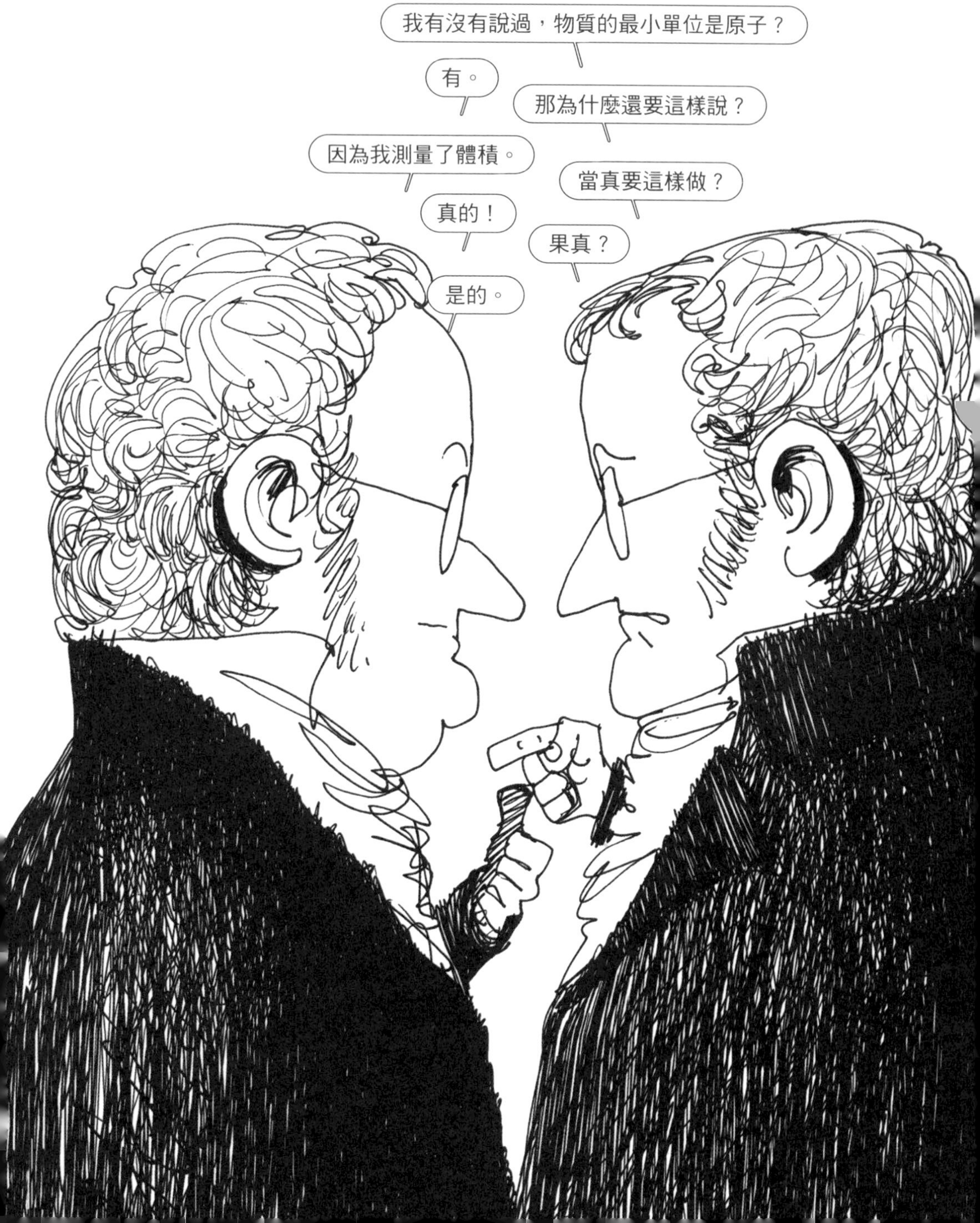

若要滿足給呂薩克定律，
就必須將原子拆解。

那就會變成半顆原子了？
你的說法真的是好笑到讓人笑不出來！
那就不要笑。

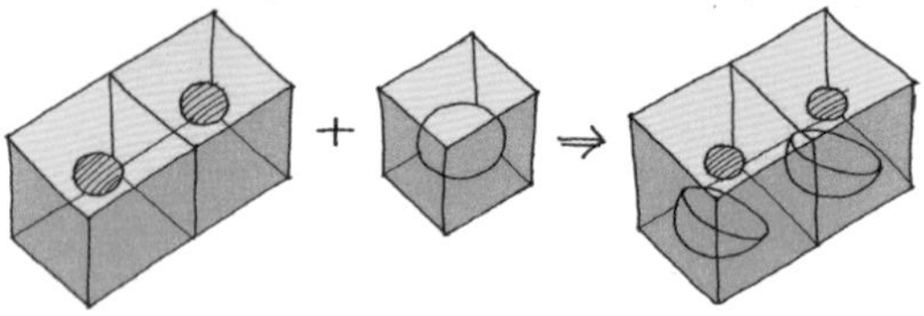
+
⇒

氫氣2體積　　氧氣1體積　　水蒸氣2體積

道爾吞極力反駁，而給呂薩克也不是輕易退縮的人。

我剛剛並沒有在笑！
誰說那是笑了？
你不是嘲笑我錯了嗎？
誰說的？我只說我沒有錯。
你沒錯不就是我錯嗎？
你心理有問題才會這樣覺得吧！
所以，到底是誰錯？
總之我沒有錯。
你看！你就是在說我錯！

一位來自義大利的人，找出了解決對策，
讓兩相矛盾的定律不會受到任何損傷。
兩個人都沒錯！

他就是亞佛加厥。

我的全名是
Lorenzo Romano Amedeo Carlo
Avogadro di Quarequa e di Cerreto。

亞佛加厥出生於法律世家，很早就開始攻讀法律，20多歲時即從事法官工作。站在這個人人稱羨的社會地位，但他的命運似乎是注定要成為科學家。

你是引領司法界的重要支柱
可不是嗎。不過我最近有了些其他想法。
是什麼樣的想法呢？
該怎麼說呢……就是比法律還要貼近根本的某個東西？

那些數字、定律、實驗，引領著世上的真理。
別把我也拉進去就好。

20幾歲的他，沉迷於有趣的數學與科學魅力，義無反顧地決定轉換跑道。

該是離開的時候了。
就這樣放棄你的學位跟優渥的工作，不覺得可惜嗎？
可惜的是我的潛能才對！

沒有與英國、德國、法國等地活躍地進行研究的科學家交流，他是以自學方式領悟所有科學知識。

極具里程碑的亞佛加厥假說，在1811年被提出。

這篇樸實卻又宏觀的論文，發表在一份法國的科學刊物。

〈論述關於測定化合物中基本分子的相對質量，以及它們在化合物中的比例之方法〉

你看過這篇了嗎？感覺這個題目很不尋常？
誰寫的？
說是一個義大利的老師寫的。

在該篇論文中，對於指稱物質基本單位的名稱，亞佛加厥不是使用原子，而是給了其他的名稱。

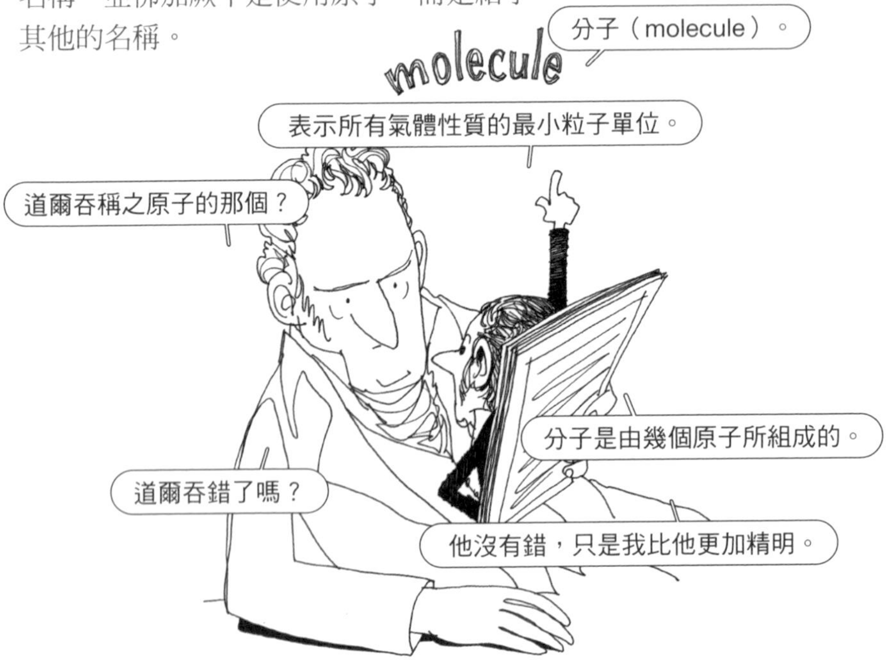
分子（molecule）。
molecule
表示所有氣體性質的最小粒子單位。
道爾吞稱之原子的那個？
分子是由幾個原子所組成的。
道爾吞錯了嗎？
他沒有錯，只是我比他更加精明。

分子的概念，一次解決了道爾吞與給呂薩克長久以來的爭論。

用氫氣與氧氣反應後成水來舉例看看？

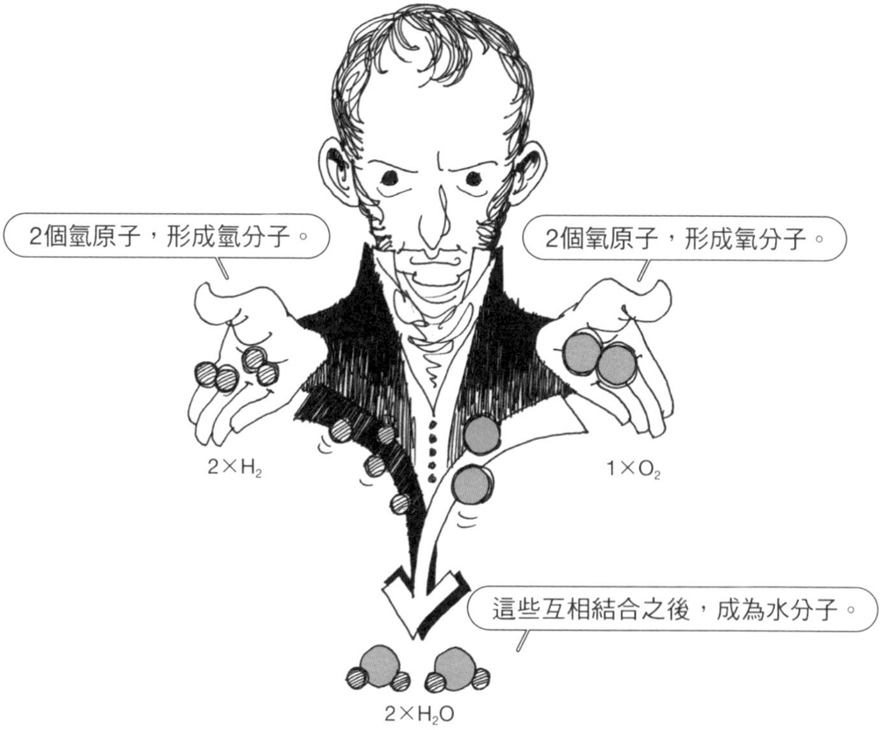

這麼一來，道爾吞的原子論，與給呂薩克的氣體反應定律都是正確的。

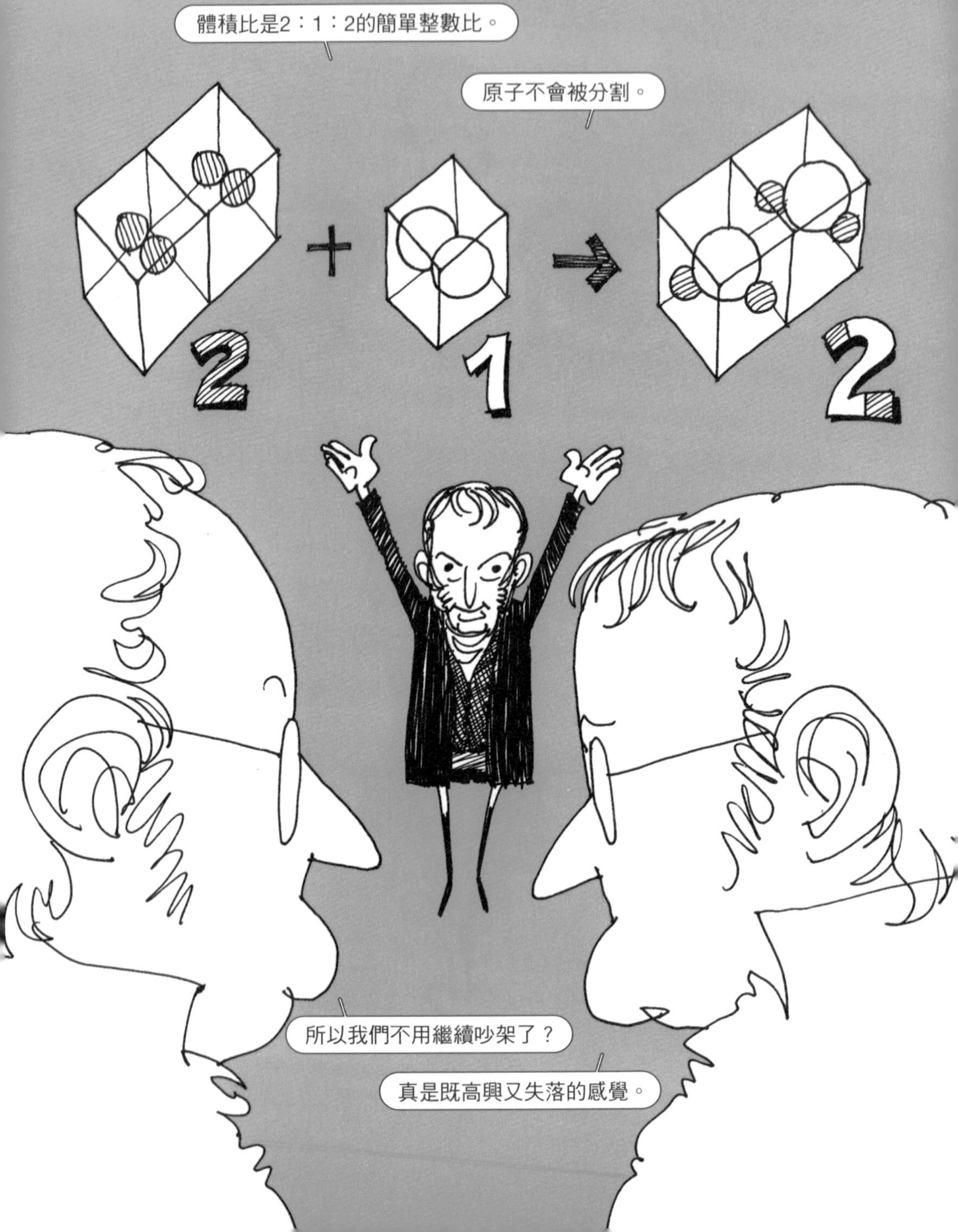

但是，科學界並沒有爽快地接受亞佛加厥的解決對策。

怎麼可能一下子就停止爭吵？
我們又不是孩子，好歹也是科學家。

也許是因為當時的亞佛加厥並非皇家學會的會員，也不是任教於名校的大學教授，不過是一位偏僻鄉下的科學老師而已？

不過在我心裡，道爾吞與給呂薩克已經和解了。

我的假說，對於計算化學反應中的原子量與分子量很有幫助。

總之，依據亞佛加厥假說對於分子的定義，所有氣體不分種類，在相同溫度及壓力的情況下，相同體積內含有相同數量的粒子。

雖然他具有卓越的直覺與劃時代的想法，但因為分子這個陌生的概念，讓他的假說並未受到重視。

相同溫度、相同壓力，在相同體積中有相同數量的分子……
這是在說啥？
不知道，可能是內心的化合什麼之類的吧？

後來，在義大利科學家坎尼扎羅（Stanislao Cannizzaro）不斷地努力之下，亞佛加厥假說終於獲得科學界的認可。

進入20世紀之後，科學家們以縝密的研究與測量，計算質量內的粒子數量，得到了$6.02x10^{23}$的數值，並將表示這數量的單位稱為「莫耳（mol、mole）」。

6.02x10²³
為了紀念亞佛加厥的成就，
我們就叫它「亞佛加厥數」吧。

molecule
莫耳（mole）是取
自於分子（molecule）這個字嗎？

亞佛加厥在科學史上，為化學、物理學再次找到正確路徑，樹立了全新里程碑。

當然。

啊不然咧？

10

解開土地秘密的人

萊爾

查爾斯．萊爾 Charles Lyell (1797～1875)

英國地質學家。遊歷各國執行地質學研究後，統一說明地質現象，為近代地質學奠定基礎，被稱為地質學之父。

地質學在科學領域中，長久以來都受基督教權威所掌控。地球的年齡、地層的生成、岩石的循環等近代的科學見解，都是到了18世紀後半葉才開始確立地位。

地質學的歷史，是從1830年萊爾的著作《地質學原理》出版後，才揭開了近代地質學的序幕。

17世紀中葉歐洲出版的《聖經》上，清楚地記載著地球的創始日期。

創始日：西元前4004年10月23日。
這是聖經本來就就記載的日期嗎？
不是，是有人計算出來的。
誰？

地球的年齡是6,000年，
創造日就是西元前4,004年。
James Ussher
有用放射性定年法確定嗎？
只要有信仰，
那些都是不必要的。

1654年，英國主教烏舍爾（James Ussher）對〈創世紀〉的內容逐條確認過之後，計算出地球的年齡。

這話如果被相信你的人聽到，
你不會難為情嗎？

日心說都已經發表超過百年了，但地球與地質領域依然不在科學的關注行列中。

研究天體、力學、氣體都很好，
但是不是也該關心一下土地呢？
我們是科學家？還是農夫？

1681年，英國神學家伯納特（Thomas Burnet）主張，地球的模樣是在很久以前瞬間被破壞的。

亞當與夏娃所居住的地球，
並不是這樣坑坑疤疤的。
是嗎？
地球初創時，
是一個完美又光滑的圓。
Thomas Burnet
那怎麼會變皺的？
TELLURIS
Theoria Sacra
我只會告訴有做十一奉獻的人。

《地球神聖理論》，1681年。

伍德沃德（John Woodward）也提出，岩石的分層證明了大洪水是真實發生的事件。

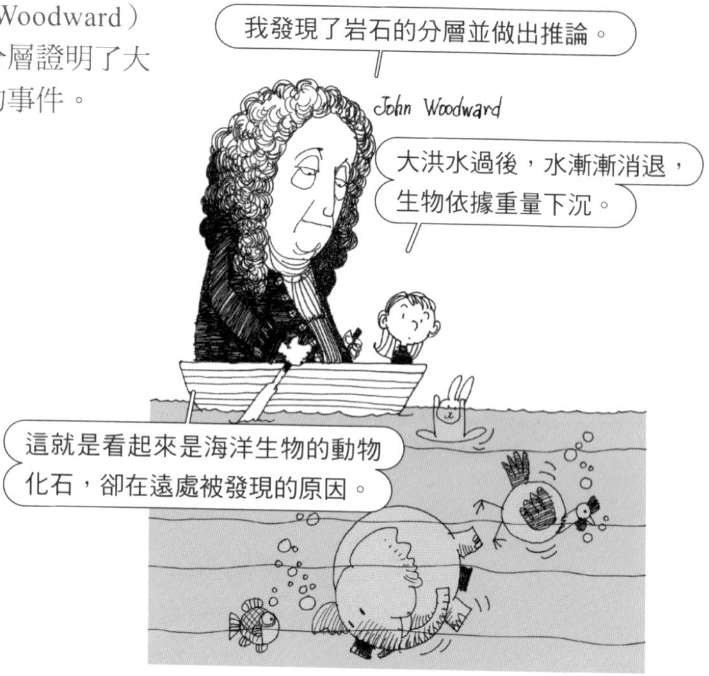
我發現了岩石的分層並做出推論。
John Woodward
大洪水過後，水漸漸消退，生物依據重量下沉。
這就是看起來是海洋生物的動物化石，卻在遠處被發現的原因。

有一說認為，許久前的某一個時間點，因為突如其來的變化，導致地球的形狀改變。
像是火山爆發嗎？
我們相信，巨大的水的作用，是讓地球變化的決定性因素。
例如？
大洪水就是最有利的證據。

諸如此類擁護宗教權威的說法，在地質學衍生出災變論（catastrophism）及水成論（neptunism）。

在18世紀，還是有少數有別於《聖經》系統的地球年齡推論意見被提出。法國啟蒙主義者布豐伯爵（Georges-Louis Leclerc de Buffon）主張，地球的年齡至少是7萬4,832年。

說真的6,000年不會太短嗎？
地層因為大洪水而改變的這個說法，也太牽強了。
George-Louis Leclerc de Buffon

很久很久以前，太陽與彗星相撞後產生行星。
喔！
所以當時的地球相當炙熱。
經過很長一段時間的冷卻，變成現在的溫度。
哇哇！
你有冷卻過地球？
如果假定這個鐵球跟地球一樣大，那麼要冷卻到現在的溫度，需要花上10萬696年。
你不是說7萬年？
我有冷卻過其他東西。

他計算燒紅的鐵球冷卻下來所需的時間，並依照大小比例推算。

就怕嚇到大家，所以我稍微減了一點點。

與水成論者的想法相反，強調火才是變化主因的德馬雷斯特（Nicolas Desmarets）火成論（plutonism）也登場了。

Nicolas Desmarets
火山爆發與岩漿，
是礦物形成的主因。

接著到了18世紀後半葉，伴隨著意見完全相反的兩位傑出人物：赫頓（James Hutton）與維納（Abraham Gottlob Werner）的登場，地質學終於開始有了名副其實的實證科學樣貌。

James Hutton
Abraham Gottlob Werner
地球不論是過去還是現在，都在持續變化中。
在巨大變化的前後，地球的模樣也改變了。

特別是赫頓，是確立近代地質學的不凡偉人。當時，他用比任何人都世俗的觀點去看地球。

蘇格蘭出身，大學主修法律、醫學與化學，曾經是一位農夫。
也是一位堅持要以自己雙腳實地走訪的探險家。

不被《聖經》影響、不做任何推論，不期待任何假說。
原來是培根主義者啊。
既然這樣，請叫我牛頓主義者吧。

在各地進行活躍地探險及觀察後，他發現了地層的不整合（uncomformity）。

地質的構造會這樣呈現不連續的狀態，證明了地層間經歷了各種長時間的不同作用。
海底的堆積物遭到壓縮，形成堆積層，
然後扭曲、隆起，變形，
在風化、侵蝕的過程中，岩石融化
形成岩漿，
又再次堆積與隆起。
就是一次又一次的循環？

我們所熟知的岩石循環，也是以赫頓的發現與研究結果為基礎。

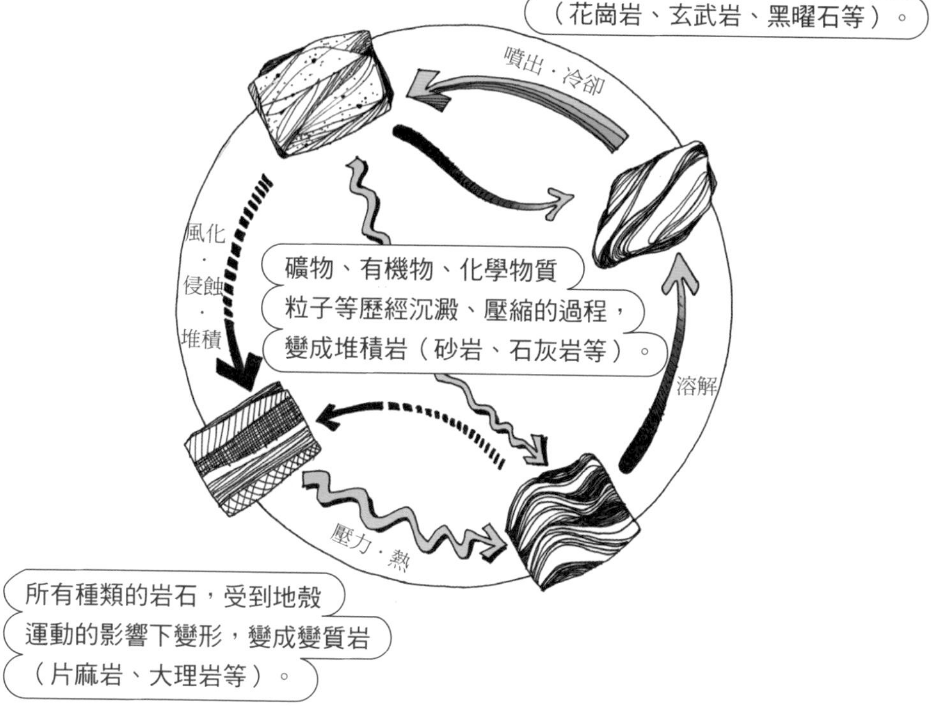
岩漿冷卻之後，形成火成岩（花崗岩、玄武岩、黑曜石等）。
噴出・冷卻
風化・侵蝕・堆積
礦物、有機物、化學物質粒子等歷經沉澱、壓縮的過程，變成堆積岩（砂岩、石灰岩等）。
溶解
壓力・熱
所有種類的岩石，受到地殼運動的影響下變形，變成變質岩（片麻岩、大理岩等）。

他還留下「所有地質學的循環過程，現在也在持續進行中」的名言。

現在就是過去的鑰匙！
這個與災變論相反的意見，
稱為均變論（uniformitarianism）。
這個名字是我取的？

1795年赫頓出版的《地球理論》，被認為是讓地質學突發猛進的著作，但在當時，並未受到應有的重視。

詹姆斯，你知道為什麼你的
書不能成為暢銷書嗎？
John Playfair
Theory of the Earth
為什麼？
1. 難以閱讀。
2. 開始讀之後，覺得更難了。
3. 整個讀完後，還是覺得很難。

相較於接受新的地質學，知識社會比較喜歡較為熟悉的災變論說法。

現在正是讓災變論集大成的最佳時機。
為什麼？
再晚的話，災變論就無法大聲說話了。
已經走到盡頭了嗎？

維納也同樣關注著地層中混合分布的各種岩石與化石，不過卻與赫頓的觀點不同，他支持水成論。

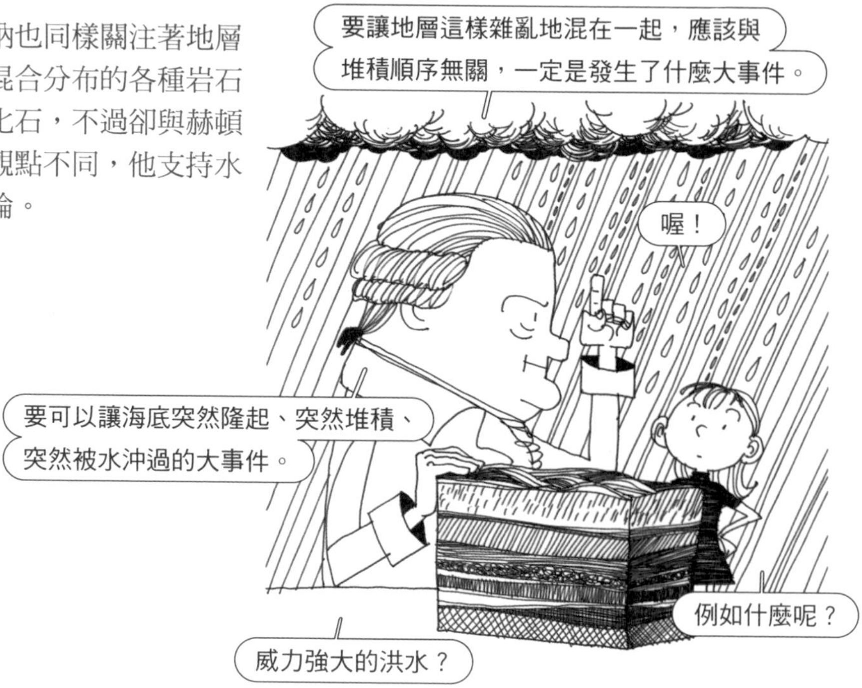

要讓地層這樣雜亂地混在一起，應該與堆積順序無關，一定是發生了什麼大事件。
喔！
要可以讓海底突然隆起、突然堆積、突然被水沖過的大事件。
例如什麼呢？
威力強大的洪水？

在這個以災變說為主流學說的時期，1827年時，一位律師投身地質學領域。

我要辭去這段時間做得心不在焉的律師工作。
那你要做什麼？
地質學。
是要挖地維生嗎？
我家很有錢。

萊爾雖然師從支持災變論的巴克蘭（William Buckland），但他的想法卻漸漸變得不太一樣。

我越來越被赫頓的理論給吸引。
你是說那個不知道地球的歷史何時開始、又無法預測何時會結束的無神論嗎？
那不是無神論，我想稱之為均變論。
就是那個！
William Buckland

萊爾有個可讓《聖經》與
均變論折衷的妙案。

神也創造了地球，同時也創造了均變論
這個自然定律，這個說法如何？
太聰明了！

依據均變論，透過現在的情
況，可以想像出過去地球變
化的模樣。

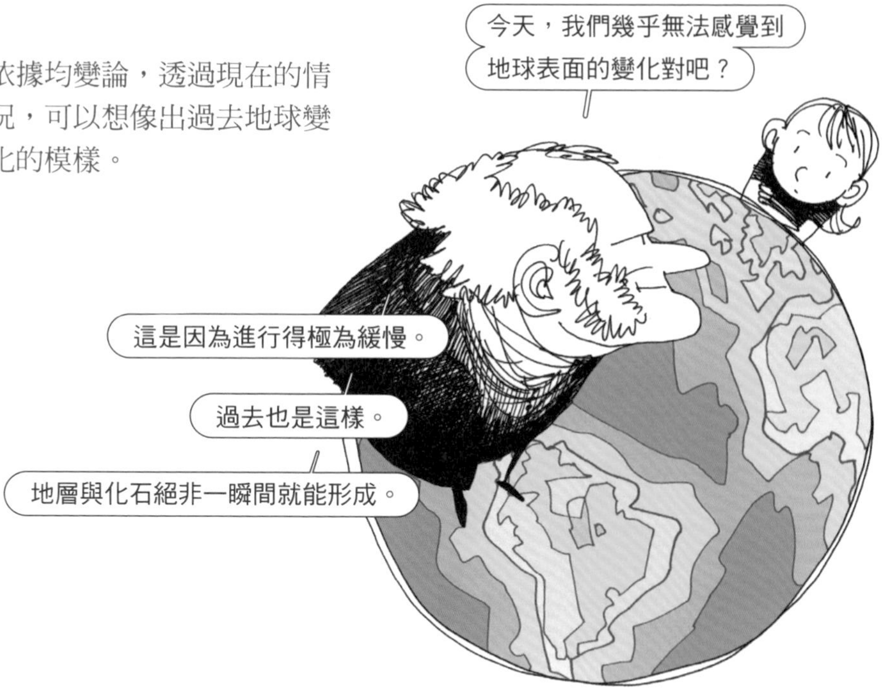
今天，我們幾乎無法感覺到
地球表面的變化對吧？
這是因為進行得極為緩慢。
過去也是這樣。
地層與化石絕非一瞬間就能形成。

作為19世紀的地質學家，萊爾將最完善的研究結果都收錄到《地質學原理》套書中。

第一冊是關於地球表面與岩石的循環。

地層隆起與火山爆發後，經歷風化、侵蝕、堆積、岩石固化，然後再次反覆隆起的過程。
碰！
基本上都遵循著赫頓的理論。

第二冊是關於生命體的漸進式變化。

有沒有嗅到演化論的味道？
經歷長時間的變化，可以推測在地球生活過的物種發生了怎樣的變化。
嗯。

第三冊是關於沉積層下的地層分類體系。

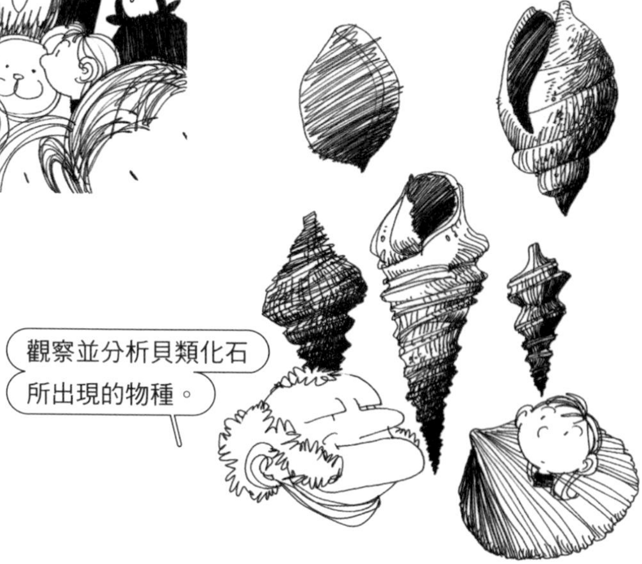
觀察並分析貝類化石所出現的物種。

這套《地質學原理》，不僅僅在地質學界，在一般大眾之間也大受歡迎。

這是人手一本的暢銷書。
你也買了那本書嗎？

大洪水就算了，可是否定災變說的話，不就沒有冰河期了嗎？
冰河期是漸進的變化啊。
那白堊紀的恐龍滅絕又該怎麼解釋？
所以只靠單一理論依然難以說明全部。

災變論自然而然地退出了地質學舞台，均變論成為主角。不過今天的地球科學中，是以這兩個理論相互補充。

搭上小獵犬號，開始探險之旅的達爾文手上，也有著這套《地質學原理》。

您也買了那套書？

11

想像的權利——爭議的起源

達爾文

查爾斯・達爾文 Charles Darwin (1809～1882)

英國生物學家、演化論者。他在《物種起源》一書中指出，生物不是被分別創造的，而是依據天擇演化，確認了演化論的基礎。

150年前出版的《物種起源》，至今仍然站在人類起源爭論的中心位置，若依據本書的內容，就連「種瓜得瓜、種豆得豆」的諺語都相形失色。

達爾文所主張的「天擇」概念，在根本上完全翻轉了過去物種是固定不變的想法。

1858年6月18日，達爾文收到博物學家華萊士（Alfred Russel Wallace）的來信後，大為震驚。

因為華萊士所寄來的論文，從過程到結論，幾乎都與自己的研究完全一致。

擔心自己過去20幾年的努力可能會化為泡沫，達爾文很焦急地向萊爾請求諮詢。

老師，我慢吞吞地成果可能要被搶先了，這該怎麼辦才好？
我知道你老早就開始研究演化論了，我來跟華萊士協調看看。
Charles Lyell

我好高興可以跟達爾文老師一起。
雖然你有先問過我，這個舉動是好的，但說實話我不喜歡跟你一起。

1858年，林奈學會

幸好，經過其他科學家們的仲裁協調，兩人得以共同發表這份關於演化論的論文。

一年後，達爾文獨立出版了
綜合說明演化論的書籍。

不能再拖了。
為什麼這麼急？
我不能讓歷史上對演化論的記憶是「華萊士與達爾文」的演化論。

演化論所有最基本的理論，都
在這本《物種起源》裡面。

既然要出書，以共著的方式出版不是很好嗎……
ON
THE ORIGIN OF SPECIES
BY MEANS OF NATURAL SELECTION
我想都不敢想。
BY CHARLES DARWIN, M.A.,

出生在富裕的英國醫生世家，達爾文16歲時成為醫學系的學生。

不是因為我是醫生才這樣說，但我希望你也成為醫生。
父親的話聽起來有點前後不一致，不過我會去唸醫大的。

然而在愛丁堡醫學院的經驗，對他來說宛如惡夢。

切開身體、鮮血四射的外科手術，真的很不適合我。
那怎麼辦？現在又還沒有內視鏡跟腹腔鏡。
這樣我要改變主修了。

在父親的勸說之下，達爾文又在劍橋大學研讀了神學，但他對此仍舊興趣缺缺。

雖然我沒想要當牧師，
但也還是唸畢業了！
這樣上學有什麼好玩的？
可以抓抓甲蟲什麼的，還算有趣啦。

查爾斯啊，你就這麼喜歡跑來跑去作野外採集啊？
John Stevens Henslow
是啊！就是喜歡！

唯一引發他熱情的，就是亨斯洛（John Stevens Henslow）教授的植物學課程。

查爾斯，有一個很適合你的工作，你想試試看嗎？
是什麼呢？
上船去吧！

亨斯洛教授從那時候就開始一路看著達爾文，1831年時，他向達爾文提出了改變達爾文一生的提議。

達爾文搭上了費茲羅伊（Robert FitzRoy）所駕駛的英國海軍艦船——小獵犬號。

為了榮耀我大英帝國，要進行5年左右的航海行程，繪製南半球海岸線的地圖。
Robert FitzRoy
請問我的任務是什麼？
負責跟我聊天。
因為我的關係，後世會一直記住船長跟這艘船的名字呢。

在航行的過程中，達爾文一直拿著萊爾的那套《地質學原理》。

那本書說地球經過很長久的時間、很緩慢地變化對嗎？
經過了那麼長的時間，生物都沒有變化嗎？

達爾文善用了跟著小獵犬號探險的機會，以生物學家的身分獲得許多經驗。

特別是加拉巴哥群島（Galápagos Islands），是擴展他思維想法的自然觀察寶庫。

他也對那裡的鳥類仔細地觀察，其中觀察雀鳥喙嘴的結果，令人驚訝。

可以叼起小昆蟲的細長的喙。
同為雀鳥，牠們的喙卻有著不同的模樣。
可以搗碎小種子的小喙。
喙嘴形狀為了適應覓食環境，改變成適合該區域的形狀，這不就是演化的證據嗎？
方便捕捉昆蟲，又短又尖的喙。
又大又堅硬，可以搗碎種子的喙。

自己的觀察研究，會撼動長久以來的物種不變性，達爾文那時一定是這麼想的吧。

這是到目前為止，除了我之外，沒有任何人有過的發現……
我會不會因此而遭遇什麼危險啊？

我帶著滿滿的擔憂回來了。

在結束航海行程回國之後，他花費了許多時間及精力，用心地收集資料來改正調整自己的想法。

要能向世人揭示與《聖經》的創造論正面衝突的研究結果，沒有比找出證據更重要的事了。

若想讓我的假說被認可，我需要準備合理、清楚、有智慧的依據才行。

為了收集足以建立演化論體系的依據，他去找園藝家與動植物的養育者討論。

你們不是會改良品種嗎？
是啊，會選擇我想要的性質去做改良。
那就是人為選擇（artificial selection），對吧？
那麼在動植物之間，是不是也可能會有天擇（natural selection）呢？
你是個危險人物。

他也試著回想，從開始接觸植物學以來，所閱讀過的書籍與論文。

Georges Cuvier
居維葉（Georges Cuvier）說過，地球因為遭遇突如其來的災難，導致某些物種滅絕，且誕生了新的物種，對吧？
Jean Baptiste Lamarck
拉馬克（Jean-Baptiste Lamarck）的「獲得性遺傳」理論也早已廣為人知。
萊爾也推測，在地球的緩慢變化之中，地球上的生命也會跟著有些變化。
Charles Lyell
然後，還有哪些呢？
!

讓達爾文靈光乍現想起的還有一號人物，是英國的經濟學家兼統計學家。

1798年寫下《人口論》的馬爾薩斯（Thomas Malthus）。
真是太有趣了！
真的？
PRINCIPLE OF POPULATION
Thomas Malthus

馬爾薩斯的《人口論》討論了劇增的人口數超過有限的資源時，會發生的問題。

如果沒有戰爭或傳染病等災難的話，人口數會增加到無法承受的地步。
人口
增加
資源
當人口數超過跟資源的死亡交叉點，就會出問題！

而讓達爾文注意的是生存競爭的部分。

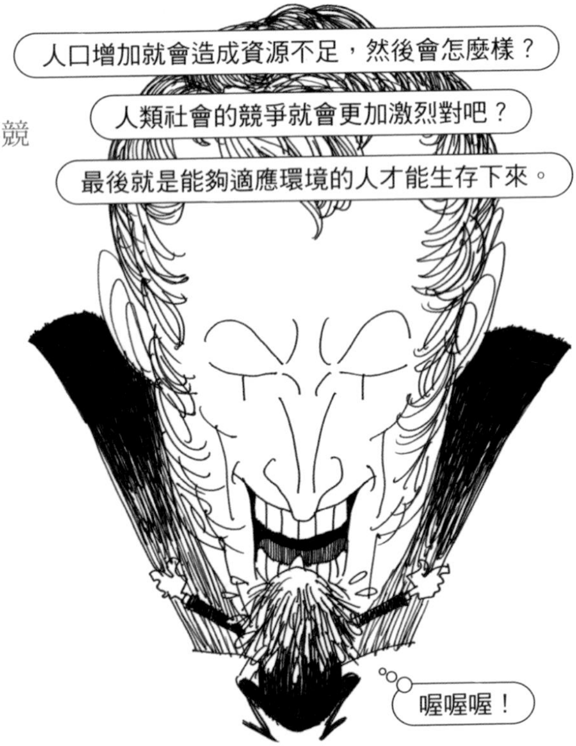
人口增加就會造成資源不足，然後會怎麼樣？
人類社會的競爭就會更加激烈對吧？
最後就是能夠適應環境的人才能生存下來。
喔喔喔！

馬爾薩斯的理論，同樣適用於自然界。

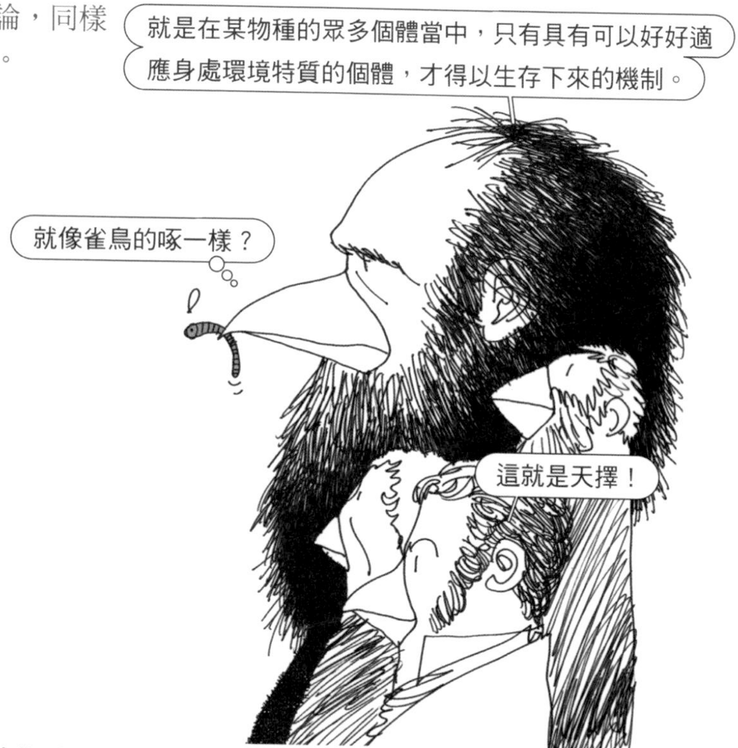
就是在某物種的眾多個體當中，只有具有可以好好適應身處環境特質的個體，才得以生存下來的機制。
就像雀鳥的喙一樣？
這就是天擇！

達爾文最早發表版本的《物種起源》，全稱是《論處在生存競爭中的物種之起源於自然選擇或者對偏好種族的保存》。

發生天擇的條件，是當具有特定遺傳性狀的個體更有利於生存與配對之際。
聽到了吧？
所以我們要怎麼辦？
讓我們稍微轉換一下氣氛吧。

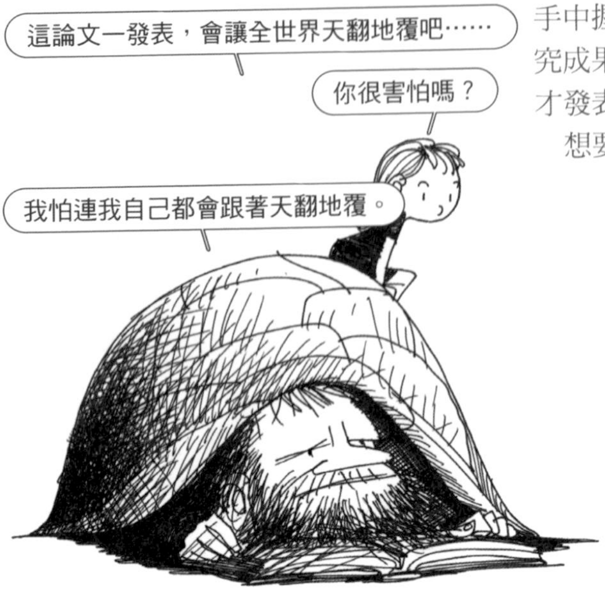

手中握著連自己也很震驚的研究成果，達爾文延遲了20幾年才發表，他持續研究，為的是想要收集到更確定的證據。

科學史上，記載著最奇特內容的《物種起源》，
一出版就熱賣。

你看過了嗎？
書裡說，在自然環境中，擁有比較親切性狀的個體，較容易誕生與支配。
…
ON THE ORIGIN OF SPECIES
還說人類的祖先是生活能力強、繁殖力好的猴子？

一定要將演化論視為創造論的敵對理論嗎？
總之，達爾文是無神論者沒錯吧？
我本來不是無神論者唷。
ORIGIN
GENESIS

我們都很清楚，由他所引發、關於人類存在起源的爭議，一直持續到今時今日。

正當達爾文致力於研究演化論的1851年之際，他最心愛的幼女病逝。喪女之痛，成為讓他逐漸削弱信仰的決定性關鍵。

1882年他去世後，被埋葬在倫敦西敏寺。

12
從統計得來的遺傳定律
孟德爾

格雷戈爾・孟德爾 Gregor Mendel(1822～1884)

奧地利植物學家兼神職人員，透過豌豆交配的實驗，發現遺傳的基本原理「孟德爾定律」。

人們從很早就知道，子女會長得像父母，但到19世紀為止，沒有人知道在這過程中有何種機制，也沒有人關心過。在達爾文的《物種起源》發表十餘年過後，奧地利的一位神父帶著這樣的疑問與執念進行了實驗，為遺傳學鋪設了墊腳石。

子女長得像父母本來就是天經地義的事情，這有什麼好爭論的？

爸爸，為什麼我的鼻子會長成這樣呢？
那要怪誰？
不要怪我。
怪這個世界的定律。

首度使用「遺傳學」這個用詞的人，是英國的貝特森（William Bateson）。
那是20世紀初了吧。
是大叔你嗎？
William Bateson

然而，科學甚至連這種事情都必須探究。在動植物世界，研究孩子如何延續父母這一代並長得相似的過程，被稱為遺傳學（genetics）。

古希臘的自然哲學家們僅能籠統地推測，從父母那裡傳下來的某種物質，是混在血液裡面。

即使到了達爾文發表演化論時，科學家們依然不太關心究竟是什麼樣的性狀用什麼方式遺傳的。

終於在1900年，荷蘭的德弗里斯（Hugo de Vries）、奧地利的切爾馬克（Erich Tschermak von Seysenegg）和德國的科倫斯（Carl Erich Correns）這三位科學家，各自在不同的遺傳性狀繼承研究中獲得成果。

對於是誰最先發現了這意義非凡的遺傳定律，這三位科學家並未發生太大的爭執。

我從一開始就沒有要讓給你的意思！
彼此彼此。
但是，讓給他我願意。

在過去這段時間，完全沒有人注意到的一篇論文。
〈植物雜交實驗〉，1866年
你也看了那篇論文？
我論文都寫完之後才看到的。
大家都差不多呢。

因為，他們所做的一切，包含實驗結果，早在30年前就已經有人發表過了。

被三位科學家一致推舉為首
位發現遺傳定律的這個人。

就是於16年前逝世的孟德爾。

孟德爾的身分並不是科學家，而是奧地利一間修道院的神父。但是，他擁有不輸給任何科學家的非凡才能與縝密的實驗精神。

所以他的論文，並沒有廣泛流傳於科學界嗎？
在當時的科學界，應該有點看輕神父吧？

話說，我們在這本書裡出現了滿多次耶？

據說他自小就學習能力出眾。
因為家裡貧窮，所以也沒能上大學對吧。
所以才進入修道院啊。
不用付錢就可以學習的地方就是這裡了呀。

修道士中也有很優秀的老師。
也可以進行很多樣主題的討論。
對於博物學、植物學、農業很感興趣的我來說，沒有比這裡更棒的地方了吧。

伯諾的奧古斯丁修道院，不但是最適合孟德爾的學習殿堂，同時也建有很大的植物園。

29歲時，他去維也納大學學習了物理學、數學、化學等多樣領域的學問。

因為修道院長的勸說，所以去留學的。
雖然沒有拿到學位，但從那裡習得的所有學問，都成為我主要實驗的基礎。

孟德爾從1856年起，開始認真地致力於取得那些自己好奇的事物的實證結果。

為了要找出生物的相似定律，現在開始要執行大量的交配！
不要用老鼠那一類的動物做實驗。
我打算用豌豆。
豆子嗎？好喔。

爾後廣為人知的「孟德爾定律」，自此開啟了長期抗戰的偉大實驗。

孟德爾在取得豌豆實驗結果為止，總共使用了約 2 萬8,000株豌豆，並仔細觀察了其中的1萬2,835株。

孟德爾選擇豌豆為實驗材料，有什麼特別的科學考量嗎？

首先它很常見，價格又便宜，
容易種植，且一次就可收穫很多。
從種植到收成，所花費的時間也比較短。

讓表現出明確不同性狀的豌豆交配，
不是比較容易觀察其後代會長成什麼嗎？

此外，最重要的是，沒有比豌豆更適合作為找出明顯對立性狀的實驗材料。

對立性狀？
把長這樣的東西，跟長那樣的東西交配，
就可以觀察到他們的後代長什麼樣子。

孟德爾種植了7種具有明顯對立
性狀的豌豆，並觀察它們。

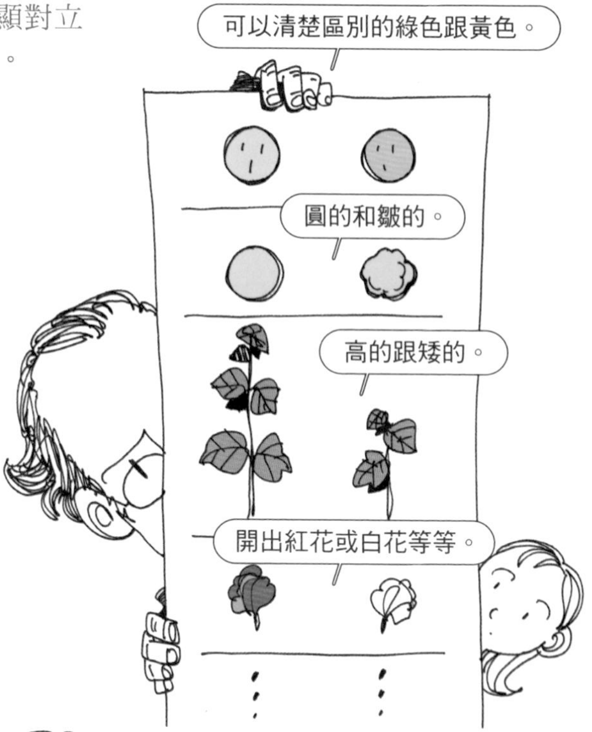
可以清楚區別的綠色跟黃色。
圓的和皺的。
高的跟矮的。
開出紅花或白花等等。

首先需要做的是，找出具
對應性狀的純種豆。

例如，只擁有圓形遺傳性狀的圓形豆，
及只擁有皺摺遺傳性狀的皺褶豆。
要怎麼知道是不是純種豆？
用純粹的心去尋找就可以。

所謂的「純種」，是指後代與父母具有相同性狀。

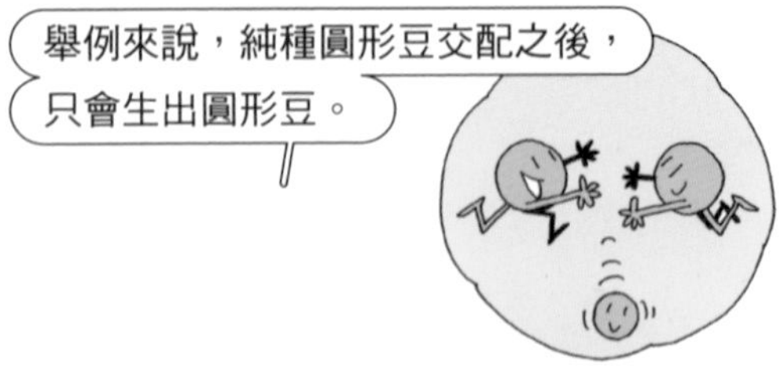
舉例來說，純種圓形豆交配之後，
只會生出圓形豆。

兩個圓形豆交配時，
也可能會出現皺摺豆嗎？
有的，在雜種的情況下。

孟德爾先讓具有一種對立性狀的純種豆進行交配，產出第一代的雜種。

如果讓圓形純種豆跟皺摺純種豆進行交配，
他們產出的雜種第一代孩子會長怎樣？
要圓不圓的豆子？
不是的，會全部都是圓形豆。

接下來，則嘗試讓雜種第一代互相自花授粉。

如果讓雜種的圓形豆跟圓形豆交配的話？
也會出現圓形豆吧？
不，所產出的圓形豆跟皺摺豆的比例為3：1。
3：1

根據實驗結果所獲得的數據，孟德爾建立了一個重要的假說。

個體具有一對遺傳性狀。
然後，遺傳性狀中有一個是顯性，
另一個則是隱性。在雜種（Rr）的情況時，
會表現出的性狀（R）為顯性，
不會表現出的性狀（r）為隱性。
RR
rr
Rr

將這些內容圖示出來，就能清楚看出一對遺傳性狀是以什麼方式遺傳給下一代。

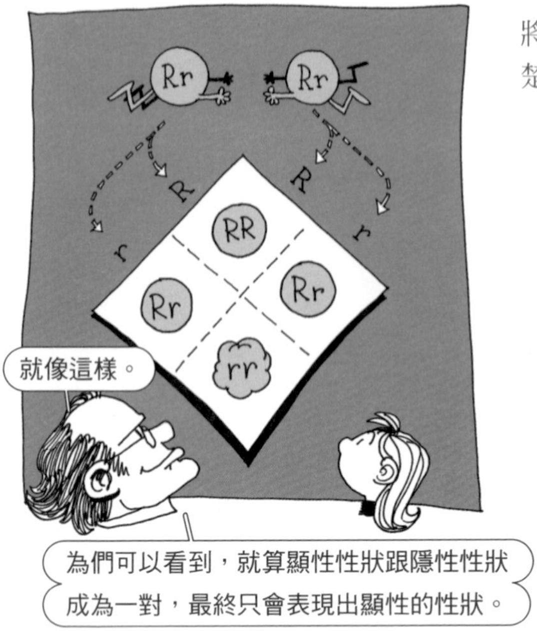
Rr
Rr
R
R
r
r
RR
Rr
Rr
rr
就像這樣。
為們可以看到，就算顯性性狀跟隱性性狀成為一對，最終只會表現出顯性的性狀。

下一個階段，就是用兩種複合性狀的豌豆進行相同的實驗。

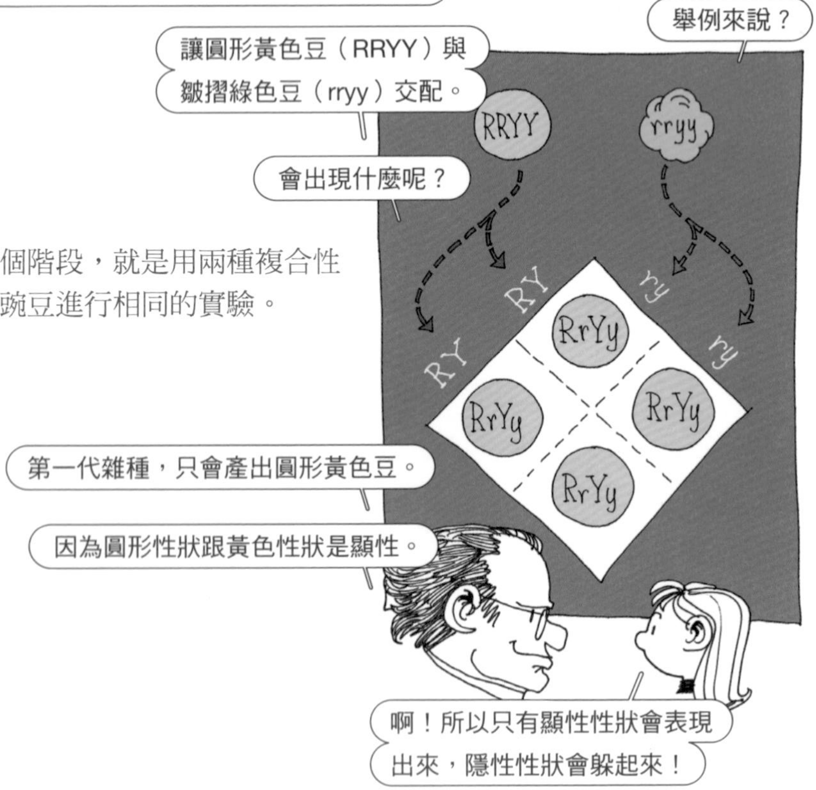
舉例來說？
讓圓形黃色豆（RRYY）與皺摺綠色豆（rryy）交配。
會出現什麼呢？
RRYY
rryy
RY
RY
ry
ry
RrYy
RrYy
RrYy
RrYy
第一代雜種，只會產出圓形黃色豆。
因為圓形性狀跟黃色性狀是顯性。
啊！所以只有顯性性狀會表現出來，隱性性狀會躲起來！

雜種第一代與親代自花授粉，所產出的雜種第二代比例也能得出來。依據這個實驗結果，孟德爾發現的第一個定律，就是關於顯性與隱性。

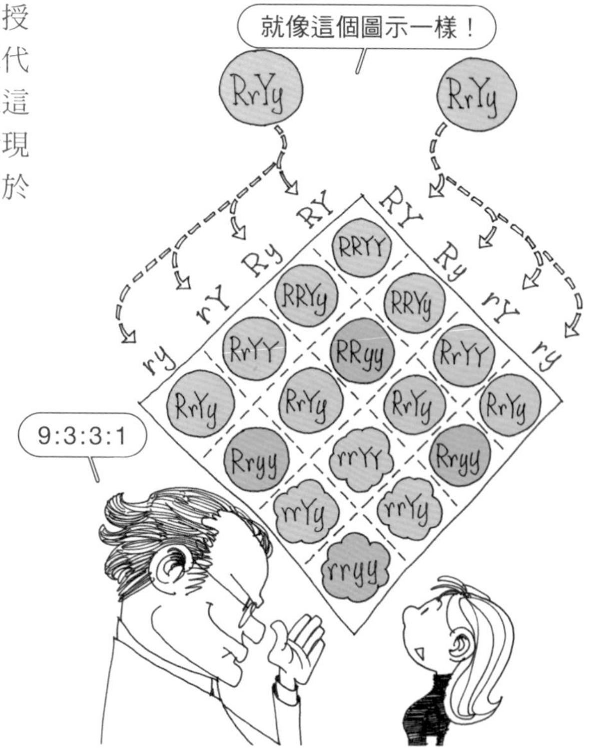
就像這個圖示一樣！
RrYy
RrYy
RY
Ry
rY
ry
RY
Ry
rY
ry
RRYY
RRYy
RRYy
RrYY
RRyy
RrYY
RrYy
RrYy
RrYy
RrYy
Rryy
rrYY
Rryy
rrYy
rrYy
rryy
9:3:3:1

純種交配時，雜種第一代
表現出來的為顯性性狀。
圓形的、黃色的等等。
Rr
Yy
RrYy
RrYy
rrYy
Rryy

第二個定律是成對的遺傳性狀會分離。

遺傳性狀是由親代各自提供一個性狀。
此時，隱性性狀會被顯性性狀覆蓋，而潛藏起來。
RR
rr
R
r
R
r
我雖然是圓的，但我體內藏有皺摺性狀。

圓形性狀、皺摺性狀，以及黃色性狀、綠色性狀。
遺傳表現的過程，是各自獨立的。
RrYy
rrYy
Rryy
rryy

第三個定律是，擁有兩種遺傳性狀的個體進行交配時，性狀對立的一對，會互相獨立地產生遺傳。

1866年，孟德爾終於發表他長年下來的研究心血以及帶著高度期望的論文。

然而，卻沒有人關心
這件事情。

在那之後，孟德爾就再也沒有進行遺傳相關的實驗，以修道院院長身分直到離世。孟德爾的遺傳定律是重要的遺傳學基石、今日的生命科學之花，卻是直到發表30年後，才終於因為那三位科學家，重新獲得矚目。

13

所有人的恩人

巴斯德

路易·巴斯德 Louis Pasteur (1822～1895)

法國化學家兼微生物學家。透過發酵與腐敗的研究，確認腐敗是由於空氣中的微生物所引起，並證明生物只會是從生物發展而來。

出生於平凡法國家庭的巴斯德是名化學系教授，他畢生觀察、研究微生物，揭露了疾病傳染的原因出在微生物，為了預防與治療，開發出免疫治療。

在很久很久以前，人們深信，生物是沒有經過生殖過程自然誕生的。

這是誰說的？
亞里斯多德。

你看老鼠，不就是突然從某個地方跑出來的不是嗎？
牠的父母一定在某個地方。
你有看過嗎？

「自然發生說」在科學界持續了一段很長的時間，關於微生物的產生，直到19世紀後半葉都一直是爭論的重點。

把肉就這樣放著，在腐爛的過程中就會產生微生物不是嗎？
那是因為有飛來的微生物孢子繁殖了吧。

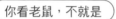

1745年，英國博物學家尼德漢（John Needham）以煮沸的肉湯放置於常溫數天後所產生的微生物，主張此為自然發生說的證據。

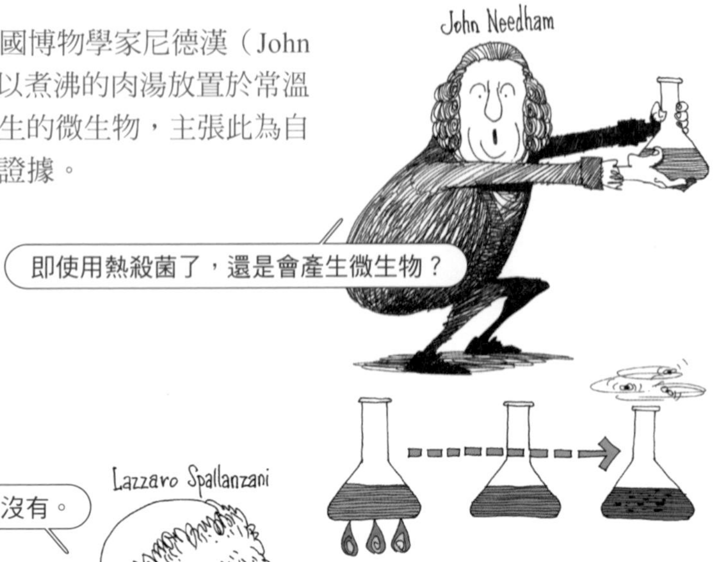
John Needham
即使用熱殺菌了，還是會產生微生物？

Lazzaro Spallanzani
你看，明明就沒有。

1768年，義大利生理學家斯帕蘭札尼（Lazzaro Spallanzani）以隔絕外部空氣的方式進行煮沸肉湯的實驗，結果並沒有產生微生物，於是提出反駁。

沒有空氣，就不會產生微生物。

不過，自然發生說的支持者主張，空氣是讓微生物成長的養分或能量。

1860年，有人出面終止了這場爭辯，他是巴黎高等師範學校的教授。

我一定要讓你們看到，就算有空氣，也不會產生微生物。
請問貴姓大名？

為了將空氣與微生物分開，他研發出一款模樣獨特的燒瓶，又稱「鵝頸瓶」，不密封直接擱置，卻沒有產生微生物。

用這個證明。
看起來像天鵝的脖子吧？
先煮沸、殺菌，然後放涼。

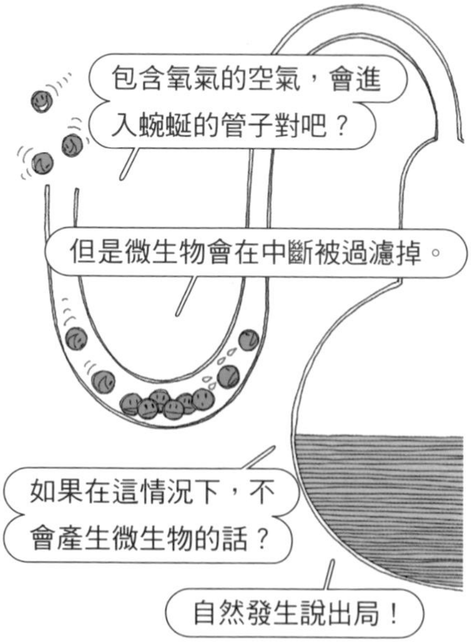
包含氧氣的空氣，會進入蜿蜒的管子對吧？
但是微生物會在中斷被過濾掉。
如果在這情況下，不會產生微生物的話？
自然發生說出局！

接下來，將燒瓶傾放，讓肉湯可以碰到微生物，肉湯馬上就腐敗了。

空氣中充滿著微生物。
哇～是肉湯耶。
結論是不論多小的微生物，都不會自然產生。

我確立了微生物學的基礎。
您該不會也創立了牛奶公司？

自然發生說就此消沉，而證明生物產生於生物的人，就是巴斯德。

活用於乳製品及啤酒等的低溫殺菌法，也是由他在1865年開發出來的。

這是他在為葡萄酒廠解決問題時，領悟出來的方法。

確定了不光是腐敗及發酵，
傳染病發生的原因也是微生物。
咳咳！

而他對於微生物的研究，也直接導致了疾病治療方法的新發現。

1873年，在法國某處村落的養雞場，霍亂蔓延。

巴斯德老師，你有沒有什麼辦法？
總之先採集霍亂病菌，培養看看吧。
培養之後要做什麼呢？
做實驗啊？
倒

巴斯德在短暫休假回來後，發現放置的雞霍亂培養菌已經弱化了。

喂，帶幾隻沒有染上霍亂的雞過來吧。
為何？想要吃白斬雞嗎？
想幫牠們注射已經變弱的霍亂菌。
你要把好好的雞弄死？

乖，不要動。
會有點痛，不過馬上就好了。
咕咕呱！

在反覆進行注射及觀察之後，發現接種過的雞都產生了免疫力。

你還好吧？現在試著注射活跳跳的霍亂菌。
咕咕！
如何？沒被感染了吧？

或許，在巴斯德發現疾病預防治療方法之際，想起了詹納（Edward Jenner）。詹納是第一位開發出天花的預防接種法並施行的人，在當時，天花的致死率高達80%。

第一步已經由詹納老師在18世紀踏出。
誰是詹納？
妳不知道種痘法？
不過其實第一步是在西元前10世紀的中國。
那麼久之前？
當時使用的是，染了天花卻沒有死的輕度病患皮膚上的瘡疤。
Edward Jenner
怎麼使用？
好像是先放入密閉瓶中，放置一個月左右，然後取出磨成粉，放進鼻子裡？
把天花帶給好好的人？如果死掉怎麼辦？
如果沒有死，就再也不會得天花了。
真是毫無備案的民間療法。

詹納發現，感染了由牛隻罹患的天花——也就是牛痘的人，會意外地獲得免疫。

那個村子裡擠牛奶的婦女們，都不會怕天花。
為什麼？
好像是得過牛痘的人，之後就什麼都不怕了吧。

來～我要注射牛痘囉。
如果死掉怎麼辦？
只會發點燒而已，沒關係的。
你百分之百確定嗎？
醫學是沒有百分之百的。

將從感染牛痘患者的水皰所取出的膿水，大膽地給健康的人接種的方法，出現了成效。

詹納的種痘法叫做「vaccination」，是取自拉丁文的牛「vacca」。

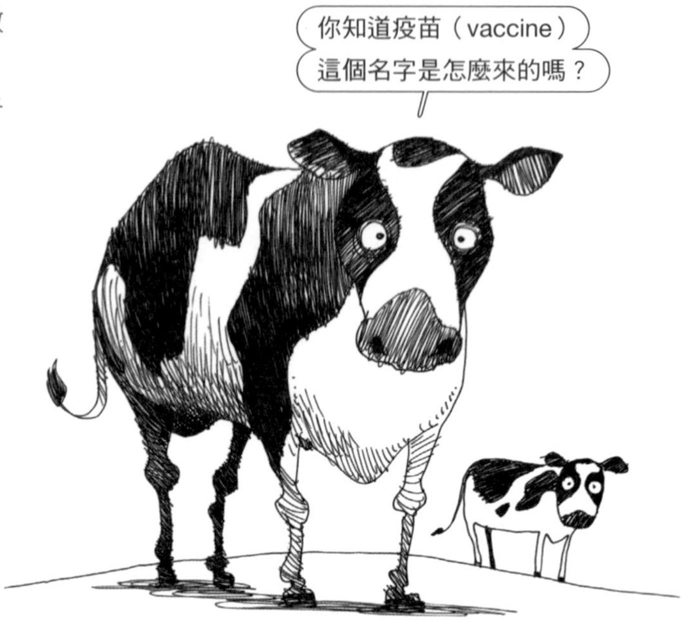
你知道疫苗（vaccine）
這個名字是怎麼來的嗎？

解決了雞霍亂之後，巴斯德下一個要面對的是炭疽病。

老師老師！炭疽病讓我們的牛羊都集體死亡了。

在發現了從染病死亡的羊血液中發現的細菌，就是造成炭疽病的原因，他接下來進行公開的實驗。

實驗相當成功，然後他又把眼光轉向狂犬病身上。

巴斯德發現，如果人被感染狂犬病的狗咬傷，病毒會透過唾液傳染，對腦部造成致命的損傷。

1885年的某天，有位母親帶著她被狂犬病狗咬了的孩子，找上巴斯德。

巴斯德陷入前所未有的苦惱之中，不過還是為那孩子注射了疫苗。

孩子啊，不要發抖。
我怎麼覺得老師您更抖啊。

活下來了！活下來了!!
老師，您怎麼還在發抖啊。
我這是太開心的發抖！

然後，那個孩子痊癒了。

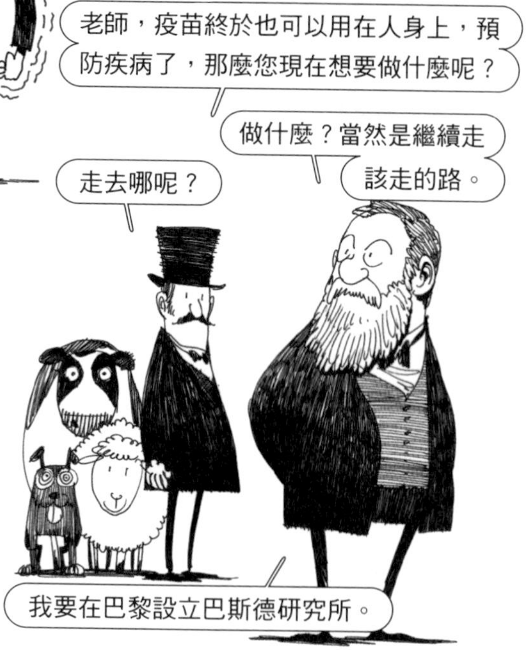
老師，疫苗終於也可以用在人身上，預防疾病了，那麼您現在想要做什麼呢？
做什麼？當然是繼續走該走的路。
走去哪呢？
我要在巴黎設立巴斯德研究所。

已經被咬的人，也能痊癒，這是因為狂犬病的潛伏期很長，所以疫苗才會有效。

因為巴斯德的狂犬病疫苗而活下來的那個孩子，在巴斯德研究所做了45年的警衛。

今天，我們的生命受到保護，有一部分原因是許多疾病能夠事前預防，這功勞或許就是來自於他執著於深入挖掘研究微生物與疾病的關係。

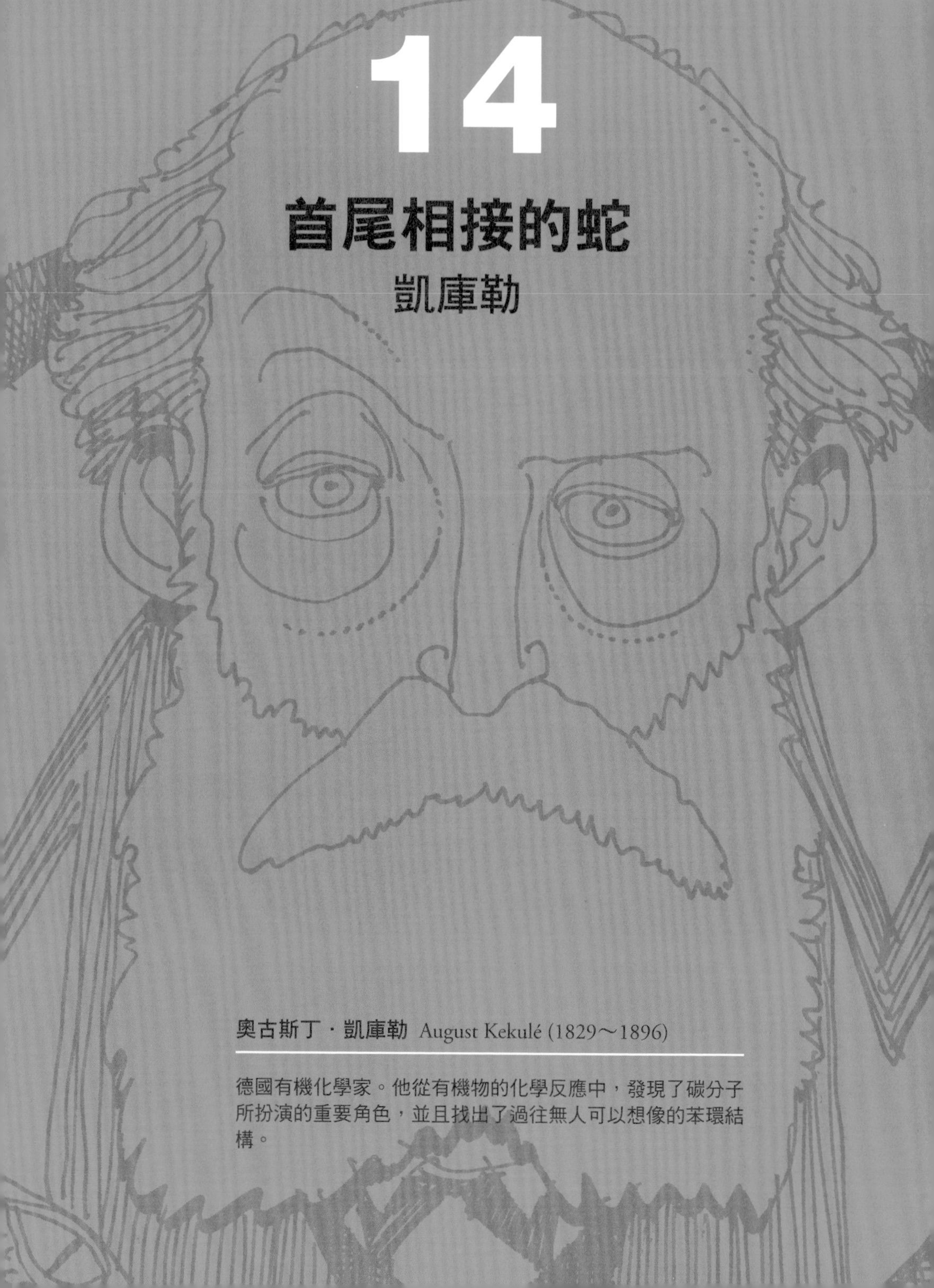

14

首尾相接的蛇

凱庫勒

奧古斯丁．凱庫勒 August Kekulé (1829～1896)

德國有機化學家。他從有機物的化學反應中，發現了碳分子所扮演的重要角色，並且找出了過往無人可以想像的苯環結構。

苯是在1825年首度被法拉第發現後，長時間下來讓科學家們陷入苦惱的物質。苯的化學式是C_6H_6，可卻沒有一個科學家知道如何畫出它的結構。而解開碳水化合物的難關——苯的秘密的人，正是原本專攻建築學，爾後沉迷於化學魅力的凱庫勒。

1803年道爾吞提出原子論後，化學領域的研究變得更加活躍。

科學家們發現新的元素，也提出關於氣體構成比例的理論。

緊接著，還有原子結合方式的研究。

1852年英國化學家弗蘭克蘭（Edward Frankland）提出「原子價」的概念。

以水為例，是由原子價2的氧氣，與原子價1的氫氣相結合的。

O
H
H
也許可以將原子價理解成原子的手？
O
N
就像可以握手一樣？
C
氧有2個、氮有3個、碳有4個……

不過，研究化學結合的科學家們，發現了碳的特別之處。

這孩子結合的方式也太厲害了吧。
C
別看我這樣，我可是生命科學的主角唷。

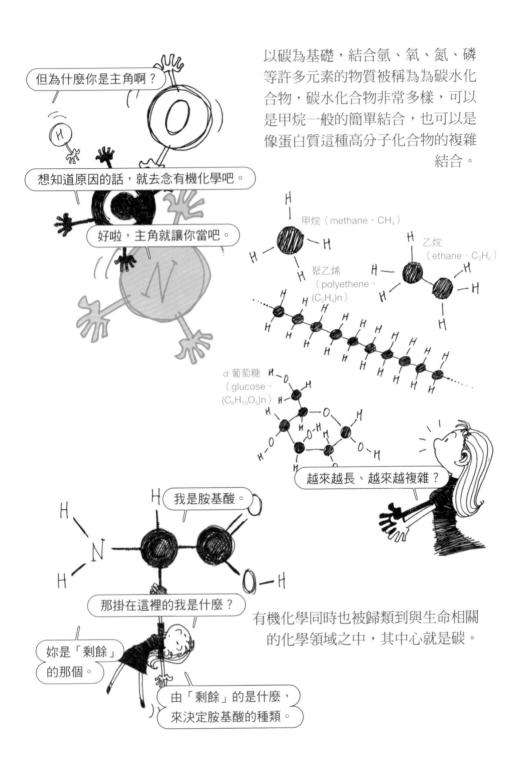

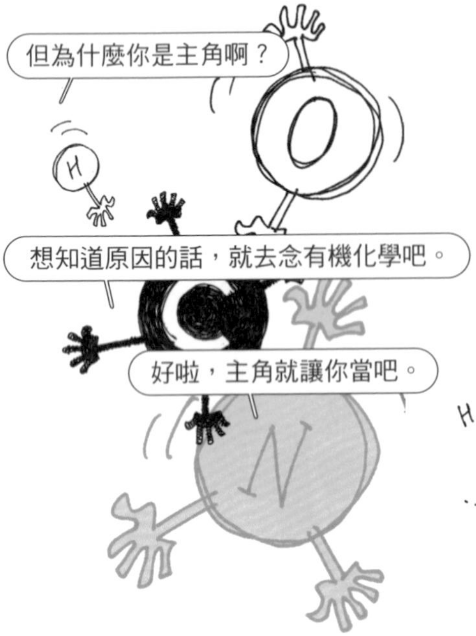

以碳為基礎，結合氫、氧、氮、磷等許多元素的物質被稱為為碳水化合物，碳水化合物非常多樣，可以是甲烷一般的簡單結合，也可以是像蛋白質這種高分子化合物的複雜結合。

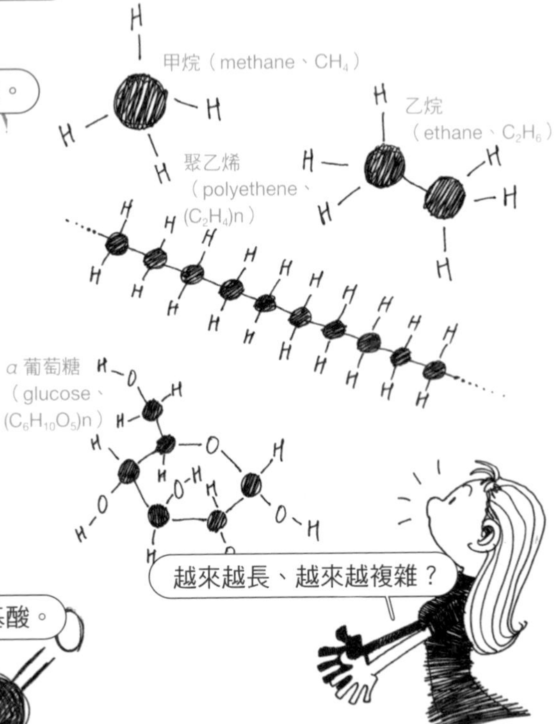

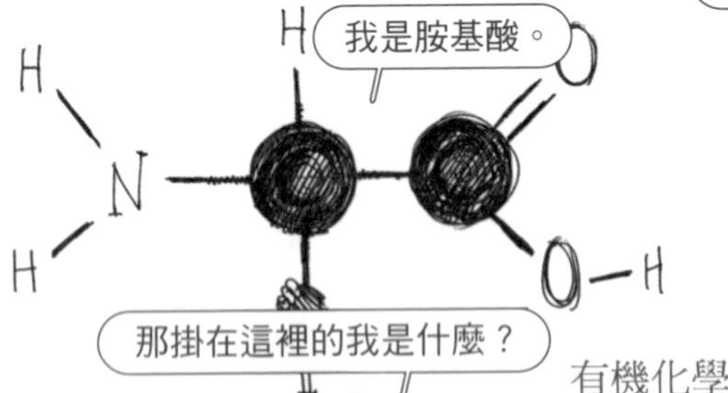

有機化學同時也被歸類到與生命相關的化學領域之中，其中心就是碳。

1858年，對於研究碳水化合物構成方式的庫柏（Archibald Scott Couper）與凱庫勒來說，是決定命運的一年。

雖然兩人有過相同的煩惱、下了相同的決定。
Archibald Scott Couper
但我快了一步。

出生於德國達姆城的凱庫勒，原本主修建築學。

大學時因為醉心於化學課，進而改變主修。
換了主修，也沒做出什麼特別的事吧？
等著瞧！

拿到博士學位後，原本研究有機化合物的凱庫勒，轉而對乙烷產生興趣，經過一番鑽研思考，最後他終於能夠想像出碳水化合物的結合結構。

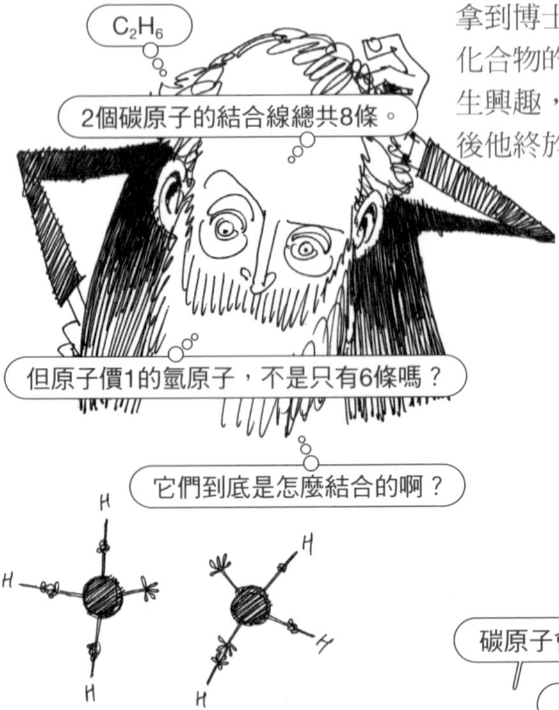
C_2H_6
2個碳原子的結合線總共8條。
但原子價1的氫原子，不是只有6條嗎？
它們到底是怎麼結合的啊？
H
H
H
H
H
H

碳原子會自行結合，
與其他原子結合，
成為鏈狀分子。
模樣不錯看唷。
這是用上了之前主修建築的經驗嗎？

碳的原子價永遠為4，
並且會自行結合，
然後與其他原子結合，
形成鏈狀結構。
在德國也有人
說了同樣的話耶？
那得趕快發表了！

不過，幾乎是同一個時期，英國的庫柏也有相似的研究結果。當時，庫柏請自己在巴黎工作的實驗室教授伍茲（Charles -Adolphe Wurtz）協助發表論文。

教授，我們必須儘快向法國
科學會發表這份卓越到
足以令人驚豔的論文。
正是因為太過於卓越，會
驚嚇到許多人，所以還是
要等一下比較好。

〈化合物的構造與碳的化學本性〉
那位德國朋友先發表了呢。
真是痛徹心扉。

凱庫勒搶先一步。

論文發表的同一年，他也成為比利時根特大學的教授。

用研究經費買了很多實驗裝備。
不唸建築，
改走科學真是太好了對吧？

論文發表後，凱庫勒在化學界的發展步伐也隨之加快。

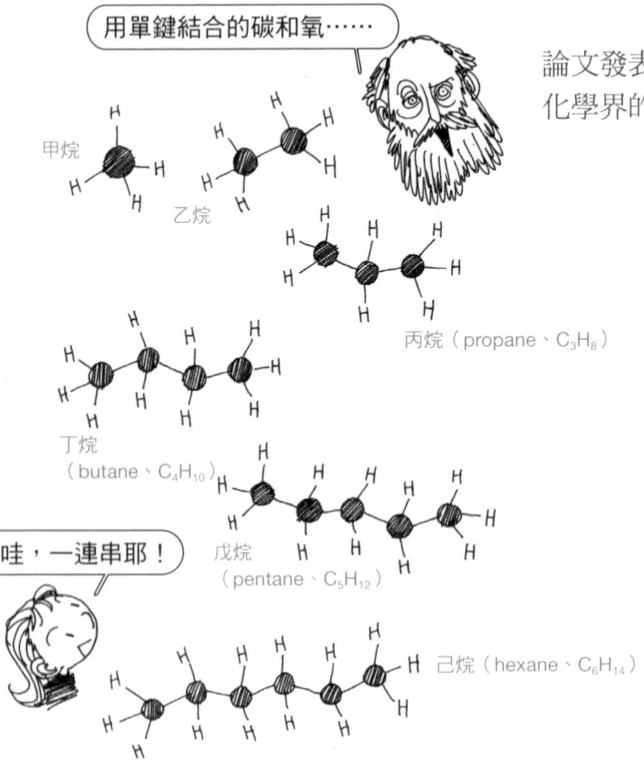
用單鍵結合的碳和氫……
甲烷
乙烷
丙烷（propane、C_3H_8）
丁烷
（butane、C_4H_{10}）
戊烷
（pentane、C_5H_{12}）
己烷（hexane、C_6H_{14}）
哇，一連串耶！

許多碳化合物的結構就此解謎。

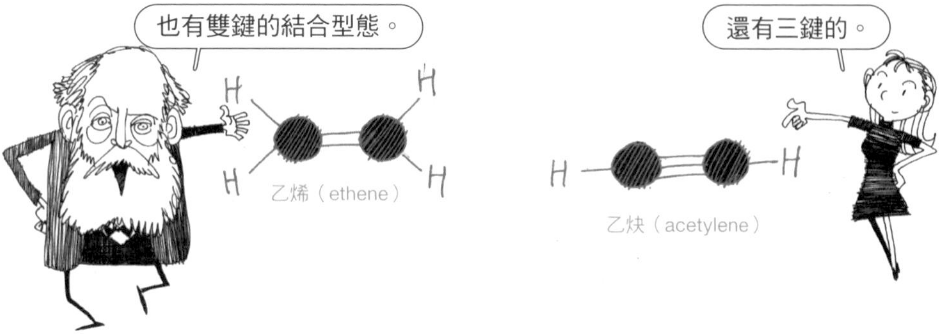
也有雙鍵的結合型態。
H
H
H
H
乙烯（ethene）
還有三鍵的。
H
H
乙炔（acetylene）

另外還有很多很多……

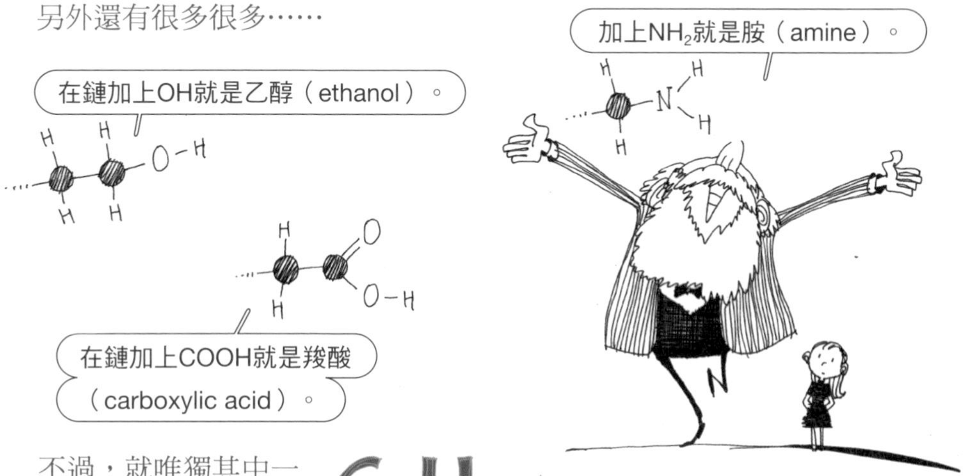
加上NH_2就是胺（amine）。
在鏈加上OH就是乙醇（ethanol）。
在鏈加上COOH就是羧酸（carboxylic acid）。

不過，就唯獨其中一種碳水化合物的真面目完全無法參透。

C_6H_6
到底長怎樣完全無法得知。
是什麼呢？
苯。

苯（benzene、C_6H_6）是無色、易燃、帶有香味等特徵的物質，也被稱作benzol。

1825年，法拉第從用鯨魚油做成的可燃性氣體中發現。
Michael Faraday
1845年，德國科學家霍夫曼（August Wilhelm von Hofmann）從煤焦油（coal tar）萃取出來，並為其命名。
August Wilhelm von Hofmann

再怎麼將碳原子與氫原子看過來看過去，卻一直湊不出一個令人滿意的模型。

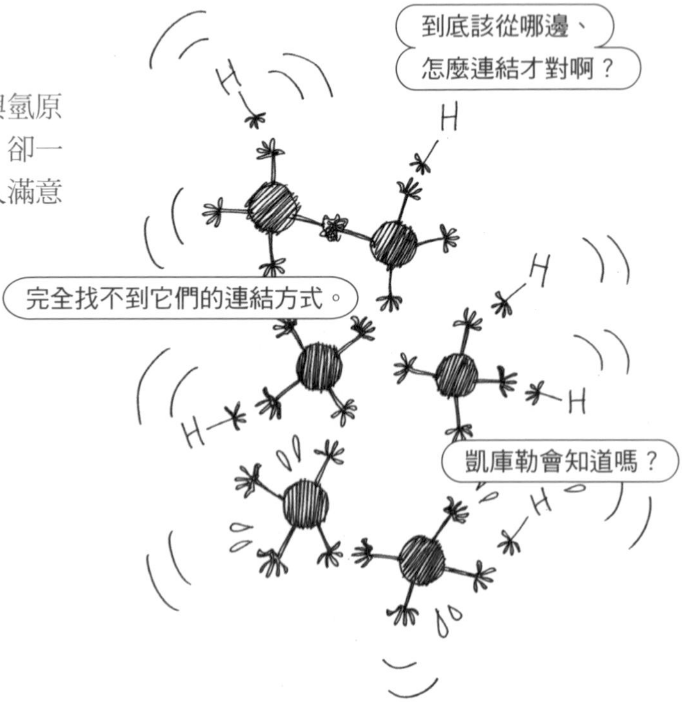
到底該從哪邊、怎麼連結才對啊？
完全找不到它們的連結方式。
凱庫勒會知道嗎？

凱庫勒也埋首於這個問題之中，但也被難倒。

我也被搞混了。
運用建築學的思維也無法想像嗎？

當真的無法想像出來的時候，
果然就是要……
睡一覺。
什麼？

不過1865年的某一天，他做了一個給他靈感的夢。

凱庫勒在夢中，看見一條蛇咬著自己的尾巴轉。

蛇！是蛇!!
跟古代神話中出現的銜尾蛇（ouroboros）一樣。

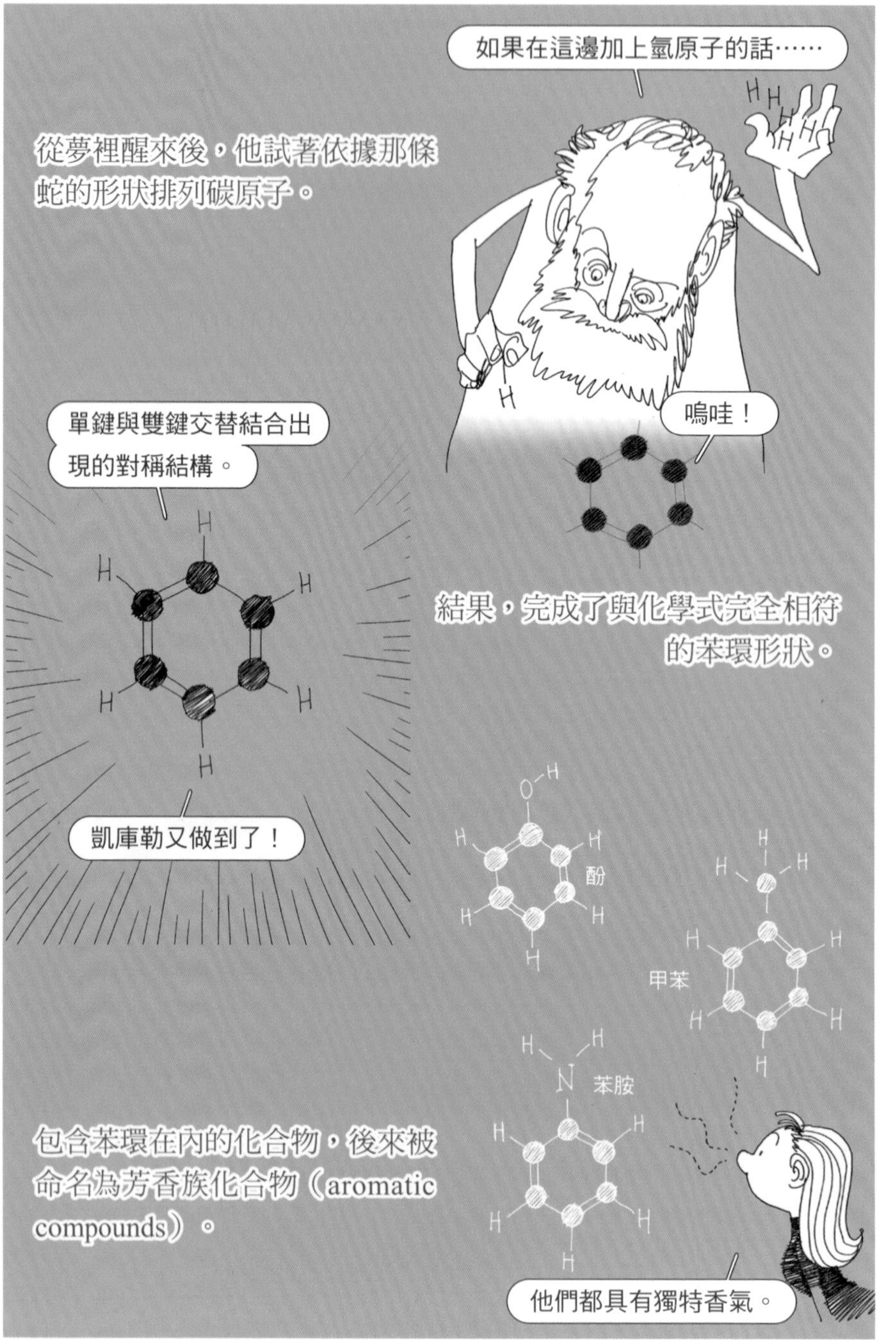

從夢裡醒來後，他試著依據那條蛇的形狀排列碳原子。
如果在這邊加上氫原子的話……
嗚哇！
單鍵與雙鍵交替結合出現的對稱結構。
結果，完成了與化學式完全相符的苯環形狀。
凱庫勒又做到了！
酚
甲苯
苯胺
包含苯環在內的化合物，後來被命名為芳香族化合物（aromatic compounds）。
他們都具有獨特香氣。

他還發現，依據物質在環上的位置改變，會產生不同性質的芳香族化合物。

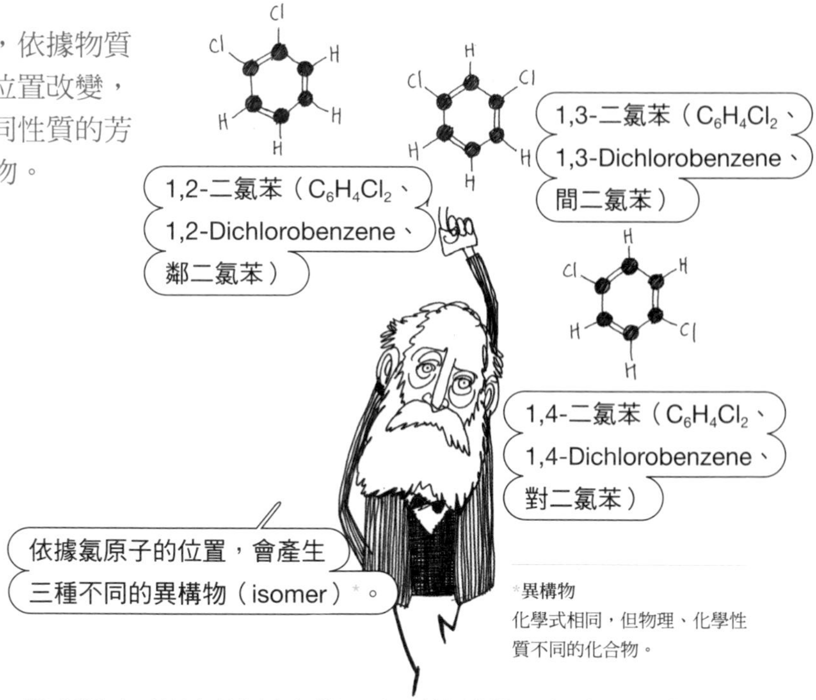
Cl
Cl
H
H
H
H
1,2-二氯苯（$C_6H_4Cl_2$、1,2-Dichlorobenzene、鄰二氯苯）
H
Cl
Cl
H
H
H
1,3-二氯苯（$C_6H_4Cl_2$、1,3-Dichlorobenzene、間二氯苯）
H
Cl
H
H
Cl
H
1,4-二氯苯（$C_6H_4Cl_2$、1,4-Dichlorobenzene、對二氯苯）
依據氯原子的位置，會產生三種不同的異構物（isomer）*。

*異構物
化學式相同，但物理、化學性質不同的化合物。

1867年起，凱庫勒來到德國波昂大學，直到他離世，都專心致力於栽培後進。

老師，想成為卓越的科學家，該怎麼做呢？
好好做夢。

諾貝爾化學家創立後，前五位得獎者中，就有三位是凱庫勒的弟子。

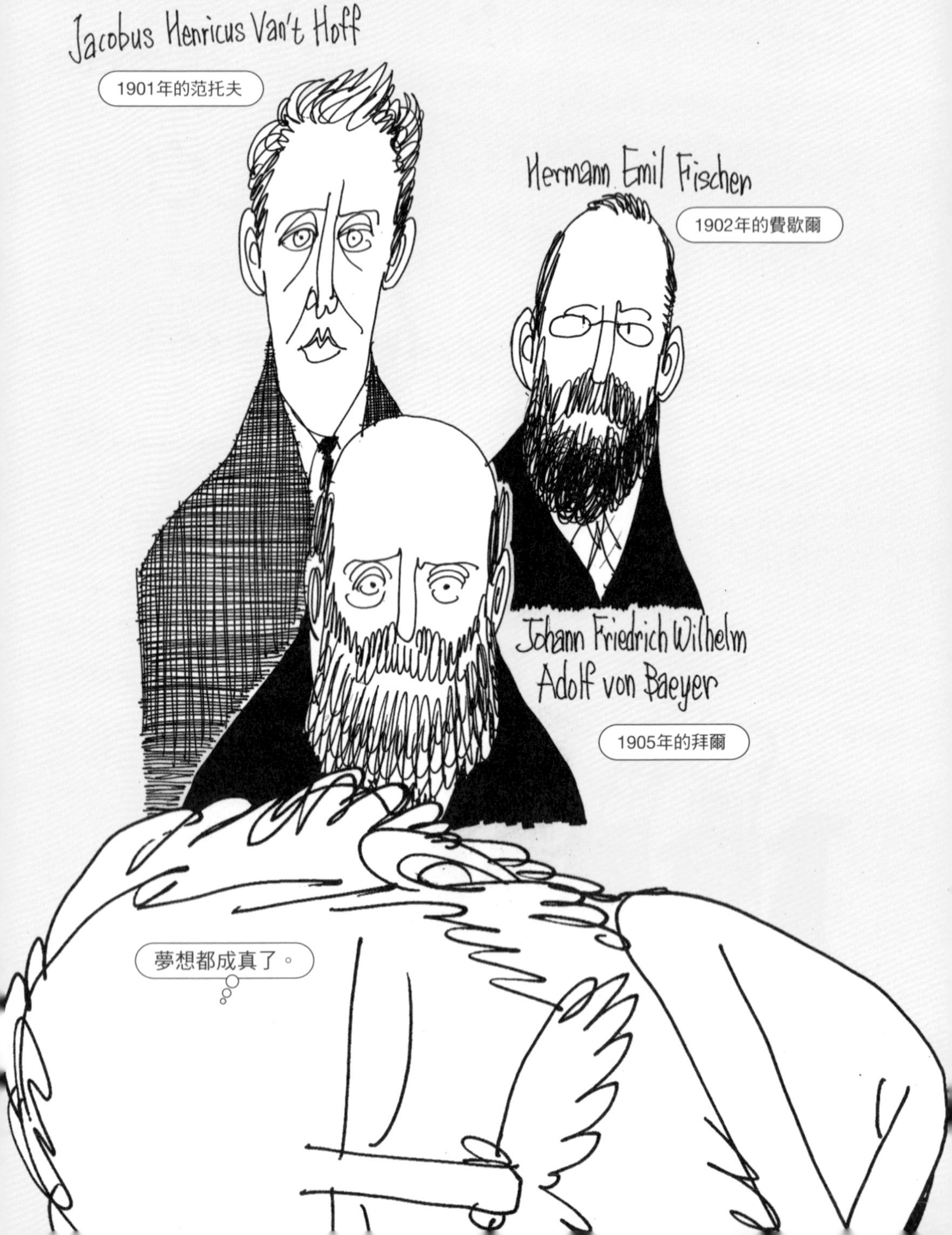
Jacobus Henricus Van't Hoff
1901年的范托夫
Hermann Emil Fischer
1902年的費歇爾
Johann Friedrich Wilhelm Adolf von Baeyer
1905年的拜爾
夢想都成真了。

15

美麗元素的管弦樂團

門得列夫

德米特里．門得列夫 Dmitrii Mendeleev (1834～1907)

俄國化學家，依據原子量找出原子的排列規則，發表了元素週期表。週期表對於預測新物質的性質，以及理解原子的構造，提供了相當大的幫助。

今天，在任何一間科學實驗室的牆面上，必定都還緊緊貼著元素週期表——它提供了理解化學的基本知識，可說是現代科學的指南針。而製作出這週期表、揭示出元素規則的人，就是出身俄羅斯的門得列夫。

1934年，在俄羅斯東西伯利亞的一個小村落，誕生了一位改變往後化學歷史的孩子。

由於母親對於教育的重視與支持，所以孩子自小就是位優等生，13歲時父親過世，而母親經營的玻璃工廠又發生火災，接連遭受極大的傷痛。

打包行李吧，我們搬去莫斯科。
聽說如果高中成績
不夠好，沒辦法念莫斯科的大學。
還是去收拾行李吧，那我們改搬去聖彼得堡。
去那邊的話有大學可以念嗎？
聽說聖彼得堡大學
附屬師範學校的校長，是你爸的朋友。
母親為了兒子的將來並沒有放棄。

但是，少年才進入大學，就又承受了失去母親的痛苦。因為感受到逝去母親的無私奉獻，少年也改變了自己的心態。

我一定要成為科學家，報答母親的恩惠！

帶著悲壯的領悟發奮圖強念書，他以第一名的成績自大學畢業。先在鄉間中學擔任了一陣子的教師，為了更遠大的夢想，他接著出國留學。

我去了法國跟德國留學。
GERMANY
FRANCE

1865年，他回到母校聖彼得堡大學擔任化學教授，正式投入研究工作。

那個留著長髮又蓄鬍，模樣很不凡的人是誰啊？
那是新到任的門得列夫教授。

要怎麼才能將這些分門別類呢？
林奈將生物進行分門別類，我們化學家也要加油才行。
相似的性質好像會週期性的重複著。

當時化學家們主要關心的，是元素的分類與週期特性。

氯（Cl）、溴（Br）、碘（I）。
鋰（Li）、鈉（Na）、鉀（K）。
鈣（Ca）、鍶（Sr）、鋇（Ba）。
Johann Wolfgang Döbereiner
磷（P）、砷（As）、銻（Sb）。
硫（S）、硒（Se）、碲（Te）。
這樣三個三個歸在一起，哈哈哈。
這是怎麼決定的？
就不知不覺這樣分起來了，哈哈哈。

德國的德貝萊納（Johann Wolfgang Döbereiner），首先嘗試將具有相同性質的元素歸類在一起。

1862年法國地質學家德尚寇特斯（Alexandre-Emile Beguyer de Chancourtois），以螺旋方式將原子們排列成圓柱狀。

1864年，英國的紐蘭茲（John Newlands）也發表了「八度律（law of octaves）」。

門得列夫也確信，元素們根據原子量以某種規則排列，他很認真縝密地進行觀察。

我要用心研究，一定要成功才行。
母親在天上看著我！

他在牆壁貼上一張張卡片，上面記載著元素名稱與其主要特性，認真執著地鑽研其中。

鈉（Na）與鉀（K），和水會產生激烈反應。
C
N
O
F
Na
Mg
Si
P
Cl
K
Ca
Br
氯（Cl）、氟（F）、溴（Br）會與鈉（Na）與鉀（K）以1：1的比例結合。
碳（C）與矽（Si）會與兩個氧結合。

經過他的苦思及研究，終於完成了一份令他滿意的表。

教授，您這樣日以繼夜努力不懈，終於完成了。
這當中我還做了一個夢。
什麼夢？
我夢到跟母親一起玩卡片遊戲。

1869年，門得列夫發表的週期表令人驚嘆。

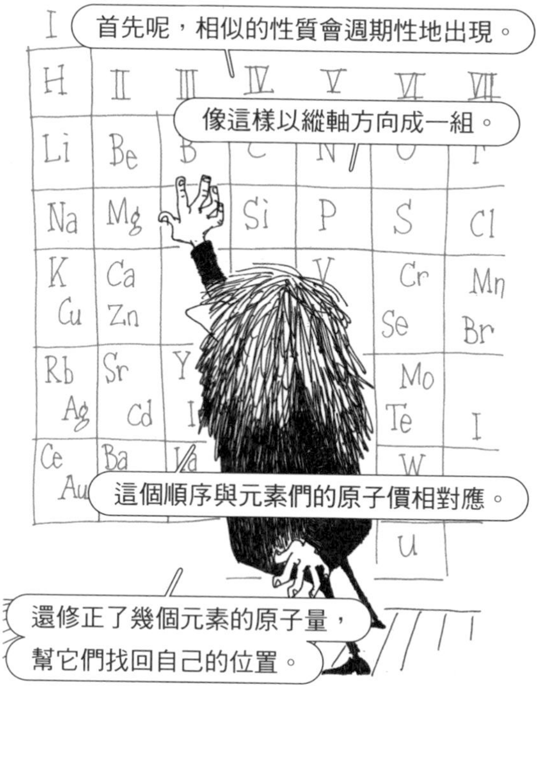
首先呢，相似的性質會週期性地出現。
像這樣以縱軸方向成一組。
這個順序與元素們的原子價相對應。
還修正了幾個元素的原子量，幫它們找回自己的位置。

但他還有更驚人之舉。

門得列夫的週期表中，還有幾個他沒有找到適當元素可放的空格，但那絕不是元素表的缺陷。

他認為，將來的某天必定會發現可以填入這些空格的元素，並給這些元素先取了假名。

eka-boron
暫定名稱為類硼（eka-boron）、類鋁（eka-aluminum）、類錳（eka-manganese）、類矽（eka-silicon）等等。
eka-aluminum
eka-manganese
eka是梵語中1的意思。
eka-silicon
預言了原子量與密度等性質。

部分科學家譴責他的預言相當荒謬。

你真的是科學家嗎？
怎麼可以擅自決定還沒有發現的元素的性質？

時光流逝，結果那些空格都被填滿了。1879年，瑞典的尼爾松（Lars Fredrik Nilson）發現了鈧（Sc）。

Lars Fredrick Nilson
就是門得列夫預言的類硼。
21 44.956
Sc
scandium

類鋁元素，則是1875年由法國的德布瓦博德蘭（Lecoq de Boisbaudran）所發現。

我發現了鎵（Ga）！
取自法國的古拉丁文名稱「高盧（Gallia）」。
不過我第一次計算時，密度是4.7g/cm³，可是門得列夫預言的密度是5.91g/cm³。
Lecoq de Boisbaudran
預言錯了嗎？
再重新計算一次發現，預言是對的！

我將它命名為鍺（Ge、germanium），是取自德國的拉丁文名稱「日耳曼尼亞（Germania）」。
Clemens Alexander Winkler
那它的性質呢？
就跟門得列夫的預言一樣。

1886年，德國的溫克勒（Clemens Alexander Winkler）從類矽中成功分離出新元素。

事情發展至此，科學家們開始忙著尋找預言中的類錳。

直到1937年，來自義大利的佩里爾（Carlo Perrier）與塞格雷（Emilio Gino Segrè），以人工方式製造出來。

當然，他當時做出來的週期表並非完美。

科學哪有百分之百的？
你很清楚嘛。

既然都提到這個了，就來指正其中一項吧。老師您說碲（Te）的原子量是介於123與126之間對吧？
然後呢？
實際上碲的原子量是127.6，比126.9的碘（I）還高。

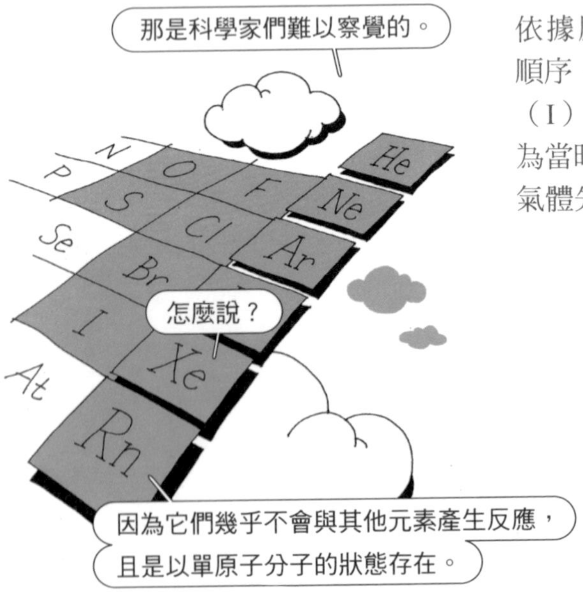
那是科學家們難以察覺的。
N
O
He
P
S
F
Ne
Cl
Ar
Se
Br
怎麼說？
I
Xe
At
Rn
因為它們幾乎不會與其他元素產生反應，且是以單原子分子的狀態存在。

依據原子量訂定的週期表順序，搞錯了碲（Te）與碘（I）的順序，並且也沒有為當時完全不為人知的惰性氣體先空出位置。

爾後，惰性氣體元素們被發現。

1894年發現氬（Ar）。
1898年，蘇格蘭化學家拉姆齊（William Ramsay）發現了氖（Ne）、氪（Kr）、氙（Xe）。
Xe
Kr
Ne
William Ramsay
這下可以被放在教科書的最前面了吧？
16 17 18
H
F
Ne
放在最後面如何？

1902年，門得列夫修正並提出了包含18族的元素週期表。

門得列夫製作出元素週期表，讓人們得以掌握元素的性質、理解原子結構。他於1907年以73歲高齡走完其一生，葬於母親的旁邊。

1955年，第101個元素發現時，科學家們為了紀念門得列夫的貢獻，該元素就以他的名字命名。

鍆（mendelevium、Md）。

16

離子鍵

貝吉里斯與阿瑞尼士

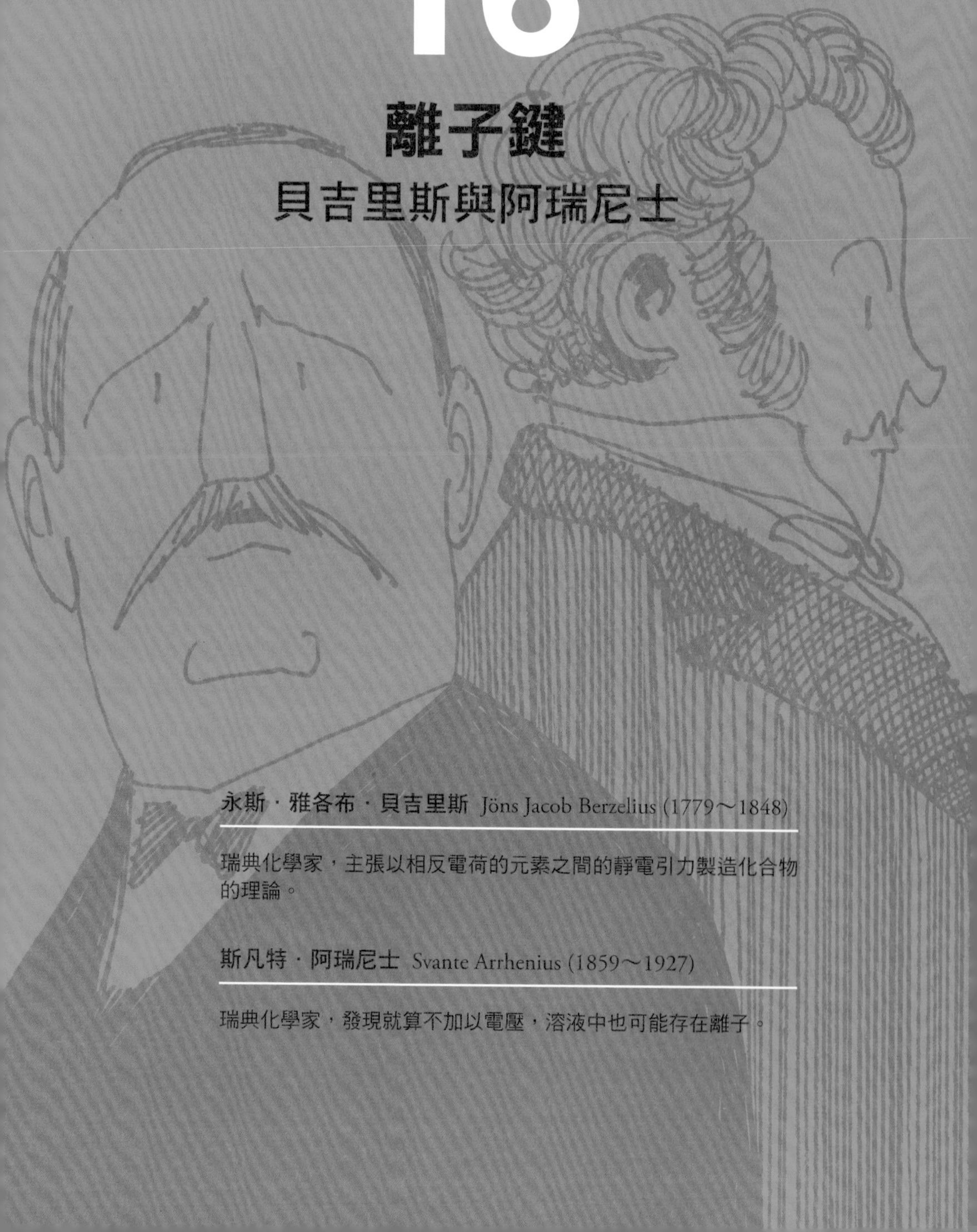

永斯・雅各布・貝吉里斯 Jöns Jacob Berzelius (1779～1848)

瑞典化學家，主張以相反電荷的元素之間的靜電引力製造化合物的理論。

斯凡特・阿瑞尼士 Svante Arrhenius (1859～1927)

瑞典化學家，發現就算不加以電壓，溶液中也可能存在離子。

為了說明原子之間的力量，科學家們從19世紀開始，對化學結合產生興趣。貝吉里斯提出了分子是如何製造出來的解答，他認為正離子與負離子結合時，會製造出各種各樣的分子。這個想法經歷了法拉第，透過阿瑞尼士再一次產生了對離子化的理解。

化學最有趣迷人的理由之一，就是
原子間無窮無盡的結合。

你說化學很有趣??
只要沒有考試的話。

在自然的狀態下，幾乎所有的元素都是由原子結合而成的化合物。

OXYGEN
O O
氧氣不是原子嗎？
氧氣是O_2，是由兩個氧原子結合而成的分子。

從氫氣、氧氣這種簡單的氣體，到蛋白質這類高分子化合物，化合物相當多樣。

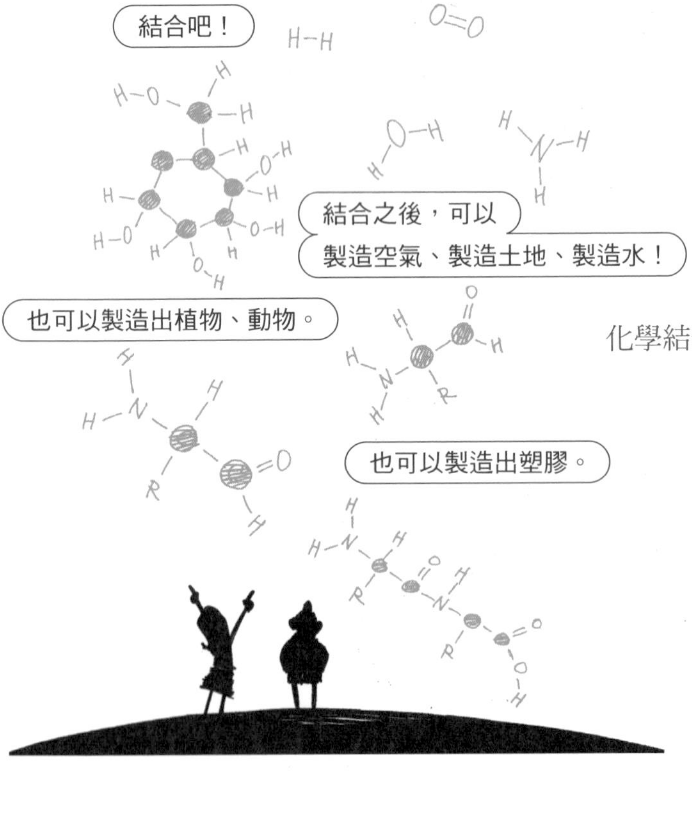

化學結合可說是構成世間萬物的原理。

原子相互結合的理由，與人生而在世的道理有些相似。

因為寂寞？
因為一個人會害怕？
因為不安？
因為獨自並非安定的狀態。
我猜對了吧？
化學也沒什麼兩樣。
可是，原子為什麼不安呢？

為了幫助大家理解，先來看看原子結構吧。

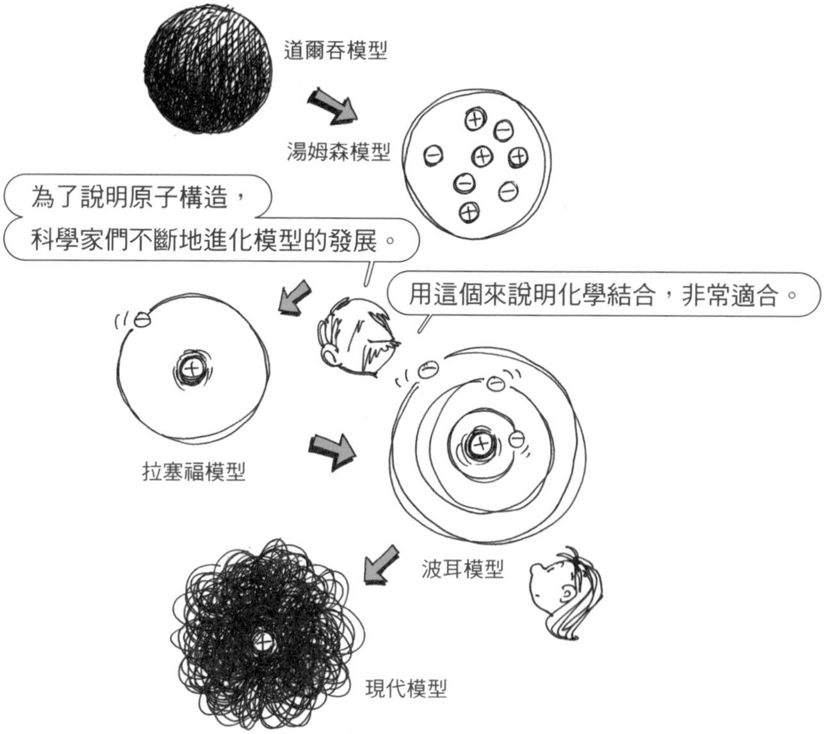
道爾吞模型
湯姆森模型
為了說明原子構造，
科學家們不斷地進化模型的發展。
用這個來說明化學結合，非常適合。
拉塞福模型
波耳模型
現代模型

原子是由包含了質子與中子的原子核，以及排列在原子核周圍軌道上的電子所組成。

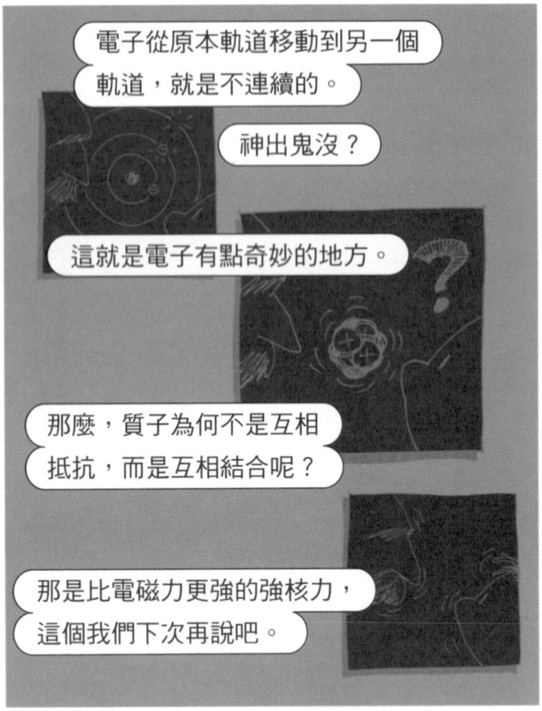
電子從原本軌道移動到另一個軌道，就是不連續的。
神出鬼沒？
這就是電子有點奇妙的地方。
那麼，質子為何不是互相抵抗，而是互相結合呢？
那是比電磁力更強的強核力，這個我們下次再說吧。

能階又是什麼？
那個下次說吧，現在要先說化學結合……
electron shell
總是這樣……

在化學中，會使用「電子殼層」這個用語，來表示電子所在位置的能階。

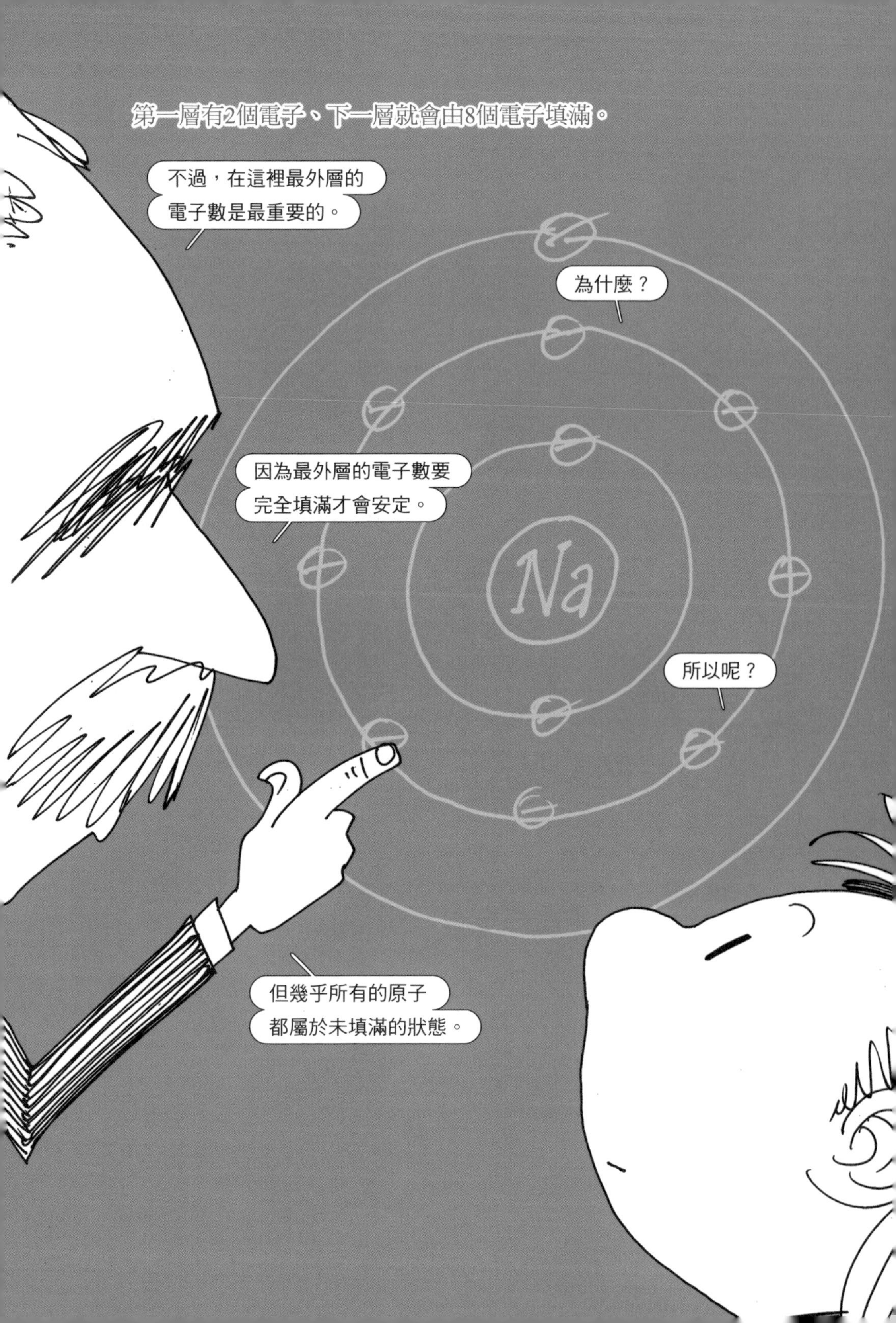
第一層有2個電子、下一層就會由8個電子填滿。
不過，在這裡最外層的電子數是最重要的。
為什麼？
因為最外層的電子數要完全填滿才會安定。
Na
所以呢？
但幾乎所有的原子都屬於未填滿的狀態。

除了週期表18族以外的元素原子，
最外層的電子數都不到8個。

那就填滿就好了啊！
Na

反過來說，也可以丟掉。
Na+

原子們為了填滿電子殼層，會以
能夠移動最少的方式進行。

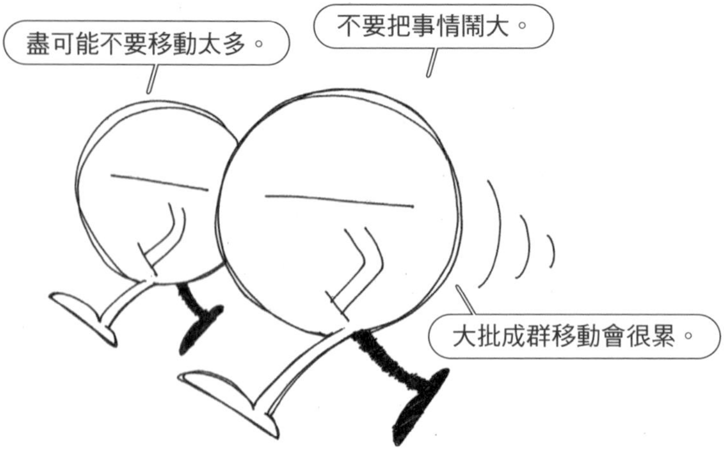
盡可能不要移動太多。
不要把事情鬧大。
大批成群移動會很累。

因此，有願意提供電子的原子，
也有喜歡接收電子的原子。

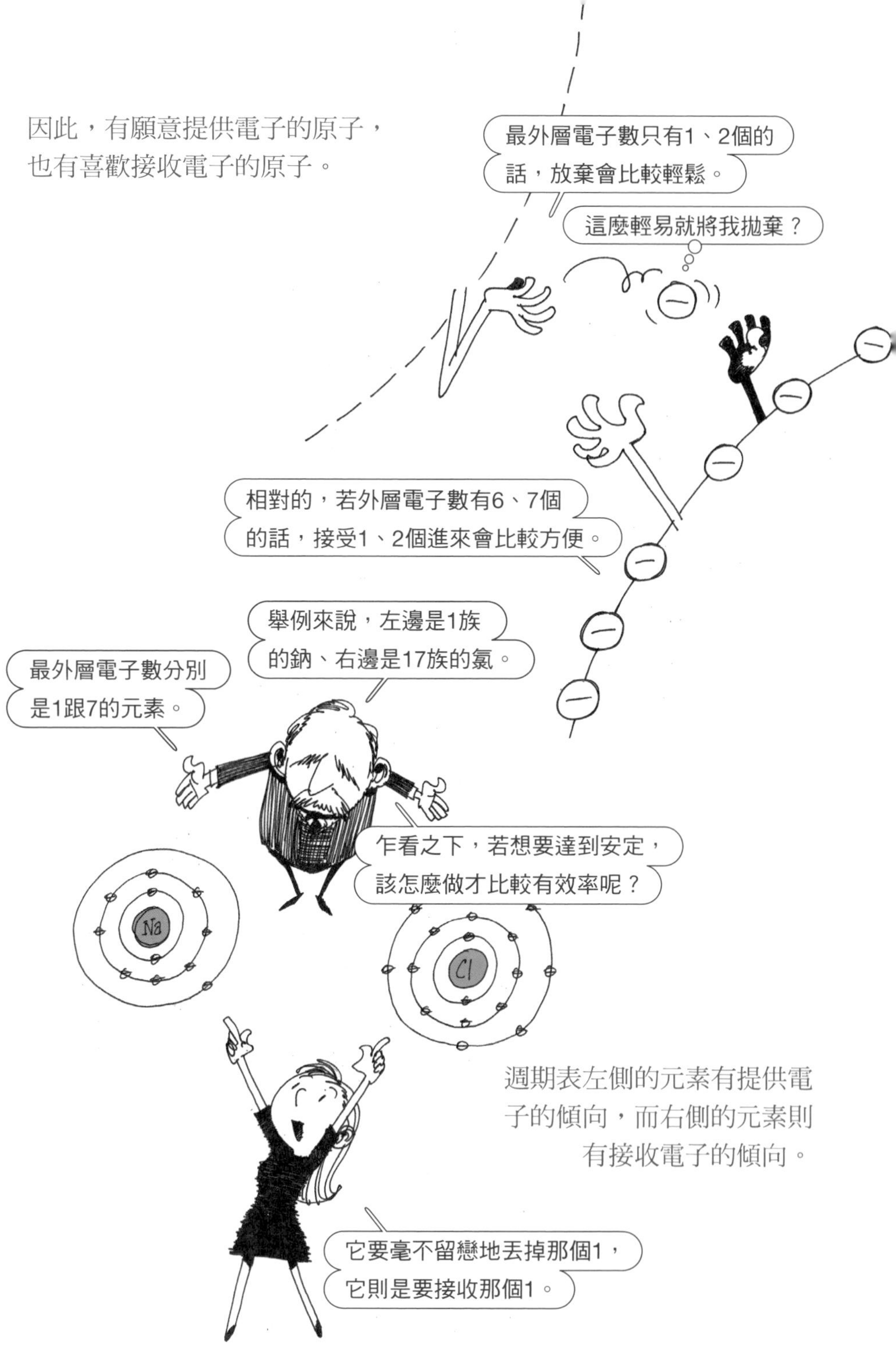
最外層電子數只有1、2個的話，放棄會比較輕鬆。
這麼輕易就將我拋棄？
相對的，若外層電子數有6、7個的話，接受1、2個進來會比較方便。
舉例來說，左邊是1族的鈉、右邊是17族的氯。
最外層電子數分別是1跟7的元素。
乍看之下，若想要達到安定，該怎麼做才比較有效率呢？
Na
Cl
它要毫不留戀地丟掉那個1，它則是要接收那個1。

週期表左側的元素有提供電子的傾向，而右側的元素則有接收電子的傾向。

像這樣將最外層電子數填滿的化學物種（chemical species）*，稱為離子。

捨棄了一個電子的鈉離子。
Na+

與獲得一個電子的氯離子。
Cl-

*化學物種：
物質形成的單位，如原子、分子、離子等。

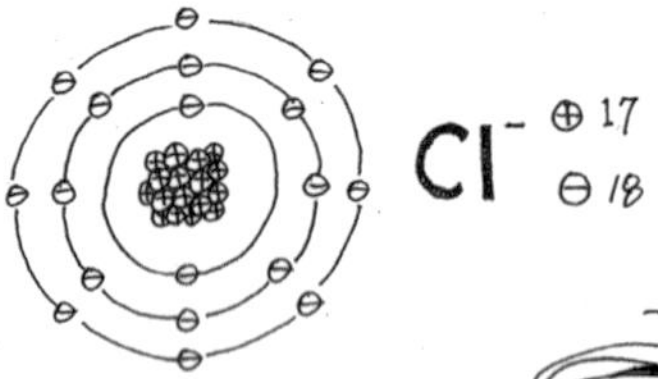

Cl-
⊕17
⊖18

當原子成為離子，自然就帶有電的性質對吧？

質子數與電子數不同了？
沒錯，是一種帶電離子。
鈉離子帶正電荷、氯離子帶負電荷。

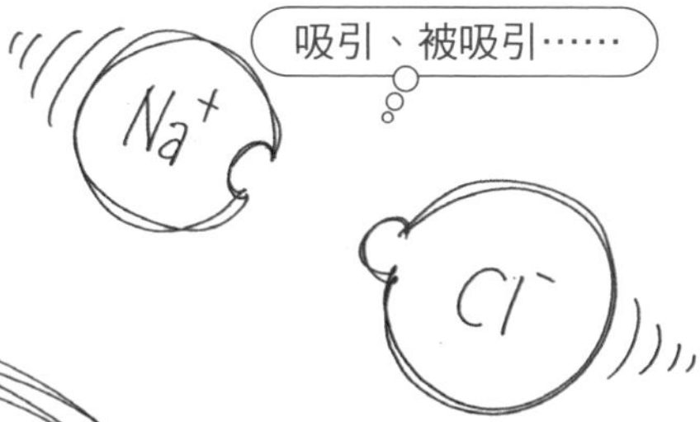

分別帶有正電荷與負電荷電的性質的這兩個離子，現在只剩下互相吸引了。

像這樣，因為正負離子相互吸引而結合的力量，稱為「離子鍵（ionic bond）」。

ionic bond

仔細看看放大的氯化鈉（NaCl）。
擠滿了小小的正方體。
看到了嗎？

因離子鍵而成的化合物，會形成密度高且規律的離子結晶。

離子鍵的結合力很強大，若要分開它們，需要耗費許多能量。

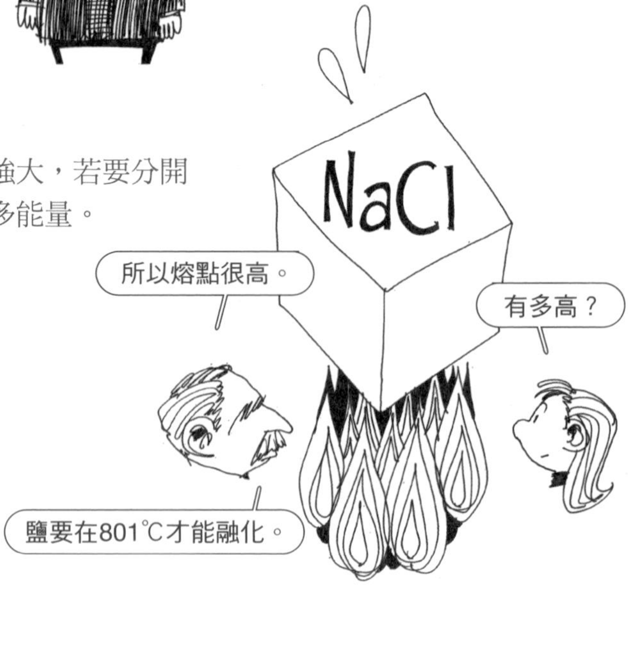
NaCl
所以熔點很高。
有多高？
鹽要在801℃才能融化。

從19世紀開始，科學家們開始查明離子鍵之類的化學結合原理。

Jöns Jacob Berzelius
1819年，瑞典的貝吉里斯這麼認為著。
化合物的產生，是出自於帶有相反電荷的元素間的靜電引力。
你找到帶有電荷的理由或證據了嗎？
自然會有後輩找出來的。

電磁學的偉大先驅法拉第，也很關注物質的電子狀態。

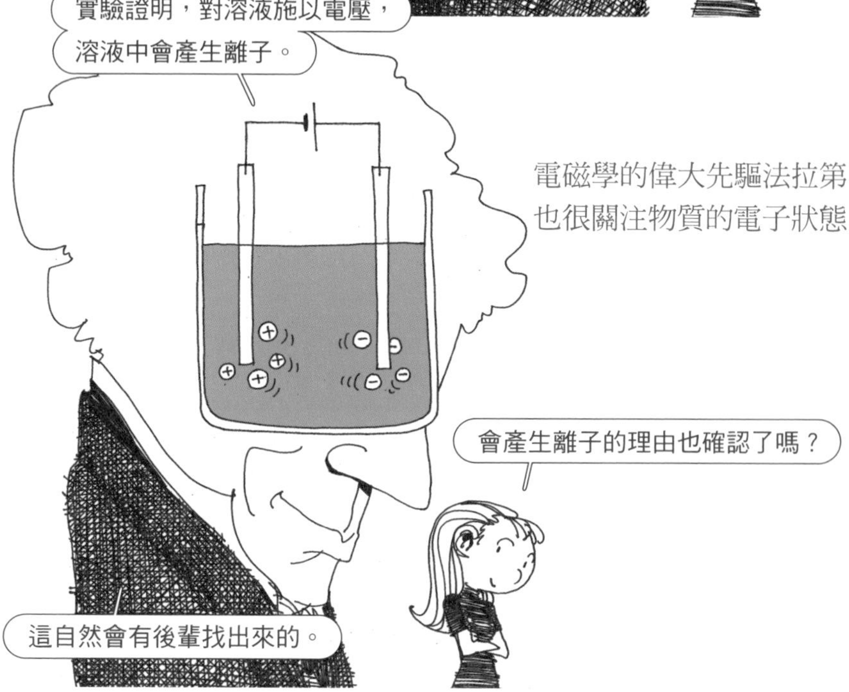
實驗證明，對溶液施以電壓，溶液中會產生離子。
會產生離子的理由也確認了嗎？
這自然會有後輩找出來的。

阿瑞尼士將貝吉里斯及法拉第的理論更往前推進。

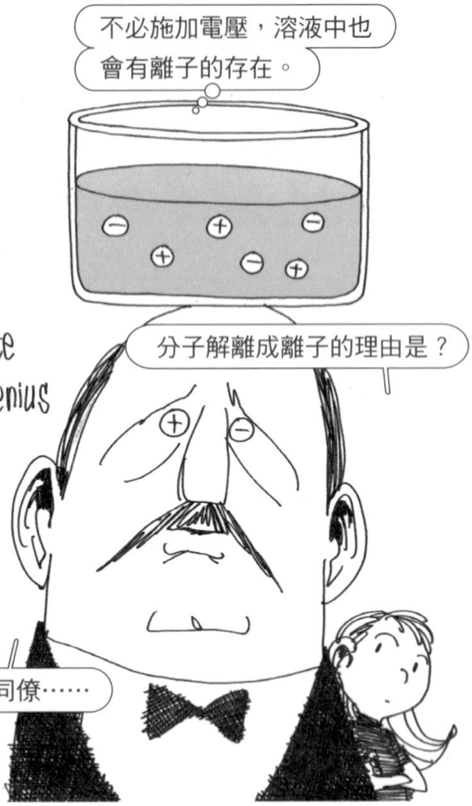
不必施加電壓，溶液中也
會有離子的存在。
Svante
Arrhenius
分子解離成離子的理由是？

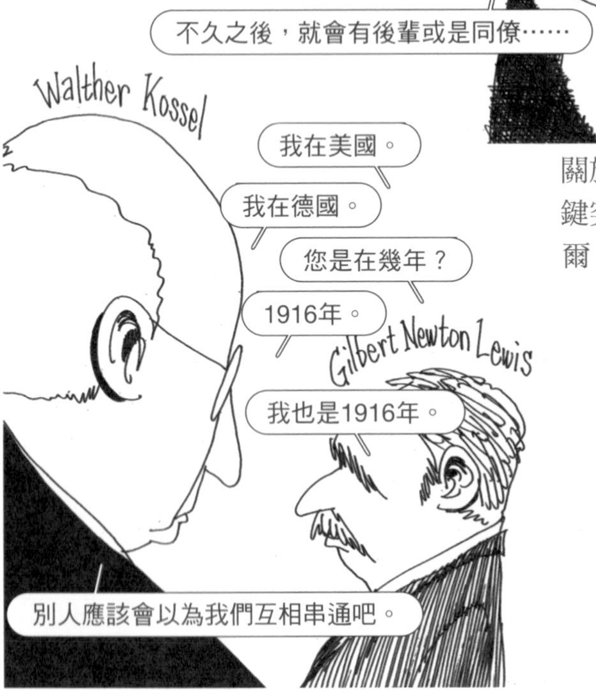
不久之後，就會有後輩或是同僚……
Walther Kossel
我在美國。
我在德國。
您是在幾年？
1916年。
Gilbert Newton Lewis
我也是1916年。
別人應該會以為我們互相串通吧。

關於最外層電子數的最關鍵突破，就要歸功於科塞爾（Walther Kossel）與路易斯了。

科塞爾利用波耳原子模型，說明惰性氣體維持安定狀態的祕訣。

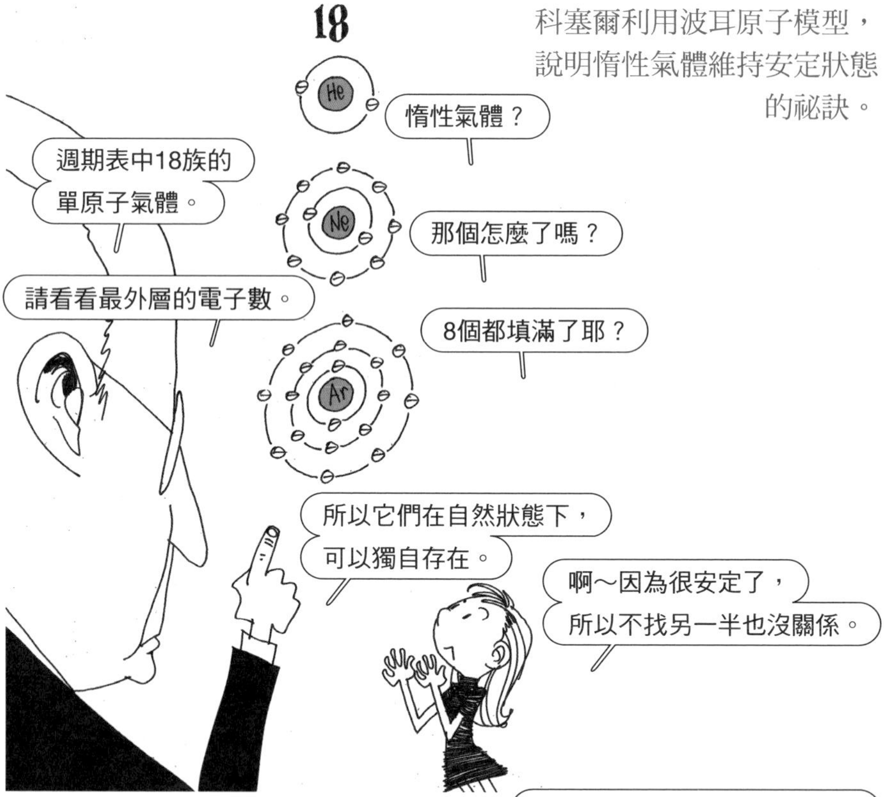
18
He
Ne
Ar
週期表中18族的
單原子氣體。
惰性氣體？
那個怎麼了嗎？
請看看最外層的電子數。
8個都填滿了耶？
所以它們在自然狀態下，
可以獨自存在。
啊～因為很安定了，
所以不找另一半也沒關係。

路易斯則以「八隅體法則（octet rule）」，說明原子會成為帶電離子的理由。

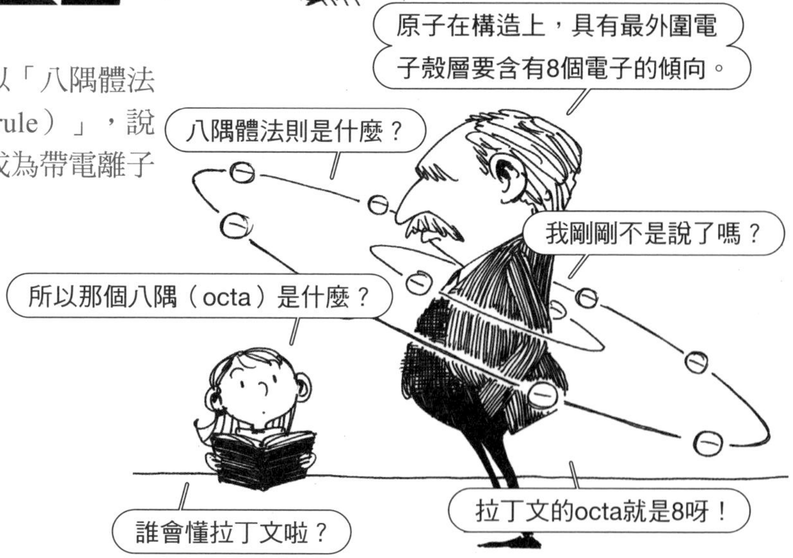
原子在構造上，具有最外圍電
子殼層要含有8個電子的傾向。
八隅體法則是什麼？
我剛剛不是說了嗎？
所以那個八隅（octa）是什麼？
拉丁文的octa就是8呀！
誰會懂拉丁文啦？

不過就算解謎了離子鍵，不代表所有的化學結合問題也可同步解開。

因為化學結合不只有離子鍵。

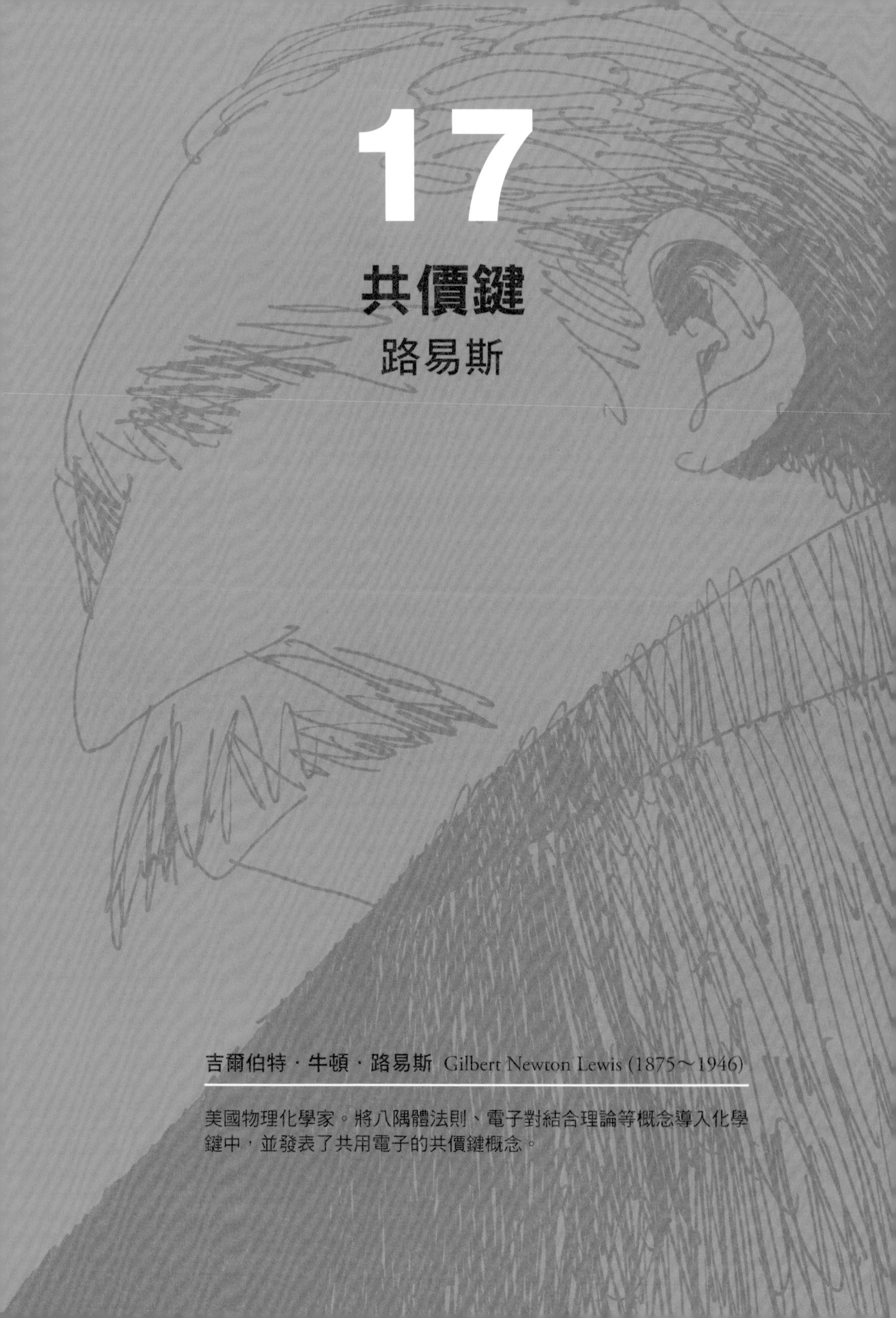

17

共價鍵

路易斯

吉爾伯特・牛頓・路易斯 Gilbert Newton Lewis (1875～1946)

美國物理化學家。將八隅體法則、電子對結合理論等概念導入化學鍵中，並發表了共用電子的共價鍵概念。

週期表的族（group），代表著該原子最外層電子殼層的電子數。大多數原子在最外層電子數為8時，會轉趨安定，這一化學規則稱作「八隅體法則」。

發現八隅體法則的美國物理學家路易斯，於1916年以電子共有的「共價鍵」說明了原子間的結合。

原子傾向於填滿最外層的8個電子，才會趨於穩定（第一個電子層有2個電子）。

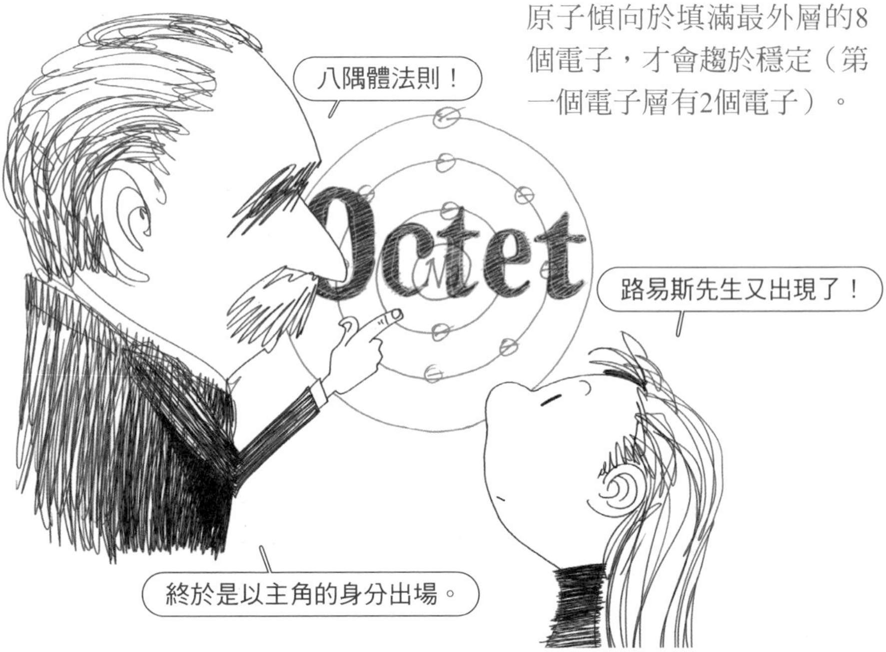
八隅體法則！
Octet
路易斯先生又出現了！
終於是以主角的身分出場。

依據這個原理，科學家們解決了一個關於化學結合的問題，不過還是有其他問題未解。

所以它們是如何相遇的？
就是說啊！

因為適用於八隅體法則的化學結合，並不是只有離子鍵。

他們的相遇不能用離子結合來解釋。
不能就當成是浪漫的相遇嗎？
科學不可以這樣。
為什麼？
這樣論文就會變成文學了。

氧氣在週期表是屬於16族，若是依循八隅體法則會如何呢？

接收2個電子，變成氧離子，轉趨安定。
學得不錯喔！
可以挑戰諾貝爾化學獎了！
別一直說什麼諾貝爾獎啦。

然而同樣的氧離子之間，
並不會互相吸引。

即便如此，兩個氧原子還是互相結合，成為氧氣。

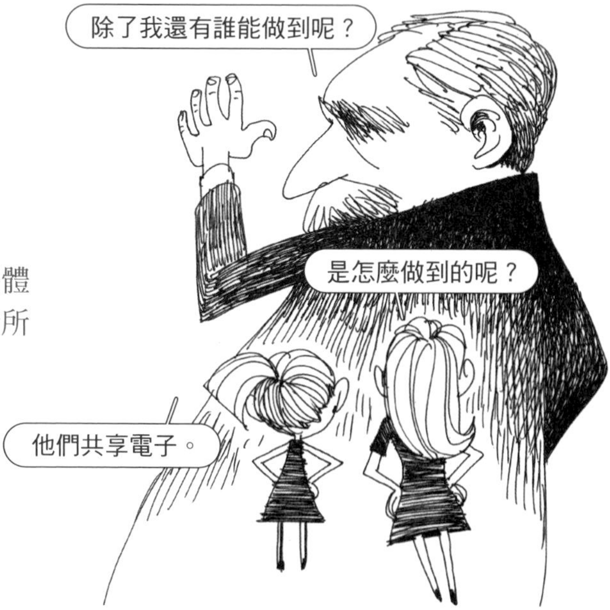

這個問題也是由提出八隅體法則的科學家——路易斯所解決的。

這個電子共享的方式，被稱為「共價鍵（covalent bond）」。

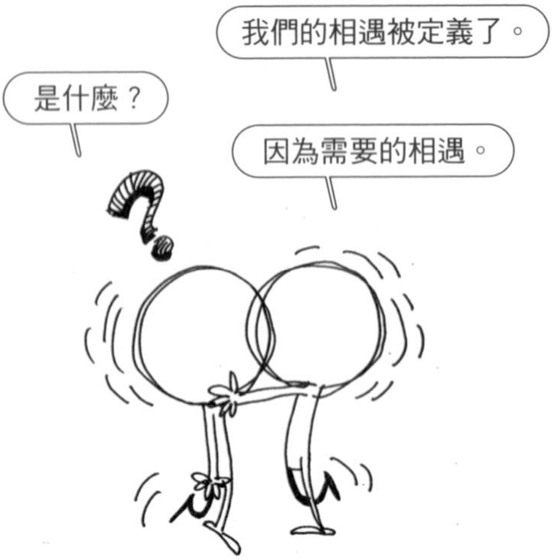

最外層有6個電子的氧原子，需要從某處帶回兩個電子才可以安定，自己一人時電子數量是不夠的，但只要互相結合共同擁有的話，就沒問題了。

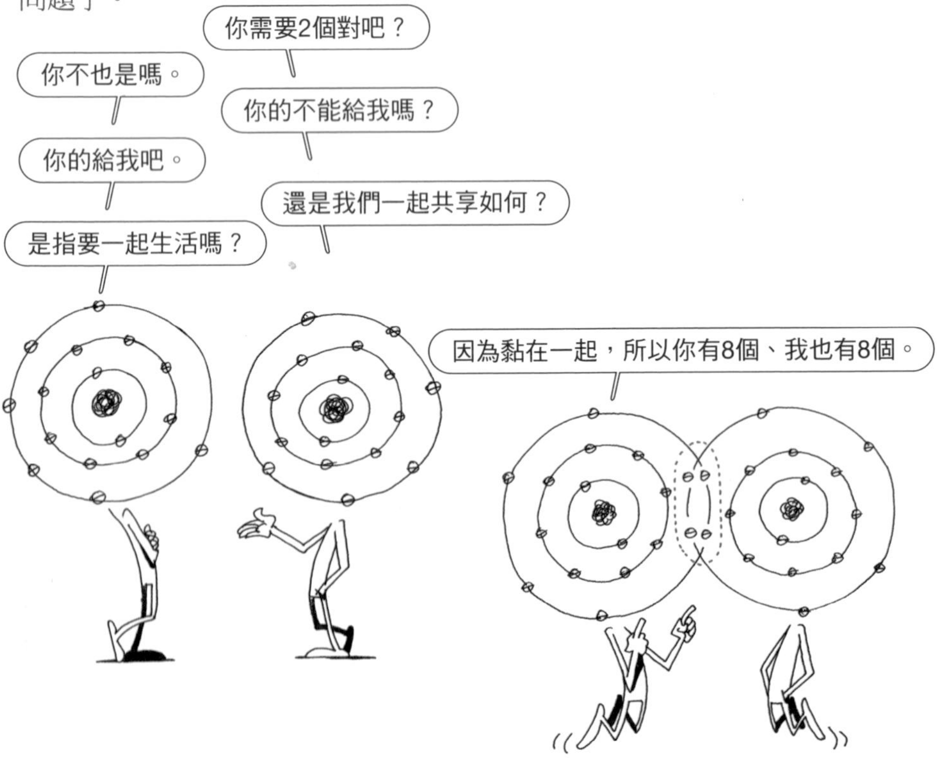

從氣體到有機化合物等眾多的化學結合，都能用共價鍵說明。

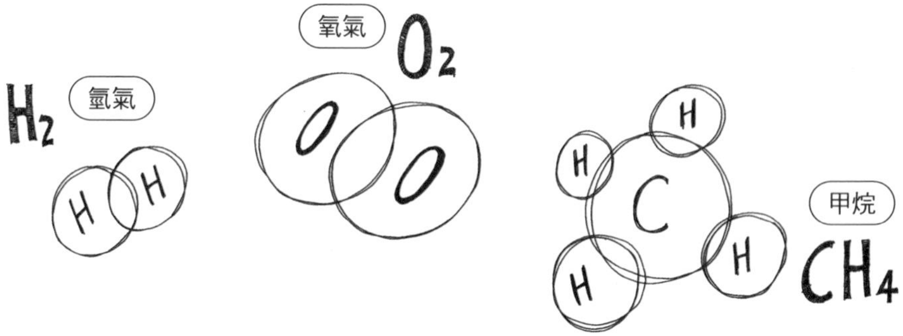

路易斯的共價鍵概念，於1916年發表。

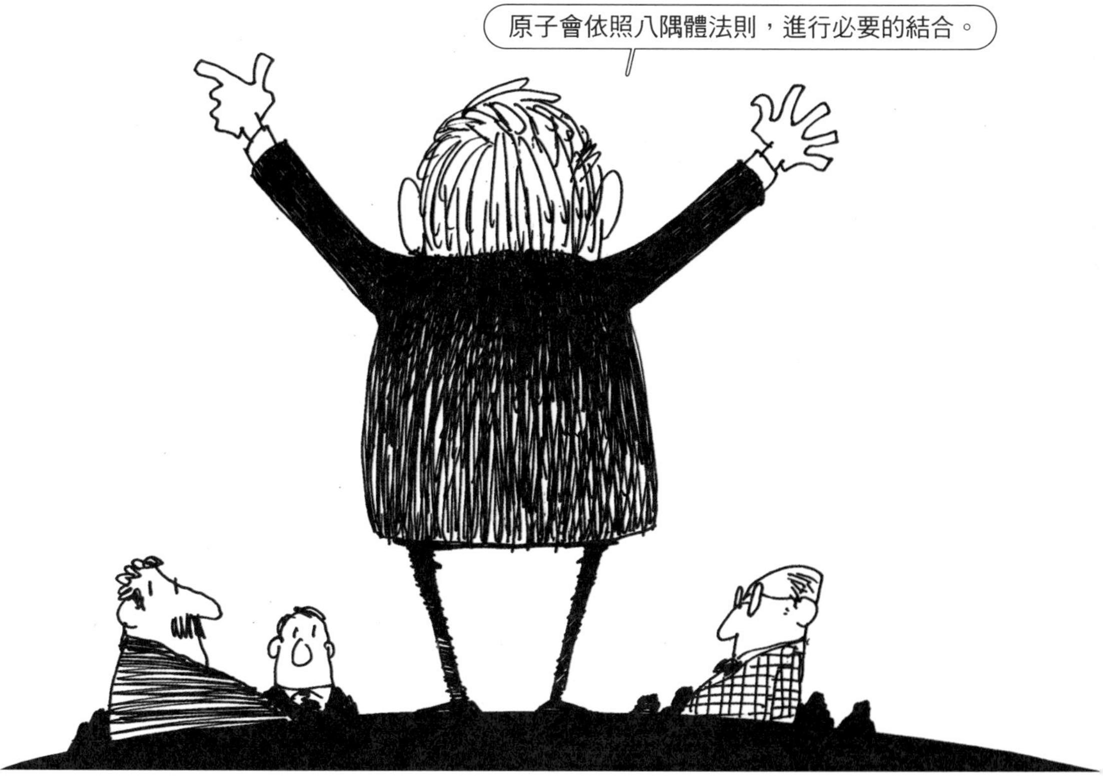

不過這驚人的發現，在當時的科學界卻被冷淡以對。

你看了那篇論文了嗎？說電子共享。
是誰說的？
路易斯。
路易斯？你是說那個科學人際關係不佳的路易斯嗎？

那先來說說路易斯的故事吧，他出生於美國麻薩諸塞州。

小時候是在家自學。
到何時？
到14歲為止。

除了共價鍵電子對模型，他還在熱力學、酸鹼理論、氘化合物等研究留下許多成就。

在現在的化學教科書中，
也有出現路易斯結構（Lewis structures）。
啊，那個方式也是大叔您弄出來的啊。

他也是一位偉大的化學家，讓自己任職的加州大學柏克萊分校的化學學院，朝世界頂尖之列推進。

學生中獲得諾貝爾獎的人也很多。
那大叔呢？
不是說不要提諾貝爾獎嗎？
是你先說的啊。

不過他跟自己的指導教授、前輩、同事之間的關係卻很糟糕。

是正在氣頭上的路易斯。
只要對方不認同自己，他就會一直帶著這個情緒，不願解開。
到什麼時候？
到對方也懷恨在心為止。

你有看到路易斯寫了抓到你實驗小辮子的文章嗎？
這兩天的事嗎？

可能因為如此，發表共價鍵理論時，恐怕也沒幾個友好的科學家出來擁護。

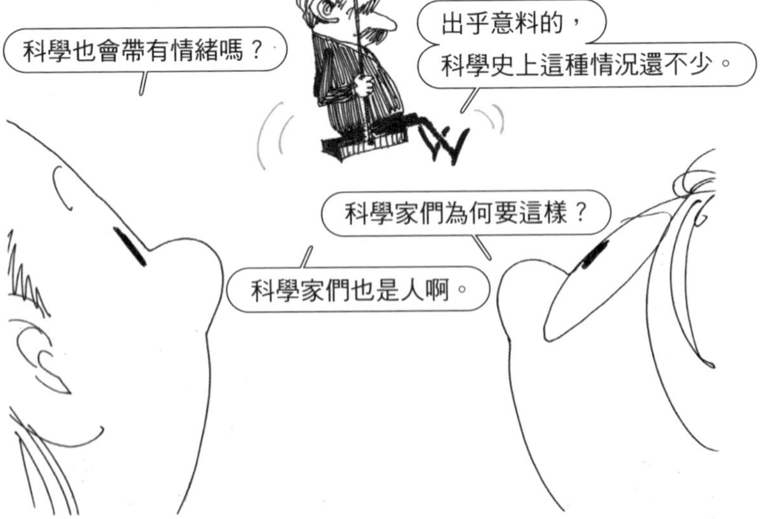
科學也會帶有情緒嗎？
出乎意料的，科學史上這種情況還不少。
科學家們為何要這樣？
科學家們也是人啊。

論文發表了3年之後，有人注意到它。
Irving Langmuir
哇！真是了不起的論文！
這是朗繆爾，在奇異電子公司工作的一位科學家。
是怎麼注意到的？
應該是預視了我的論文會帶他去的未來。
社長，比起公司的工作，我找到對我更具意義的事情了。哈哈哈。
你是要說你可能某天就突然離職走人嗎？呵呵呵。
就是這樣沒錯，哈哈哈。
雖然無緣無故的，不過你本來就是個個性不錯的人，會這麼做肯定有什麼好理由吧。呵呵呵。
朗繆爾擁有優越的社交能力。

朗繆爾將路易斯的理論稍作補充之後，開始宣傳原子結合理論。

有去聽過朗繆爾的課嗎？他真的好會說。
馬上就聽懂了。
雖然是以路易斯的論文為基本，不過課程整個完全不一樣。
因為喜歡他，所以讓那篇論文也變得不一樣了。

因為有了朗繆爾特有的口才及親和力，這堂課讓路易斯的理論，跟著受到極大的讚賞。

這該要謝謝朗繆爾先生吧？
剛開始我也很開心，原本被忽視的理論開始受到矚目。

然而漸漸地，朗繆爾比自己更受關注的情況，讓路易斯開始感到不滿，並且持續累積不滿。

在科學界的人際關係越來越惡化，最終導致路易斯被孤立。雖然獲得40幾次的諾貝爾獎提名，卻從未得到過諾貝爾獎，反而是他的學生們不斷地獲得諾貝爾獎，甚至於連朗繆爾也得到諾貝爾獎肯定。最終，他在研究室中落寞地結束他的一生。

等等！那麼知道了離子鍵跟共價鍵之後，從此就解決所有的原子結合了嗎？

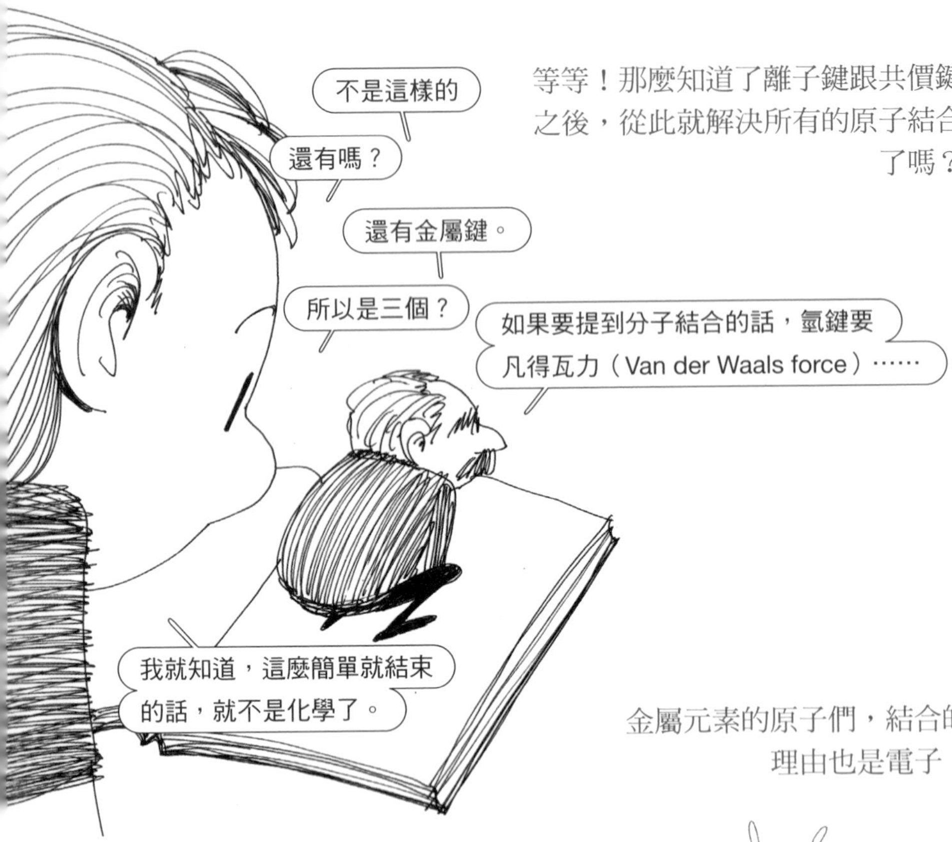
不是這樣的
還有嗎？
還有金屬鍵。
所以是三個？
如果要提到分子結合的話，氫鍵要凡得瓦力（Van der Waals force）……
我就知道，這麼簡單就結束的話，就不是化學了。

金屬元素的原子們，結合的理由也是電子。

電子還真忙。
我真的超忙的喔！

金屬內的電子們，具有在金屬正離子間來去自如的特性。

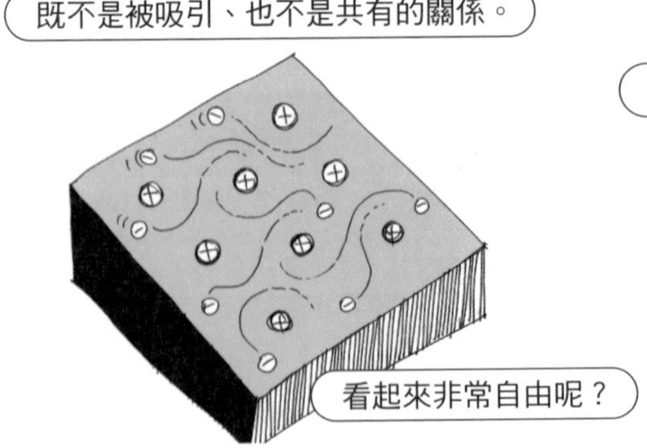
既不是被吸引、也不是共有的關係。
看起來非常自由呢？

所以當許多金屬元素原子聚集之後，電子們會在周圍隨意亂竄，成為電子海。

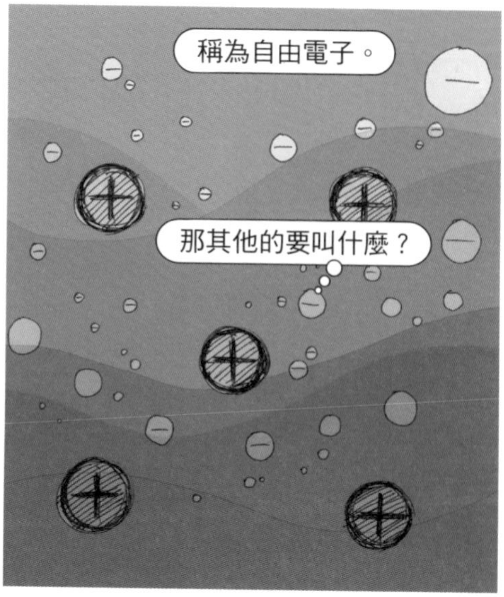
稱為自由電子。
那其他的要叫什麼？

所以原子核都是正電荷？
是吧？因為是質子跟中子。
不過因為被電子包圍，
所以不會散開對吧。
電子也擔任安撫的角色呢。

因為電子圍繞著原子核，所以原子核之間不會互相抵抗，而是維持結合狀態，形成結晶構造。經由金屬鍵形成的金屬可以導電。

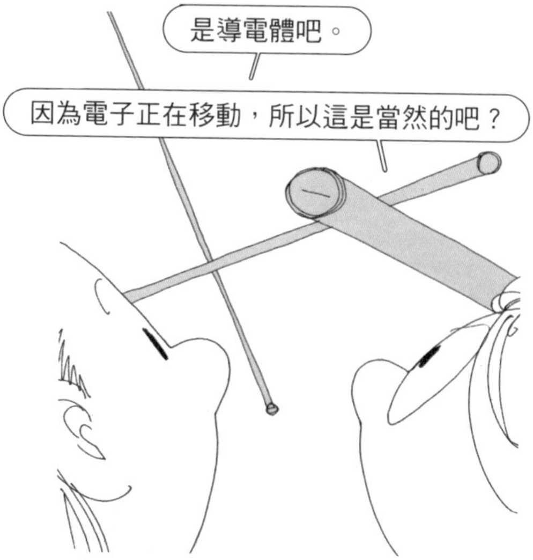
是導電體吧。
因為電子正在移動，所以這是當然的吧？

所以，對金屬施力時，它只會延展或扭曲，很少會有斷裂的情況。

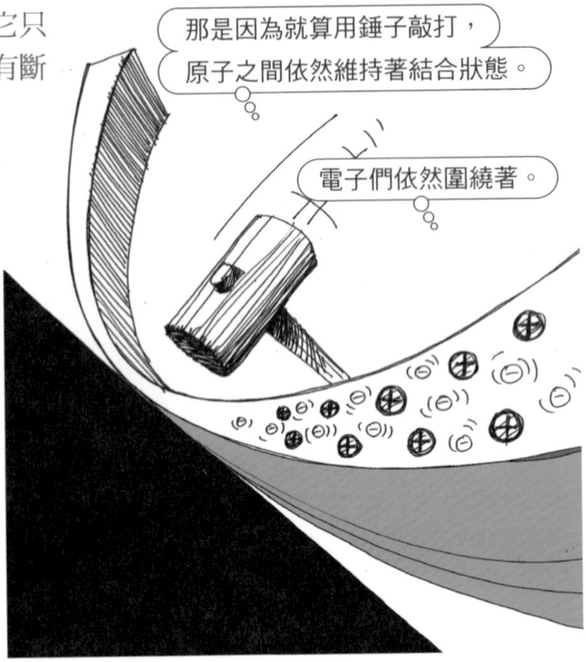

那是因為就算用錘子敲打，
原子之間依然維持著結合狀態。
電子們依然圍繞著。

化學結合，是解開化合物祕密的關鍵鑰匙，同時也是決定物質狀態與性質的原理。

可是啊，我再次出現一個小小疑問。
什麼疑問？
電子這傢伙的真面目。
妳開始有科學家的資質囉？
當然囉。

18

生命的設計圖——DNA

羅莎琳・富蘭克林

蘿莎琳・富蘭克林 Rosalind Franklin (1920～1958)

英國生物物理學家，在X射線晶體學領域具有傑出的實力。經由DNA的X射線照片拍攝，對解開DNA分子結構之謎起了決定性的重要作用。

1962年的諾貝爾生理醫學獎，頒給了解開DNA結構的三位科學家——華生（James Watson）、克里克（Francis Crick）及威爾金斯（Marice Wikins）——直到那時，DNA被推測是含有生命體遺傳資訊的物質。

不過，找出DNA模型關鍵證據的女性科學家，已經在幾年前因為癌症離世，而無法一同接受這座諾貝爾獎。她的名字是羅莎琳・富蘭克林。

20世紀的科學，特別是在生命科學領域，最優秀的成就應該非DNA莫屬。

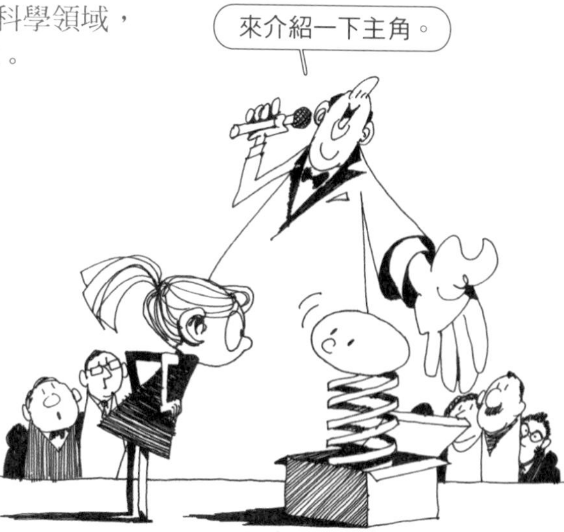
來介紹一下主角。

哇！
現在我一點
都不羨慕物理學了！
PHYSICS
BIOLOGY
GENETICS

隨著DNA的全面研究，生命科學——特別是遺傳學，有了飛躍性的發展。

直到20世紀中葉為止，連科學家們
都把蛋白質當成遺傳物質。
所以你是什麼？
DNA

DNA是含有遺傳資訊的物質，如今已是眾所皆知的事實，它完整地維繫著所有生命物種，並使其發揮各自的特性。

DNA是去氧核糖核酸的簡寫。

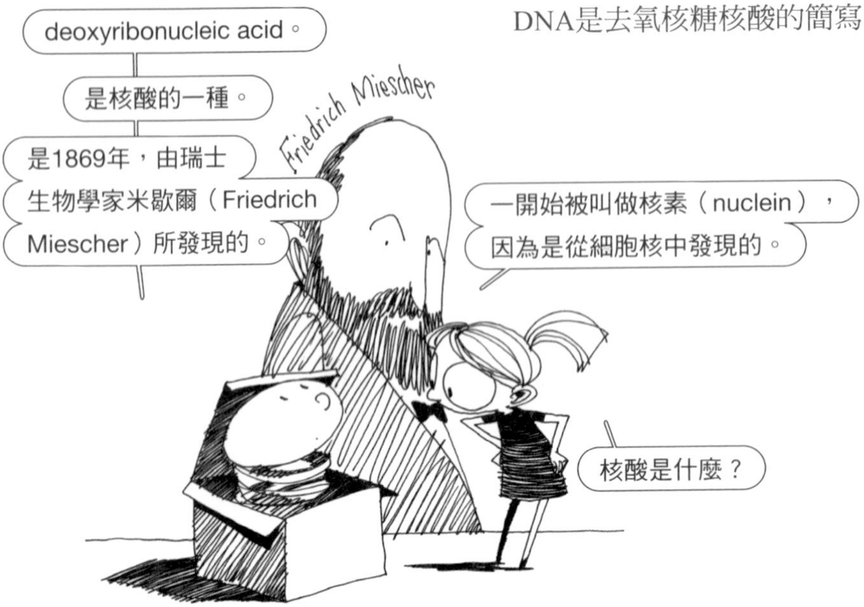
deoxyribonucleic acid。
是核酸的一種。
Friedrich Miescher
是1869年，由瑞士生物學家米歇爾（Friedrich Miescher）所發現的。
一開始被叫做核素（nuclein），因為是從細胞核中發現的。
核酸是什麼？

核酸是由核苷酸（nucleotide）組成的長鏈狀高分子有機物。

核苷酸又是什麼？
是核酸的構成單位，由糖（sugar）、磷酸基（phospate）和鹽基（base）構成。
糖就是我們吃的糖嗎？
是的，用化學說明的話，就是氧、氫、碳組成的碳水化合物。
당
염기
base
sugar
Phospate
인산

製造核苷酸的糖有兩種。

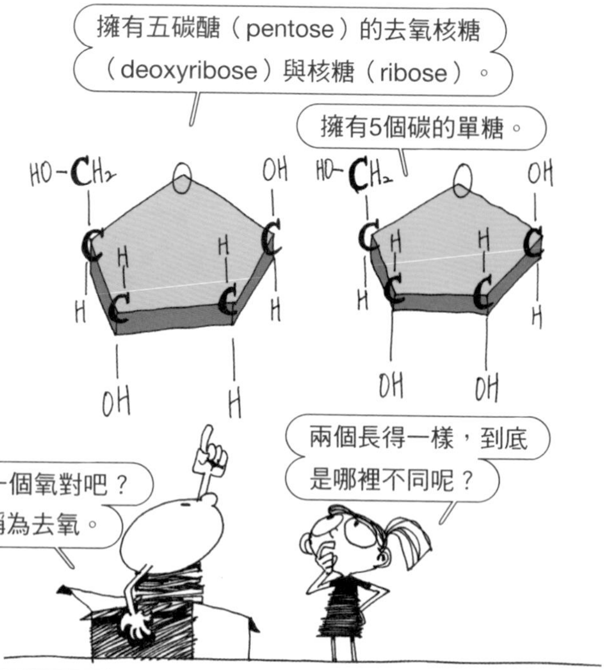
擁有五碳醣（pentose）的去氧核糖（deoxyribose）與核糖（ribose）。
擁有5個碳的單糖。
這裡少了一個氧對吧？所以才是稱為去氧。
兩個長得一樣，到底是哪裡不同呢？

糖與磷酸基交替結合，形成長鏈。

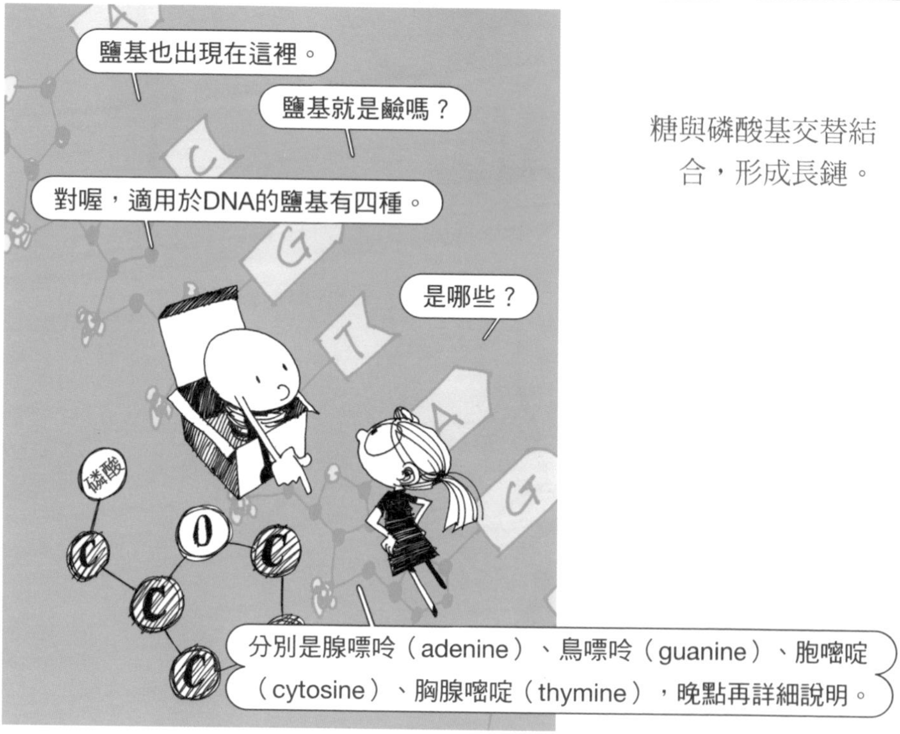
鹽基也出現在這裡。
鹽基就是鹼嗎？
對喔，適用於DNA的鹽基有四種。
是哪些？
分別是腺嘌呤（adenine）、鳥嘌呤（guanine）、胞嘧啶（cytosine）、胸腺嘧啶（thymine），晚點再詳細說明。
磷酸

所以，帶有去氧核糖的核酸稱為DNA。

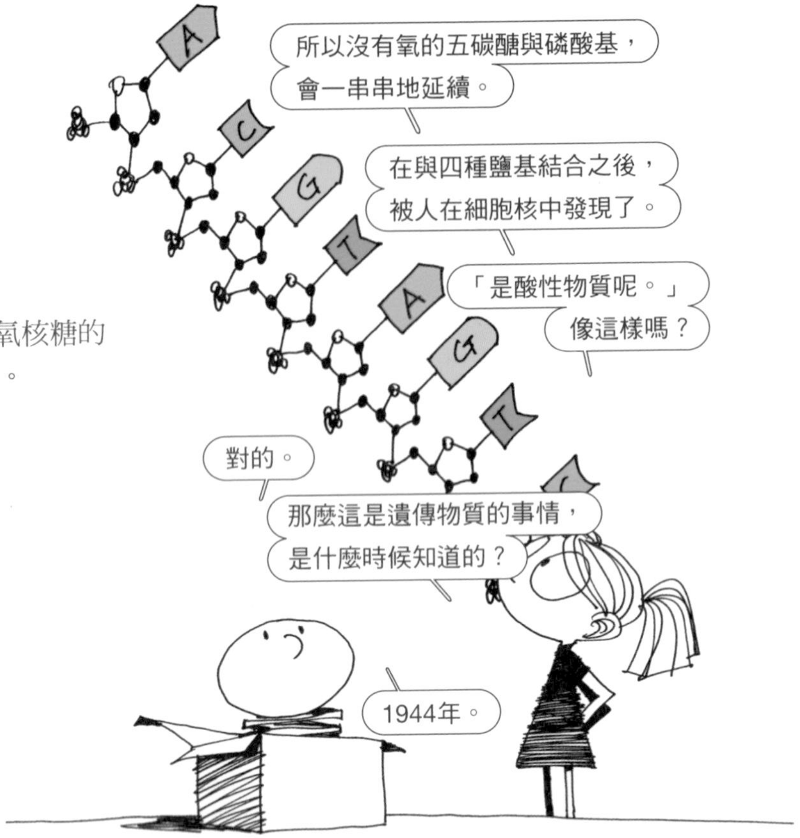
所以沒有氧的五碳醣與磷酸基，會一串串地延續。
在與四種鹽基結合之後，被人在細胞核中發現了。
「是酸性物質呢。」像這樣嗎？
對的。
那麼這是遺傳物質的事情，是什麼時候知道的？
1944年。

曾在加拿大擔任醫生的艾佛瑞（Oswald Avery），經過不斷的細菌實驗後，發現DNA就是遺傳物質，而進行發表。

Oswald Avery
發表之後馬上成為矚目焦點囉？
被忽略了。
為什麼？
就跟哥白尼還有伽利略當時一樣嘛。

在艾佛瑞的實驗結果，透過更多調查實驗獲得確證之時，美國生化學者查加夫（Erwin Chargaff）發現了一個重要的定律。

Erwin Chargaff
從各種生物細胞中提取DNA，並且定量觀察。
觀察出什麼了嗎？
在四種鹽基中，A（腺嘌呤）與T（胸腺嘧啶），G（鳥嘌呤）與C（胞嘧啶）總是等量存在。

將DNA視為遺傳物質已經是趨勢了。
好好做研究的話，說不定可以拿到諾貝爾獎？
是啊。

自此DNA的研究瞬間急速發展。

它到底長怎樣呢？
如果我們能想出它的模樣，一定就能拿到諾貝爾 。
先吃飯再繼續吧。

科學家們的下一個課題，就是找出DNA的結構。

當時，處於競爭關係的代表性科學家研究團隊有三。

已經拿過諾貝爾化學獎的鮑林（Linus Pauling）。

Linus Pauling
倫敦國王學院的
羅莎琳．富蘭克林與威爾金斯。
Rosalind Franklin
Maurice Wilkins
還有劍橋大學卡文迪許實驗室
的華生與克里克。

最先出線的是鮑林，他首先發表DNA是以三螺旋構成的論文。

這是我的科學生涯中的最大的失誤。
不過我還是拿到兩座諾貝爾獎。
化學獎跟？
和平獎。

糖、磷酸基、鹽基會呈現螺旋鏈狀，這是很明確的。
但不是三重，好像也不是單一螺旋。
那麼還剩下什麼可能呢？

雖然鮑林的理論以不夠成熟告終，但他所提出的理論中，關於DNA是螺旋結構的說法，得到其他科學家的共鳴。

在此同時，華生與克立克將糖與磷酸基連結的骨架內側，以鹽基連結核苷酸鏈做出模型。他們當時是從「查加夫法則」獲得靈感。

兩條鏈是不是就這樣黏在一起呢？
鹽基與鹽基結合？
嗯。
有四種鹽基，不知道是怎樣結合？
一定要找出來才行。

A
T
G
C
所以這兩個跟這兩個，是不是像命中註定的關係呢？

你看！剛剛好不是嗎？角度正好。
可是命中註定這種說法，好像不夠科學吧？
那我們說是相輔相成吧。

他們直覺認為，A與T，以及G與C各自成對。

此外，還有一個讓他們可以確信的實證結果。

那是一張照片。

是羅莎琳．富蘭克林最近以X射線繞射法拍下的DNA結晶構造的照片。

就在富蘭克林認為該謹慎為之的同時，卻發生了讓她想像不到的荒謬事。

是同一個研究室中，平時與富蘭克林關係不佳的威爾金斯的大膽作為。

威爾金斯帶著照片，找上在卡文迪許實驗室的華生。

看到51號照片的華生十分震驚。

1953年！
MOLECULAR STRUCTURE OF NUCLEIC ACIDS
僅僅兩頁的論文。
A Structure for Deoxyribose Nucleic Acid
〈核酸的分子結構：去氧核糖核酸的結構〉
想到應該可以拿到諾貝爾獎，我連喝茶都會喝醉。
我也是！

他們認為沒有必要等待，馬上在學術期刊《自然（Nature）》上發表了。

拿到了！
ALFR. NOBEL
NAT. MDCCC XXXIII OB. MDCCC XCVI

DNA的秘密終於被解開，而華生、克拉克、威爾金斯也於1962年獲得諾貝爾獎。

那富蘭克林呢？
4年前過世了。

富蘭克林直至離世為止都獻身於科學，但她卻因為癌症而於37歲病逝。

如果1962年時她還活著的話，應該可以一同拿到諾貝爾獎吧？
不知道耶。

後來，華生親自撰寫了關於發現DNA結構的故事，在該著作《雙螺旋》的增補版後記中，也不得不提及富蘭克林的貢獻。

當我們理解到，
像她那樣才智過人的女性，
身處科學世界中需要面對多少搏鬥，也為時已晚。
不僅如此，在得知自己身染不治之症，
生命可能只剩數週時間，
她依然沒有一句怨言地投入在研究之中，
這份熱情與勇氣，而我們終究也太晚才明白。

DOUBLE HELIX

剛進小學的兒子，有一天在他的圖畫讀書紀錄本上，出現了骷髏與骨頭。

他在吃烤全雞吃到一半時，突然想到，為什麼人的骨頭比雞多。

我說人的骨頭一開始大約有400根，成人之後大約是200根左右。但雞的骨頭的話就不清楚了，也沒辦法教他。

（老實說，我到現在我還是不知道。）

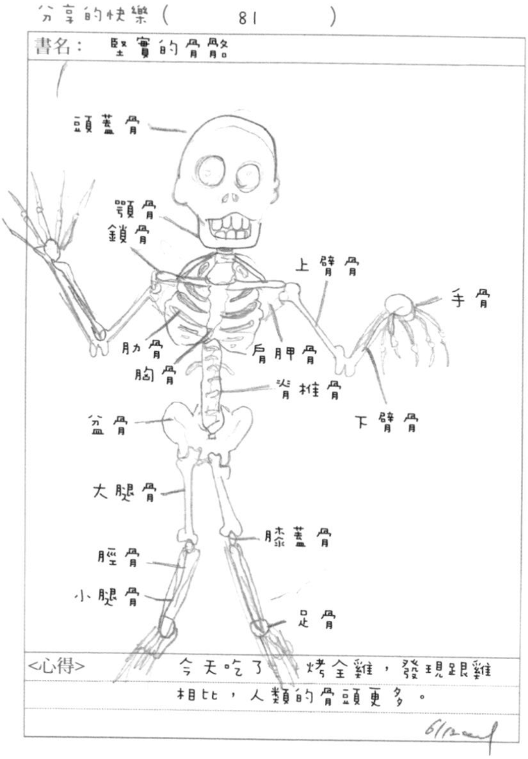

人類與雞
2017.6.9　9歲的律

本書登場人物及其主要事件

第1冊
第2冊
第3冊

1514~1564
維薩留斯

1543年出版《人體的構造》出版

1578~1657
哈維

1628年整理血液循環理論，出版《關於動物心臟與血液運動的解剖研究》

1627~1691
波以耳

1660年創立皇家學會
1662年發現波以耳定律

1544~1603
吉爾伯特

1546~1601
第谷

1561~1626
培根

1564~1642
伽利略

1571~1630
克卜勒

1596~1650
笛卡兒

1602~1686
格里克

1608~1647
托里切利

1622~1703
維維亞尼

1625~1712
卡西尼

1627~1705
雷

1629~1695
惠更斯

1733~1804
普利斯特里

1774年發現氧氣

1743~1794
拉瓦節

1774年發現質量守恆定律

1766~1844
道爾吞

1803年發表倍比定律

1736~1819
瓦特

1737~1798
賈法尼

1745~1827
伏打

1754~1826
普魯斯特

1773~1829
楊格

1707~1778
林奈
1735年出版《自然系統》

1728~1799
布拉克
1754年發現二氧化碳

1731~1810
卡文迪許
1766年發現氫氣

1632~1723
雷文霍克

1635~1703
虎克

1642~1727
牛頓

1656~1742
哈雷

1663~1729
紐科門

1692~1761
穆森布羅克

1700~1748
克拉斯特

1706~1790
富蘭克林

1776~1856
亞佛加厥
1811年提倡亞佛加厥假說

1779~1848
貝吉里斯
1819年主張化合物是由帶有正負電荷的兩種物質互相結合而成

1797~1875
萊爾
1830年出版《地質學原理》

1777~1851
厄斯特

1778~1850
給呂薩克

1781~1848
史蒂芬生

1791~1867
法拉第

1804~1865
冷次

1809~1882
達爾文
1831年搭上小獵犬號
1859年出版《物種起源》

1822~1884
孟德爾
1866年發表論文〈植物的雜種實驗〉

1822~1895
巴斯德
1865年開發低溫殺菌法

1814~1879
蓋斯勒

1875~1946
路易斯
1916年發表離子鍵概念

1916~2004
克里克
1953年與華生一同於英國科學期刊《自然》發表DNA結構論文

1879~1955
愛因斯坦

1885~1962
波耳

1889~1953
哈伯

1889~1970
馬士登

1891~1972
赫馬森

1829~1896
凱庫勒
1865年發現苯環結構

1834~1907
門得列夫
1869年發現元素週期表

1859~1927
阿瑞尼士
1884年發表電解質在水中會分離成正負離子的「電解質解離說」

1825~1898
巴耳末

1831~1879
馬克士威

1832~1919
克魯克斯

1838~1916
馬赫

1847~1931
愛迪生

1850~1930
戈爾德斯坦

1852~1908
貝克勒

1856~1940
湯姆森

1857~1894
赫茲

1858~1947
普朗克

1920~1958
蘿莎琳・富蘭克林
1952年成功拍出DNA的X射線繞射照片

1928~
華生
1962年與一同發現DNA雙螺旋結構的克里克獲得諾貝爾生理醫學獎

本書提及文獻

第 27 頁　維薩留斯，《人體的構造》（*On the Fabric of the Human Body in Seven Books*），1543.

第 42 頁　哈維，《關於動物心臟與血液運動的解剖研究》（*An Anatomical Study of the Motion of the Heart and of the Blood in Animals*），1628.

第 72 頁　林奈，《自然系統》（*A General System of Nature*），1735

第125頁　拉瓦節，《化學要論》（*Elements of Chemistry: In a New Systematic Order, Containing All the Modern Discoveries*），1789.

第141頁　道爾吞，《化學哲學的新體系》（*A New System of Chemical Philosophy*），1808.

第158頁　亞佛加厥，〈論述關於測定化合物中基本分子的相對質量，以及它們在化合物中的比例之方法〉（Essay on a Manner of Determining the Relative Masses of the Elementary Molecules of Bodies, and the Proportions in Which They Enter into These Compounds），1811.

第168頁　伯納特（Thomas Burnet），《地球神聖理論》（*The Sacred Theory of the Earth*），1681.

第174頁　赫頓（James Hutton），《地球理論》（*Theory of the Earth*），1795.

第178頁　萊爾，《地質學原理》（*Principles of Geology*），1830~1833.

第185頁　達爾文，《物種起源：論處在生存競爭中的物種之起源於自然選擇或者對偏好種族的保存》》（*On the Origin of Species by Means of Natural Selection or the Preservation of Favoured Races in the Struggle for Life*），1859.

第193頁　馬爾薩斯（Thomas Malthus），《人口論》（*An Essay on the Principle of Population*），1798.

第203頁　孟德爾，〈植物雜交實驗〉（Experiments in Plant Hybridization），1866

第241頁　凱庫勒，〈化合物的構造與碳的化學本性〉（The Constitution and the Metamers the Chemical Compounds and on the Chemical Nature of the Carbon），1858.

第310頁　華生與克里克，〈核酸的分子結構：去氧核糖核酸的結構〉（Molecular Structure of Nucleic Acids: A Structure for Deoxyribose Nucleic Acid），1953

第311頁　華生，《雙螺旋》（*The Double Helix:A Personal Account of the Discovery of the Structure of DNA*），Norton Critical Edition, 1980.

參考文獻

- 具仁善，《유기화학（有機化學）》綠文堂
- 金熙俊等，《과학으로 수학보기, 수학으로 과학보기（科學看數學、數學看科學）》宮理
- Forbes, Nancy et Mahon, Basil. *Faraday, Maxwell, and the Electromagnetic Field: How Two Men Revolutionized Physics.* Prometheus Books
- MacArdle, Meredith et Chalton, Nicola.*The Great Scientists in Bite-sized Chunks*. Michael OMara Books Ltd
- Lindley, David. *Boltzmanns Atom: The Great Debate That Launched A Revolution In Physics.* Free Press
- Kiernan, Denise et D'Agnese, Joseph. *Science 101: Chemistry.* Harper Perennial、2007
- Gonick, Larry. *The Cartoon Guide to Calculus.* William Morrow
- Munroe, Randall. *What If?: Serious Scientific Answers to Absurd Hypothetical Questions.* Houghton Mifflin Harcourt（中文版《如果這樣，會怎樣？：胡思亂想的搞怪趣問 正經認真的科學妙答》由天下文化出版）
- Epstein, Lewis Carroll. *Thinking Physics.* Insight Press
- Lederman, Leon Max. *The God Particle: If the Universe Is the Answer, What Is the Question?* Houghton Mifflin Harcourt
- Heer, Margreet De. *Science: A Discovery in Comics.* NBM Publishing
- Faraday, Michael. *The Chemical History of a Candle.*（中文版《法拉第的蠟燭科學》由台灣商務出版）
- Wheelis, Mark et Gonick, Larry. *The Cartoon Guide to Genetics.* Harper Perennial
- 朴晟萊等，《과학사（科學史）》傳播科學史
- Gower, Barry. *Scientific Method: A Historical and Philosophical Introduction.* Routledge
- Parker, Barry. *Science 101: Physics.* Harper Perennial
- Bova, Ben. *The Story of light.* Sourcebooks
- Maddox, Brenda. *Rosalind Franklin: The Dark Lady of DNA.* Harper Perennial

- 崎川範行，《新しい有機化学（新有機化學）》講談社
- 宋晟秀，《한권으로 보는 인물과학사（一本看完人物科學史）》bookshill
- 小牛頓編輯部編譯，《완전 도해 주기율표（完全圖解週期表）》小牛頓
- Huffman, Art et Gonick, Larry. *The Cartoon Guide to Physics.* Harper Perennial
- Whitehead, Alfred North. *Science and the Modern World.*
- Hart-Davis, Adam et Bader, Paul. *The Cosmos: A Beginner's Guide.* BBC Books
- Hart-Davis, Adam. *Science: The Definitive Visual Guide.* DK
- 李政任，《인류사를 바꾼 100대 과학사건（改變人類史的百大科學事件）》學民史
- 鄭在勝，《정재승의 과학 콘서트（鄭在勝的科學演唱會）》across
- Watson, James D. *The Double Helix: A Personal Account of the Discovery of the Structure of DNA.*
- Ochoa, George. *Science 101: Biology.* Harper Perennial
- Henshaw, John M. *An Equation for Every Occasion: Fifty-Two Formulas and Why They Matter.* JHU Press
- Gribbin, John. *Almost Everyone's Guide to Science: The Universe, Life and Everything.* Yale University Press
- Henry, John. *A Short History of Scientific Thought.* Red Globe Press
- Sagan, Carl. *Cosmos.* Random House
- Stager, Curt. *Your Atomic Self: The Invisible Elements That Connect You to Everything Else in the Universe.* Thomas Dunne Books
- Criddle, Crake et Gonick, Larry. *The Cartoon Guide to Chemistry.* Harper Collins
- Transnational College of Lex. *What is Quantum Mechanics? A Physics Adventure.* Language Research Foundation
- Heppner, Frank H. *Professor Farnsworth's Explanations in Biology.* McGraw-Hill College
- Moore, Peter. *Little Book of Big Ideas: Science.* Chicago Review Press
- 洪盛昱，《그림으로 보는 과학의 숨은 역사（圖畫看科學隱藏的歷史）》書世界

索引

改變人類命運的科學家們【之三】

從林奈到門得列夫，揭開看不見的物質真相

과학자들 3

作　　者　金載勳
譯　　者　陳聖薇
審　　訂　鄭志鵬
封面設計　萬勝安
內頁排版　藍天圖物宣字社
校　　對　黃薇之
業　　務　王綬晨、邱紹溢
資深主編　曾曉玲
副總編輯　王辰元
總 編 輯　趙啟麟
發 行 人　蘇拾平

出　　版　啟動文化
台北市105松山區復興北路333號11樓之4
電話：（02）2718-2001　傳真：（02）2718-1258
Email：onbooks@andbooks.com.tw

發　　行　大雁文化事業股份有限公司
台北市105松山區復興北路333號11樓之4
24小時傳真服務（02）2718-1258
Email：andbooks@andbooks.com.tw
劃撥帳號：19983379
戶名：大雁文化事業股份有限公司

二版一刷　2023年9月
定　　價　520元
I S B N　978-986-493-144-6

本書由韓國出版文化產業振興院（KPIPA）贊助出版

國家圖書館出版品預行編目(CIP)資料

改變人類命運的科學家們【之三】：從林奈到門得列
夫，揭開看不見的物質真相 / 金載勳著 ; 陳聖薇譯.
– 二版. – 臺北市 : 啟動文化出版 : 大雁文化發行, 2023.09
面；　公分
ISBN 978-986-493-144-6(平裝)
1.科學家 2.傳記 3.通俗作品
309.9　　112011143

彩圖 1：以西結書首頁（《溫徹斯特聖經》，約 1160-1170 年）。

彩圖 2：北美洲西北海岸印地安人，貝拉庫拉族（Bella Coola）的太陽面具。
彩圖 3：毗濕奴曼陀羅（尼泊爾，1420 年）。

彩圖 4：吉栗瑟拏與牧牛女一起跳舞（印度，17 世紀）。

彩圖 5：新幾內亞太陽雕刻圓盤。

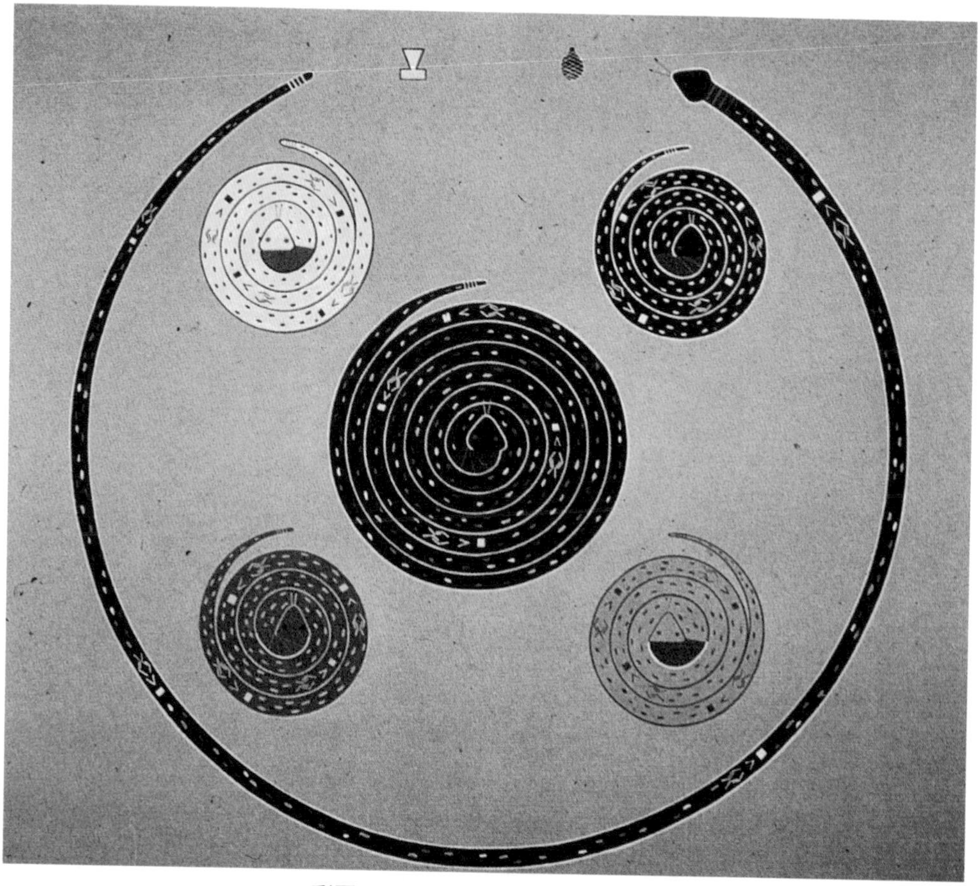

彩圖 6：納瓦荷印地安人的沙畫。

彩圖 7：玫瑰彩繪玻璃窗（沙特爾大教堂西側，1197-1260 年）。

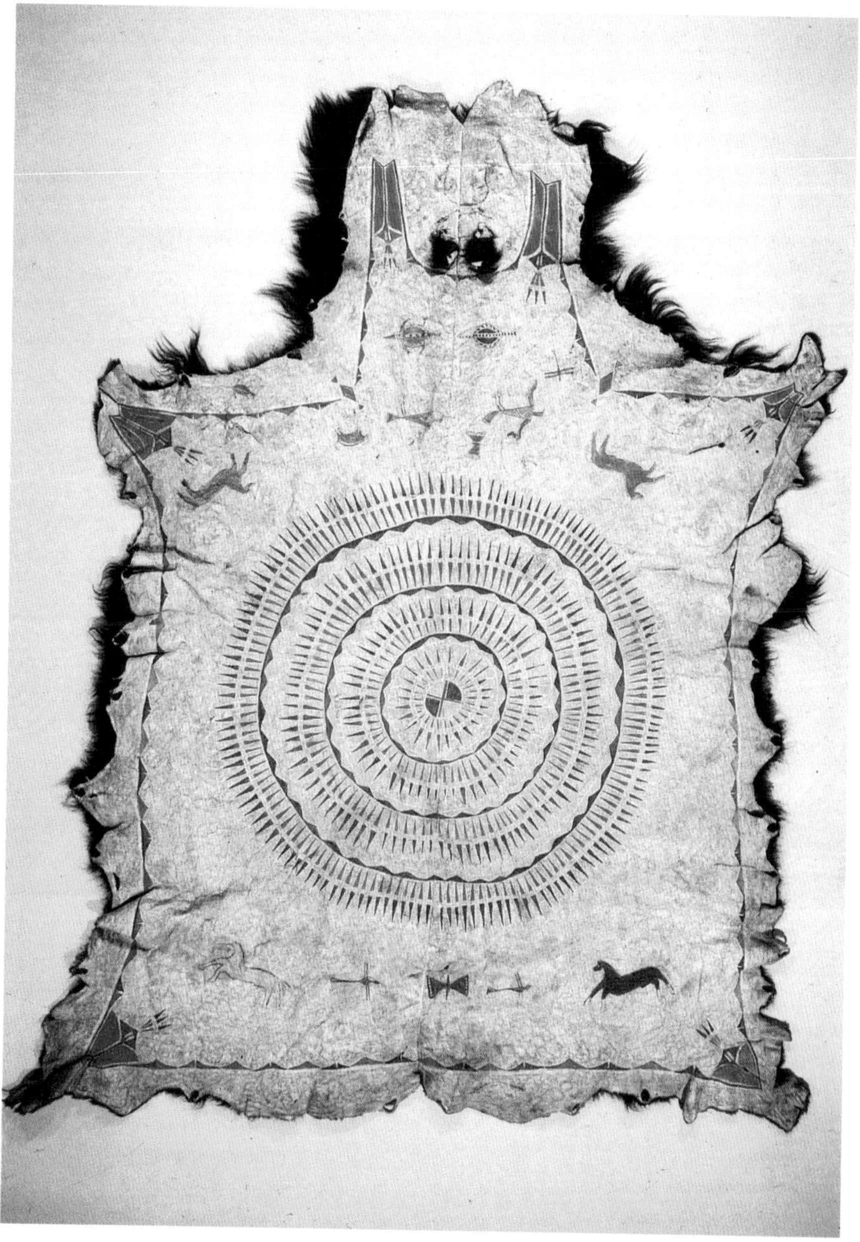

彩圖 8：大草原印地安人的水牛皮圖繪。

彩圖 9：澳洲原住民的廷加里（Tingari）樹皮畫。

彩圖 10：《人間樂園》（油畫局部，波希）。

彩圖 11：亞當和夏娃，佛羅倫斯。

彩圖 12：生命樹（出自《薩爾斯堡祈禱書》〔*Archbishop of Salzburg's Missal*〕，1481 年）。

彩圖 13：《美德的勝利》（曼特尼亞〔Andrea Mantegna〕，約 1502 年）。

彩圖 14：背叛天使的墜落（出自《貝里公爵的豪華時禱書》〔*Les Très Riches Heures du Duc de Berry*〕，1411-1416 年）。

彩圖 15：曼丹印地安人水牛團領袖，1834 年。

彩圖 16：《耶穌升天》（曼特尼亞，1488 年）。

彩圖 17：誘惑、墮落與驅逐
（出自《貝里公爵的豪華時禱書》，1411-1416 年）。

神話的力量

THE POWER OF MYTH

JOSEPH CAMPBELL
WITH BILL MOYES

喬瑟夫・坎伯 & 莫比爾 —————— 著
貝蒂・蘇・孚勞爾 BETTY SUE FLOWERS —————— 編著
朱侃如 —————— 譯

目次

導讀
找回你和神話的連結

文／耿一偉（台北藝術大學戲劇系兼任助理教授）

二〇二〇年九月，美國藝術與科學院院士、財經界代表性人物大衛・魯賓斯坦（David Rubenstein），他上了美國超人氣的播客節目《提摩西・費里斯》（*The Tim Ferriss Show*），介紹一九八〇年代坎伯與莫比爾對談內容集結而成的《神話的力量》這本書，而這一集得到近四千人的評價，平均在四・七到五顆星之間。如果你上網查《神話的力量》，會發現有許多人持續在詢問，如何能夠看到影片版的六集完整內容。二〇一八年，美國公共電視台在播出這個節目三十周年後，發行了紀念版套裝DVD，官網上的評價是五顆星。而在坎伯過世一年後發行的《神話的力量》，不論是影像或是書籍，一直都是他影響力最大的作品，普及率不下於《千面英雄》。這到底是為什麼？

我花了一點時間找到《神話的力量》的部分影片，看完了第一集的完整內容。在對談正式展開之前，莫比爾說了一個小故事，也是本書前言中提到，坎伯在日本參加國際宗教研討會時發生的事——美國學者說：「我不了解你們的意識形態，我不了解你們的神學。」日本神道教的神職人員搖搖頭回答：

「我想我們沒有意識形態。我們沒有神學，我們跳舞。」

如果你閱讀《神話的力量》，你會直接感受到，坎伯沒有意識形態，沒有神學，他只是在這場與莫比爾一同對話的雙人舞中，展示神話如何貫穿他的生命。在對話過程中，坎伯曾多次引用尼采，且讓我在此也引用尼采的另一句話：「人們必須保持自己內在的渾沌，方能產生一顆跳舞之星。」神話不是神學，神話沒有要給標準答案。你必須冒險讓神話進入你的身體，找回你的內在與神話的連結，才有可能成為一顆跳舞的星星，與宇宙共舞。

女神的力量

在《神話的力量》出版前四十年，《千面英雄》（1949）作為開拓性的神話學著作，開啟了坎伯的神話之旅。坎伯一直在探索神話的奧祕，其中一個非常重要的面向，是《千面英雄》一書沒有足夠篇幅展露，卻在《神話的力量》成為主要旋律的，是女神的力量。在《神話的力量》對話過程中，坎伯不斷導正所謂正統宗教中常見對女性的壓抑，試圖回溯女神崇拜是神話起源的關鍵地位。《神話的力量》代表了坎伯對神話解讀的最後立場。即使坎伯生前沒有專門著作在談女性神話，但是坎伯基金會也意識到這個觀點的重要性，於二〇一三年將他談論女性神話的演講與文章編輯成《千面女神：神聖女性的奧祕》（*Goddesses: Mysteries of the Feminine Divine*）。

由今日來看《神話的力量》，坎伯關於女神的論述，更像是先見之明，能與當下的時代精神相呼應。讓我們從作為當代神話主要傳播媒介的電影來觀察，目前影史票房最高的兩部電影，分別是《阿凡達》與《復仇者聯盟：終局之戰》。如果《星際大戰》是《千面英雄》的主要範例，那麼《阿凡達》更能與《神話的力量》的種種說法相呼應。納美人崇拜大地女神伊娃，伊娃在最後以救兵的姿態，喚醒潘朵拉星球的野生動物來解救將被地球人荼毒的危機。男主角傑克在與駕駛機器人的柯邁斯上校的最後決鬥，則是靠了女納美人奈蒂莉射出關鍵一箭才得以解圍（這是一箭雙鵰，隱喻著神話起源的狩獵文化對科技文明的挫敗，同時是女性力量對男性的戰勝）。

同樣地，在《復仇者聯盟》最後一集的最後，當這些諸神一般的英雄被打得一敗塗地時，最後出現的救援奇兵，是「驚奇隊長」卡蘿．丹佛斯，當她現身地球上空時，不到幾秒就把敵方軍艦擊潰，扭轉整個戰局。卡蘿．丹佛斯其實在電影一開始就出現，是她解救了漂流在外太空的鋼鐵人，原本他已經要缺氧而死。這個開場的解救行動，讓鋼鐵人可以一路奮鬥到電影結尾，用寶石手套完成打敗薩諾斯的關鍵一舉。換言之，男神的存在與任務的達成，都是女神帶來的贈禮。

時代的確在轉變，相較於三十年前，女性角色在具有神話地位的通俗故事之中（因為它們超越了地理與文化，感動了所有人），地位都有大幅提升的趨勢。如果不是因為閱讀《神話的力量》，我根本意識不到這件事。

世界主義的視野

《神話的力量》電視節目的片頭，一開始是人類登陸月球的畫面，接著出現從月球看藍色地球的角度。某個程度，這也暗示了坎伯的宗教觀，他不是從某個特定宗教來評斷神話，他是在展現一種世界主義（Cosmopolitanism）。

坎伯於一九八七年過世的時候，冷戰尚未結束，人類對歷史的想像依舊屬於對抗式。但三十年後，透過科技網路與廉價航空，甚至是當下的新冠肺炎，都加速了全球化的互動密度。我們不能樂觀地說，國與國之間的對抗將很快不存在。但在個人的層面，的確已經進入全球化的文化雜食階段，一個人可以早上吃漢堡，下午讀日本小說，晚上看美劇。

坎伯的世界主義，正好可以把這個全球化的消費現象，轉化到精神層面。世界主義源自公元前四世紀的古希臘，代表擁有一種世界公民（citizen of cosmos）的態度，不是只認同自己的城邦，而是從宇宙的角度來看待文化間的共通性。在《神話的力量》這本書中，坎伯示範了對不同宗教的開放態度，帶領讀者從星球的角度來看待這些神話，理解與關懷共享這顆星球的人類，而不是堅持某種地域性的視角。這也為何是片頭會採用月球角度看地球的原因。

坎伯在《神話的力量》中，展現他從《千面英雄》以來一貫具有女性溫柔的開放立場，帶領我們進行一段穿越《奧義書》、古希臘神話、聖杯傳說、佛教故事到印地安神話的閱讀旅程。坎伯刺激讀者從個人角度去找到這些神話與自己內在的關聯，去聆聽與理解不同文化背後的共通性，學習接受他者。

文明不斷演進，但神話並沒有消失，原因是我們的身體還是四萬多年前那個狩獵民族的身體，而依照坎伯在本書的觀點，狩獵文化的出現與神話起源大有相關。我們的身體渴求著神話，在電影、漫畫與電玩遊戲中尋找著神話英雄，只是在這個時代，神話的真正力量被掩蓋了，有神話卻沒有相應的神聖儀式。坎伯要帶給我們的禮物，是他說的：「神話的意象乃是我們每個人靈性潛能的反照。透過對這些意象的冥思，我們可以把神話的力量在我們自己的生活中激發出來。」（頁412）

原著編輯說明

貝蒂・蘇・孚勞爾（Betty Sue Flowers）

本書是一九八五和一九八六年依據莫比爾與喬瑟夫・坎伯在喬治・盧卡斯的天行者牧場，以及後來在紐約的美國自然史博物館的對談編輯而成。編輯部許多人讀過原始的腳本後，對全長僅二十四小時的錄影，竟能包括如此豐富的內涵，都感到震驚。為了把它濃縮成六小時的公共電視節目，許多內容只好被割愛。構想將此內容編輯成書的動機，主要是希望在公共電視節目觀眾收視之餘，也能提供給那些長期拜讀坎伯著作的讀者，另一個欣賞的機會。

本書編輯過程中，我除了試圖不破壞二人對話的流暢外，也盡可能地把原始腳本中，與主題相關的額外資料，適當地補充進去，以使內容更加充實。我盡可能按照電視節目錄製的架構編輯，但是本書仍有它自己的型態與風格。我們希望本書能成為電視節目的姊妹作，而非只是它的複製品。本書問世的部分原因，乃是因為該節目是關於理念、思想的對話。它不僅值得觀賞，更值得思考。

當然更重要的原因是，莫比爾願意針對神話提出基本而困難的問題，同時，與神話相處一生的坎伯願意以誠懇的自我表白態度，回答莫比爾深入的提問。在此，我要感謝他們二人讓我也「親見」了此一「交鋒」互動。本書另一位編輯賈桂林・歐納西斯（Jacqueline Kennedy Onassis）對坎伯神話思想的熱忱，則是促成本書出版的主要推手。莫比爾和坎伯都閱讀過手稿，並對本書提出許多建設性的意見。令我敬佩的是，他們都堅持拒絕重寫手稿的誘惑，寧願讓原始的對話，忠實呈現在讀者面前。

◎貝蒂・蘇・孚勞爾（Betty Sue Flowers）簡介

貝蒂・蘇・孚勞爾為德州大學奧斯汀分校英語系榮譽退休教授，曾在該校教授詩與神話。她是《勃朗寧與現代傳統》（*Browning and the Modern Tradition*）、《四個力量之盾》（*Four Shields of Power*）及《女兒與父親》（*Daughters and Fathers*）等書的作者。

前言

莫比爾（Bill Moyers）

坎伯死後的幾個星期裡，我不論走到哪兒都會想起他。從時代廣場的地下鐵車站走出來，我不由得感到擁擠人潮散發出令人窒息的壓力。我自己在心底笑了笑，忽然想起坎伯曾在這裡經驗到的一個意象：「最新輪迴轉世的伊底帕斯（Oedipus），是接續上演的美女與野獸羅曼史。他正站在四十二街與第五大道的街角，等待著交通號誌的變換。」

在導演休斯頓（John Huston）改編喬伊斯（James Joyce）原著所拍攝的電影《死者》（*The Dead*）的試映會上，我又想起坎伯。想起他早期的一部重要著作，乃是讀者得以了解《芬尼根守靈》（*Finnegans Wake*）這本書的關鍵[1]。喬伊斯認為人類苦難中有所謂的「最大與恆常的苦難」，坎伯認為這是古典神話學中的基本主題。他說：「造成所有苦難的原因，就是生命必然會死去這個事實。假如生命被肯定，死亡便無法被否定。」

有一次我們正在討論苦難這個主題，他先後提到喬伊斯與伊鳩札留客（Igjugarjuk）。「誰是伊鳩札留客？」我問，非常吃力地再次唸出這個名字。坎伯回答說：「哦！他是加拿大北部一個愛斯基摩部

1 這裡指的是坎伯在一九四四年與友人合著的處女作《芬尼根守靈之鑰》（*A Skeleton Key to Finnegans Wake*）。《芬尼根守靈》是喬伊斯的關門之作，這本書的特色是利用解構重組的語言和複雜的文字遊戲，創造出意識流小說的顛峰之作。坎伯的《芬尼根守靈之鑰》就是在解讀當時沒有人看得懂的《芬尼根守靈》。（編按：本書隨頁註全為譯者註。）

落的薩滿巫師（shaman）。他曾經告訴過歐洲的訪客：『生命遠非人智所及，它由偉大的孤寂中誕生，而只有從苦難中才能觸及。困厄與苦難才能使心眼打開，看到那不為他人所知的一切。』」

我說：「當然，伊鳩札留客。」

坎伯並不在意我對文化的無知。我們這時已不再步行。他的眼睛突然一亮地對我說：「你能想像一個與喬伊斯、伊鳩札留客坐在火堆旁，談天說地的漫漫長夜會是怎樣的光景嗎？哇！我想要在一旁聆聽。」

坎伯正好在甘迺迪總統被暗殺二十四週年紀念日之前逝世。他曾經在我倆幾年前的第一次會面時，以神話的概念討論過這個悲劇。現在，當時的美好記憶再度因為坎伯離世而甦醒，勾起了淡淡的愁緒，我也藉機和我的成年孩子談到坎伯對這個悲劇的反思。對於肅穆的總統國喪，坎伯描述為：「對一個社會做出最高宗教儀式的示範」，激發出深植在人類需求中的神話主題。「這是一個把社會最必要的精神需求，化為儀式的場合。」坎伯這麼寫。一個國家元首被公然暗殺，「代表了我們每個人都是其中一分子的這個活生生有機社會，在精力最充沛的時刻，被奪走了生命。所以需要一個補償性的宗教儀式，以重新建立團結一致的感覺。美國是個大國，但在這四天國葬禮儀中，我們成為一個一致的社會；大家同時以相同的方式，共同參與一個具象徵意義的事件。」他說：「這是我第一次、也是唯一的一次，在承平時期體會到，一種身為整個國家社會一分子的歸屬感。這是藉由大家一致性地參與一項深具意義的宗教儀式而來的。」

我記得另一件事。是我們的一位同事被他朋友問到有關我們與坎伯合作的事。「為什麼你們需要神話？」這位友人提出熟悉的現代論調，也就是「所有這些希臘的神與事」和人類今天的處境毫無關聯。她不知道，也是大多數人不知道的，那些「事物」的殘餘，就像考古現場的陶瓷器碎片一樣，填滿了我們內在信仰系統的圍牆。然而因為我們是有機體，所以那些「事物」都以能量的形式存在。儀式則可以引發這股能量。就以法官在我們社會的地位為例，坎伯是以神話學而非社會學的概念來看待。假如法官只是個社會角色，那麼他大可只穿著灰西裝而不是象徵權威的黑袍就上法庭。為了使法律擁有超越強制性的權威，法官的權力必須儀式化、神話化才行。坎伯就說了：「今日生活的許多層面，同樣都必須如此，從宗教、戰爭到愛與死亡。」

坎伯過世後，我在上班途中的某個清晨，停在附近一家錄影帶店門口，觀賞電視櫥窗中放映的喬治．盧卡斯《星際大戰》劇情片段。我站在那兒想到我與坎伯在加州喬治．盧卡斯的「天行者山莊」共同觀賞此片的情景。盧卡斯與坎伯在該部電影製作後變成好朋友，因為盧卡斯很清楚該片的製作受到坎伯的影響極深，所以便邀請坎伯這位學者到《星際大戰》三部曲的特映會觀賞此片。坎伯極為高興古代神話中的各種主題、主旨，都能透過強而有力的當代意象展現在大銀幕上。在該次造訪中，坎伯因為路克的危難和英雄事蹟而興致高昂，並熱烈地談到盧卡斯是如何「把最新、最強有力的扭轉」置入經典的英雄故事之中。

「那是什麼呢？」我問。

「那是歌德在《浮士德》中說的，盧卡斯則將它披上現代語言這件外衣。也就是『科技將無法解救我們』這個訊息。電腦、工具、機器全都不夠。我們必須仰賴我們的直覺、我們真實的存在。」

「這不是在公然冒犯理性嗎？」我問。「照實際情況來看，我們也已經不再相信理性了啊！」

「那不是英雄歷險的重點所在。它並不否定理性。相反的，藉由克服那些暗黑的感情，英雄人物正象徵我們控制自己內在非理性破壞作用的能力。」坎伯在其他幾個場合也表示過，他對我們不能「承認人性本具的食色本能」感到可悲。他所描述的英雄歷險過程並不是一種英勇的行為，而是一個自我發現的生活。「當路克發現形成他面對命運的內在性格淵源時，他變得再理性不過了。」

令人感到諷刺的是，對坎伯而言，英雄歷險的最終結局，並不在誇大英雄這個角色。他在一場演說中提到：「我們不應該把自己和所經驗的人物或力量劃上等號。」印度渴求解放的瑜伽大師，把自己化在光中而不再回到這個世界。但是意欲服務他人者，是不會如此逃避的。這個旅程的終極目標既非解放也非極樂，而是服務他人的智慧與力量。他說：「名人與英雄的眾多差別之一是，名人只為自己而活，英雄是要解救社會。」

坎伯肯定人生是一場歷險。當他的大學指導教授試圖把他「拉回」狹隘的學術研究時，他的反應是「去它的」，並放棄攻讀博士學位，到森林中讀書。他一生持續不斷地閱讀有關世界的書，包括人類學、生物學、哲學、藝術、歷史與宗教。而且不斷提醒他人，了解世界的一條可靠之路，便在書本當中。在他死後幾天，我收到一封曾是坎伯學生的某位現職雜誌編輯所寫的信。這位女士在看過我與坎伯在公共電視上的一系列對談後，寫信分享坎伯是如何「以一陣旋風席捲所有知識的方式」，讓莎拉．勞倫斯學院（Sarah Lawrence College）的學生「在課堂中毫無喘息的餘地」。她寫道：「雖然我們聽他的課聽得津津有味，但我們也對他每週指定閱讀作業的分量之重，感到躊躇不安。最後有位同學站起來面對他（典型的莎拉．勞倫斯學院風格）說：『你知道，我還選了其他門課，每門課都有指定閱讀。你怎能期盼我在一週內念完所有的閱讀作業呢？』坎伯只是笑笑說：「我很驚訝妳們想在一週內讀完，妳們還有一輩子可以讀這些書啊！』」

她下結論說：「而我到現在還沒能讀完他那永無完結的人生與智慧典範。」

我們從紐約自然史博物館為坎伯舉辦的紀念會上，就可以看出他在這方面的影響力。他在孩童時期就被大人帶到了博物館，並為那些圖騰柱石與面具深深地震懾住。到底是誰創造了它們？他感到好奇。

它們代表什麼意義呢？他於是開始盡其所能地閱讀印地安人的神話與傳奇。在他進入這個領域不到十年的時間，他便成為研究神話的世界級頂尖學者，同時也是當代最令人激奮的老師。據說，「他可以讓民俗學與人類學有如真實存在一般」。在這個七十五年前曾經激發他對神話興趣的博物館內，人們為他舉行紀念儀式並獻上崇高的敬意。其中有「歡樂死者」（the Grateful Dead）打擊樂團鼓手哈特（Mickey Hart）的演出，坎伯曾與這個樂團共享過打擊樂的美妙。布萊（Robert Bly）彈奏德西馬琴（dulcimer）並誦讀一首獻給坎伯的詩。以前的學生以及他在退休後與舞者妻子珍・爾德曼（Jean Erdman）搬到夏威夷後所結交的朋友，統統前來致詞。紐約著名的出版公司都有代表出席。此外現場還有許多年輕和資深的作家、學者，他們都曾在坎伯的書中找到自己人生的突破之路。

當然新聞記者也在這些人之列。我早在八年前就為他所吸引，當時我自己設計、製作了一系列節目，試圖把我們這個時代充滿活力的智者心靈帶上電視螢幕。我們曾在這個博物館錄製了兩個節目，而透過他在螢幕上強有力的現身說法，共有至少一萬四千名觀眾來函索取對話的腳本。那時我便發誓還要再找他來製作一個更有系統、更完整探索其思想的節目。他寫作或主編了近二十本書，而我感受最深刻的，卻是他為人師表的那一面。他是個對世界傳說與語言意象有廣博知識的老師，我希望別人也能從這個角度去認識他。而想要與大家分享這個智慧之寶的渴望，便促成了我與他的公共電視對談節目，以及這本書的問世。

大家認為新聞記者享有公開接受教育的權利；我們確實是幸運的一群，可以不斷接受成人教育課程。而近年來坎伯是教導我最多的人，當我告訴他，不論我這個學生將來如何變化，他都得負起影響我的責任時，他哈哈大笑、並引用一句古羅馬諺語：「命運三女神會引導有志者，隨波逐流的人則被她們牽著鼻子走。」

就像所有偉大導師的教法一樣，坎伯也著重實證教學。他並不喜歡用言語說服別人去相信任何事物（唯一的例外是當他向珍求婚時）。他告訴我傳道者的錯誤在於試圖「藉言語讓人產生信仰；他們最好是把自己發現的光芒『展露』出來才對」。他對學習與生活的喜悅，正是如此活生生地展露給我們了啊！馬修．阿諾（Matthew Arnold）認為最高等級的批判是「知道這個世界上已知的最好事物，然後再把這個已知事物轉化、創造出一股契合真理的嶄新思想潮流」。這就是坎伯的貢獻。只要你聽過他所言——真正認真地聽，你就一定會發現，在你的自性中有一股全新的生命湧現出來，自我想像力也跟著提升。沒有這麼感受是不可能的！

他研究的「指導原則」，是去發現「世界神話主題中的共通性，以指出人類心靈中『將自己置身在一個具深刻意義核心』的永恆渴求」。他對這點表示同意。

「你說的是尋找生命的意義？」我進一步追問。

「不，不，不，」他說：「是去尋找那種真正活著的經驗。」

我曾經說過，神話是一張內在經驗的地圖，它是由旅遊過的人所繪製出來的。我懷疑他認可這個來自新聞記者的無聊定義。對他而言，神話是「宇宙之歌」，是「天籟」——即使我們不知曲調為何，我們依然隨之翩然起舞。「不論我們是以脫俗的賞玩之心，傾聽剛果紅眼巫醫夢囈般的咒語，或是以細膩的喜悅之情，閱讀神祕家老子商籟的簡約譯文；或不時鑽研聖多瑪斯艱深的論證，或突然領悟到愛斯基摩人某個怪異神話故事靈光閃爍的意義。」我們所聽的都是天籟的重複樂章。

他猜想這個龐大而不協調合唱團的開端，可追溯到原始社會的祖先殺食動物，並觀察到動物死後似乎進入到超自然的世界，爾後人們開始代代流傳講述這些關於動物的故事。超越可見存有空間的「那兒某處」，有個「動物首領」（animal master），他擁有掌控人類生死的力量：假如他不把動物送下來，犧牲自己供人類獵食，獵人與他的族裔都將要挨餓受飢了。人類的早期社會於是學習、了解到：「生命的本質就是殺生與飲食；那就是神話所要處理的重大奧祕。」狩獵變成一種犧牲的儀式，獵人反過來對動物的靈魂做出補償的動作，希望能夠誘使牠們再回來犧牲，供人類食用。野獸被視為來自另一個世界的使節。據坎伯臆測，在獵人與獵物之間，逐漸滋生出「一種神奇、美好的和諧」，彷彿他們一起被閉鎖在一個死亡、埋葬、再生的「神祕超時間」循環之中。洞穴牆壁中的繪畫藝術以及口傳文學，便是我們今天稱作宗教衝動的表現形式。

隨著這些原始人類從狩獵轉而以栽種為生，他們詮釋生命奧祕的故事也隨之改變了。種子成為了無盡循環的神奇象徵。植物死亡、被掩埋，但是它的種子會再生。各大宗教在談到永恆真實的顯現（亦即由死而生，坎伯稱之為「從犧牲到極樂」）時，大多會採用此一象徵加以發揮，關於這點，坎伯深深受到了吸引。

他說：「耶穌真有慧眼，」「他在芥菜子中看到了偉大的真實。」他從《約翰福音》中引述了耶穌的話：「真的真的，我告訴你，除非一粒麥子掉入土裡死去，它仍然是孤獨的；但是假如它死了，它可以長出許多果實來。」接著是出自《古蘭經》：「你認為你不經歷那些先於你死亡的人們嘗過的試煉，就可以進入天堂嗎？」他漫遊於廣泛的心靈典籍中，甚至從梵文翻譯印度教經典，而且持續不斷收集新近的故事，以豐富古人智慧。他特別喜歡有關某個滿懷困惑的女人，去向印度聖哲拉馬克里希那（Ramakrishna）問訓的故事。那個女人問說：「啊，大師，我不覺得我愛上帝。」他回問：「那麼你是不是就不愛任何事物了呢？」她回答說：「我愛我的小姪女。」於是他對她說：「那就是你的愛，就是在服侍上帝，因為你愛那孩子，也在提供服務。」

坎伯說：「那就是宗教的崇高訊息：只要你至少為一個人做了事……」

他在宗教信仰的文獻中，發現人類精神層次的共同原則。但是部落優先的觀念必須先去除，否則宗教的世界便會停留在當今中東和北愛爾蘭的狀態，永遠是鄙視和侵略的源頭。他說，上帝的意象千變萬化，把它們統稱為「永恆的面具」，是因為它們掩蓋、也揭露「光榮上帝的面貌」。他想知道為什麼上帝的「面貌」，會因文化的不同而「變臉」，還有，在南轅北轍的不同傳統中，竟然可以發現許多類似的故事，例如創世、處女生子、輪迴、死亡、復活、二度降臨（second comings）、最後審判日等故事。他喜歡引用印度教經典中的一個見解：「真理只有一個；聖賢以各種名字稱呼它。」他就說過：「我們給上帝取的所有名相和意象，都只是指涉永恆的面具而已。『終極真實』本身的定義是超越語言和藝術。神話就是上帝的面具，也是藏身在表相世界背後那些事物的隱喻。」他說，神祕主義的傳統或有不同，它們都在喚起我們對「活著」這個行動的深度覺醒。坎伯在書中指出，不能原諒的原罪，乃是怠慢疏忽、不夠警覺、不夠清醒。

我從未見過比他更會說故事的人。聽他談原始社會，我就有如置身在無際蒼穹下的廣大草原上，或是在群樹覆蓋的濃蔭森林中。我也開始去了解，如何從風雷聲聽到神的聲音、從山中溪澗看到上帝之靈的流動、把地球看成是想像中的神話聖地所開出的果實。於是我不禁要問：既然我們現代人已經把大自然的神祕剝落殆盡，用作家梭爾．貝婁（Saul Bellow）的話說，已經把信仰完全清掃乾淨，我們的想像力要如何得到滋養呢？難道要靠好萊塢電影以及電視影集嗎？

坎伯不是悲觀主義者。他相信「有個智慧點超越了幻象與真理之間的衝突，生命藉此得以重新回復完整」。找到它「主要是時間的問題」。而在人生最後的歲月裡，他試圖要找出某種科學與心靈之間新的合成體。在太空人登陸月球後，他寫道：「從地球中心說到太陽中心說的世界觀之轉變，似乎也讓人類不再位居中心，這個中心是何等重要啊！然而就精神層次而言，中心就是觀看的地方。站在高處便可看到地平線，站在月亮上才看得到『地出』，即使你是從客廳的電視中看到，效果也是一樣」。結果就是史無前例的人類視野大開闊。就好像古代神話對其時代所帶來的貢獻一樣，這個新宇宙觀也對我們的時代發揮了相同功能。它把我們的感覺之門清掃得乾乾淨淨，「以迎接那一度被認為是可怕、令人目眩神迷的宇宙大驚奇，以及人類自己的大奧祕」。他認為並不是科學造成非人性化或使我們脫離了神性。相反的，科學的新發現「使我們與古人重新結合」。因為它使我們認識到整個宇宙不過是「我們內在心靈深處本性的放大反照而已；所以我們確實是它的耳朵、它的眼睛、它的思考、它的言語，或者以神學的語言來說，是上帝的耳朵、眼睛、思考和諭旨」。我最後一次見到他時，問他是否仍然相信自己寫過的信念：「此刻我們正參與一個人類心靈對外、同時對內的深度奧祕跳躍。」

他想了一下然後回答：「從來沒有這樣堅信過。」

得知他去世的消息後，我拿起他送我的《千面英雄》翻看了一會兒。我想起自己因為這本書才第一次發現神話英雄的世界。我曾經漫步到孕育我成長的小鎮上一家小圖書館內，隨便找找架上的書，抽出一本讓我大感驚奇的書：為了人類從神那兒盜火的普羅米修斯（Prometheus）、勇搏龍怪獲得金羊毛的傑森王子、追尋聖杯的圓桌騎士等等，都記載於其中。但一直到認識坎伯之後，我才恍然大悟，憶起小時候看的午後劇場西部片原來是從這些古代故事取材的。而我們在教會主日學校學到的故事，也可以在其他文化中找到對照版，因為我們都認同於靈魂的崇高追求，以及人類這個必朽生命奮力窺視上帝真面貌的探索。他讓我看到了其間的關聯性，了解如何拼湊各個片段，並使我對他稱之為「有活力的多文化未來」，不僅不再那麼懼怕，甚至歡迎它的到來。

當然，他也被批評為過度以心理學來詮釋神話，以及似乎把神話的當代角色，太過侷限在意識型態功能或治療的功能上。我沒有資格論斷這些評論，還是讓別人來衡量。他似乎從來不為爭議所困擾。他只是不斷教導、啟發他人以新的方式看待世界。

畢竟，是他那種真實不做作的生活為我們指點迷津。當他說到神話是我們最深心靈潛能的線索，能使我們歡樂、明覺、甚至狂喜時，他說得就好像自己曾經去過那些地方，進而邀請我們也前往造訪一樣。

他的哪一點吸引了我呢？

智慧，是的；他非常聰明。

博學；他確實如此。「對那些少有人知道的人類的過去，他卻能熟知那千萬變化的全貌。」但還不止於此。

故事是要用講的。坎伯可是擁有成千故事的「身家」喔。以下就是他最喜歡的故事之一。在日本參加一項宗教國際會議時，坎伯聽到另一位從紐約來的美國社會哲學家，對一位日本神道教的神職人員說：「我們到目前為止已參觀過許多典禮，也看了你們許多神廟。但我不了解你們的意識型態。我不了解你們的神學。」日本人停頓了一下，彷彿在深思，然後搖了搖頭。「我想我們沒有意識型態。」他說：「我們沒有神學，我們跳舞。」

坎伯也是一樣，在天籟伴奏下起舞。

◎莫比爾（Bill Moyers）簡介

莫比爾是美國頗具聲譽的電視新聞記者，他在哥倫比亞廣播電視台，及公共電視台的作品廣受尊重推崇。在公共電視節目的製作過程中，主要致力於把這個時代的傑出思想家帶入電視舞台。

・第一章・

神話與現代世界

Myth and the Modern World

大日如來佛（西藏唐卡，12 世紀）

大家認為生命的意義就是人類所追求的一切。但我不認為這就是人們真正在追求的。我認為人們真正追求的是一種活著的經驗，有了這種經驗，我們在純物質空間的生活，才能夠和自己內心底層的存在感及現實感產生共鳴，我們也才能真正體會到「活著」的喜悅。

神話為一生提供指引

莫：為什麼是神話？為什麼我們要了解神話？神話和我的生活有什麼關係？

坎伯：對於這個問題，我的第一個反應是：「沒關係，繼續過你現有的好日子，你不需要神話。」我不會因為別人說這件事情很重要，便對它感興趣。我對它感興趣，是因為這個主題吸引我。如果介紹的方式得法，你或許會發現神話有吸引你的地方。因此，你應該問的是：神話能夠為我做什麼？

今日社會的問題之一就是，人們對心靈的內涵並不熟悉。反而對每天所發生的事件，以及每個小時會生出的問題感到興趣。過去大學校園曾經是一個隱密的園地，日常生活的雜務不會侵犯到你對內心世界的追求，你能夠潛心學習人類偉大傳統中的豐富遺產，也就是柏拉圖、孔子、佛陀、歌德等人所訴說的永恆價值，這可是和「為生命找到重心」極具關係啊。當你年紀大了，物質需求不成問題時，你便會轉而追尋內在的生活。到時候如果你不知道要到哪裡去追尋，或是不知道內在生活是什麼，你會感到懊悔的。

希臘文學、拉丁文學，和聖經文學過去都是國民教育的一部分。現在這些都被丟在一邊，整個西洋神話教育的傳統也消失了。過去這些神話故事都是大家耳熟能詳的，人們自己生命中發生過的事也能夠和神話故事連接起來，因此可以逐步預見生命各階段的發展。失去了神話的指引，我們就真的迷失了，因為現代生活中並沒有可相提並論的文學作品來加以替代。這些來自古代的點滴訊息，關係到幾千年來支撐人類生活、建構人類歷史、充實宗教內容的各種主題，也關係到人類深層內在的問題、內在的奧祕、內在的人生門檻。如果你不知道人生方向的指引就在人生之路上，你就必須自己辛苦地去摸索。但是，一旦這些古老故事的主題吸引到你了，來自某個傳統的這些深刻、豐富、活生生的訊息，便會讓你「有感」，而捨不得放棄了。

莫： 這麼說來，人類說故事是為了與這個世界達成協調，是為了讓自己的生活與現實能夠和諧嗎？

坎伯： 我認為是這樣的，沒錯。偉大的小說具有神奇的教育性功能。在我二、三十歲，甚至於四十多歲，喬伊斯和湯瑪斯．曼都還是我的老師。我讀過他們所有的作品。他們兩人的寫作都具備了神話的傳統。以湯瑪斯．曼的作品《東尼奧．克略格》（*Tonio Kröger*）中東尼奧的故事為例。東尼奧的父親是一位成功的生意人，在故鄉更是一位具影響力的公民。小東尼奧卻極具藝術家氣質。他搬到慕尼黑和一群文藝界的人混在一起，這一群人認為自己超越那些只知道賺錢、只知道以家庭為重心的凡夫俗子。

東尼奧掙扎於兩個極端之間：一個極端是他自己的父親，一位好父親，負責任且克盡一切應盡的義務，但一生中從來沒有做過自己想做的事。另一個極端是一群像東尼奧這樣的人，一群離開自己故鄉且唾棄過往生活的人。東尼奧內心的矛盾在於他發現自己事實上是敬愛自己家鄉人的。雖然他認為自己在知識上比故鄉人高超，也能夠用犀利的言辭來形容這些故鄉人，但他的心是和他們一塊兒的。

在他離開家鄉去過著波西米亞式的流浪生活時，他發現那些人唾棄平凡生活的人生態度，讓他實在沒辦法繼續和他們為伍。最後他離開了他們，並寫了一封信給其中的某人，信中說：「我敬仰那些冷酷、高傲的人們，他們冒險開拓偉大、具魔鬼般美貌的道路，並且看不起『人類』；但我並不忌妒他們。如果有什麼可以造就一名文學愛好者成為詩人的話，那就是我的故鄉，那裡的生活，以及那裡一切平凡的事物。所有的溫暖、親情、詼諧，都出自這份對故鄉的愛。真的，對我而言，能夠寫出故鄉之愛的人，必定『訴說著凡人和天使的共同語言』，少了這份愛，他的創作便只是『一個會出聲的黃銅樂器或叮噹作響的鐃鈸』。」

東尼奧接著說：「一個作者必須誠實地面對真相。」這是一個致命的觀點，因為人類是不完美的，若要把人類真實地描繪出來，便要描繪他的不完美。完美的人類是無趣的——就像「佛入涅槃後就不再回到世間」一樣。生命的不完美正是它的可愛之處。寫作者一針見血地描繪出這個現實的世界，具殺傷力卻滿懷著愛。這是湯瑪斯．曼所謂的「色情的反諷」（erotic irony），用冷酷、分析性的字眼加以批判的方式，正是一種愛的表現。

莫：我能夠體會這個意象：故鄉的愛，你對故鄉的感情，不論離開故鄉多久甚至不再回去，這種感覺一直存在。故鄉是你初次發掘人性的地方。但是，為什麼你說因為人類不完美而愛他們？

坎伯：小孩子的可愛之處不正是因為他們老是會跌倒，不正是因為他們頭大大的、身體小小的嗎？迪士尼創造了七個小矮人，就是因為他知道這樣最可愛。還有那些長相滑稽的寵物狗——牠們之所以可愛就是因為牠們這麼不完美。

莫：完美**可能會**很乏味，不是嗎？

坎伯：完美是很乏味。它會很沒有人情味。人類的羈絆、人性，人之所以必朽，而非超自然或不朽之物——這就是人類的可愛之處。那也是有些人沒辦法愛上帝的緣故，因為上帝太完美了。你會崇敬上帝，但那不是真正的愛。只有十字架上的耶穌才變為可愛。

莫： 你的意思是？

坎伯： 受難。受難是不完美的，不是嗎？

莫： 人類受難、掙扎、活著的故事——

坎伯： ——年輕人逐漸了解生命、知道自己必須親身經歷的故事。

莫： 我讀了你的作品——《上帝的面具》（*The Masks of God*）、《千面英雄》（*The Hero with a Thousand Faces*）——才了解到，人類有什麼共通之處就揭露在神話之中。神話正是我們隨著歲月的增長，會不斷追尋人生的真理、意義和重要性所交織成的故事。我們都要將人類的故事傳述下去，都要去了解人類的故事。我們都必須了解死亡，都必須和死亡打交道，我們由出生到死亡的整個過程，都要靠神話的協助才能順利通過。我們需要神話來提供指引、接觸永恆，需要透過神話了解人生的奧祕、發現自己本來的面貌。

坎伯： 大家認為生命的意義就是人類所追求的一切。但我不認為這是人們真正在追求的。我認為人們真正追求的是一種活著的經驗，有了這種經驗，我們在純物質空間的生活，才能夠和自己內心底層的存在感及現實感產生共鳴，我們也才能真正體會到「活著」的喜悅。那就是生命，神話是幫助我們發現內在自我的線索。

莫： 神話是線索？

坎伯： 神話是找出人類生活中精神潛能的線索。

莫： 是我們能夠「由內」就了解、體驗到的事物嗎？

坎伯：沒錯。

莫：神話的定義是**追尋**人生的意義，你將它改成**體驗**人生的意義。

坎伯：是體驗**生命**。人的心識總是在追尋意義。一朵花的意義是什麼呢？我知道一則有關於禪宗緣起的故事，故事中提到佛陀拈花說法的情形。當時只有迦葉尊者報以微笑，表示了解佛陀的意思。佛陀本身又叫做如來。事物本身是沒有意義的，意義是人類加上去的。宇宙的意義是什麼？跳蚤的意義又是什麼？存在本身是不需要賦予人為意義的。它就是在那裡，如此而已。你的意義就是你的存在。人類一直汲汲於追求外在價值，卻忘了本來便存在的內在價值，這種內在價值就是「活著」的喜悅，也就是生命的意義。

❖神話連結你的心識與經驗

莫：要如何獲得那種經驗呢？

坎伯：讀神話。神話指引你轉向內在的追尋，接下來你就會開始接收到由神話中那些象徵性符號所傳遞出來的信息。在自己的宗教之外，也讀讀其他民族的神話，因為人們習慣依據事實來詮釋自己的宗教，如果你讀讀其他民族的神話，你便比較能夠汲取到其中隱含的信息。神話協助你將自己的心識和實存的經驗連上線。神話告訴你什麼是經驗。以婚姻為例。什麼是婚姻？神話可以提供給你答案。婚姻是原本成雙的兩個個體，再次團聚。這世界上原本只有一個你，現在則有了兩個，去體認精神上的契合就是婚姻的本質。婚姻和戀愛不同，婚姻和戀愛無關。婚姻是另一種等級的神話經驗。如果結婚是為了永遠談戀愛下去，夫妻很快便會離異，因為所有的戀曲都是因為失望而結束。婚姻是去體認一種精神上的契合。如果我們循規蹈矩地生活，如果我們對異性的心態健全的話，便可以找到合適的異性伴侶。如果我們只專注於感官上的吸引力，便會結「錯」婚。結對婚等於重新塑造具體化的上帝意象，這就是婚姻。

莫：合適的人？如何選到合適的人？

坎伯：你的心必然會告訴你。

莫：你指的是你內在的存在狀態嗎？

坎伯：那就是謎之所在。

莫：你是指體認到另一個自己嗎？

坎伯：這我不敢確定。但就那麼靈光一現，你就會知道是這個人沒錯。

莫：如果婚姻是自我與自我的團聚，是自我與自己的陰性或陽性傾向的再結合，為什麼現代社會的婚姻卻如此脆弱？

坎伯：因為人們沒有正確看待婚姻。我認為如果你不把婚姻視為人生第一要務，那麼你有結婚等於沒結婚。婚姻的意義是「二」合為「一」，兩者合為一體。如果婚姻持續得夠久，而你也能漸漸認同婚姻本身，而不是自己個人的幻想，你就會意識到那是真的──「二」真的只是「一」。

莫：不只是生物性的，而是精神上的合一。

坎伯：首要在精神上的結合。生理上的結合是造成認同錯誤的干擾。

莫：那麼生小孩延續後代這項婚姻的必要功能，就不是主要的功能了？

✦婚姻——一種犧牲自我的痛苦經驗

坎伯：不，那真的只是婚姻的初級面向。婚姻生活有兩個完全不同的階段。第一個階段是青春期的婚姻，那是在生物性的兩性互動之後，伴隨著大自然賦予的美妙衝動而來的產物，為的是生小孩繁衍後代。但是小孩會長大、離開家庭，拋下原先為製造小孩而結合的男女。我很訝異許多朋友到了四、五十歲才鬧分手。小孩在身邊時他們一直過著美滿的婚姻生活，但是他們認為自己的結合是透過小孩這層關係而來的，而不是彼此的個人關係。

婚姻是一種人際關係，如果你曾經為婚姻犧牲了什麼，你並不是為對方犧牲，是為了一種關係的和諧而犧牲。中國道家的陰陽圖，是黑暗和光明交互影響的意象——那就是陰和陽、男和女的關係，就是婚姻，就是結婚後必須面對的。結婚後你不再是單獨一人，你的認同來自一種關係。婚姻不單純只是談戀愛，它是一種痛苦的經驗，一種犧牲自我以維持二合一關係的痛苦經驗。

莫：這麼說來，婚姻全然不是一個人自己的事。

坎伯：婚姻不只是「一個人自己的事」這麼單純。它是我自己的事，沒錯。但是這個自己，並不是你自己一個人，而是兩個人合而為一之後的自己。那是一個「純」神話的意象，意味著「為超越的良善，犧牲眼前的實存」。這是在婚姻的第二階段中，雙方都要能很有藝術地去覺察到的一點。我稱之為鍊金術階段的婚姻，兩人共同體驗他們其實是一體。如果這時他們仍活在第一階段的婚姻狀態中，在孩子離家後，爸媽也分手了，爸爸會跑去另結新歡，媽媽被迫留下來面對一個空巢和空虛的心，一切都只能靠自己。

莫：那是因為我們不了解婚姻有兩個階段。

坎伯：那是因為人們並沒有對婚姻有所承諾。

莫：我們自以為已作了承諾——不論更好或更糟。

坎伯：那只是儀式的殘骸。

莫：儀式已經失去它的威力。過去能夠傳遞某種內在真相的儀式，現在只是徒具形式。這適用於社會的各種儀式，也適用於婚姻、宗教這些個人的儀式。

坎伯：還有多少人會在結婚前得到精神上的指導，告訴他們婚姻的意義呢？現在只花十分鐘法官便完成公證結婚。而在印度結婚儀式要舉行三天，新娘和新郎全程都要形影不離。

莫：你是說婚姻不止是一種社會的約定，它也是一種精神層面的鍛鍊。

坎伯：它主要就是一種精神層面的鍛鍊，而且社會應該協助個人去意識到這一點。不應該是個人迎合社會，而是社會提供個人服務。如果由個人迎合社會，社會便成了怪物，威脅著這個世界。

莫：當一個社會不再擁有強而有力的神話時，會怎麼樣呢？

坎伯：就是像我們今日所面對的。想了解什麼叫沒有任何儀式的社會，只要讀讀《紐約時報》就好了。

莫：你看到了什麼？

坎伯：就是每天都在發生的事，包括年輕人所造成的破壞性和暴力性行為，因為他們不知道如何在一個文明社會中舉止合宜。

莫：年輕人要藉著儀式才能成為部落的一員，成為社區的一員，但現在的社會並沒有提供任何儀式。所有孩童都必須二度出生，必須學習如何堂堂正正地立足於社會，不再幼稚。我想到《新約聖經．哥林多前書》中的一段：「我做孩子的時候，說話像孩子、心思像孩子，意念像孩子，坎伯：現在我已長大成人，我把孩子氣的事都丟棄了。」就是那樣！一點都沒有錯！這就是成人禮的重要性。原始社會的成人禮要打落牙齒、奉獻祭品、割包皮等等，做了各式各樣的事。這樣就可以脫去小孩子的軀殼，裡裡外外、徹徹底底的「轉大人」了。

他們去哪裡找尋神話？

當我是小男孩的時候，大家都穿長及膝蓋的短褲。換穿長褲是個偉大的時刻。現在的小男孩不來這一套，我甚至看過五歲的小男孩就穿著長褲跑來跑去。沒有經過這些，他們如何知道自己已經長大成人，不能再有孩子氣的行為呢？

莫：以今日一個在紐約一二五街和百老匯大道附近長大的男孩子為例，他們去哪裡找尋神話？

坎伯：他們只有自己去打造了。這就是城市塗鴉的由來。這些孩子組成了自己的幫派，創造自己的入會儀式和道德標準，他們已經極盡所能了。但是這樣做很危險，因為他們自有一套律法，社會有另一套。他們尚未被啟蒙納入我們的社會。

莫：梅羅洛[1]指出，今日美國社會暴力充斥的原因在於，可以幫助青年男女和這個世界產生聯繫的偉大神話已經不存在了，也沒有神話協助他們去了解在世界表象之外的世界。

坎伯：這是沒錯，但造成美國社會暴力充斥的另一個原因，在於美國缺乏社會規範。

1 Rollo May，一九〇九—一九九四，美國著名心理學家。

莫：請解釋。

坎伯：以美式足球為例，它的遊戲規則很嚴格也很複雜。英格蘭那裡的橄欖球規則卻不那麼嚴格。我還是學生的時候，同校的兩位同學是美式足球「向前傳球」的絕佳進攻拍檔。畢業之後他們兩人都拿獎學金到英國留學，並加入英式橄欖球隊。有一次他們想把向前進攻的玩法介紹給英國人，英國球員說：「我們沒有針對這種玩法的規則，請不要這麼做，我們不這樣玩的。」在一個達到同質性已經有相當時間的文化中，必定存在著一些人們共同接受的不成文規定，這就是一種社會規範，一種風格，一種對「我們不這麼做」的共同理解。

莫：一種神話。

坎伯：你可以說這是一種沒有明文定義的神話：我們就是這樣使用刀叉，我們就是這樣和別人打交道等等。這些都沒有明文寫下來。然而美國人民來自不同的文化背景，全部在這裡聚集一起，因為這樣的緣故，法律在這個國家便非常重要。是律師和法律讓我們凝聚起來，美國並沒有社會規範。你明白我的意思嗎？

莫：我了解。這就是為什麼一八三一年托克維爾[2]來到美洲大陸時，形容他自己發現了「一種混亂的無政府狀態」。

坎伯：當前是個解構神話的世界。也因此之故，我教過的學生都很喜歡神話，因為神話帶給他們訊息。我不知道神話帶給今日年輕人什麼訊息，但是我知道神話帶給了我什麼，也可以確定神話正在年輕人身上發生作用。不論我到那一所大學演講，前來聽講的學生人數總是大爆滿。通常學校當局會安排一間比實際需要要還小一點的房間做作為演講場所，那是因為他們不知道神話會在聽講的學生體內造成大騷動之故。

莫：你認為年輕學生由你這裡聽到的神話故事，會在他們身上起什麼作用？

坎伯：神話是關於生命智慧的故事，它們真的是，而且是學校裡不會教的。在學校只能學習到科技，吸收到資訊而已。在課程主題之外，為學生點明其中的生命價值，應該是老師分內的事，但是我們的學校老師總是對此很抗拒。今日的科學教育——包括考古人類學、語言學、宗教研究等等——都有訓練專家的傾向。專家型的學者必須知道得非常多才能成為具競爭力的專家，因此更強化學校訓練專家的傾向。以佛學的研究為例好了，你必須懂所有歐洲語言，因為討論東方哲學的論著都是以歐洲語言寫成的，特別是法文、德文、英文和義大利文，同時你也要懂梵文、中文、日文、藏文以及其他多種語言。這是一項不可思議的浩大工程，能夠有這種成就的專家不可能再去思索易洛魁人[3]和阿剛琴人[4]之間有什麼差異。

同時專家總是將問題侷限在他們關心的範圍內。只有像我這種通才，才會向不同的專家學習東西，才可以看到專家看不到的地方，因為問題不會侷限在一個範圍內，問題會同時發生在許多專業領域裡頭。這裡附帶說明一下，在學術圈內說一個人是通才，是一種損害這個人名譽的說法。而就是因為通才不是專家，他才能在具體的文化問題之外，更深入真正的人性問題。

莫：記者也因為職業的關係，擁有「解釋自己不了解事物」的特許證。

坎伯：那不只是職業賦予的特權，更是加在他身上的義務——也就是說記者有義務「公開教育自

2 Alexis De Tocqueville，一八〇五—一八五九，法國政治家及作家。

3 Iroquois，北美印地安部落的一支。

4 Algonquin，北美印地安人，分布範圍由加拿大東北南下到美國北卡羅萊納州，西邊則達落磯山脈。

己」。我記得年輕時去聽過亨利・吉謨[5]的演講。據我所知，他率先提出「神話帶來對生命有效的訊息」這個觀點，而不只是學者拿來混一混的有趣事物。透過他的觀點，我進一步確認自己自童年時代便對神話產生的一種感覺。

莫：你還記得自己第一次「發現」神話的感覺？神話第一次出現在你腦海中的情形嗎？

✦・創造、死亡、復活、升天

坎伯：我在天主教家庭長大，最大優勢就是父母親會教你要用嚴肅的態度來面對神話，要讓神話在你的生活中運作起來，生活的主軸就是這些神話主題。我成長的環境更環繞著宗教的季節性循環：耶穌降臨世界、在這個世界教導眾人、死亡、復活、回到天堂。時間變換中的永恆核心，便透過每年固定發生的各種天主教儀式，讓你銘記在心了。「原罪」這回事，根本就是與那種和諧無緣。

接下來我對美國印地安人產生極大興趣，原因是水牛比爾每年都會到紐約麥迪遜花園廣場表演他那神奇的西部荒野秀，讓我想多了解美國印地安人。我

水牛比爾的西部荒野秀

的父母親一向不吝嗇，也盡力找來當時為小孩子寫的印地安人故事書給我看。從此我開始讀美洲印地安人的神話，不久之後我就在這些印地安人的故事中，發現天主教修女教的相同神話主題。

莫：創造——

坎伯：——創造、死亡、復活、升天、處女生子——我當時不知道那是什麼，但認得那些字彙，一個接著一個。

莫：接下去呢？

坎伯：我興奮極了。從那時候開始，我對比較神話學產生了興趣。

莫：你是不是開始懷疑說：「為什麼它是這麼說，而聖經裡又是那麼說的？」

坎伯：沒有，一直到許多年以後，我才開始比較性的分析。

莫：什麼樣的印地安人故事會引起你的共鳴？

坎伯：在我小時候，仍然流傳著美國印地安人的傳說，印地安人仍會在你四周出現。雖然接觸過世界不同地區的各種傳說，直到現在我仍然認為美國印地安人的故事很豐富，也發展得很完整。小時候我們家在樹林中有一個度假的地方，那裡曾經住過德拉瓦印地安人，易洛魁人也常去進攻挑釁。那裡有一個凸出的岩架，我們曾在那裡挖掘出一些印地安人的箭頭這些小男孩感興趣的東西。而在印地安人故事中描述的動物，也會出現在那個樹林子裡。那片樹林子是小時候引導我進入印地安人神話世界的舞台。

5　Heinrich Robert Zimmer，一八九〇—一九四三，德國的印度學研究者、語言學家，也是南亞藝術史學家，坎伯深受他的影響。

莫：那些故事有沒有和你的天主教信仰發生衝突？

坎伯：那時並沒有衝突。和我的信仰產生衝突的，是很久之後接觸到的科學研究方法這類事物。稍後我又對印度教產生興趣，並在印度教中發現了和印地安人神話類似的故事。我在研究所的研究主題是中世紀亞瑟王的素材，又是和印地安人類似的故事。那些都是相同的故事，我一輩子都在和它們打交道。

莫：這些故事來自各個不同的文化，但都敘述著同一個不朽的主題。

坎伯：主題是不朽的，故事則隨著不同的文化而變換音調。

莫：所以說，故事可能採用同樣的普世主題，但在應用時則依據不同的民族性稍作調整？

坎伯：喔，沒錯。如果你對類似的主題不留心的話，就可能會認為它們是完全不同的故事，但並非如此。

莫：你在莎拉．勞倫斯學院教了三十八年的神話學，學生都是來自中產階級，具有正統宗教背景的年輕女孩，你如何引起他們對神話的興趣？

坎伯：年輕人就是掌握得住這些東西。神話告訴你文學和藝術的背後隱藏了什麼，神話教導你認識自己的生活，神話是一個偉大、令人興奮、豐富生命的主題。神話和一個人生命中的各個階段有很密切的關係，是你由兒童期進入成人期、由單身狀態變成結婚狀態的啟蒙儀式。所有這些生命中各個階段的不同儀式，都是神話性的儀式。神話和你對自己一生中所必須扮演的各種角色的認同，也有很大關係。你拋棄舊有的自己以全新之姿出現，以扮演一個負責任的新角色這段歷程，也和神話息息相關。

法官一走入法庭內，每個人都會自動站起來，你並不是向法官個人致敬，你是向他身上穿的這件法袍，他所扮演的這個角色致敬。為什麼他能夠穿上這件法袍呢？那是因為他代表這個角色應具備的德行：誠實、正直，無私不偏。所以你站起來致敬的對象是一個神話角色。我想像得到皇帝、皇后這些人一定是你碰過最愚蠢、奇怪、陳腐的人，他們可能只對馬匹及女人感興趣。但是你不需要喜歡他們個人的人格，你只要對他們扮演的神話角色有所反應就好了。任何人在成為法官或美國總統之後，他便不再是他自己，他代表那間一直存在的萬年辦公室，他必須犧牲個人的欲望、甚至生命中的其他可能性來維護自己被指定的角色。

莫：這麼說來，確實是有神話儀式在我們社會中運作囉！結婚典禮是一種，總統或法官的就職典禮也是，其他還有哪些重要的儀式？

神話提供儀式轉化心靈

坎伯：從軍入伍、穿上軍服是另一種。你放棄個人生活而接受由社會決定的生活方式，這是服務社會的行為，而你是其中的一分子。正因為如此，我認為根據民法來裁斷人們在戰爭中的所作所為是卑鄙的，因為他們不是以個人的身分在行動，他們只是一個媒介，代表他們之上的某個東西，某個他們宣誓效忠的東西。因此視軍人為個體，並加以評斷是完全不合適的。

莫：由於白人文明的入侵，原始社會變得很不安定，它們四分五裂、分崩離散、生了病一樣。在神話逐漸消失後，同樣的事情是不是也發生在我們身上？

坎伯：絕對已經發生了。

莫： 這是保守派宗教組織一直呼籲要回歸舊社會信仰的原因嗎？

坎伯： 沒錯，但是他們犯了一個嚴重的錯誤，他們想要回到一個退化、不再適合現代生活的東西。

莫： 它曾經提供我們的需要。

坎伯： 它從前確實是有這種功能。

莫： 我了解保守派的殷殷期盼。我小的時候，天上有「知我」、專屬於我的星星。它們的永恆持久能夠撫慰我、提供我一個熟悉的世界，使我相信有一個慈愛、和藹、正直的天父，在天上看顧著我，準備要接納我，隨時想到我的需要。梭爾・貝婁[6]說，科學已經將這些信仰全面清除得一乾二淨。但是這些信仰提供了價值，我今日的樣子就是這些信仰造成的。我懷疑我們的下一代怎麼辦？他們在天邊沒有可以固定仰望的星星，沒有熟悉的世界，沒有神話。

坎伯： 就像我說的，你只要讀讀報紙，就知道這個社會是一團亂。神話是貼近我們的生活和社會結構的，神話提供了生命的典範。但是，典範必須「合時」才行，而我們的時代變得太快，五十年前適合的東西現在已經不合宜了。過去的美德是今日的罪惡。過去被認為是邪惡的東西，今日反而成為生活必需品。道德秩序必須跟得上當前的現實生活所需才行。那都是需要做卻沒有做到的。舊社會的宗教屬於另一個年代、另一群人、另一套人類價值、另一個世界。回到過去等於是將自己丟入相同的歷史輪迴之中。我們的下一代對宗教失去了信心，他們轉而走入自己的內心世界。

莫： 這經常要依賴藥物的協助。

坎伯： 沒錯，你說的就是自動誘發式神祕經驗。我參加過幾個心理學的年會，主題都是在探討神祕經驗和心理分裂之間的不同。差異在於心理分裂者淹沒在一大片神祕經驗之海，身在其中者必須要有心理準備才行。

莫： 你說的是迷幻藥文化。印地安人在失去水牛以及早期的生活方式後，發展出這種文化，後來逐漸變成了主流。

坎伯： 沒錯，就文明國家的原住民處境而言，美國的情況是歷史上最糟糕的。原住民不被視為人，美國政府在統計投票人口時，他們甚至沒有被列入計算。歷史上只有在美國獨立革命之後一段很短暫時間內，有幾位傑出的印地安人參與美國政府以及美國人的生活方式。華盛頓總統說過，印地安人應該被納入成為美國文化的成員。但是他們反而成為歷史的遺跡。十九世紀時，美國東南部的印地安人全被裝上馬拉的貨車，在軍隊的武裝戒備下，運送到當時叫做印地安人領土的地方，原本印地安人在這些區域是有永久所有權，但在幾年後又統統被奪走了。

最近，考古人類學家研究一群居住在墨西哥西北部的印地安人，發現他們居住的地方和某個野生仙人掌[7]的主要生長區，只有幾英里的距離。這些印地安人視仙人掌為動物——他們將仙人掌和鹿聯想在一起。而且這些印地安人認為自己肩負一項特別的任務，必須四處去搜尋仙人掌並帶回來。

這是一趟神祕的旅程，具備典型神祕旅程的所有細節。首先，參與的人必須和俗世的生活切割乾淨。每一名參加這趟遠征的人，都必須坦白承認自己最近在生活上所犯的全部錯誤。如果他們不這麼做，魔法便發揮不了作用。接下來，他們上路了。在旅程中，他們甚至使用一種特別

6 Saul Bellow，一九一五—二〇〇五，美國小說家，曾獲一九七六年諾貝爾文學獎。

7 這裡指的是佩特奧仙人掌（peyote），原產於墨西哥北部，被認為是一種善的致幻劑。

的否定式語言交談。譬如說，他們用「不」，而不用「是」表示肯定的意思。他們不說「我們走了」，而是說「我們來了」。這些印地安人是生活在另一個世界。

接下來他們來到了歷險的門檻，往後的一路上，都會有各種不同的神龕代表不同階段的心理轉化。最後，採集仙人掌這項重大工程登場了。採集過程就像在獵殺一隻鹿；他們匍匐前進，對仙人掌射出一支細細的箭，然後上演採集仙人掌的儀式。

當一個人離開外在世界進入心靈存有的領域時，就會經歷某種內在旅程的專屬經驗。這些印地安人採集仙人掌的整個過程，正是這個經驗的完整重現。這個內心之旅，會發生在一個人離開外在世界進入心靈領域之際。他們將這個歷程的每一階段都視為一種心靈的轉化。因此從頭到尾他們都置身於神聖的場所之內。

莫： 為什麼他們要以這麼複雜的過程，來處理採集仙人掌這件事？

坎伯： 因為印地安人認為仙人掌不止有生物性、機械性、化學性的功效，更具有轉化心靈的效果。如果你經歷了某種心靈轉化卻完全沒有心理準備，你就不知道如何去衡量發生在自己身上的變化，結果就會是一趟可怕的旅程，就像吃下ＬＳＤ迷幻藥一樣。反之，如果你知道旅程的目的地在哪裡，就不會覺得恐怖了。

莫： 這就是為什麼溺水的人會經歷到心理危機一樣，因為——

坎伯： ——因為你要會游泳才會主動跳入水裡，但是溺水的人不可能有這種心理準備的。同樣的情況也適用於一個人的精神生活。意識狀態的轉化是一種很可怕的經驗。

莫： 你一直提到意識狀態。

坎伯： 對的。

莫：所謂意識狀態的真正意思是什麼？

生命能量存在的地方

坎伯：笛卡兒式的思考模式認為，意識狀態和人的腦部有特別的關聯，這是錯誤的。人類的腦部是一個器官，這個器官會將我們的意識狀態推往一個特定的方向，或是推往一個特定的目的。但是我們的身體也有自己的意識狀態。整個生物世界就是由身體的意識狀態在向「它」通風報信的。我總覺得意識狀態和能量實際上是一回事。你感覺到有生命能量存在的地方，也就有意識狀態的存在。因此植物的世界當然是有意識的。如果你生活在樹林中，就像我孩童時代便曾生活在樹林中，你可以感覺到各種不同的意識狀態互相在打交道。植物有植物的意識狀態，動物有動物的意識狀態，而人類則兩者都分享。我們吃下特定食物後，膽汁便知道到哪裡分泌、消化這些吃下的食物。這整個過程是有意識的。想以簡單的技術性名詞來詮釋是行不通的。

莫：我們如何轉化自己的意識狀態呢？

坎伯：這就看你怎麼想了。而打坐冥想這時候就派得上用場了。生命本身就是一場冥想，其中一大部分非關意志。大多數人花費大半輩子「冥想」如何賺錢、如何花錢。如果你需要撫養一個家庭，你所關心的就是家人如何如何，這些當然很重要，但大半停留在物質狀況的層次。但是如果連你本身都沒有精神生活，你如何就心靈層面的意識狀態和你的下一代溝通呢？你如何也擁有精神生活呢？神話的功能便是將我們帶入一種心靈層面的意識狀態。隨便舉個例子：我自曼哈頓第五大道和五十五街的交叉口出發，向南走過幾條街到洛克斐勒中心對面的聖派屈克大教堂。我離開一個非常繁忙，而且是全球最物質化的世界，走入一間大教堂，周遭的每一樣東西都在訴說著精神的奧祕。十字架的奧祕，代表什麼？五彩玻璃窗更帶入另一種氣氛。我的意識狀態因此整個被提升到另一個層次，我現在來到一個日常生活以外的層次上。我走了出來，再度回到街道的層次。

我能夠一直停留在大教堂的意識狀態嗎？某些特定的祈禱和靜坐，就是用來協助你將意識狀態停留在精神層次。最後你體認到，現實世界就只是高度意識狀態的一個較低層次。在聖派屈克教堂中所展現的奧祕，也在金錢的場域運作著。所有金錢都是聚合的能量，我想這就是如何改變你意識狀態的線索。

莫： 你在思考這些神話故事時，會不會覺得自己沉入了別人的夢境？

坎伯： 我不去聽別人的夢。

莫： 但是所有的神話都是其他人的夢啊。

坎伯： 喔，不，它們不是，它們是這個世界的夢。它們是夢的原型，專門處理人類的重大問題。每當我面臨人生的門檻時，我都會知道，因為神話已經告訴了我、指引我如何應對這些危機：沮喪、愉悅、失敗、成功。神話讓我清楚知道自己是在人生的哪個階段。

莫： 對我而言，如果一個人成了一個傳奇，他會發生什麼變化？譬如說，約翰・韋恩[8]已成為神話了嗎？

坎伯： 當一個人成為了其他人生活中的偶像，他便進入「被視為神話」的領域。

莫：這種情形經常發生在電影演員身上，電影中有許多偶像。

坎伯：我記得小時候，演員道格拉斯·費邊（Douglas Fairbanks）是我的偶像，阿多夫·曼覺（Adolphe Menjou）則是我哥哥的偶像。當然，演員都扮演著神話性的角色，他們是我們認識生命的教育家。

莫：再也沒有一個電影角色比蕭恩更具魅力了，你看過《原野奇俠》（*Shane*）這部電影嗎？

坎伯：我沒看過。

莫：這是一部經典之作，故事是一位陌生人流浪到西部拓荒者的住處，他在行善為拓荒者解決問題之後，不求報酬就默默地離去。為什麼電影對我們的影響這麼深？

坎伯：電影有一種神奇的魔力。你正在觀看的電影角色，同時也「真人實存」於這個世界上的某個角落，那就是神的必要條件。這時如果一名電影演員走入戲院，大家的眼光一定集中在他身上。這時候他才是真正的主角。他來自另一個星球，就像是擁有多重「分身」的神。你在銀幕上看到的並不是這名演員本尊，然而，電影中的「他」卻出現在現實生活中。演員透

1965 年好萊塢電影《一門四虎》中的約翰·韋恩

8 John Wayne，一九〇七—一九七九，美國電影演員，曾獲奧斯卡最佳男主角獎，以出演西部片和戰爭片廣受歡迎。

過多重角色的扮演，在現實生活中被塑造成一個類似神的形體。無法成為他人的模範。

莫： 電影塑造出銀幕偶像，電視只能塑造名人。名人頂多是八卦的主角，無法成為他人的模範。

坎伯： 或許是因為我們在家看電視，而不是在電影院這種像個廟堂的場所。

莫： 我昨天才看到一張藍波這位好萊塢新崛起男神的照片。藍波是越戰老兵，他在戰後又回到越南去拯救戰俘，並透過毀滅性的暴力方式救回昔日夥伴。這是在貝魯特最賣座的電影。我看到的這張照片，上面是一款最新型的藍波玩偶，由生產甘藍菜娃娃的公司設計推出的。照片的前景是一個可愛、甜美的甘藍菜娃娃，在她背後則是殘暴的勢力：藍波。

坎伯： 這是兩個神話人物。我心中出現的意象是畢卡索的版畫《米諾托羅馬奇亞》（*Minotauromachy*）。上面有一隻巨大的公牛向前衝過來，哲學家嚇得爬上樓梯想要逃走。在鬥牛場上躺著一匹馬，牠已經死了，死馬上面躺著一位女鬥牛士，也已經死了，唯一面對這隻可怕大公牛的，是一個手上握著一朵花的小女孩。這幅畫正好有你談到的兩種人物——單純、無知、像孩子般的人物，以及恐怖的脅迫力量，這裡就看出當代的問題。

莫： 詩人葉慈認為現在是基督教大週期的最後一個循環。〈二度降臨〉這首詩這麼說：「不斷繞著大迴旋轉圈／獵鷹已經和放鷹者失去聯繫；／萬事萬物都潰散；因為中心「把」不住了；／混亂的無政府狀態散見世界各地，／血緣關係變淡了，四處都是一樣／成人儀式淹沒了。」你從其中看出了什麼？

坎伯： 除了葉慈說的這些，我不知道還有什麼會發生，但是新舊時代的轉接點都是充滿了巨大痛苦和動亂的時期。今日我們每個人都感到威脅，感到哈米吉多頓[9]要降臨。

莫： 歐本海默[10]在看到第一顆原子彈爆炸時說：「我已經成為死神本身，成為摧毀世界的人。」你不認為那會是世界末日吧？

坎伯：它不會結束的。它可能是這個星球的結束，但不會是這個宇宙的末日。宇宙各個恆星不斷發生許多爆炸中，這只是其中一個拙劣的複製品。這個宇宙是一堆不斷爆炸的原子熔爐，我們的太陽是其中之一。原子彈爆炸只不過是這整個大工程的小小仿造品。

莫：你能想像外太空中其他外星生物，像我們一樣坐著討論神話和偉大故事這類有意義的事嗎？

坎伯：我無法想像。不論氣溫上升五十度或下降一百度然後維持不動，生命都無法生存。當你意識到地球上的生態平衡是多麼微妙，水是多麼重要時——只要想一下撫育生命的大自然發生過多少災難，你就不會認為有人類已知的生命存在於宇宙的其他部分，儘管圍繞著星星運轉的衛星多不勝數。

莫：人類脆弱的生命總是經歷恐懼、可能會滅種等等，這些嚴格考驗而存活了下來。我們透過神話了解到生命的意義，也不再覺得甘藍菜娃娃和邪惡藍波並陳的意象，那麼不一致了！

坎伯：不，不會不協調。

將機器納入新世界的神話

莫：現代媒體中有發展出有任何代表舊宇宙真理的新隱喻嗎？

---

9 Armageddon，出自《新約聖經．啟示錄》十六章十六節，哈米吉多頓是世界末日善惡決戰的戰場。

10 Oppenheimer，一九〇四—一九六七，美國核能物理學家。

坎伯：我看到新的可能性，但還不足以成為神話的隱喻。

莫：將機器納入新世界的神話會是什麼樣的神話？

坎伯：自動化機器早已經「入侵」神話，也是夢境情節的一環。飛機就很能滿足許多人類的想像力。飛機的飛行代表人類由地球解放出去的幻想。這和鳥兒所象徵的意義是相同的。鳥兒是人類心靈從大地的束縛釋放出去的象徵，就像蛇象徵對大地的束縛一樣。飛機也不過是代替了鳥的角色。

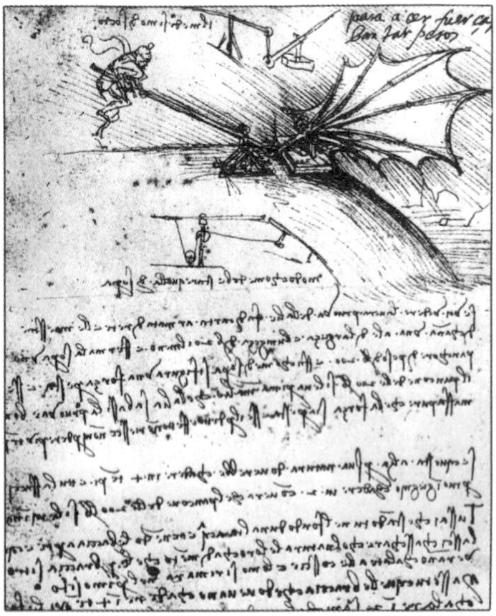

達文西的飛行機器手繪圖

莫：有沒有其他的？

坎伯：武器是一種。我在往返加州和夏威夷的飛機上看的每一部電影，都有人帶著連發左輪手槍。那是攜帶著武器的死亡之神。機械器具總是不斷交替更新，但就僅止於此。原有武器的象徵性角色並沒有消失。

莫：這麼說來，新神話仍可套入老故事。我看《星際大戰》時，想到使徒保羅說的一句話：「我和自然法則與力量相抗衡。」那是兩千多年前聖經所記載的，在石器時代早期狩獵民族居住的洞穴中，也刻有和自然法則與力量角力的景象。當代的科技神話中，人類仍然在與這兩種勢力抗爭。

坎伯：人類不應順服外來的權勢而應該操控它，如何做到才是問題。

莫：我問過我最小的兒子說，為什麼你連續看了十二、三次的《星際大戰》？他回答我說：「就像你會不斷讀《舊約聖經》一樣。」他看的是一種當代社會的新神話。

坎伯：當然就神話觀點而言，《星際大戰》是有其價值的。這部電影在凸顯「國家＝一部機器」，並提出一個問題：「這部機器將會摧毀人性或配合人性需要？」人性出自於心，而不是由機器生產出來的。《星際大戰》呈現的問題和歌德在《浮士德》中提出的問題相同：《浮士德》中的魔鬼是一個萬能機械人，能供給人類各種財富，也好像是個最能夠決定生活目標的人。另一方面，浮士德的獨特性就在他尋求的目標不是機器決定的那些，也因此得到了救贖。在《星際大戰》中，路克揭發自己父親的真面貌，也拿掉了父親所扮演的「機器」這個角色。父親就是制服、威權、國家。

莫：機器協助我們實踐理想世界，並且以我們認為它應有的樣子來呈現。

坎伯：沒錯。但也會有機器指使你的時候。譬如說，我買了電腦這部萬能機器，因為我是神話權威，我認定這部機器就像一位《舊約聖經》裡的神——制定了許多規則，卻一點都不慈悲。

莫：有一則關於艾森豪總統和電腦的動人故事——

坎伯：——艾森豪走入一間擺滿電腦的房間。他問電腦說：「上帝存在嗎？」所有這些電腦都啟動了起來，所有的燈都在閃爍起來，輪子也都在轉動，隔了一會兒有一個聲音說：「**現在**有了。」

莫：曾經有一位酋長這麼說，萬事萬物都是造物者的化身，這也適用於電腦嗎？如果電腦不是什麼特殊、特許的天啟之物，那麼無所不在的上帝理所當然也存在於祂所創造的電腦內囉。

坎伯：的確如此。呈現在電腦螢幕上的一切，真的是奇蹟。電腦內部究竟怎麼回事，你有沒有想要探究一下？

莫：我沒想到要這麼做。

坎伯：真不敢相信，電腦真的是一組層級分明的天使大集合——都在幾片小鐵片上，還有那些小管子，真的是奇蹟。

我從電腦得到有關神話的啟示。你買了特定軟體，便可以得到一些符號，帶領你達成目標。如果你拿另一套軟體來胡搞，電腦便無法運作。

同樣的，在神話的領域裡——如果某個神話的奧祕是以父親來做隱喻，而你原有的神話是以母親作為智慧和奧祕的隱喻，你就需要一組完全不同的信號。不論父親或母親都是一種絕佳的隱喻，而不是事實，他們就是一種比喻的方法。這就好像在說，宇宙可比我的父親、宇宙好比我的母親。耶穌說：「除了我，沒有人能夠接近天父。」這裡耶穌所指的天父，是《聖經》裡的父親。確實有些人是透過耶穌來接近上帝，另外有人只能透過母親的途徑。後者就會比較親近伽梨女神[11]以及讚頌女神這類方式，那只是探究生命奧祕的另一個途徑。每一種宗教都是某種軟體，各有自己行得通的符號。

如果一個人從小就對某種宗教很虔誠，並且已經建立起一套自己的宗教生活方式，那麼他最好一直使用這一套已經熟悉的軟體。像我這種喜歡玩不同軟體的傢伙是可以隨心所欲地比來比

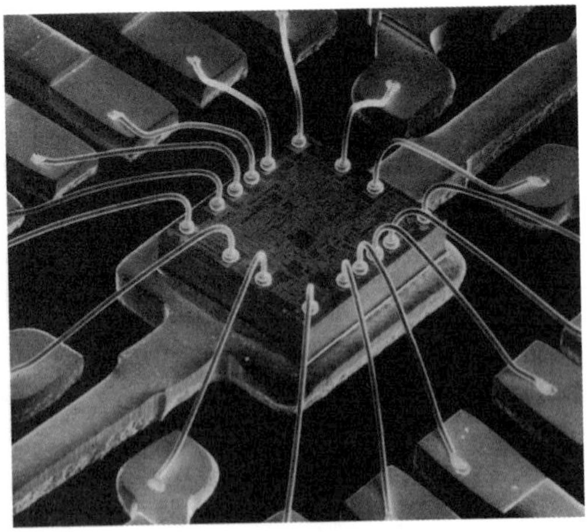

電腦晶片

去，但永遠不及虔誠聖徒的宗教體驗。

莫：真正偉大的聖人，不是可以從任何地方汲取所需嗎？他們會從這兒取一點，從那兒取一點，綜合起來組成一套新軟體。

坎伯：這就是所謂的「宗教的崛起」。你可以在聖經裡面得到印證。一開頭，上帝只是諸神中威力最強大的一位。他只是一個地方部落的神祇。到了第六世紀猶太人定居於巴比倫時，上帝是人類救主的主張已經形成，出自《聖經》的神格概念亦重新進入一個新的紀元。

保存舊傳統的唯一途徑是依據新環境而不斷將其翻新。在《舊約聖經》時期，這個世界是一塊小小的三層口味蛋糕，涵蓋範圍就只在近東中心點四周數百英里。那時沒有人聽說過墨西哥的阿茲特克人[12]，更別說中國人了。現在世界變了，宗教也必須隨之轉型才是。

莫：我以為這就是人類目前在努力的方向。

坎伯：這「最好」是我們目前努力的方向。但是所謂的「恐怖實境」目前正在貝魯特上演。猶太教、基督教、和伊斯蘭教三大最具影響力的西方宗教匯集在那兒，三大西方一神教雖然信奉同一個聖經的神，但卻給了這個神三個不同的名字，這三大宗教因而無法和平相處。他們都困死在自己的隱喻中，無法了解這個隱喻的真正指涉。他們不肯將自己宗教的小圈圈向外開放。這是一個密封的圈圈。每一個宗教團體都說：「我們才是上帝選擇的子民，我們的神才是真正的神。」再看看愛爾蘭的情況，一群新教徒在克倫威爾的帶領下，在十七世紀來到愛爾蘭。自那時候

---

11 Kali，印度教中死亡的三大代表之一，她是時間的人格化，又被稱為超越三夜或蒼天之力。

12 Aztecs，印地安人的一支，他們在墨西哥建立的王國，在一五一九年為西班牙人所征服。

起，他們便生活在自己的小圈圈內，從不接受當地的天主教徒。愛爾蘭的天主教和新教徒，在當地代表兩個完全不同理念的社會體系。

莫： 他們都各自需要一個新的神話。

坎伯： 他們一直都需要自己的神話。愛你的敵人，開放自己，不要評斷別人，萬事萬物皆為十方諸佛，這個概念早已存在於神話中。

莫： 你說過一個叢林土著的故事。土著告訴傳教士：「你們的神自己一個人關在一間小房間，又老又虛弱，我們的神生活在叢林田野，生活在山上，下雨時也不例外。」我認為那很可能是真的。

坎伯： 沒錯，這就是在舊約《列王紀》和《撒母耳記》中透露出來的問題。裡頭記載著好幾位猶太君王在山頂上被當作祭品殺了。從耶和華的眼光來看，他們做錯事了。耶和華崇拜，在當時猶太人團體內是一個很重要的運動，最終大獲全勝。耶和華崇拜破除當時原本盛行各地的大自然崇拜，轉而崇拜某個供奉在廟裡的神。

從此以後，這種只侷限於自己文化小圈圈的帝國式侵略，便一直盛行於西方世界。現在是必須對外開放的時候了，如果能夠開放，便等於開放了各種可能性。

莫： 沒錯，現代人已經將自然的啟發以及自然本身，從這個世界一步步剝除掉了。我想到一則傳奇故事：小男孩在樹林中發現一隻鳥，並將牠帶回家，這隻鳥會唱非常美妙的歌。

坎伯： 小男孩要求他爸爸餵食物給鳥吃，但他爸爸不願餵一隻無用的鳥，因而殺了牠。根據故事中說的，男人不但殺了小鳥，也毀掉了那首歌，因此謀殺了自己。他殺了小鳥後，自己也倒地死了，沒有再活過來。

莫： 這不正是人類毀掉周遭環境、毀掉自己的世界、毀掉大自然、毀掉大自然的啟發的結果嗎？

坎伯： 人類謀殺了自己的本性，因為他們謀殺了那首歌。

莫： 這首歌的故事不就是一個神話嗎？

坎伯： 神話就是那首歌。那是一首想像力之歌，由身體的能量所激發出來的歌。從前有一位禪師，在弟子面前正要張口開示的時候，聽到了鳥兒清脆的叫聲，於是他說，自然已經為我們說法了。

莫： 我以為人類在創造新的神話，你卻說不是，每一個神話都可以在我們過去的經驗中找到源頭。

我們需要找出屬於自己的神話

坎伯： 神話不論新舊，其主要動機都是一樣的，一直以來都相同。要找出屬於自己的神話，關鍵在於你所屬的社會。每一個神話都是自限定範圍內的某個特定社會發展起來的。這些各有所屬的神話會相互衝突、彼此互動，合併成更複雜的神話。但是在今日，過去的界限已不存在，唯一有意義的神話是這個星球的神話。然而這樣的神話尚未誕生出來。我所知道的最相似的星球神話就是佛教，佛教認為萬物皆有佛性，唯一的問題是如何覺察到這一點。其實人不需要做任何事，唯一要做的是了解佛性是什麼，並且以大慈大悲的心情和萬事萬物融合共存。

莫： 大慈大悲？

坎伯： 沒錯。然而在大多數神話中，這種胸懷只侷限於一個封閉的社區。侵略和攻擊都向外瞄準。舉例來說，十誡裡說：「不可殺人。」下一章又說：「進攻迦南地，殺死那裡的每一個人。」

那就是一個侷限的空間。共享、愛這類神話是自己人所專屬，所有非自己族群的人統統是圈外人。這就是「異邦人」這個字的意思——和我非同屬一個團體的人。

莫：除非你和我同一裝束，否則我們便不是血親。

坎伯：沒錯。什麼是神話？字典內的定義是關於神的故事。因此下一個問題要問：什麼是神？神是一種引發動機的力量，或一套價值系統的人格化表現，這兩者會同時在人類生活及宇宙中起作用——表現出來就是你身體內的力量和大自然的力量。神話是人類心靈潛能的隱喻，也是賦予人類生命活力以及宇宙萬事萬物活力的力量。此外，有些神話專屬於某個特定社會，其神祇也是這個特定社會的專屬守護神。換句話說，神話世界有兩套完全不同的神話秩序。第一類神話是關於人、人的本性以及大自然，人是大自然的一部分。第二類神話完全屬於社會學的解釋範疇，人有自己專屬的團體，你不只是一個自然狀態的人，你是特定族群的一分子。在歐洲神話歷史中，這兩套神話系統交互影響。通常游牧民族的神話屬於社群導向的神話，因為他們總是四處移動，個人必須在群體當中找到自己的生命中心。農業民族的神話則屬於大自然導向的神話。

《聖經》傳統是一種社群導向的神話。大自然會受到貶抑。十九世紀的學者認為神話和儀式，都是人類為控制大自然所努力的結果。然而那應該是奇蹟，不是神話或

埃及前王朝時期的女性塑像

宗教。自然傾向的宗教不是要操縱大自然，反而是要幫助個人和自然保持和諧。當人類視大自然為罪惡的事物時，他不會想和自然和諧一致，反而會要控制它，或者想要控制它，因此會緊張、焦慮，鏟除樹林、消滅原住民。而且這種要控制大自然的強力主張也造成人類和自然的分離。

莫： 這就是我們動不動就想控制或征服大自然的原因嗎？因為我們蔑視大自然，認為大自然是為人類所用的。

坎伯： 我認為是。我在日本的體驗讓我永生難忘。在日本，「墮落」、「伊甸園」這類概念是不存在的。日本神道教的一部經典說，大自然的過程不可能是罪惡的。自然的脈動無須加以修飾，而是要昇華它、美化它。日本花園中，處處表現出對自然之美以及與自然保持和諧的崇高興致。因此，身處在這些個日本花園中，你根本分不清自然和藝術的界線——這是一種奇妙的經驗。

莫： 但是，今日的東京正因為排斥這種理想而惡名昭彰啊！在東京這個城市完全感受不到大自然，只有在一些小花園內，自然才保留下來為部分人所珍惜。

坎伯： 在日本有一種說法：隨著波浪而擺動。或者照拳擊比賽的說法，順著打過來的拳而轉動。派里（Perry）船長強迫日本開放也不過是在一八五四年。日本人也才從那時候開始在自己文化中加入成堆的人工素材。但是我在日本觀察到的是，他們在思想上仍然是抗拒的，並且反過來同化這個物質世界。一走入建築物就回到日本，只有在外觀才看起來像紐約。

莫： 「在思想上抗拒。」那是一個很有意思的概念，儘管四周高樓大廈不斷興起，在日本人內在自我駐足的靈魂內，日本人和大自然依舊協調一致。

坎伯： 但是在《聖經》裡，永恆退場了，大自然腐化了，自然早就已經墜落了。《聖經》的思考模式認為人類活在自我放逐之中。

莫：我們坐在這裡談話的同時，貝魯特的回教徒又炸毀了基督教徒的座車，基督教徒也炸掉回教組織的車輛。麥克魯漢[13]曾指出，電視把世界變成一個地球村。他說得很對，只是他不知道地球村會是貝魯特。這對你而言有什麼意義？

坎伯：我認為這些人不知道如何將自己的宗教理念應用到當代生活，如何應用到不同的宗教團體身上。貝魯特的例子是「宗教團體適應當代社會」的錯誤示範。這三個宗教神話妄想以武力得出結論，他們否定掉自己的未來。

莫：我們需要什麼樣的新神話呢？

坎伯：我們需要的神話不是只認同個人或自己小族群的神話，而是個人認同大自然的神話。美國就是一個典範，因為美國創國的十三個州，能夠基於互惠因素而共同行動，同時不忽略掉每一州的個別利益。

莫：美國國璽是有所意涵的。

坎伯：那就是國璽的作用。我身上的一塊錢紙幣上便有美國國璽的圖案。國璽就是美國立國理想的宣言。國璽的左邊是一座金字塔，這座金字塔有四個邊還有四個角，每一個角上站著一個人。當你站在金字塔的底部時，你可能是在四個邊的任何一邊，但是當你爬到金字塔的頂端時，四個角都集中於此，而上帝之眼也在此張開了。

莫：它就是理性之神。

美國國璽上的金字塔圖樣

坎伯：沒錯。美國是世界上頭一個以理性立國的國家，這和其他國家以戰爭立國大為不同。這些美國的立國之君真不啻為十八世紀的神明。他們在國璽上寫著：「我們將自己交付上帝手中。」這裡的上帝不是《聖經》裡的上帝。這些立國之君並不相信《聖經》中有關人類墮落的說法，他們不認為人心已經和上帝切斷了。他們認為，人類的心識不關心短視近利，只保留清澈明鏡反照出來的上帝理性光輝。是理性連接了神與人。因而，對這些創國的理性之君而言，天啟並不存在，他們也不需要，因為心無罣礙之人具備充分了解上帝的知識。任何人都有這種能力，因為任何人都有理性思考的能力。

「任何人都有理性思考能力」，這一點就是民主的基本原則。因為「真」知識人心本具，也不需要某個權威人士或一道特別的啟示，來指點迷津。

莫：而這些象徵「借用」自神話？

坎伯：是的，是具有某種特定質素的神話，不是專門提供啟示的那種。印度教就不相信上帝的啟示這回事，他們描述這種現象為「敞開耳朵聆聽宇宙之歌」的狀態，這時第三隻眼已經打開、接收上帝的心靈之光。這就是自然神教的基本概念。只要不去接受「伊甸園墮落」的觀念，人類的生命來源就不會被斬斷。

再回到國璽上頭。首先金字塔共有十三層，底部有一行羅馬數字一、七、七、六，那就是美國建國元年。再把一、七、七、六這四個數字加起來，得到的答案是二十一，那是一個人擁有理性思考的年齡。在一七七六年共有十三個州宣告獨立。十三這個數字是代表轉變與再生的數

---

13 Marshall McLuhan，一九一一—一九八〇，加拿大文化歷史學家兼傳播理論學家。

字。耶穌的最後晚餐也是十二名使徒加上一位即將被釘上十字架然後重生的耶穌。因此十三是表示要擺脫十二的束縛、進一步超越的數字。因此才有黃道十二宮及太陽。這些美國建國之君是刻意選擇十三這個數字來代表復活、重生及新生的，他們從一開頭便刻意安排。

莫：但是實際看來，當時**是**十三個州啊。

坎伯：沒錯。那不更具有象徵性意義嗎？這並不是單純的巧合，這十三個州以它們自身的意義象徵著它們自己。

世界新秩序的象徵

莫：這樣就更能夠解釋另一行字的意義：「Novus Ordo Seclorum」。

坎伯：「世界新秩序」。這是一個世界的新秩序啊。再上面那一行刻著「Annuit Coeptis」，意思就是「他微笑地看著我們的成就」或「我們的行為」。

莫：他——

坎伯：「他」、「它」、「牠」，就是第三隻眼，也就是第三隻眼所代表的「理性」。在拉丁文中，「他」可以是「它」、「她」、或「牠」。神授的力量微笑地看著我們的行為。美國這個新世界是依據上帝創造世界的方式而創建。對上帝創世的反思，也就是理性，促成了這個新世界。金字塔後方是一片沙漠，金字塔前面長著植物。沙漠代表當時歐洲的混亂局面、戰爭接連不斷——美國自歐洲抽身，以理性之名而非權力之名，創建了一個新國家，新生命在此開花結果。到這裡為止是金字塔這部分的意涵。

再來看看一元紙鈔的右邊。那是一隻老鷹，天神宙斯之鳥。老鷹代表神降臨到受時間限制的塵世。而鳥是神祇原則的化現。一元紙鈔上面的是禿鷹，俗稱美國老鷹。代表美國是最高神祇宙斯之鷹的對等「人物」。

老鷹下凡了，降臨到一個充滿二元對立的行動世界。行動的表現模式之一是戰爭，另一個模式則是和平。老鷹一隻腳抓著十三支箭，代表著戰爭原則，另一隻腳抓著有十三片葉子的桂冠樹枝，代表著和平對談的原則。老鷹望向桂冠樹枝的那一邊。這是這些創建美國的理想之士，期望未來美國子民能夠仰望的方向——外交關係各方面都秉持和平原則。幸好老鷹另一隻腳抓著一把箭，預備在和平方式無法生效時，可以動用武力。

美元紙鈔上的老鷹圖案

老鷹又代表什麼呢？牠代表牠頭上的那個放光標記。記得我有一次到華盛頓特區的外事協會（Foreign Service Institute），演講關於印度教的神話、社會學、政治這些主題。印度談論政治的書中指出，統治者必須一手握著戰爭的武器，也就是一隻大棍子，另一隻手掌握出自聯合行動之歌的和平之聲。當時為了示範起見，我站到講桌前面，兩手伸長垂下，做出手上握著東西的動作，整個教室登時哄堂大笑起來。我不明白怎麼回事。一轉身，才看到牆上掛著一張美國之鷹的圖片，牠兩個爪子抓著箭及桂冠張開來的樣子，和我比劃的手勢一模一樣。我在回頭看時，同時也注意到老鷹頭上的這個標記，還有尾巴上有九支羽毛。「九」是聖靈力量降落塵世的代表數字。在敲響奉告祈禱鐘時，是要敲九響的。而在老鷹頭上，是以「大衛之星」（Star of

David）的形狀排列開來的十三顆星星。

莫：過去這叫做所羅門之印。

坎伯：沒錯，你知道為什麼叫做所羅門之印嗎？

莫：不曉得。

坎伯：你記得天方夜譚的故事吧？所羅門王將怪獸、巨人這些怪物件鎮在大罐子內，每次罐子一打開，精靈便跑了出來！我注意到這個所羅門之印是由十三顆星星排列而成，並且裡面的每一個三角形，都是一個「畢氏三角數」（Pythagorean tetrakys）。

莫：「畢氏三角數」？

坎伯：這是一個以十個點組成的三角形，中間那一點是三角形的重心，加上每一邊有四個點，三個邊加起來便是九個點：一、二、三、四／五、六、七／八、九，這是畢氏哲學的最主要符號，可以有許多相互關聯之神話學、宇宙論、心理學以及社會學的多種詮釋，其中之一便是「最尖端的頂點可代表宇宙以及萬事萬物起源的創造性中心」。

莫：那麼，這是能量的中心囉？

坎伯：是的，凝聚整個世界的最初原聲（基督徒口中的原創之「道」），也就是大爆裂，更可說是超越性能量之湧出，並擴散到整個受時間限制的世界。一旦它進入這個世界，它便分裂成對立的二元，一個變成了兩個。可以配對成二的方式只有三種：第一種方式是第一個主控第二個，第二種方式則換成由第二個來主控，第三種方式則是兩個互相保持平衡。最後，從這三種互動的方式中衍生出東、西、南、北四方空間裡的所有事物。

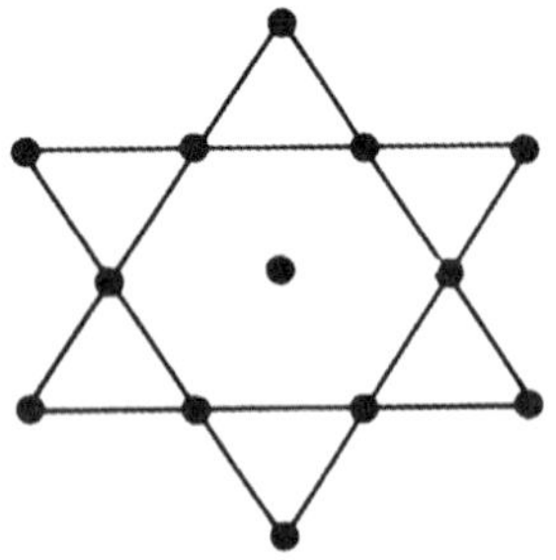

所羅門印記的圖案

老子《道德經》中有一段陳述如下：「道生一，一生二，二生三，三生萬物。」因此，在認出國璽中有這兩個具象徵性意義的交叉三角形後，我突然體會到這十三個點，不就是代表領導獨立革命的十三州嗎？並且至少有六個頂點，一個在上面，一個在下面，四個在兩邊。對我而言，這裡面的意義就在於，不論由上、下或這個羅盤中的任何一點，原創的「道」，也就是民主的偉大思想，都能夠為人民所接收到。民主賦予這個國家任何角落的任何一個人有發言權，而且是能夠說出真理的發言權，因為人民和真理並沒有分離。人民所必須做的是釐清自己的熱情，並清楚的說出來。

因此一美元鈔票上的老鷹，代表超越的神現身這個俗世的美妙方式，這就是美國立國的基石。要治理好國家的話，要由三角形的尖端，也就是立在世界頂端的法眼開始著手。

神話象徵符號的理性之道

小時候大家都讀過華盛頓總統的告別演講辭，並列出大綱及摘要，其中的每一段宣言都和另一段宣言相關。我清楚記得華盛頓總統在演講中提到，「獨立革命的結果，使美國脫離歐洲的混亂局面。」他最後警告美國不要再與其他國家結盟。而美國一直謹守華盛頓總統的警示，一直到第一次世界大戰才打破。當時我們破壞自己在獨立宣言中的誓約，再度加入英國征服地球的行動行列。這麼一來，金字塔所代表的平衡便消失了。美國由一變為二。不論在政治或歷史上，美國在一場論戰中已經選擇了某個立場，不再代表那高高在上之法眼所呈現的原則。美國關心的不是政治便是經濟，和理性之聲無關了。

莫： 理性的聲音——這些神話的象徵性符號，以一種哲學方式所暗示的意義，不就是這個嗎？

坎伯： 這就對了。人類歷史一項重大翻轉，就發生在大約西元前五百年。那是佛陀、畢達哥拉斯、孔子、老子的時代。這是人類理性覺醒的時代。人類從此不再聽從原始的衝動，也不再受其控制。他不再受地球或星球運行的引導，而是受理性的引導。

莫： 所謂理性之道是——

坎伯： 是人類之道。會摧毀理性的當然是激情、衝動。在政治中，最主要的衝動便是貪婪。這個造成人類墮落的拉力。美國也因此偏向某一邊，不再保持在金字塔的頂端。

莫： 那就是為什麼美國創國之君反對宗教上的褊狹——

坎伯： 那就不用提了，那也就是為什麼他們反對《聖經》「人類的墮落」這個概念。每個人都能直接與上帝交流，不需要特別給予啟示。

莫： 多年來的學術研究，加上長期浸淫於神話象徵之中，你會以上述方式解讀美國國璽，這我能夠接受。但是，就像你提過的，大部分美國開國之君是自然神論者，他們如何在努力建國之餘，還去找出背後的神話意涵呢？

坎伯： 那麼，他們為什麼要運用這些神話元素呢？

吉薩金字塔群

莫：有很多本來就屬於共濟會[14]的象徵啊！

坎伯：是共濟會的標記，畢氏三角數的意義早已流傳好幾世紀了。這些資訊必定來自傑佛遜的書房。這些開國人士畢竟都是一些學問淵博人士，十八世紀啟蒙時代正是充滿淵博之士的年代。政治圈已經好久沒有出現這一類有學問的人了。美國能夠由這些博學之士創國是一件很幸運的事，因為他們擁有政治權力，也能夠對當時的時事發揮影響力。

莫：怎麼解釋這些象徵和共濟會的關聯呢？又該怎麼解釋多位美國創國之君屬於共濟會的組織這項事實呢？難道說共濟會的信條便是一種神話性思考的表達方式嗎？

坎伯：我想是的。重建一種可帶來精神性啟發的新秩序，就是一種學術性的努力。這些屬於共濟會成員的開國領導人，很可能努力研究了古埃及的口傳知識。在埃及，金字塔代表遠古時代留下來的小丘。在尼羅河年度氾濫開始消退時，第一個浮出水面的小丘，便是世界重生的象徵。也就是國璽圖案所代表的意義。

莫：有時候你內在信仰系統所呈現出的衝突讓我感到困惑。你一方面讚頌這些美國建國功臣，因為他們是啟蒙者、是理性時代的產物。另一方面又對類似電影《星際大戰》中路克這樣的人物肅然起敬，因為他說：「關掉你的電腦，相信自己的感覺。」你如何調和理性這個屬於科學的角色，以及宗教這個屬於信仰的角色？

坎伯：你完全搞錯了，你必須要區分理性和思考這兩件事。

莫：要區分這兩件事？思考不就是在把事情推「理」出來嗎？

坎伯：沒錯，理性是思考的一種。但是把事情想透徹並不完全等於理性思考。想辦法穿過一面牆並不

14 Masonic，以互助友愛為名的祕密結社，由中世紀的石匠結社蛻變而來。

是理性思考。老鼠在撞到牆壁好幾次之後，便明白要繞到另一邊去才行得通。這是把事情想清楚，但並不是理性的思考。理性和找出存在的基礎有關，也和建立宇宙次序的基礎架構有關。

莫：這麼說來，這些理性之士在談到上帝的理性之眼時，他們的意思是說，作為人類存在基礎的社會、文化與民族，都是由宇宙的基本特質所衍生出來的，是嗎？

坎伯：這就是第一座金字塔所表達的意義。這是世界的金字塔，也是人類社會的金字塔，它們都屬於同樣的理性次序。這是上帝的創造物，這是人類社會。

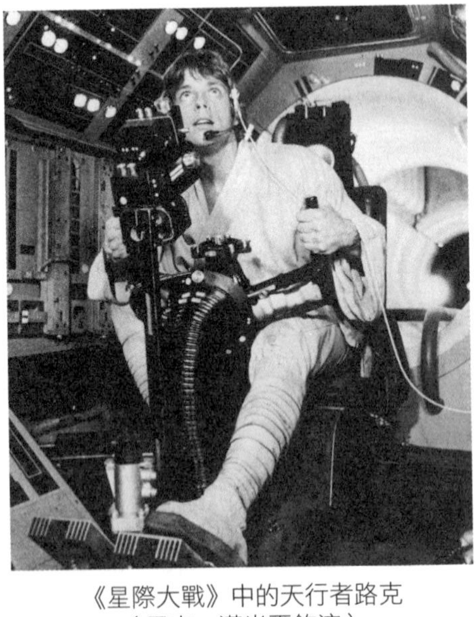

《星際大戰》中的天行者路克
（馬克．漢米爾飾演）

莫：有專屬於動物生命力之道的神話，也有專屬播種大地的神話——多產、創造、母性女神等等。天國的光輝、天堂這些，也有專屬的神話。但是在當代社會，我們已經不再是依靠動物生命力來生活的社會，已經超越大自然和大地，我們對天上的繁星不再感興趣，頂多出於異國風情式的好奇心，或當成太空旅行的化外之域罷了。適合當代人類生活方式的神話在哪裡？

坎伯：人類沒辦法保有一個歷久不衰的神話。情勢不斷在變，而且變得太快了，神話無法「成形」。

莫：沒有了神話，我們如何生活下去呢？

思索新時代的神話

坎伯：每一個人都必須在神話中，找到某個層面能夠和自己的生活「搭」上關係。神話提供四個基本功能。第一個功能是神祕性的功能——這是我從一開頭便一直提到的。藉由神話的這個功能，你能夠覺察到宇宙是個奇蹟，你自己也是個奇蹟，並且對這種奧祕感到敬畏。神話為人類開啟了幅員廣闊的奧祕世界，讓人類察覺到潛藏在所有形相之下的奧祕。少了這個，就沒有神話。如果神話的奧祕是透過各種事物顯現出來，那麼宇宙就是一張聖圖。你隨時可以依現實世界的實際條件，直接追求那超越的奧祕。

神話的第二個功能，屬於科學所關注的「宇宙發生」（cosmological）這個層面。表面上說的是這個宇宙的形貌，表達的方式中卻「暗藏」了宇宙的奧祕。在現代社會，我們有一種將科學視為萬能的傾向。但偉大的先知告訴我們說：「不，並不是任何事情都有答案，你可以知道它是如何發生作用——但它究竟是什麼呢？」你點燃一枝火柴，那就是火嗎？科學家能夠解釋氧化作用，但這對我不具任何意義。

神話的第三個功能為社會性功能，也就是成為一個特定社會秩序的支柱及根據，這也就是各個地方的神話差異性極大的原因。一夫一妻的社會自有一種神話，一夫多妻的社會另有一種神話。個別神話適用於各個不同的社會，長久以來神話的這種社會性功能一直控制著我們的世界——這個功能如今也落伍了。

莫：你的意思是？

坎伯：我指的是倫理。也就是一個健全社會應該有的生活法律。就像在西元前一千年左右，成千頁的耶和華訓示告訴我們如何穿衣、如何舉止等等。

神話最後還有一個功能，也就是與大家最有關係的一個功能——那就是神話的教育功能。這個功能教導人們如何適應環境變化而持續過得像人。神話在這方面可以指導你。

莫： 你剛才說，這些代代相傳的古老故事行不通了，而新的神話尚未誕生？

坎伯： 在西方廣為大家所熟知的故事，主要是依據聖經而來，它是根據西元前一千年那時的宇宙觀寫成的。它和人類的宇宙觀以及有關人性尊嚴的概念並不一致。它是屬於一個完全不同的世界。今日我們必須學習和大自然的智慧協調，學習去認識到不論動物、流水或海洋都是我們的兄弟。「神性創造了這個世界以及所有的生物」的論點，動不動就被貼上「泛神論」的標籤而受到責難。**泛神論**這個詞會引起誤導。因為泛神論好像在暗示說有一個人格化的神明，居住在這個世界的某處，這是錯誤的。正確的概念超越了神學的意義，那是一種無法定義、無法言傳的奧祕，應該被當作是一種力量。這種力量是所有生命及生物的源頭、終點與支柱。

莫： 你難道不認為，當代美國人之所以完全不接受神聖大自然這個古老看法，是因為這使得我們無法控制大自然嗎？然而，人類砍掉大樹、把大地挖得千瘡百孔、將河流變成建地的同時，不也是在謀殺上帝嗎？

坎伯： 沒錯，但這不只是當代美國人的特徵，這是繼承自我們自己的宗教，因為將大自然「定罪」是一種《聖經》的責難方式，也是美國人當初由英國帶過來的。上帝是與自然分離的，自然應該被上帝所譴責。《舊約聖經．創世記》中寫得很明白：我們要做這個世界的主人。如果人類認為自己來自大地，不是不得已被丟到地球上，人類便能認同自己是大地，自身是大地的意識狀態。一切都是大地的雙眼，也是大地的心聲。

從外太空看到的地球

莫：科學家已開始公開談論蓋亞理論（Gaia principle）。

坎伯：就是這樣，把整個星球視為一個有機體。

莫：大地之母，會不會由這個意象中創造出新的神話來？

坎伯：可能會有一些。神話的變化發展是無法事先預測的，就像你無法預測晚上睡覺時會做什麼夢一樣。神話和夢都是來自同一個地方，它們的產生是因為人類有某種覺察，而後去尋求象徵性的表達形式。現階段值得我們深思的，是去創造一個綜合所有民族的神話、一個地球的神話，而不是單一城市、單一個人的神話。這是我在思考神話未來發展時的一個主要重點。

而新神話要處理的問題和其他神話並沒有不同，那就是個人的成熟發展，從依賴期、成人期、人格成熟期到死亡；另外就是個人要怎麼和這個社會發生關聯，而這個社會又怎麼去和自然的世界以及宇宙發生關聯。過去的神話談論這些，這個新發展的神話也必須要去探討。然而新神話探討的必須是這個地球上的社會。除非大家都有這層認識，否則不可能有結果。

莫：你是建議說我們這個時代的神話，可以由地球的神話開展嗎？

坎伯：沒錯，這就是神話的未來發展基礎。事實上，這樣的神話已經存在了：理性之眼，而非國族之眼；理性之眼，而非個人宗教社群之眼；理性之眼，而非個人語系社會之眼。你了解嗎？這會是整個地球的哲學觀，而不是這個團體、那個團體、或是其他團體。

如果你從月球看地球，你看到的並不是依據國家或州區分的不同區域。一個完整地球的全貌，真的可以作為新神話的象徵。整個地球就是全體人類要去珍惜的單一國家，所有人類都是一家人。

✦你不能買賣天空，買賣大地

莫：在我看來，你所收藏的作品——西雅圖酋長的信，是這個倫理的最佳表現。

坎伯：西雅圖酋長是舊石器時代道德秩序的最後發言人之一。在大約一八五二年的時候，美國政府去函詢問西雅圖酋長，要求購買印地安部落的土地，以供美國的新移民移居之用，而西雅圖酋長的回函寫得棒極了。他的信表達了我們上述對話中的所有寓意。

在華盛頓的總統寫信給我，他表達要買我們土地的意願。但是，你怎麼能夠買賣天空？買賣大地呢？這種概念對我們而言是很陌生的。我們並不擁有空氣的清新，也不擁有流水的亮麗。因此，你怎麼能夠買他們呢？

地球的每一寸大地對我們的人民而言，都是很神聖的，每一根燦亮的松針，每一片海灘，黑森林中的薄霧，每一片草地，每一隻嗡嗡作響的昆蟲，所有的這些生物，一枝草一點露，在我們人民的記憶及經驗中都是聖潔的。

我們可以感受到樹幹裡流動的樹液，就像自己感受到身體內流動的血液一樣。地球和我們都是對方身體中的一部分。每一朵充滿香味的鮮花都是我們的姊妹。熊、鹿、鷹都是我們的兄弟，岩石的尖峰、青草的汁液、小馬的體溫，都和人類屬於同一個家庭。

小溪和大河內流著閃爍的流水，那不只是水而已，那是祖先的血液。如果我們把土地賣給你，盼你不要忘了他們都是神聖的。清澈湖泊上朦朧的倒影，映照出我們民族生活中的每一樁事件及回憶。潺潺的流水正是我們祖先的話語。

所有的河流都是我們的兄弟，他們滋潤了我們。河水載負我們的獨木舟，河水餵食了我們的子孫。你必須善待河流，如同善待自己的兄弟一樣。

如果我們將土地賣給你，毋忘空氣是我們的珍寶，空氣與人類分享了它的靈魂。我們的祖先由出生到死亡都是和風看顧的，我們子孫的生命精髓也是和風給予的。因此，在土地賣給你們之後，你必須保留它的獨立和聖潔。將它視為人們可以去品嘗那沾滿花香與和風的地方。

我們曾經教給我們子孫的一切，你願意繼續告訴你的子孫嗎？你會教導他們說大地就是我們的母親，會降臨到大地上的一切，也會發生在它的子孫身上。

這是我們已知的：人類並不擁有大地，人類屬於大地。就像所有人類體內都流著鮮血，所有的生物都是密不可分的。人類並不自己編織生命之網，人類只是碰巧擱淺在生命之網內，人類試圖要去改變生命的所有行為，都會報應到自己身上。

有一件事是我們已知的：我們的神和你們的神是同一個。大地對神而言是很珍貴的。對大地傷害越多，表示你輕視造物者的程度越深。

你們的目的對我們而言是一個謎，世界會變成什麼樣子呢？如果所有的水牛都被屠殺了，所有的野馬都被馴服了。當所有森林中祕密的小角落都被人類侵入，當所有果實纍纍的山丘都插滿了電線桿時，世界會變得怎麼樣呢？灌木叢要長到哪兒呢？消失了，老鷹會去哪裡呢？消失了！如果生活中沒有了飛奔的小馬及狩獵，會變成什麼情況？那不是生活而只是求生存。

如果最後一個紅種人的自然天性消失了，如果他對過去的記憶只是一片飄過草地的雲所造成的陰影，這時河岸和森林仍然存在嗎？這時我的子民仍能保有他們祖先的精神嗎？

我們看待這片大地的心情，如同新生兒敬愛母親的心情。如果我們將大地賣給你，請和我們一樣愛這片大地，像我們一樣的看顧它。要在你心中常保對大地的記憶，在你心中常存大地原貌，並將大地的原貌保留下來給你的子孫，並像神愛護我們一樣的愛護大地。

你和我們一樣，是這片大地的一部分。這片大地對我們是珍貴的，它對你也是珍貴的。我們確知一件事：今上帝只有一人，人類只有一種。不論白人或紅人都不應被區分。我們畢竟應該是兄弟。

·第二章·

內在的旅程

The Journey Inward

酋長屋子前的圖騰柱（卑詩省溫哥華島）

神話告訴我們，救贖的聲音來自深淵的底層。黑暗時刻傳來「轉化即將到來」的真正訊息。最晦暗不明的那一刻，也就是光明到來之時。

莫：有人問我說：「為什麼這些神話吸引你？你從與喬瑟夫．坎伯的對話中得到什麼？」我的答案是：「神話抓得住我，因為它表達出我已知的內在真實世界。」為什麼是這樣呢？為什麼神話故事驗證我熟知的內在世界？是不是因為這些故事來自我的存在基礎？來自我與生俱來的無意識狀態？

坎伯：就是這樣。因為你和三萬年前舊石器時代克洛曼農人[1]有著同樣的軀體，器官和能量都相同。不論生活在紐約或洞穴中，人生歷程都是一樣的，都要歷經孩童期以及性的成熟期。由小時候的依賴期，轉變為成年男人或女人的自我承擔期，走入婚姻，最後你的軀體衰退，逐漸失去體力而死去。

你和古代的人有同樣的軀體，同樣的身體體驗，因此你們對同樣的意象會有反應。譬如說，鷹和蛇之間的對立便是一個經常出現的意象。蛇是屬於大地的領域，而鷹代表心靈的飛翔。這不就是我們每個人都會經歷的內心衝突嗎？蛇與鷹合併在一起之後的意象，便整合成神奇的龍或是有翅膀的蛇。這是世界上任何人都認得的意象。我不論是讀玻里尼西亞人的神話，或是易洛魁人的神話，或是埃及的神話，裡面所提到的意象都是相同的，他們所探討的問題也都是一樣的。

1 Cro-Magnon，智人的一支，地質學家於一八六八年在法國西南部克洛曼農石窟裡發現骨骼遺骸加以命名，現場並留下大量史前岩畫。

同樣的神話，不同的外貌

莫：同樣的神話，只是在不同時代有著不同的外貌？

坎伯：沒錯。就像同一齣戲在不同的時空上演，穿的戲服也不同。

莫：而這些神話意象由各民族代代相傳下去，幾乎是無意識地在這麼做。

坎伯：那絕對深具吸引力啊，因為那些神話意象在訴說個人以及萬事萬物深不可見底之謎啊！神話是個奧祕，令人敬畏又深深著迷。它魅力四射，又會一口氣粉碎你對事物的僵固執念，因為它是你的本性和存有所專屬的。在你開始思考這些事物，開始思考這些內在奧祕、內在生命、永恆生命時，通常不會有太多意象可供你選擇。你於是只得靠自己從頭開始，「借用」已經呈現在其他思想體系的現成意象。

莫：中世紀時代人們解讀世界的「fu」，就好像這個世界給你捎來了訊息一般。

坎伯：這是當然的。神話能夠協助你去解讀各種訊息，神話為你指出典型的或然性（typical probabilities）。

莫：請舉例。

坎伯：譬如說，神話告訴我們，救贖的聲音來自深淵的底層，黑暗時刻傳來的真正訊息在「轉化即將到來」。最晦暗不明的那一刻，也就是光明到來之時。

莫：就像羅特克[2]的詩中所寫的：「在黑暗的時刻，慧眼開始發生作用。」你是說神話讓你領略到這一點。

坎伯：我和神話相處很久了，神話教給我的一直是這些概念。這個問題可以用「認同內在基督」這個隱喻來理解。你內在的基督並沒有死。你內在的基督經歷了死亡與復活。另外，你也可以視自己與大自在神[3]為一體。「我就是大自在神」——這也是喜馬拉雅山所有瑜伽修行者的最高冥想。

莫：還有，天堂這個大多數人渴求的目標，也在我們的心中。

坎伯：天堂和地獄都在我們心中，所有的神都在我們心中。這就是西元前九世紀印度《奧義書》[4]中的重要理解。所有的神，所有的天堂，所有的世界都在我們自己心裡。他們是放大的夢，夢是相互衝突的身體能量化現成意象的形式。這就是神話。相互衝突的身體器官能量所化現出來的象徵性、隱喻性意象，就是神話。每個器官需要的意象不同，大腦也是其中之一。

莫：這麼說，我們做夢時，就是在一片滿是神話的汪洋大海中釣魚，這片神話大海——

坎伯：——這片神話大海非常、非常、非常之深，你會被那些複雜的意象搞混了。但就像一則玻里尼

豎琴樂師向何瑞斯發出祈求（埃及石碑）

2 Theodore Roethke，一九〇八—一九六三，美國詩人。
3 Shiva，又名濕婆，印度教中司破壞及拯救的神。
4 *Upanishads*，印度三大經典之一，記錄及表達對知識、理解和悟性的追求。

西亞諺語所說的，你是「站在大魚上，釣小魚」。我們像是站在一隻大鯨魚上。站立的基礎便是我們自己的存在。當我們轉身向外時，我們看到這裡一點、那裡一點的各種小問題。一旦轉而向內自觀，我們就知道自己是造成這些問題的源頭。

莫： 你說神話此時此刻就存在於我們的夢境時間，什麼是夢境時間？

坎伯： 就是你入睡、做了個夢的這段時間，除了關係到你自己內在心靈的永久狀況之外，也和你當前生活的狀況有關。

莫： 請解釋。

坎伯： 舉例來說，如果你最近一直在擔心能不能通過某個考試，你便會夢到某種失敗的情境，而這個特定的個案和你生活中許多其他失敗案例有關。它們在夢中層層相疊在一起。弗洛伊德指出，就算是經過詳細分析的夢，也不可能完全解說清楚。夢境是有關於一個人精神層面的資料來源，而且永不枯竭。

「我會不會通過考試？」「我應不應該和這個女孩子結婚？」這種層次的夢在反映純粹個人的問題，然而從另外一個層次來看，能不能夠通過考試並不單純是個人問題，人的一生中都必須通過某種門檻，因此這是一種原型的夢。就算是非常私人的夢，也會含括基本的神話主題。所有文化中都可發現夢（神話）的這兩個不同層面——純個人的面向，和以個人問題為例的一般性問題。譬如說，每個人都有面對死亡的問題，這是一個標準的人生謎題。

莫： 我們從自己的夢可以學到什麼？

坎伯： 你可以學習到自己。

莫： 我們應該怎樣做？

坎伯：你首先要做的是記住夢的內容，並且記錄下來。然後截取夢裡的小片段，譬如說一、兩個意象或概念，並找出它們的關聯性。一次又一次寫下你心中的意象，你便會發現夢境的基礎是一堆人生經驗，這些經驗在你生命中不但有某種程度的重要性，而且會一直影響著你，只是你不知道而已。很快地，你會再做夢，你對夢的解析也會更深入。

莫：我認識的一個人告訴我，他一直到退休後，才記得自己睡覺時會做夢。退休後他因為身體能量沒有地方可以發揮，便開始不停地做夢。你同意在當代社會中，人們易於忽略夢的重要性這個說法嗎？

坎伯：自從弗洛伊德《夢的解析》出版後，大家便承認夢的重要性。但在那之前，其實已經有不少分析夢境的研究成果了。人們對夢都只有一些粗淺的認識，例如說，「可能會有事情發生，因為我一直夢到有事情要發生。」

神話是公開的夢，夢是私人的神話

莫：為什麼神話和夢不一樣？

坎伯：夢是來自支撐我們意識生活那個深沉、暗黑無意識基礎的個人經驗，神話則是社會集體的夢。神話是公開的夢，夢是私人的神話。如果你私人的神話，也就是你的夢，碰巧和社會集體的夢一樣，你和社會便可以取得和諧，如果不是如此，你就好像獨自在黑森林中冒險一樣。

莫：所以說，如果我私人的夢和公共的神話能夠和諧，我在這個社會中便可以活得比較健全。如果

坎伯： 我個人的夢脫離了社會的步調——你就有麻煩了。如果又被迫一直生活在這樣的社會系統，你便會成為一個神經病。

莫： 許多夢想家，甚至領袖、英雄，不都在接近神經崩潰的邊緣嗎？

坎伯： 沒錯，他們是處於這種狀況。

莫： 你如何解釋呢？

坎伯： 這些人已經脫離原本可以保護他們的社會，進入原始經驗的黑森林，進入煉火的世界。原始經驗沒有人可以為你解析，你必須靠自己去理出個頭緒來。你只有能或不能承擔兩種選擇。一個人不用偏離原本熟悉的路徑太遠，便會陷入困境。這種面對試煉的勇氣、為其他人在已知經驗中帶入全新可能體驗的勇氣，便是一種英雄的行為。

莫： 你說夢是來自我們的心靈？

坎伯： 我不知道它還有其他什麼來源。夢來自於想像力，不是嗎？構成想像力的基礎就是身體器官所產生的能量，所有人類都如此。既然想像力是來自相同的生物基礎，夢的主題也就是那幾套版本。夢就是夢，不論做夢的人是誰，夢的特徵也就是那些。

莫： 我以為夢「很私人」，而神話是「全公開」的。

坎伯： 在某些層次上，私人的夢境是會「碰上」「正牌」的神話主題，而且除非由神話來類推，還無法詮釋呢！榮格說過夢可分成兩個種類，一種是個人的夢，另一種是原型的夢，也就是神話層次的夢。你可以用聯想的方法來解析自己的夢，找出夢在個人生活中的意義，或者和私人問題的關係。但人生中偶爾會出現一種純神話的夢，也就是說個人的夢「挾帶」神話的主題。譬如說，它是來自你內在的基督。

莫：來自我們內在的原型之人，我們的原型自我。

坎伯：就是那樣沒錯。夢境時間的另一層更深刻意義，在於那是一段沒有時間存在的時間，就是一種延續的存在狀態。有一則印尼神話就提到這種神話年代以及它的終結。在這個故事裡，人類的祖先最初並沒有兩性的區別。那時沒有出生也沒有死亡。接著舉辦了一個盛大的公開跳舞慶祝活動，而在過程中有一個人被踏死，並且被撕裂成碎片、埋掉。在殺生的那一刻，性別被區分出來了，因此死亡由於出生而得到平衡，出生也因為死亡而得到平衡。同時，死屍埋下去的地方長出了可食的植物。時間因為維持生命而從無到有，死亡、誕生、宰殺、食用其他生命也隨之而來。神話時代初期這段「超時間」的時間，已經因為集體罪行、蓄意謀殺或蓄意犧牲而終結了。

神話處理的主要問題之一，是將心識與生命的殘酷先決條件——殺生與吃掉生命——調和一致。你不會拿自己開玩笑而只吃素不吃肉，因為植物也是有生命的啊。生命的真諦便是吃掉生命本身。生命依靠生命而生存。所以，洗滌人類心靈，並喚醒對生命基本現實的意識，正是某

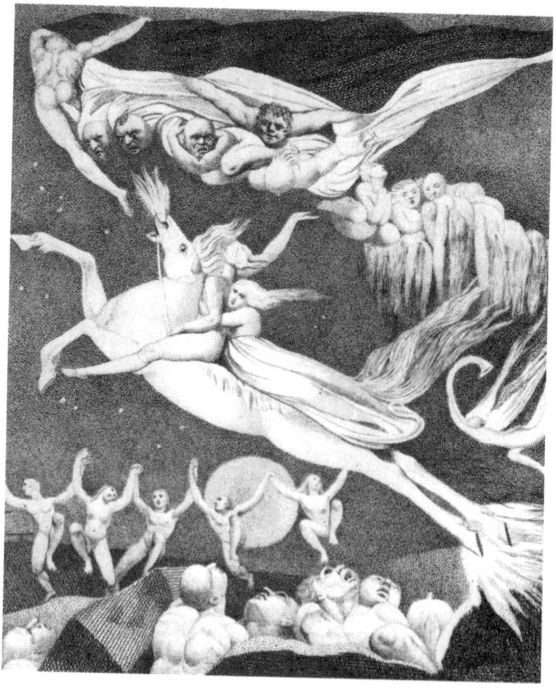

詩人兼畫家威廉·布雷克的書籍插圖

些非常殘酷儀式的重要功能之一。這類儀式主要在模仿「殺生」這種原始罪行，因為我們每個人都是身處其中的這個世俗社會，就是由殺生而來的啊！將心識與生活條件調和一致的主題，可見於所有的創世故事。就這方面而言，不同文化的創世故事都極為相似。

✦ 創世故事、蛇與女人

莫： 以《舊約聖經．創世記》中的創世故事為例，它和其他的創世故事有何相同之處？

坎伯： 那麼，你讀一段《創世記》，我讀一段其他文化的創世故事，看看有什麼相似之處？

莫：《創世記》第一章：「起初神創造天地。地是空虛混沌。淵面黑暗。」

坎伯： 這是出自《世界之歌》，是亞歷桑那州南部匹瑪印地安人（Pima）的傳說：「在最初，世界到處是黑夜——夜和水。在一些地方夜變得混濁，聚集在一起後又分開，聚集然後分開……」

莫：《創世記》第一章：「神的靈運行在水面上，神說，要有光，就有了光。」

坎伯： 這段是來自印度教的《奧義書》，時間大約是西元前八世紀：「在最初，只有以人的形體反照出來的大我，因為是反照產生的，除了自我外別無他物，因此它的第一句話是：『這是我。』」

莫：《創世記》第一章：「神就照自己的形像造人，乃是照他的形像造男造女。神就賜福給他們。又對他們說，要生養眾多，遍滿地面。」

坎伯： 下面這段出自西非巴塞利人（Bassari）的傳說：「烏男波特神（Unumbotte）造了一個人，他的名字是男人。烏男波特神接著又造了一隻羚羊。牠的名字就叫羚羊。烏男波特神造了一隻蛇。

《人間樂園》（*The Garden of Earthly Delights*），
荷蘭畫家波希（Hieronymus Bosch）。

牠的名字就叫蛇。接著烏男波特神問他們：『大地尚未被搗碎，你們必須將你們坐的地面打成平滑。』烏男波特神給他們各種不同的種子，並且說：『去種下這些種子。』」

莫：《創世記》第二章：「天地萬物都造齊了。到第七日，神造物的工已經完畢……」

坎伯：這又是匹瑪印地安人的傳說：「我造了世界，看啊，世界已經造齊了。我造了世界，看啊！世界造齊了。」

莫：回到《創世記》第一章：「神看著一切所造的都甚好。」

坎伯：回到《奧義書》中：「他自覺到，我真的就是創造本身，因為它出自於我。他就這麼變成了這個創造。真地，知道這點的人就成為這個創造的創造者。」那就是決定性的關鍵所在。如果你知道這一點，你就等同於長存你內在的「創造原則」，這股神在這世上的力量。這是很美的。

莫：然而《創世記》接著來了個「大翻臉」：「『莫非你喫了我吩咐你不可喫的那樹上的果子？』男人回答說，『你所賜給我、與我同居的女人，是她把那樹上的果子給我，我就喫了。』耶和華對女人說，『你做了什麼？』女人說，『那蛇引誘我，我就喫了。』」

黃金象牙雕刻的飾板
（巴格達博物館，西元前 720 年）

談到推諉責任，它可是很早就有了。

坎伯：沒錯，對蛇的態度一直很嚴厲。巴塞利人的傳說也有雷同之處。「有一天蛇說：『我們應該吃這些水果，為什麼我們要餓肚子？』羚羊說：『但是，我們對這些水果一無所知。』男人和他的太太摘了一些水果吃掉了。烏男波特神由天上下來，並且問：『誰吃掉水果了？』他們一起回答說：『我們吃的。』烏男波特神問：『誰說你們可以吃的？』他們又一起回答：『蛇。』」

這差不多是同樣的故事。

莫：這兩個故事中的主要角色都指責別人是墮落的元凶，你怎麼解說？

坎伯：沒錯，剛好都是蛇。兩個故事中的蛇都剛好是「拋棄過去、繼續活下去」的生命象徵。

莫：為什麼？

坎伯：生命的力量使得蛇蛻掉老舊外皮，就像月亮會投下陰影一樣。蛇蛻下皮是為了要重生，就像月亮拋下陰影再生為新月一樣。它屬於「同等級」的象徵性符號。有時候更會以「咬著自己的尾巴形成一個圓圈」來表現蛇這個意象。那是一種生命的意象。生命代代接續，就是為了不斷再生。蛇代表交纏在時間場域的不朽能量和意識狀態，並且會時不時死去然後再生。這樣的生命是非常嚇人的。因此，蛇身上就同時存在有生命的迷人之處，以及嚇人之處這兩種意味。進一步來看，蛇代表「吃」這項生命「第一大代誌」。生命就是不斷地吃掉其他生命。在你做了一頓美味大餐後，你是不會想太多的，但是你吃下去的，是沒多久前還是活生生的生命啊。你觀賞美麗的大自然時，會看到鳥兒到處啄來啄去，牠們吃下去的是其他生命。你又看到母牛在吃草，牠們也是在吞食生命。蛇是一條四處蠕動的消化道，那就是牠。牠給你一種震撼感，一種呈現生命原始特質的意味。這是無庸置疑的。生命得以延續，就靠殺生並吃掉其他生命、靠擺脫死亡然後重生，就像月亮一樣。這就是這些自相矛盾的象徵性形體，想要呈現的生命奧祕之一。

大部分神話中，蛇都被賦予正面的意義，在印度，就算是最毒的眼鏡蛇也是神聖的動物。而神話中蛇大王的地位僅次於佛陀。蛇代表時間場域中的生命和死亡力量，卻又永生不死。這個世界只是牠投下的陰影——蛻落的蛇皮。

蛇在美國印地安人的傳統中也備受尊崇。印地安人認為，蛇是人類應該結交的重要力量。你可以到印地安人的部落去參觀赫必族人[5]跳的蛇舞，他們會將蛇放在口中，以表示和蛇交朋友的意思，然後將蛇放回山上。這是要讓蛇將人類的訊息帶回蛇的世界去，就像蛇自山上將訊息帶來給人類一樣。人和大自然的互動關係，就在這種方式的人蛇關係中展現出來。蛇的行動像水一樣柔軟，但是牠的舌頭又好像在持續吐出火花，因此在蛇身上展現了成雙的對立。

莫： 在基督教的故事中，蛇是誘惑者。

坎伯： 這等於是拒絕去肯定生命。我們自小繼承的基督教傳統中，生命是墮落的，每一種自然的衝動都是罪惡的，除非行過割禮或受過洗禮。蛇是將原罪帶給這個世界的元凶，而將代表原罪的蘋果遞給男人的則是女人。這種將女人與原罪視為同一，將蛇和原罪視為同一，將生命與原罪視為同一的扭曲解釋，充斥在聖經神話以及人類墮落的教義。

莫： 將女人視為原罪者的概念也會出現在其他神話中嗎？

坎伯： 不，我沒有在其他地方看過。和這個概念最接近的，可能是潘朵拉盒子中的潘朵拉，但那不是原罪，那只是麻煩。《聖經》傳統中墮落這個概念認為，人類所知的大自然是墮落的，性本身是

5 Hopi，居住於美國亞歷桑那州東北部的印地安人。

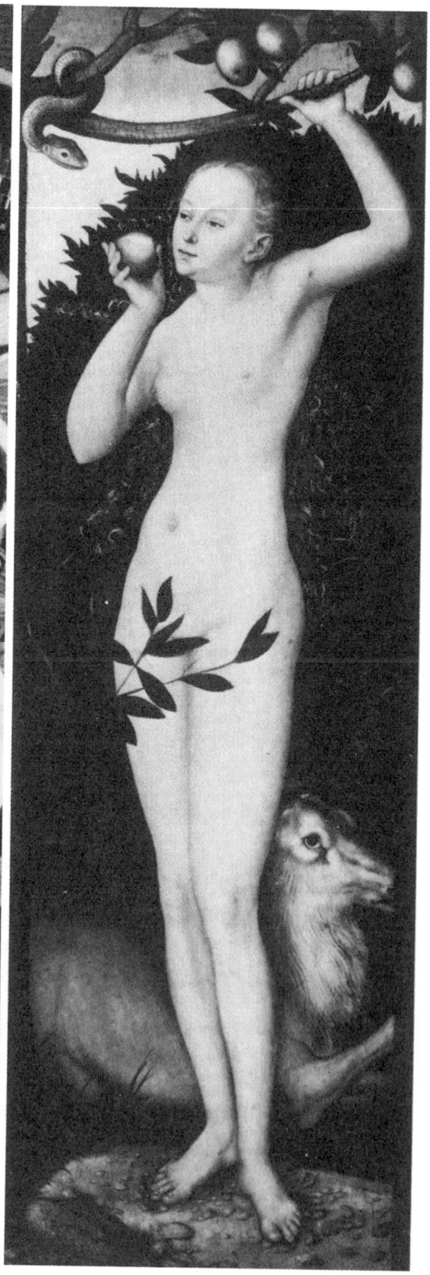

右：
蛇的誘惑（盧卡斯．克拉納赫〔Lucas Cranach〕，約1530年）。

左：
《沙樂美》，奧地利畫家克林姆。

墮落的，女性是墮落者，因為她是性的縮影。為什麼亞當夏娃不得擁有善惡的知識？沒有善惡的知識，人類就只是一群伊甸園中的無知小嬰兒，沒辦法參與生命啊。女人將生命帶來這世界上。夏娃便是這個有限俗世的母親。人類曾在伊甸園中擁有過一個夢境樂園——沒有時間、沒有生、沒有死——沒有生命。伊甸園中死了又復活，蛻掉蛇皮、死而復生的蛇大王，代表集合了時間和永恆的軸心之樹。事實上蛇才是伊甸園的主神。耶和華在某一個清涼的黃昏夜來到伊甸園，他不過是個訪客。伊甸園是蛇的地盤。這是一個很老很老的故事了。西元前三千五百年的蘇美人印璽之中，便刻有蛇、蘋果樹和女神，女神把生命的果實遞給一位男性訪客，那正是有關女神的古老神話。

多年前我看過一部奇妙的電影，是關於一個緬甸的女祭司為她的子民祈雨的故事。這位女祭司走到山上去，呼喚出一隻眼鏡蛇王，並吻了蛇的鼻子三次。電影中的眼鏡蛇是生命的賜予者，是雨水的賜予者，是一個神聖、正面的角色，不是一個負面的角色。

莫： 你如何解釋這個蛇的形象和《創世記》中蛇的形象之間的差異？

坎伯： 猶太人來到迦南地並征服迦南人的故事，其實就「洩了密」並提供了歷史的解釋。迦南人最主要的神祇是女神，蛇和女神總是形影不離地在一起。這是個呈現生命之奧妙的象徵。男性神祇導向的宗教團體排斥這種概念，換一種說法：伊甸園的故事影射了排斥女神的歷史背景。

✦成雙對立帶來了苦難

莫：伊甸園的故事對女性真是一大傷害，因為它把夏娃塑造成必須為人類墮落負責的角色。為什麼女人要為人類的墮落負責？

坎伯：女人代表生命，沒有女人，男人無法參與生命，同時，帶給這個世界成雙對立和苦難的也是女人。

莫：關於成雙對立這點，亞當和夏娃的神話故事「點」出了什麼？它的意義是什麼？

坎伯：故事要從原罪開始講起——也就是搬離天堂樂園那沒有時間、沒有男女差異的神話般夢境地帶。男人和女人都同樣是受造物。上帝和人幾乎沒有不一樣。上帝在一個清涼的黃昏夜來到男人和女人居住的樂園，接著男人和女人吃下讓他們「長知識」的蘋果，從此墮入二元對立的俗世。而在發現他們其實並不一樣後，男人和女人遮住自己的私處。男人和女人原先並沒有想到他們是對立的，他們只是一雙對照，另一雙對照是人和上帝，善惡對照則排在第三順位。伊甸園中最主要的對照是性別的對照，然後是人與上帝的對照，接著這世界上才出現善惡的概念。只因為他們承認了二元性，亞當和夏娃便被逐出超越時間的和諧樂園。現在來到了這個俗世，就必須依「對立」來行動了。

印度教有個代表女神的三角形意象，三角形的中心有個點，代表加入這個世界的超越性能量。接下來，從代表女神的三角形跑出一對對的三角形，向四面八方而去，由一變二，愈變愈多。直到這世界的所有事物都變成了成雙的對立。這就是一種意識狀態的轉移，由視為一體的意識狀態轉移到二元性的意識狀態。然後就進入到受時間限制的這個世界了。

莫： 這個故事是在說，在「伊甸園毀滅人類事件」發生之前，曾經有過生命的和諧？

坎伯： 這是不同意識狀態層次的問題，和實際發生什麼事情無關。在這個空間之內，你仍然可以和超越對立的事物「合體」的。

莫： 那是什麼？

坎伯： 不可名狀……不可名狀的。它超越了所有的名相。

莫： 那就是上帝了？

坎伯： 在西方的語言中，「上帝」是一個曖昧的字眼，因為它好像是在暗示某個已知的事物。但是超越的事物是不可知且不可辨識的。上帝最終是超越任何事物的，包括「上帝」這個名號。上帝超越所有名號和形體。愛柯哈特[6]說，終極且最高的「告別」（leave-taking）就是為了神而拋棄神，拋開你對神的原有概念，追尋一種超越所有概念的經驗。生命的神祕之處，超越所有人類可以掌握的概念，人類已知的，都不超過存在與不存在、多數與單一、真實與不真實這些概念範圍。人類經常以對立的概念來思考。然而上帝，也就是終極的真實，是超過二元對立範圍，所有的二元存在都指向終極真實，這就是它的全部。

莫： 為什麼我們以對立的概念思考？

坎伯： 因為人類無法以其他方式來思考。

莫： 那是人類世界的真實本質。

坎伯： 那是人類所**經驗到**的事情原貌。

莫： 男／女，生／死，好／壞……。

坎伯： ……你／我，這個／那個，真／假。它們中的每一個都有一個對立存在。然而神話告訴我們二元對立之外仍有單一，對立只是一個不真實的影子。就像詩人布雷克（William Blake）說的：

「永恆愛上了時間的產物。」

莫：「永恆愛上了時間的產物」，那是什麼意思？

坎伯：俗世生命的來源是永恆。永恆將自己灌注到這個俗世，就像神獻身變成眾生之一，這基本上便是一個神話的概念。在印度，人內在的神叫做身體的「住民」。認同自己神聖、不朽的一面，便是視自己與神性為一體。

永恆超越所有思考的範疇。這是所有偉大東方宗教一個很重要的觀點。而我們卻想要思考上帝。上帝是一種思考、一個名字、一個概念，然而它也引申超越所有思考的某種事物。存在的終極奧祕是超越所有思考範疇的。就像康德說的，事物本身是「無物」。它超越有形，它超過任何思考所及的事物。最好的事物不能言說，因為它超越了思考，第二好的事物被誤解了，因為它隱含那些不能夠被思考的事物。第三好的事物是我們言說的。而神話就是那絕對超越事物的參考場域。

莫：也就是說，人類只能用膚淺的語言外衣，來覆蓋那不可辨識也不可命名的奧祕。

坎伯：在英文中，形容「超越一切」的終極字彙就是神。但如此一來，你就會被概念所限制了。你是將神當作父親來看待。在一個把神或造物者視為母親的宗教裡，媽媽的身體就是整個世界，再也沒有其他世界。男性神祇往往在某處晃蕩。其實男性或女性都是同一本源的兩個面向。將生命按照性別區分是很後來的事。生理上，阿米巴變形蟲並沒有男、女性的區別，早期的細胞就

---

6 Meister Eckhart，一二六〇—一三二七，德國的神學家和神祕主義者。

只是細胞而已。它們藉無性生殖而由一變為二。我不清楚在哪個階段冒出了「性別」這回事，但那是很後來的事了。正因為如此，不論以男性或女性指稱上帝都是很荒謬的事。神性力量先於性別的區分。

莫：但是，只有在語言中將上帝指定為他或她，人類才能試著理解「神」這個巨大的概念？

坎伯：這是沒錯，但是如果把上帝想成「她」或「他」，你是無法真正了解神的。「他」或「她」的概念是帶領你進入超越一切的跳板，而超越一切的意思是越過二元論。在時間及空間範圍內的任何事物都是**二元**對立的。肉身不是以男性便是以女性的形態出現，我們每個人都是神的肉身。你可以說，出生在這個物質世界的每一個人，都只是真正形而上二元性的其中一面，宗教的奧祕就在呈現這個概念。在宗教經驗裡，一個人會經歷一連串的啟發，而被引領至深入再深入的自我，然後，達到「悟」的那一刻之後，他便能夠了解人類會死去也是永生，人類是男也是女。

莫：你認為有伊甸園這樣的地方存在嗎？

坎伯：當然不存在。伊甸園只是一種隱喻，指的是不知道時間，也不知道對立的無知狀態。這種無知狀態同時也是一個重要的中心，意識狀態就在這種

《伊甸園》，老布魯格爾（Jan Brueghel the Elder）與魯本斯（Peter Paul Rubens）。

無知狀態下開始覺察到事物的變化。

莫：如果伊甸園的概念裡，真的有這種「無知」，後來發生了什麼變化呢？它是因為恐懼而動搖、受控制或汙染了嗎？

坎伯：就是那樣沒錯。有一個故事，關於自我這個神祇，很有意思。自我說：「我是。」一旦它說了「我是」，便表示它害怕。

莫：為什麼？

坎伯：它原本是時間裡的一個實體。接著它想：「我有什麼好怕的，我是唯一。」一旦它這麼說，它便感到孤獨，它就希望有另一個它，於是有了欲望，它開始膨脹起來，開始分裂為二，變成男、女，這個世界就這麼產生了。

子宮內胎兒的「人生初體驗」便是**恐懼**，加州一位捷克籍精神科醫生葛洛夫（Stanislav Grof），多年來一直在開 LSD 迷幻藥的處方給病人。他發現其中某些病人會再次經歷到出生的經驗。第一階段經驗就只是個「子宮內的胎兒」，並沒有任何「我」或「存在狀態」感。接著在出生前不久、子宮陣痛開始了，恐怖感便出現了。恐懼率先登場，就是那個一直在叫著「我」的東西。接著是極度恐怖的「出生」這個階段，在穿過產道這個艱困通道之後，便是——my God！光！你可以想像嗎？這不正重複前面那個自我說了「我是」之後，便立刻感覺到恐懼的神話故事嗎？自我知道自己孑然一身，它於是湧現渴求另一個，或變成兩個的欲望。就這樣，那一道光出現了，成雙的對立形成了。

莫：竟然這麼多故事中都有禁果、女人這些類似的元素，這就在指出人類有所共通之處嗎？譬如說，創世的神話故事中都有「你不應該」的概念。男人和女人因為反抗被禁止的行為，才需要搬出伊甸園！雖然多年來接觸過許多這類故事，我仍無法想像這許多南轅北轍的文化中，有這麼多共同點。

人類共享的廣大沉默基礎

坎伯：民間故事的共同母題便是「被禁止的那一個」。記得藍鬍子的故事吧！他叫他妻子：「別打開衣櫃。」而被禁止的那一個總是不願意聽從命令。上帝在《舊約聖經》中也「點」出了人類的禁令，上帝當然很知道人類會去偷吃禁果。但是也正因為人類不服從上帝的禁令，才能夠開始自己的新生命。生命就從這種不服從的行為才真正開展。

莫：你如何解釋這些相似之處呢？

坎伯：這有兩種解釋，第一是全世界人類的心靈本來就沒有什麼不同。心靈是人類身體的內在經驗。基本上全世界人類器官相同，擁有同樣的本能、同樣的衝動、同樣的恐懼，身體的內在經驗也都相同。榮格所謂的原型（archetype），便出自這個共同的基礎，原型就是所有神話的共通概念。

莫：什麼是原型？

坎伯：原型就是基始觀念（elementary ideas），也可以稱做「底層」（ground）觀念，榮格認為這些觀念是無意識的原型。「原型」這個名詞較為合適，因為「基始觀念」引申有「頭腦的勞動」。無意識原型則表示那是來自意識的底下。榮格學派的無意識原型和弗洛伊德學派的情結，兩者之間的差異在於，無意識原型是一種身體器官及其能量的釋出現象。原型有生物的基礎，弗洛伊德的無意識是個人一生所有被壓抑創傷經驗的大集合，弗洛伊德的無意識是一種個體無意識（personal unconscious），是傳記式的。榮格的無意識原型是生物學式的，傳記式的面向退居次要。

在人類歷史裡，這些原型（或稱基始觀念）也會依不同時空而套上不同的衣裝。這是不同的環境以及歷史情境所造成的結果。這些差異也是人類學家最關心，而想去指認、比較的地方。另外，也可用反擴散理論（countertheory of diffusion）來說明不同神話的相似之處。譬如說，隨著土壤耕作藝術由發源地向外發展，與大地的灌溉施肥以及植物種植、輔育有關的神話也因此出現。類似此發展模式的神話，諸如殺掉一個神祇，將祂剁成碎片，埋在地下以提供植物養分等都是。這種形態的神話會伴隨農業或栽種傳統而來，不會出現在狩獵文化的傳統中。因此在探討神話相似性這個問題時，就會有歷史和心理兩個面向。

莫：這類創世神話故事人類之所以願意「買單」，你認為人類是希望從中得到什麼？

坎伯：我認為人類在找尋體驗這個世界的途徑，這種體驗將引領人類到啟發人類生活的超越境界，同時這種體驗也會讓我們在其中形塑我們自己。這就是人類所要的，這就是人類靈魂所渴求的。

莫：你的意思是，人類在找尋一種與滋生萬物之奧祕取得和諧的方式？也就是你所謂的「所有人類共享的廣大沉默基礎」？

坎伯：沒錯。但不只發掘它而已，而是要在我們現存的環境、今日的世界中，確確實實地接受它。因此我們可以獲得某種指引，「有望」體驗到神性的現身。

莫：不只存在這世界，也在我們每個人身上。

坎伯：在印度，有一個美麗的問候語：將手掌放在一起，然後向另一個人鞠躬。你知道那是什麼意思嗎？

莫：不知道。

坎伯：我們禱告時會雙手合掌，不是嗎？在印度，這種姿勢是表示你內在的神和另一個人內在的神合為一體的致意方式。印度人認為萬事萬物神性無所不在。你到印度人家中做客時，他們接待你就像神祇降臨。

莫：這些人流傳創世的故事，並依此生活，他們難道沒有更簡單的疑問嗎？誰創造了世界？為什麼創造世界？這些問題難道不是創世故事該提供解答的嗎？

坎伯：不是這樣的，反而是透過了故事，人們了解到造物者無所不在。《奧義書》故事中的神祇說：「我知道我就是這個創造。」當你了解到神就是創造，而你自己是受造物時，你便意識到神就在你體內，也在你周遭的男男女女身上。這是對聖體之一體兩面的自覺。神話的基本母題認為所有生物本來就是一體，分離是後來的事──天、地，男、女等等，人類是怎麼與這個調和的宇宙斷了線的呢？其中一個解釋是，這是某個人的錯──有人吃了不該吃的水果，有人對上帝說了不該說的話，上帝大怒，棄人類於不顧。因此永恆離開人類遠遠的，人類只有想辦法再和它連上線。

另外還有一種神話主題，人類不是天上跌下來，而是出自大地之母的子宮。在這類故事中，通常都會有條繩子或樓梯讓人類爬上去，最後爬上來的一定是大胖子或大肥仔，他們抓住繩子往上竄時，繩子嘶地一聲斷了，人類便和自己的源頭分離了。在某種意義上，這是人類心想事成的結果，問題便是如何再縫合破裂的核心。

莫：有時候我會想原始人類流傳這些故事的目的是為了娛樂自己。

坎伯：不，那並不是用來娛樂自己的故事。那是只有在某個特殊節日、場合下，才會拿出來說的故事。神話有兩種不同的類別。一種是大型的神話，例如《聖經》的神話，那是廟堂神話，是為了解釋偉大、神聖的儀式。依據這些儀式而過的生活方式，使得人類能夠和他們自己、其他人以及大自然和諧相處。將這類神話視為寓言故事是很平常的理解方式。

莫：你認為首先流傳創世故事的人，意識到這些故事中的寓言色彩嗎？

坎伯：沒錯。他們流傳這些故事的方法正是如此。他們以事情**彷彿**就是如此的方式來傳頌這些故事。有人真的造了這個世界的概念，本身便是一種人為思想（artificialism）。這是種孩童式的思考方式：有桌子在這裡，所以是人做出來的。有這個世界存在，所以一定有人創造了這個世界。另外，還可以從無涉於擬人化的發散與凝聚觀點來看待。有一個聲音加速了空氣的形成，接下來是火、水、土的形成——這個世界就這樣形成了。首先是宇宙在這個最初的原聲、最初的波動中「初登場」，接著萬事萬物也隨之破碎斷裂、落入了時間的場域。由這個觀點看來，並不是外頭那兒有某個人說：「讓它發生吧。」

創世紀（羅馬西斯汀教堂，米開朗基羅）

大部分文化都有兩、三種不同的創世故事，而不是只有一種而已。《聖經》中便有兩種版本，雖然大家認為它們是相同的。記得伊甸園故事的第二章吧？亞當是上帝創造出來照顧伊甸園的園丁，上帝想討好亞當，讓亞當接受這個園丁的工作。這是非常非常古老的故事了，是套用古代閃族的傳說。諸神要有人照顧祂們的花園，栽種神所需的食物，所以才創造了人類，這便是《創世記》第二、三章的神話背景。

然而神的園丁過得很無聊，上帝便為他發明玩具，因此上帝創造了動物，但是亞當能夠娛樂自己的只是為動物命名，這也很無聊。上帝才有自亞當自己的軀體創造出女人靈魂的偉大構想！這和《創世記》第一章中，神依照自己的形象創造了男人與女人的故事版本有極大的出入。這個上帝本身便是原始的雌雄同體。第二章是源於西元前八世紀左右的較早期故事，第一章反而是來自西元前四世紀或者更後來的一種傳教用的經文。前面提過印度教中自我感到恐懼、產生欲望並且分裂為二的故事，《創世記》第二章就是它的對等故事，只是《創世記》中是人而不是神分裂為二。

亞里士多芬尼（Aristophanes）在柏拉圖《對話錄》（*Symposium*）中談到的希臘傳說，也是類似的故事。亞里士多芬尼說最早期的受造物，是由兩個人類組成的。共有三種不同的組合方式：男人／女人、男人／男人、女人／女人，諸神把他們拆開成兩個。在人類被拆成兩個之後，卻一直想要擁抱原來的另一個，再重組原本的單位。因此我們一生中一直在做的，便是去尋找並擁抱我們的另一半。

✦所有人類共通的故事

莫：你說神話是研究所有人類共通的故事。這個共通的故事是什麼？

坎伯：也就是說大家都是出自同一存在基礎的時空產物。我們所在的世界就像是永恆領域上的陰影地帶。你就在這個陰影帶上活動，你盡其所能地扮演你自己。但是，如果你能夠站在中間的位置觀看的話，你就知道自己的敵人單純就只是另一端的你。

莫：那麼，這個人類共通的宏偉故事，就是在人生的舞台中找尋自己的位置囉？

坎伯：個人要和世界這個大交響樂章取得和諧，就必須和交響樂的旋律調和一致。

莫：在我讀這些故事的時候，不論其文化背景或源頭是哪裡，我覺得人類為了要了解自己的存在，並在短短的人生歷程嘗試超越物質世界的可能性，而產生的壯觀想像力真是不可思議。這種體驗曾發生在你身上嗎？

坎伯：我將神話視為九位繆思女神[7]的故鄉，它可以激發藝術、詩詞的靈感，將神話視為一首詩，而個人是詩中的一個角色，這就是神話教給人類的。

莫：一首詩？

坎伯：不是文字形態的詩句，而是展現行動與歷險的「史詩」，其中又有超越當下之行動的意味，人類因而會感覺自己與宇宙的存有是很「合拍」的。

莫：當我讀神話故事時，我只是因為感受到其中的奧祕而覺得敬畏。我們可以去猜，但永遠無法看透其中的奧祕。

7 希臘神話中掌理詩、音樂及其他藝術的女神。

坎伯：那就是重點了。一個人如果認為自己可以找到究竟的真理，他就錯了。梵文中有一段經常被引用的文字，也出現在老子《道德經》當中：「自以為知者，不知。知其不知者，真知。因為在這裡，真知是無知，無知才是真知。」

莫：讀你有關神話的著作，不但無損於我的信仰，反而將我深陷文化牢獄中的信仰釋放了出來。

坎伯：神話同樣也解放了我的思想，任何人只要能領略神話傳遞的訊息，都可以感受到神話的作用。

莫：某些神話是不是多少會比其他神話更真實一點？

坎伯：就不同理解層次來看，神話都是真實的。每個神話都是針對特定時期、特定文化的生命智慧。神話協助個人與社會統合，社會與大自然統合。神話將個人的本性與大自然結合在一起，它是一個調和的力量。以西方神話為例，它是基於二元論概念的神話：善與惡，天堂與地獄。因此我們的宗教便較具倫理色彩。原罪與贖罪，對、錯。

莫：一種互相對立的張力：愛／恨，死亡／生命。

坎伯：印度聖哲拉馬克里希那曾說過，如果你滿腦子所想的都是自己的原罪，那麼你就是個罪人。我讀到這裡時，想到了自己小時候，每個星期天都會去告解，深思過去一週內我犯下的每一小條罪行。我認為一個人去告解時應該說：「祝福我吧，天父，因為我一直做得不錯，這些是我過去一星期內做的好事。」人要認同正面而不是負面的事物。宗教就像第二個子宮，它的作用是要將像人類這樣極度複雜的事物，「提升」到自主自發、自我行動的成熟階段，然而原罪的概念會使得人一輩子都處於無自主性的狀況。

莫：但是，基督教的創造和墮落概念，並不是那樣啊。

坎伯：我曾經聽過偉大禪哲學家鈴木大拙的演講。他站著用雙手慢慢摩搓身體的兩側說：「上帝對抗人類，人類對抗自然，自然對抗人類，自然對抗上帝，上帝對抗自然——真是有趣的宗教啊！」

莫：我常常想，北美大平原狩獵部落的印地安人，如果看到米開朗基羅的《創世紀》時，心裡會想到什麼？

坎伯：當然不會是其他傳統的神。在其他神話中，一個人的自我是和這個摻雜了善惡的世界能夠協調一致。但是近東宗教系統中的個人認同善而對抗惡。同時屬於猶太教、基督教和伊斯蘭教的聖經傳統，則提到要毀掉所謂的自然宗教。

西方傳統已經由自然宗教「移位」成為一種社會性的宗教，我們也很難再回頭去訴求大自然。但是如果你願意的話，要從心理學以及大宇宙觀的角度來解析那些西方文化中的象徵性符號，也不是不可以的。

宗教沒有不真實的。如果你能了解它的隱喻性意義，它就是真實的。如果宗教卡死在自己的隱喻當中，並且把隱喻「誤認」為真理，人類就有麻煩了。

莫：什麼是隱喻？

坎伯：隱喻就是隱含其他意思的意象。譬如說，我罵一個人說：「你是神經病。」（You are a nut.）我不是說這個人真的是一顆堅果（nut）。「堅果」只是個比喻。宗教傳統中的隱喻是在指涉超越性事物，而不是真實存在的事物。如果你認為隱喻本身就是所指涉的事物，那就好像到餐廳去，拿來菜單，看到上面寫的「牛排」兩個字，便吃了起來一樣。

舉個例子來說，《聖經》上寫說耶穌升天到天堂去。這句話的意思好像是在指有某個人升到天空去了。那個句子在語意上確實是那麼說的。如果這則訊息的意思真的是那樣，那麼我們讀到這裡時，應該跳過這段話不要理會它。因為並沒有天堂這種地方可讓耶穌升上天去。我們知道耶穌不可能升空到天堂，因為宇宙中沒有具體的天堂存在。就算是以光速升空，耶穌也還是在這個銀河系內。天文學家及物理學家都能輕易的排除掉有具體天堂存在的可能性。但是如果你能讀出「耶穌升天」這句話的隱喻性含義，便可以理解耶穌是走向他自己的內在空間，而不是走向外太空，他是向內走入所有的源頭，走入所有事物源起的意識狀態，走入內在的天堂王國。意象都是外顯的，但是意象的倒影是向內的。重點是我們應該同耶穌一起升空、走向自己的內在。耶穌升天是個回到起源的隱喻。從頭到尾都是這個意思，它暗示拋開軀體的偏執，進入軀體的動力來源。

莫：你這不是削弱了基督教信仰中最偉大的傳統教義之一——耶穌的埋葬與復活預示了人類的死而再生啊？

坎伯：這樣便錯讀了這個象徵。那是以讀散文的方式，而不是朗誦詩歌方式來讀這些文字，是依字面的意思，而不是依照字的含義來讀這個隱喻。

莫：詩指出看不到的真實。

坎伯：這個真實甚至超越了真實的概念，超越所有的思想。這是神話的「手法」，神話總是先讓你置身情境之中，再拋給你連接你自身奧祕的線索。

莎士比亞說藝術是大自然的一面明鏡，這就是藝術。大自然就是你的本性，神話中這些詩一般的奇妙意象所指涉的便是你內在之物。如果你被那些外在意象所困，而一直都以為自己置身事外，你便錯讀了意象。

內在世界是你的需求、能量、結構，以及可能滿足外在世界的世界。外在世界則是你肉身的場域。那是你的所在。你必須使兩者並進。誠如德國詩人諾瓦利斯（Novalis）所說的：「靈魂的寶座就在內、外世界交會之處。」

莫：這麼說來，耶穌升天的故事就像漂流到海灘上的瓶中訊息，代表有人曾經到此一訪。

坎伯：是的，耶穌是如此。依據基督教的正常思考方式，人類不能與耶穌一致，我們必須模仿耶穌。如果我們像耶穌一樣說：「我與天父是一體的。」那便是褻瀆。然而依據一九四五年在埃及出土的《湯瑪斯福音》，耶穌說：「凡是從我口飲者，將變成我，而我將是他。」這完全是佛教的講法。我們都是佛性的顯現，或說是基督的精神也行，只是人類自己不知道罷了。「佛」這個字的意思是「覺者」。我們都要朝這個方向做——去覺察自我內在的基督精神或佛性。這在基督教的正常思考方式中是褻瀆，但卻是基督教諾智派和《湯瑪斯福音》的精神。

輪迴就像天堂一樣是個隱喻

莫：輪迴是否也是個隱喻？

坎伯：當然是。當人們問：「你相信輪迴嗎？」我只能說：「輪迴就像天堂一樣是個隱喻。」基督教精神中，與輪迴對應的隱喻便是靈魂的淨化。假如一個人死的時候，不能脫離對塵世的眷戀，靈魂便不能朝向美好的願景，那麼他就必須要經歷靈魂的淨化，他必須洗淨他的侷限。這些侷限就是所謂的原罪。原罪是限制你的意識，同時把意識固定在某種不恰當狀況的限制因素。

在東方的隱喻中，假如你在上面提到的那種狀況下死去，你會再回到這個世界來經歷更多相同的經驗，一直到你能清除、清除、再清除，直到從這些執著中解放出來為止。這個不斷再生的單一體，乃是東方神話中的主要英雄人物。這個單一體可以有不同的性格，一生接著一生。輪迴的概念並不是你我現在性格的再生。性格是這個單一體要拋除的。然後這個單一體會在另一具軀體上附身，或男或女，就看它要消除的俗世執著，需要什麼樣的經驗而定。

莫： 輪迴的意義為何？

坎伯： 它的意義在於，你不只是你所想像的你。你的存在以及覺察和意識的潛力，有許多面向都無法包括在你的自我概念之中。你的生命比你此生所能想像的，要深、要廣得多。現在的你不過是真正的你，以及你生命應有之潛能的浮光掠影罷了。你是可以活得更深、更廣的。當你能夠有此一體驗時，你便會突然明白所有宗教說的都是它。

莫： 這是不是自古以來所有神話故事的主要母題？

坎伯： 不是。把人生看成苦難，通過苦難，你從生命的桎梏中解放出來，是屬於較高層次的宗教。我不認為在原始民族的神話中有類似的主旨。

莫： 它的來源為何？

坎伯： 我不知道。它可能來自那些具有精神力量和深度的人，這些人在生命中體驗到「攸關存在的精神面向或向度。」

莫： 你是說菁英創造了神話，是薩滿巫師、藝術家以及其他從未知領域回來的人，創造了神話。那麼一般老百姓呢？他們不是創造了類似保羅．拜揚[8]朝聖的故事嗎？

坎伯： 那不是神話。它還未達到神話的層次。先知以及印度所謂的聖哲（rishis），也就是據稱能夠聽到神諭的人。任何人都可能打開耳朵傾聽，但不是每個人都真能聽到神諭。

莫：「誰有能聽的耳朵，就讓他聽。」

坎伯：必須要經過訓練，你的耳朵才能真正聽到隱喻之聲，而非具象之聲。弗洛伊德和榮格都覺得神話是以無意識為基礎的。

任何從事創作的人便知道，你必須敞開自己、付出自己，你的作品便會與你對話並建構它自己。某種程度上，你已成為某種事物的承載者，這個「某物」的賦予者，長久以來大家稱之為「繆思女神」，在聖經用語中便是「上帝」。這不是幻想而是事實。既然靈感來自無意識，既然任何單一小社群人們的無意識心識都有許多共通之處，薩滿巫師或先知所提出的，便是每個人內心急於表達的。所以一個人聽到先知的故事便會反應道：「啊！這是我的故事。這是我一直想要說卻無法表達出來的。」預言家與社群之間必須要有對話，有互動才行。若先知預見的是社群成員不樂意聽到的事，則不會有效果。某些時候人們甚至會把這樣的先知剔除掉。

莫：所以民俗故事不是神話，而是某些能娛樂一般老百姓，或者能表達比追求偉大精神層次較為低的某些存在階段的故事。

坎伯：是的。民俗故事是為了娛樂之用。神話是為了精神指引之用。關於民俗觀念與基始觀念這兩種神話類別，在印度有種很好的說法。民俗的一面叫做「德西」（desi），意思是「地方性的」，與你所屬的社會有關。那是年輕人專屬的。這些民俗故事引領年輕人「出社會」，教導他們要履行外出殺魔怪的義務。「這裡有件軍服，我們已指派你任務。」基始觀念梵文稱為「瑪加」

8 Paul Bunyan，美國民間傳說中的人物，據說生下來就有八公尺高的巨大身體，並且能夠一天就將整座山的樹木砍伐得光禿禿。

（marga），意思是「道路」。是返回你自性之路。神話由想像而來，又回歸想像。社會先教給你什麼是神話，然後又把你「解除掉」，你在冥想時才可以馬上「上路」、遵循那條內在的道路。

文明是以神話為基礎的。中世紀文明的神話基礎就是伊甸園的墮落、十字架的救贖，以及透過聖禮將救贖的恩典帶給人類。教堂是聖禮的中心，城堡則是保護教堂的中心。這就是政府的兩種形式。一個是精神上的政府，另一個政府屬於物質生活。兩者皆和十字架上的恩典這個唯一的生命來源，和諧一致。

莫： 但是這兩個領域內很少出現屬於市井小民的妖精或女巫的故事。

坎伯： 中世紀有三種神話與民俗故事的創造中心。第一個中心是教堂，所有故事都和修道院以及隱居修士的生活有關。第二個中心是城堡。第三個中心是老百姓所在之處的村落。教堂、城堡與村落——任何一個高度文明地區的景觀都一樣，亦即寺廟、王宮與城鎮。創造中心或許不同，但只要屬於同一文明，它們便在同一個象徵場域裡運作。

莫： 同一個象徵場域？

坎伯： 象徵場域的基礎是特定時空下、特

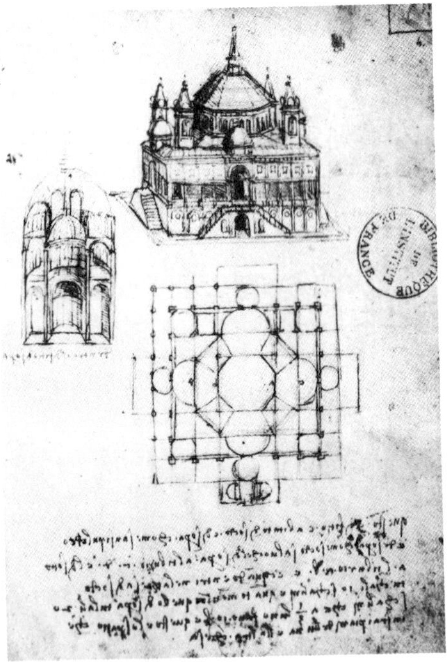

達文西的大教堂手稿

定社群人民的所有經驗。文化、時間、空間對神話的束縛如此緊密而無所不包，所以除非象徵（或隱喻）能夠透過藝術的不斷創造得到「保鮮」，否則就失去了活力。

莫：如今又有誰以隱喻性的語言來表達？

坎伯：詩人。詩是一種隱喻性的語言。

莫：隱喻暗藏了潛能！

坎伯：是的。但它也提示了隱藏在可見世界背後的真實性。隱喻是上帝的面具，透過它便可經驗到永恆。

莫：如果說詩人與藝術家是隱喻達人。那麼神職人員呢？

坎伯：我認為我們的神職人員並未善盡他們的職責。他們並未探究隱喻背後的意義，反而被善惡的倫理捆綁住了。

莫：為什麼牧師不能成為美國社會的薩滿巫師呢？

坎伯：牧師與薩滿巫師間的差別在於，牧師是功能性的角色，薩滿巫師則是有親身體驗的人。在我們的傳統中，修道士尋求經驗，牧師服務社區。

我有個朋友參加過曼谷舉行的羅馬天主教修士國際會議。他告訴我天主教修士和佛教出家眾的溝通無障礙，反而是這兩個宗教的傳教人員無法了解對方。

擁有神祕經驗的人就知道，針對此經驗的任何象徵性表達方式都有缺點。象徵符號無法傳譯實際的經驗，它們只能提示這個經驗。假如你尚未擁有該經驗，你怎麼可能知道它是什麼？要向從未見過雪的熱帶居民解釋滑雪的樂趣是不可能的。必須得先有某種經驗作為線索，才能了解要傳遞的訊息，否則你聽不到真正的內容。

超越所有思考的真實

莫： 擁有經驗的人必須使用意象，以最好的方式把它投射出來。我們的社會似乎已經失去用意象來思考的藝術。

坎伯： 喔，我們確是如此。我們的思考大體上是線性的、推論式的、語言文字的。意象所含的真實比文字要來得多。

莫： 你是否曾想過，正因為我們社會中缺少宗教喜悅的經驗，同時又否定有超越性這回事，才「逼」得許多年輕人轉而使用藥物？

坎伯： 絕對是這樣的。這是一種「手段」。

莫： 什麼手段？

坎伯： 獲得某種經驗的手段。

莫： 宗教不能為你做到，藝術也無能為力嗎？

坎伯： 宗教過去可以，但是現在發揮不了功能。宗教現在訴求的是社會問題與道德倫理，不是神祕經驗。

莫： 所以你認為宗教最大的吸引力是它帶來的體驗？

坎伯： 天主教儀式中的奇妙體驗之一乃是領聖餐儀式。在儀式中你被告知這是救主的身體與血液。你喝下去，於是你轉向內在，於是基督與你同在。這是一種啟發你去體驗內在靈性的冥想方式。參加過領聖餐儀式的人回來後就「向內轉」了，他們真地如此。

在印度，我曾經看過一只紅戒指繞掛在一顆石頭上，這個石頭轉眼成為神祕的化身。通常人類是以實用的角度來看待事物，但是你也可以從「神祕性」的角度，來看待任何事物。例如，這是一只錶，但它同時也是一個存有之物。你可以摘下手錶，畫一個圈圍住它，並且在「存有之物」的層面上看待它。這就是所謂淨化（consecration）的意義。

莫：這是什麼意思？你可以對你手上的錶賦予什麼意義？它顯現出怎樣的奧祕呢？

坎伯：它是個東西，不是嗎？

莫：是的。

坎伯：你真的知道什麼是「一個東西」嗎？是什麼支持了它？它是時空中的某種物件。任何物件都是這麼地神祕啊！於是，這手錶成為了冥想的中心，成為了無所不在、明白易懂的存有之奧祕的中心。這只手錶現在是宇宙的中心了。它是轉動世界中的不動之點。

莫：這種冥想能把你帶往何處？

坎伯：喔，那就看你有多聰明了。

莫：你談到「超越」。超越是什麼？一旦超越了，人會怎樣？

坎伯：「超越」是一個技術性、哲學性的詞彙，可以有兩種不同的詮釋方式。在基督教神學裡，它指的是「超過」或是「自然場域之外」的上帝。這是以物質觀點來談論超越性的方式，因為這是將上帝想成是在外頭某個空間的精神事實。黑格爾就說人類把神擬人化成為氣體的脊椎動物，許多基督徒對上帝所持的概念便是如此。或者將上帝想成一個脾氣不是很好、留著鬍子的老頭。但是「超越」真正的意義是指超過一切概念的真實。康德告訴我們，我們所有的經驗都受到時空的限制。它們在空間裡發生，而且在時間的軌道上發生。

時空感限制了我們的經驗。我們的感知被時空的場域整個閉封了，我們的心識則被思想概念所形成的架構整個圈住。但是我們追求的終極真實（也就是別無一物）卻不受限於此。但是當我們試圖要思考它的時候，便把它限制住了。

超越的事物超越所有思想概念的範疇。「有」與「無」是思想概念的範疇。「上帝」這個字真正的意義，是指超越所有思考的真實，但是「上帝」這個字本身是被思考的對象。

你可以用許多方式將上帝人格化。只有一個神？還是有許多神？這些都只是思想的範疇。你所談的以及你試圖要想的**超越**了這一切。

正如基督教諾智派經文中常出現的說法，耶和華的問題乃是他忘了自己是個隱喻。他認為自己是個事實。而當他說「我是上帝」時，馬上有個聲音說：「你錯了，山梅耳（Samael）。」「山梅耳」意思是「盲神」：也就是不知道自己只是無限宇宙光芒之下的局部歷史產物。這就是著名的「褻瀆耶和華」——他認為他是上帝。

莫： 你的意思是，上帝不可知。

坎伯： 我的意思是，不論終極真實為何，它都是超越「有」或「無」這些範疇的。是「是」還是「非」呢？就像佛陀所說的：「它既是是，也是非；既非是，也非非。」同樣地作為存在之終極奧祕的上帝，也是思考所不能及的。

✦ 世界因此誕生

在《奧義書》中有一則因陀羅神的奇妙故事。故事是這樣的，一隻大怪獸把地球所有的水都圍堵起來，帶來一場可怕的旱災，整個世界陷入非常糟糕的情況。因陀羅想了很久才想到他有一個雷盒，只要打一粒雷在那怪獸身上，就可以把牠炸碎。因陀羅成功了，水又流出，世界再度得到滋潤。於是因陀羅說：「我是個多偉大的人啊！」

一邊想著「我是多偉大的人」，因陀羅一邊升到世界的最高峰須彌山，並且決定在那兒蓋一座能匹配他的偉大宮殿。木匠之神於是開始工作，他在很短的時間裡便把宮殿搭建得非常之好。但是因陀羅每次巡視都認為宮殿應該造得更金碧輝煌、更宏偉，這個想法愈來愈膨脹。最後木匠之神說：「我的天，我倆都是不朽的神祇，你的欲望永無止境，我的困境也永無止境。」所以他決定到創造之神梵天那兒去告狀。

梵天坐在象徵神能與恩典的蓮花上。蓮花是從夢想宇宙的睡神毗濕奴（Vishnu）[9]的肚臍中長出來。木匠之神走到宇宙的大蓮花池畔，把事情原委告訴了梵天。梵天說：「你回去吧，我會把事情處理好。」梵天從蓮花中起來，蹲下告訴熟睡的毗濕奴。毗濕奴只是動了動，並說：「聽著，小傢伙，有事要發生了。」

第二天早上，在建造中的宮殿大門出現了一個藍黑相間的漂亮小男孩，四周圍繞著欣羡他的其他小孩。在大門口的腳夫趕緊去報告因陀羅，因陀羅說：「把小男孩帶進來。」小男孩被帶進來後，坐在王座上的因陀羅問他：「年輕人，歡迎，你為何來到我的王宮？」

「嗯，」這個男孩以晴天霹靂之聲說：「我聽說你正在蓋一座比你之前任何一位因陀羅蓋的還要大的宮殿。」

因陀羅說：「我之前的因陀羅，年輕人，你在說什麼？」

9　毗濕奴為印度教三大主要神祇之一，代表多種功能。

小男孩說：「在你之前有許多位因陀羅，我看過他們來來去去、來來去去，現在都不見了。你想想看，毗濕奴神睡在宇宙大海中，宇宙的蓮花從他的肚臍中長出。蓮花上坐的是創造者梵天。梵天張開他的眼睛，世界便因此誕生。梵天的壽命是四十三萬二千年。當他死時，蓮花便縮回去，另一朵蓮花會形成，另一個梵天會生成。想像那無盡宇宙中銀河系之外的銀河系，每一朵蓮花上有個梵天坐在那兒，張開他的眼睛，再閉上他的眼睛。而因陀羅呢？在你庭園中也許有智者，還願意算一下宇宙大海中的水滴，或沙灘上的沙粒有多少，但沒有人會去算有多少個梵天，更不要說因陀羅了。」

男孩在說話時，有一隊螞蟻穿過地板。男孩看到這個情景便大笑起來。因陀羅嚇得頭髮倒豎對男孩說：「你為何笑？」

男孩回答：「除非你想找死，不然別問。」

因陀羅回答：「我要問，你就指教吧！」（這裡附帶提到東方的一種美德：除非他人問，否則不能施教。你不能強迫他人硬吞下你個人的使命感。）

男孩便指著螞蟻隊說：「以前所有的因陀羅，經過多生多劫，從最低的條件爬升到最高的明覺狀態。他們對怪獸投下一粒雷彈後，自以為『我是多偉大的人啊！』於是他們又下墜，從頭開始。」

男孩說話時，有個奇怪的老瑜伽行者，頂著一把香蕉葉的陽傘來到宮殿。他除了一個纏腰帶之外全身赤裸，他的胸上是狀似小圓盤的頭髮，頭頂中央一半的頭髮則都掉光了。

男孩歡迎他的到來，並在因陀羅要問話之前搶先問他：「老者，你叫什麼名字？你從哪裡來？你的家在哪裡？你的房子在哪裡？你胸上怪異的一團頭髮，有什麼意義嗎？」

「喔，」老頭說話了：「我的名字叫『多毛』。我沒有房子。生命如此短暫，何須住處呢？我只有這把陽傘。我沒有家庭。我只是冥想毗濕奴神的腳，思考永恆以及時光如何逝去。你知道，每次因陀羅死去，一個世界便消失了——這些事物就那樣一閃即逝。每次因陀羅一死，一根頭髮便從我胸前的圓圈掉出來，一半的頭髮都掉了，很快就要掉光了。生命如此短暫，為什麼要蓋房子呢？」

接著男孩和老人都消失了。男孩是保護之神毗濕奴，而老瑜伽行者是創造與毀滅世界的濕婆神。他們來這裡教導因陀羅，讓他知道他只不過是一個歷史上的神，但他卻認為自己是宇宙的全部。

因陀羅坐在他的王座上，整個人覺醒過來，驚嚇不已。他叫木匠之神過來說：「我不再蓋這座宮殿了，你可以走了。」木匠終於如願以償，不用再繼續工作，不需要再蓋房子了。

因陀羅決定出走成為一位瑜伽行者，冥想毗濕奴神的蓮花腳。他有一位美麗的王后因陀妮（Indrani）。因陀妮聽到因陀羅的計畫後，跑去告訴神的代理人說：「現在他想成為一個瑜伽行者。」

神的代理人說：「親愛的，讓我們坐下，我會把這事辦好。」

於是他們在王座前坐下。神的代理人說：「聽著，許多年前我為你寫了一本有關政治藝術的書。你現在形同眾神之王。你是梵天奧祕在時間場域的化現。這是很高的榮耀。你要感激生命、尊重生命，並且以『自己就是梵天真我』的態度來面對生命。我現在要為你寫一本愛之藝術的書，使你和你的妻子了解到你們兩人奇妙的差別其實是一體的，梵天的光輝就在眼前。」

經過這一番教導，因陀羅放棄了瑜伽行者的念頭，並且發現自己在生活中就可以代表永恆，就是梵天的象徵。

所以在某方面而言，每個人都是因陀羅的一生。你可以做個決定，要不就拋掉全部到森林裡修行瑜伽，要不就待在這個世界，好好工作好好生活，愛妻護家。我認為這是個非常好的神話。

莫：它說出了許多現代科學發現的事實，時間是無盡的——

坎伯：時間裡有無盡的銀河，以及為我們所人格化的上帝、他的兒子及其奧祕，這些都只是滄海一粟。

莫：文化總是影響著人類對「終極真實」這類事情的想法。

坎伯：文化也可以引導我們「走出」文化本身的概念。我們熟悉的成人禮就是如此。真正的成人禮就是宗教導師對你丟出「世上沒有聖誕老人」這顆震撼彈。聖誕老人是親子關係的隱喻性表示。這層關係確實存在，所以可以被經驗到，但是聖誕老人是不存在的。聖誕老人只不過是促使小孩珍惜這層關係的一個線索罷了。

就本質而言，生命本來就是個嚇人的奧祕——「生存」這個營生必須要靠殺生與吞噬來維繫啊。但如果因為這些苦我們就對生命說不，或是認為這些情形不該發生，那就太幼稚了。

莫：佐巴（Zorba）說：「麻煩？生命很麻煩。」

✦你必須肯定生命本來的奇蹟

坎伯：死了便不會麻煩了。人們問我：「你對世界感到樂觀嗎？」我說：「是的，這樣就很棒了。你不可能改變它的。沒有人把世界變得更好過。它不可能變得更好。這就是它，要不要隨你。你不可能改變或改善它。」

莫：這不就會導致在面對「惡」時，態度過於被動嗎？

坎伯：你自己就是「惡」的一部分，否則你便不存在了。不論你做了什麼，對某些人總是邪惡的。這是整個創世的反諷之一。

莫：神話中強調的善與惡觀念呢？把生命看成是光明和黑暗兩股力量的衝突，又是怎麼一回事呢？

坎伯：那是拜火教的觀念，同樣的觀點後來也納入猶太教與基督教系統。在其他的傳統中，善惡是相對於你的立場而定的。對某人來說是善的，對其他人便是惡。你扮演自己的角色，即使你了解它有多可怕也不退縮，能把它看成是一個大驚奇的前景：令人敬畏又著迷的奧秘。

「生命一切皆苦」是佛陀四聖諦中的第一諦，生命就是如此。沒有時間逝去帶來的痛苦，就不會有生命。你必須肯定生命，肯定它的堂皇壯闊，因為這肯定就是上帝希望的方式。

莫：你真的這麼相信嗎？

坎伯：順其自然本身就是喜悅。我不相信有人意欲如此，但生命就是如此。喬伊斯有段值得記誦的話：「歷史是我努力從中醒過來的夢魘。」從中醒來的方式是不要害怕，並且認識到，所有的這一切都只是這駭人創造力量的自然表現。事情的終結總是痛苦的。但只要有世界存在，痛苦就免不了。

莫：但是，假如你接受了這些道理、接受這是終極的結論，就不會想要去立法或發動戰爭或——

坎伯：我沒這樣說。

莫：這難道不是順其自然必然得出的結論嗎？

坎伯：這不是**必然**的結論。反過來你可以說「我將參與此生，我將加入軍隊，我將開赴戰場」，依此類推。

莫：「我將竭盡所能。」

坎伯：「我將參與這場遊戲。它是一齣精彩好戲，只是會受傷而已。」無條件的肯定非常不容易。我們總是有條件的肯定。當世界是在朝聖誕老人告訴我的方向走時，我才肯定這個世界。但要如實地肯定現況是件困難的事，那就是宗教儀式的重點。宗教儀式是以最不忍卒睹的行動共同參與生命的方式——亦即，生命本身就是一齣殺生、吞噬其他生命的「行動劇」。我們是共犯，這就是生命之道。英雄是以自然的方式，而非個人仇恨、失望、報復的方式，勇敢而優雅參與人生的人。

英雄的行動場域不是超世俗的，而是此時此地的俗世，在善惡與成雙對立的時間場域。一旦離開超越的領域，你便進入了二元對立的世界。人已吃下了知識之樹的果實，那不僅是善與惡的知識，還是男與女、對與錯、此與彼、光與暗的知識。在時間場域的每件事物都是二元的：過去與未來，死亡與生存，有與無。但是在人類想像中的終極二元對立是男與女。男性富侵略性，女性接納、接受；男性是戰士，女性是夢者。這是既有愛也有戰爭的領域，正是弗洛伊德所說的愛洛斯[10]及桑納托斯[11]。

古希臘哲學家赫拉克里特司（Heraclitus）說，對上帝而言一切皆善，皆義，皆對。但對人而言，某些是對的，其他則是錯的。人類身處受時間以及各種決定限制的場域。人生的問題在必須先體悟，才能與之共處，才能大聲說出：「我知道中心所在，我知道善惡只是時間裡的偏差現象，我知道對上帝而言，其中並無差別。」

莫：《奧義書》中有個概念：「不是女性，不是男性，也非中性。不論身體的性別為何，它都會透過該身體而顯現。」

坎伯：對的。所以耶穌說：「不要裁判你不能裁判的。」換言之，在以善惡來思考之前，先讓自己回歸最初的天堂樂園。很少牧師會這麼告訴你的。但是，生命最大的挑戰之一，便是肯定你心裡最嫌惡的人、事、狀況。

莫：最嫌惡的？

坎伯：這種事有兩個面向。一個是你在行動場域內的判斷，另一個是以形而上觀察者的角度判斷。你不能說不應該有毒蛇，那是生命本來的面貌。但在行動的場域中，假如你看到一隻毒蛇正要咬人，你會殺了牠。那並不是否定蛇，而是對那個情境說不。《吠陀經》中有段美妙的文字說：「在樹上」——那是生命之樹，你的生命之樹——「有兩隻鳥，是忠實的好朋友。其中一隻鳥吃樹上的水果，另一隻不吃，只是觀看。」吃水果的鳥是在殺水果的生命。生命必須靠「吃」其他生命才能維繫，這是生命的本來面貌。印度有個關於宇宙舞神濕婆（Shiva）的小神話。他的配偶是山王的女兒雪山女神（Parvathi）。一個怪獸走過來告訴他說：「我要你的老婆當我的情婦。」濕婆大怒而打開他的第三眼，用閃電雷打擊地球，於是產生煙霧和火光。待煙霧散開後，有一隻像獅子般長毛、瘦伶伶的怪獸，飛向四方去。第一隻怪獸眼見瘦怪獸就要消滅自己。在這種情況下，你會怎麼做？傳統的建議是，投降並哀求神祇慈悲的寬恕。所以第一隻怪獸說：「濕婆，我懇求你的慈悲。」這個遊戲中的一條規則，就是當對方求饒時，你便寬恕對

---

10 Eros，希臘神話中的愛神，也就是丘比特。

11 Thanatos，希臘神話中死神的擬人化象徵。

方。

所以濕婆說：「我饒恕你，瘦怪獸，別吃牠。」

這個瘦怪獸說：「我怎麼辦？我餓了。是你使我飢餓，才來吃這傢伙的。」

濕婆說：「那麼，吃你自己吧！」

這個瘦怪獸便吃起自己的腳，一直咬上來，這是個「生命吃生命」的意象。最後這個瘦怪獸吃得全身只剩下一張臉。濕婆看著牠的臉說：「我從來沒見過比這個更偉大的生命驗證，我叫你克提穆卡（Kirtimukha）──光榮之臉。」你可以在濕婆的神廟以及佛寺的正門口，看到那張光榮之臉的面具。濕婆對著那張臉說：「凡是不能向你鞠躬致敬的人，不值得見我。」你必須肯定生命本來的奇蹟，而不是要求生命配合你的規則、條件。否則，你永遠無法通過這層形而上的試煉。

永恆與時間無關

我在印度時，一直想要親自參見某位重量級的宗教導師。我終於見到梅農[12]這位著名的導師。他問我的第一句話是：「你有問題要問嗎？」

在印度傳統裡，導師只會回答問題，他不會主動告訴你任何你未發問的事。所以我說：「是的，我有個問題。既然印度傳統把宇宙萬事萬物，都看成是神靈自身的化現，我們對世上的一切如何能說不呢？我們如何能對殘暴、愚蠢、粗俗、輕率說不呢？」

他回答說：「對你、我而言，要說『是』。」

接著，我們針對「肯定一切」這個主題，有一段很精采的對談。這段談話肯定了我原有的想法：我們是什麼人，怎能輕易審判他人呢？我認為這也是耶穌的偉大教誨之一。

莫：在傳統的基督教教義裡，物質世界是被鄙視的，生命要在死後的天堂才能獲得救贖、補償。但你說假如我們肯定自己強烈譴責之事，那麼便是肯定了「永恆世界在此刻的化現」。

坎伯：是的，那就是我所說的。永恆不在將來。永恆甚至不是一段恆常的時間。永恆與時間無關。永恆是摒除所有依據時間概念來思考的當下那一刻。假如你不能在此掌握到永恆，你在別處也找不到。天堂的問題是，因為人們在那兒太快樂了，甚至不會去思考永恆這個問題，只會陶醉在無盡的上帝喜悅之中。但是此時此地一切事物中經驗到的永恆，不論是善還是惡，就是生命功能的展現。

莫：這就是永恆。

坎伯：這就是永恆。

12 Sri Krishna Menon，一八八三—一九五九。

・第三章・

第一個說故事的人

The First Storytellers

美洲野牛（法國，拉斯科洞窟壁畫）

不同於原始時代，無形力量派遣來的動物使者，不再教導和指引人類了。熊、獅子、大象、山羊和蹬羚，都被關在人類動物園裡。

人類已經不是剛來到這片未開拓平原和森林的新加入者，我們周圍的鄰居不是野生動物，是人類自己。大家為了物質欲望及生存空間彼此相互競爭，地球變成一個燃燒著欲望的火球。

不論是我們的身體或心靈，人類都沒有能承繼舊石器時代狩獵民族的世界。人類不知道自己身體的外形與心靈的結構，都是延續自狩獵民族的生命與生活方式。對動物使者的記憶必定仍沉睡在我們心中，因為這些動物會在人類向野外探險時，被稍稍驚醒而起身動一動。他們因為閃電而在懼怕中醒來。

我們隨意走入一個畫著壁畫的大洞穴中，都會有動物帶著頷首認可的表情醒過來。不論內在的黑暗是如何深，洞穴的薩滿巫師會趁動物沉睡的時候降臨，同樣的情況一定也會發生在我們之中，這種夜晚沉睡的造訪。

喬瑟夫．坎伯

《動物生命力之道》（*The Way of the Animal Powers*）

莫： 詩人華滋渥斯在他的詩中寫著：

我們的誕生只是一睡與一醒；
我們的生命之星，我們的靈魂，和我們同升，
卻在別的地方殞落，
自遠方而來。

你同意他所說的嗎？

坎伯： 我同意。不會全然忘掉的——也就是說我們體內的神經系統是攜帶著記憶的，這些記憶會依據特定的環境以及某個有機體的需要，來塑造人類神經系統的組織。

莫： 我們的靈魂受到古老神話什麼樣的正面影響呢？

坎伯： 古老神話是用來平衡身心的。心會亂跑並且妄想一些身體不需要的東西，神話和儀式都是將心抓回來，以和身體保持和諧一致，同時也使我們的生活與大自然所「指派」的方式能夠一致。

莫： 這麼說來這些古老的故事是活在我們身體裡頭囉？

坎伯： 它們確實是的。今日人類發展的各個階段和古老時代是一樣的。小時候你的成長環境要求你要有規律、要服從，而且你需要依賴其他人。當你成熟長大後，這些都必須要超越。你不再依賴別人而生活，你的生命基礎是一種自我負責任的主體。如果你無法跨越這個門檻，你可能就離精神分裂不遠了。在長大有了自己的生活世界之後，你會進一步將過去解散，面臨與過去脫離關係的危機。

莫：最後是面對死亡的危機。

神話思考的開端是死亡

坎伯：沒錯。最終極的危機是要面對死亡。那是終極的斷、捨、離。神話必須要能擔負這兩層目標。首先是將年輕人「引入門」、進入生活的世界，那就是民俗觀念（folk idea）的功能，然後是與過去「斷絕關係」的階段。這時民俗觀念的外殼會打開，露出引導你進入內心世界的基始觀念。

莫：神話告訴我，別人如何通過成長歷程，我因而也能夠順利通過？

坎伯：正是如此，神話也為你指出人生道路上的美麗風景。我在邁入人生暮年時，更能感受到這一點。神話協助我安度晚年。

莫：是哪一種神話？可否舉一個確確實實幫助你的例子。

坎伯：以印度傳統為例，在你由一個人生階段，跨越到另一個人生階段時，你會真的要改變整個穿衣方式，甚至改個名字。在我退休不再教書後，我知道我必須創造另一種生活方式，並且改變對生活的思考模式，我知道要這麼做是因為了解到自己應該離開成就的領域，進入享受和領會的領域，並且完全放鬆自己去體會後者的奇妙之處。

莫：接下來是通過黑暗大門的道路。

坎伯：那全然不是問題。一個人中年時期的身體狀況，已經過了頂峰並逐漸走下坡。這時候人生的問題不是認同你的軀體，因為這個身體已經逐漸衰退，你要能夠意識到自己的身體只不過是一個工具而已。這就是我從神話中學習到的，也就是「我是什麼？」我應該是一個散發光亮的燈泡呢？或者是光亮本身，而燈泡只是我的工具而已。

莫： 人變老之後的心理問題之一是恐懼死亡。人們抗拒死亡之門。然而，這個身體只是意識狀態的工具，如果能夠和自己的意識狀態認同，你便能看待這具軀體如同一部舊車；先是擋泥板脫落了，接著是輪胎，一樣接著一樣逐漸變舊，但這些都是可以預期的，逐漸地，整個身體停頓下來了。身體的意識狀態再度「回歸」心理的意識狀態，你便不再繼續停留在這個世界了。

坎伯： 這麼說來，神話和年歲的增長有關。我以為神話是關於美貌年輕人的故事。

莫： 希臘神話是以這個主題為主，沒錯。一般人提到神話通常是指希臘神話或是《聖經》神話。這兩種文化傾向把神話素材人性化，在神話裡面有很強烈的人的色彩。尤其是在希臘神話中，特別彰顯人性並頌揚青春之美。

但是這兩種神話並沒有貶低年歲的增長。智慧老人和聖者在希臘神話中都是受到尊重的人物。

坎伯： 其他文化呢？

莫： 其他的文化並不那麼強調青春之美。

坎伯： 你說過死亡這個意象是神話的開端，你指的是什麼？

莫： 神話思考的最早證據都和墳墓有關。

坎伯： 人看到了生命，然後看不到了，因此他們懷疑那是怎麼了？

莫： 必定是這樣的。你只要想像自己死後的經驗便可以了。墓葬會將武器和祭品埋在一起，以確保生命的延續。這同時也暗示之前這兒還有個溫熱、活生生的人，他現在已經冷冰冰地躺在那裡，開始腐爛了。有個東西過去在這裡，而現在不在了，那到哪裡去了呢？

莫：你認為人類的死亡「處女秀」是什麼時候？

坎伯：有人類存在便有死亡，因為人類會死去。動物也有目睹伴侶死去的經驗，但據研究所知，動物並沒有進一步思考這個問題。人類也是一直到舊石器時代尼安德塔人才開始以嚴肅的態度面對死亡，因為葬禮以及拿武器和動物來陪葬，都是源自那個時期。

莫：這些陪葬品代表什麼？

坎伯：這點我不會知道。

莫：猜猜看！

坎伯：我盡量不去猜測，人類已經發掘大量有關死亡這個主題的資料，但這些資料只提供了某種程度的參考價值。因此，在看到書面資料之前，是無法得知怎麼回事的。我們得到的只是一些遺留下來的蛛絲馬跡，你可以自己加入資料來推算，但這麼做很危險。可以確定的是，埋葬這個行為包含幾個概念：首先是，在有形的生命之外還有一個無形的生命，第二個是，在有形的這個層面背後，還有一個無形存有的層面，並且是有形層面的支柱。我敢說那就是所有神話的基本主題，也就是有一個無形的層面支撐著有形的層面。

莫：我們所不知的，支持著已知的。

坎伯：就是這樣。這個無形支柱的概念和個人生活其中的社會脫離不了關係。這個社會在你出生之前便已經存在，在你死後也會繼續存在，你只是其中的一分子，部落神話將個人和所屬的社會族群連在一起，確保個人是有機體中的一個器官。社會本身也是另外一個更大有機體的器官，這個更大的有機體組織就是部落活動的空間與世界。所有儀式的主要主題都是在連結個人，以及一個比個人自己的有形軀體更大的形態結構。

人類靠殺生來生存，隨之而來的是一種罪惡感。埋葬一個人，所隱含的意思是：我的朋友死了，存活在另一個世界。我所殺掉的動物，也必定倖存在另一個世界。早期的狩獵民族一直有種「動物神性說」，學術性的名詞是「動物頭目」，也就是身為首領的動物。這隻動物頭目送來一群動物供獵人獵殺。

最基本的狩獵神話是某種動物世界與人類世界之間的盟約。動物甘願付出生命的基本假設是，牠具有超越物質的實體，在透過某種復活的儀式之後，動物的物質實體得以超越，並回歸到大地或母親那裡。而這種復活儀式通常是跟隨著一個民族的主食動物而來。對美洲大平原的印地安人而言，他們的主食動物便是美洲水牛。而在美國西北海岸，所有重大的節慶都和鮭魚的移動有關。在南非，外表莊嚴華麗的南非大羚羊則是主食動物。

莫： 主食動物的意思是——

坎伯： ——意思是食物供給者。

莫： 這麼說來，在早期的狩獵社會裡，人類與動物之間有一種密切約定存在，要求其中一方必須供另一方所噬食。

宰殺與征服的生命主題

坎伯： 那是生命的本質。人類是狩獵者，而狩獵者是一種肉食動物。在這類神話中，肉食動物和被捕殺的動物分別扮演兩個很重要的角色。他們也代表生命的兩個面向，也就是生命的積極、宰殺、征服、創造性面向，而這是最重要的，或者可以說是生命的主題。

莫：就是生命本身啊。獵人和被獵殺動物的關係呢？這點會有怎樣的變化？

坎伯：我們從南非洲布希曼人（Bushmen）的生活，以及美國原住民與美洲水牛的關係上可以得知，這是一種相互崇敬、相互尊重的關係。舉例來說，布希曼人一輩子生活在沙漠裡，這是一種非常艱困的生活，在這種環境內要狩獵是非常困難的，沙漠裡幾乎沒有樹木可供製造有力的弓箭。布希曼人使用一種很袖珍的弓，搭配使用的箭只能射出約二十七公尺左右。這種箭的穿透力很弱，頂多只能射破動物的皮膚，但是布希曼人將一種有驚人毒性的毒藥敷在箭頭上，被射到的美麗動物如南非大羚羊，會在一天半之後中毒死掉。被射中的動物因劇毒而死後，獵人必須透過一種「神祕的參與儀式」（participation mystique），來完成某些必須做或不能做的禁忌。透過儀式，獵人象徵地加入動物一起死去，因為這些死掉的動物已經變成獵殺者的食物，而且牠們的死是獵人帶來的。這類儀式中有一種神話性的、視為一體的認同感。殺生不僅僅是在殺戮，它是一種儀式性的行為，就像用餐儀式一樣，你在用餐前要先祈求恩典。儀式是一種認識到自己的依賴性的行為，你依賴於主動獻出自己生命提供食物給你的動物。狩獵本身就是一種儀式。

莫：儀式在表達一種精神性的真實。

坎伯：它表達出這個狩獵行為是符合大自然之道的，而不僅僅只是個人的衝動。有人告訴我，布希曼人訴說動物的故事時，會模仿不同動物的嘴型，發出動物的聲音。他們知道有關這些動物的詳細知識，也和牠們有很友善和睦的關係。

他們只會殺掉一部分做為食物來吃。我知道有些經營牧場者會特別養一隻母牛當作寵物。他們絕不吃這隻母牛的肉，因為吃朋友的肉是一種殘忍的行為。但是原始部落的食物一直是朋友的肉，因此必須要有某種心理上的補償，這時就要靠神話的協助了。

莫：如何做呢？

坎伯：這些早期的神話協助你在精神上參與生活中必要的行為，而不會有罪惡感或感到懼怕。

莫：這些偉大故事的情節或許不同，卻自始至終都在指涉這種生命的動能——狩獵、獵人、被獵殺的動物、動物是朋友、動物是上帝的使者。

坎伯：對的。一般而言，被捕食的動物會被視為聖靈的使者。

莫：而人類最終還是以「殺掉神的使者」來收場。

坎伯：是獵殺神本身。

莫：這會帶來疚責感嗎？

坎伯：不，神話要消除的便是咎責感，殺掉動物不是個人的行為，你是在完成大自然的工作。

莫：神話是要消除人類的咎責感?!

坎伯：沒錯。

莫：但一個人在面臨這種殺生時，一定多少覺得有抗拒感，你不是真的要殺掉那隻動物啊。

坎伯：動物是父親。你知道弗洛伊德學說的說法，男人的第一個敵人是他的父親。在小孩子心理上，每個可能的敵人都和父親這個形象有關。

莫：你認為動物變成以父親形象出現的神？

坎伯：沒錯。對待主食動物應該抱持一種崇敬與尊重的宗教態度，本來就是如此。不僅如此，更應該順服動物帶來的啟示。動物為人類帶來獻禮——菸草、神祕的煙斗以及其他許多東西。

莫：你認為殺掉實際上是神本身或是神的使者的動物，會讓早期人類感到困擾嗎？

坎伯：絕對的——因此才有儀式。

莫：哪一類的儀式？

坎伯：安撫及感謝動物的儀式。譬如說，在熊被殺死之後會先舉行一個儀式，餵那隻死熊一塊牠自己身上的肉。接下來會有另一個小小的儀式，在儀式中將熊的毛皮放在一個架子上，看起來就好像牠是站立著，並且自己端出自己的肉獻給人類當晚餐。同時有一把燃燒的火代表女神。接下來山神，也就是那隻熊，和火的女神之間就會有一段對話。

莫：他們說些什麼？

坎伯：沒有人知道，也沒有人會聽到，但確實會先打個招呼、彼此問候一下什麼的。

莫：如果不安撫穴居的熊，動物們便不再出現，原始時代的獵人便會餓死。於是他們領悟到，有一種他們依賴為生的力量，一種比人類自己的力量更大的大自然力量。

坎伯：沒錯，那是動物頭目的力量促成的，讓動物願意自動參與這個遊戲。全世界各地不同的狩獵民族和他們主食動物的關係都非常親密，他們也非常感激自己的主食動物。我們坐下來用餐之前，會感謝上帝賜予我們食物，狩獵民族感謝的對象則是動物。

莫：這麼說，藉著禮遇動物的儀式來安撫動物，這就好像在市場內賄賂屠夫一樣。

《哈潑週刊》封面的屠獸剝皮情境畫

坎伯：我不認為這是在賄賂。這是感謝一位朋友，因為他願意在一項互惠關係中與你合作。如果你不感謝犧牲自己的動物，所有動物都會感到受辱而不高興。捕殺動物也有必須遵循的特定儀式。在獵人出發之前，他會到山頂上畫一隻他要去捕殺的動物的圖像。獵人畫圖的那片山頂，必須是清晨第一道陽光照射得到的地方。當太陽升起時，獵人和他的團隊早已經等在那裡，準備舉行儀式。當第一道太陽光照到那幅動物的畫像時，獵人也射出一支箭，穿透陽光，射在動物的畫像上，這時旁邊協助儀式的女人，會舉起手來大聲呼嘯。接著獵人便出發打獵去。他真正射死動物的部位，正是他射在動物畫像上的部位。第二天太陽升起時，獵人也擦掉動物的畫像。這整個行動是出於大自然秩序的名義，而不是出於獵人的個人意圖。

另外是來自完全不同社會的故事。這是有關日本武士的故事。日本武士的職責之一，是去向謀殺他主人的凶手報仇。他逮到凶手，並打算用武士刀殺死這個凶手。這時凶手已經被逼到牆角，心中非常害怕且向武士臉上吐了一口痰。於是武士將刀插回刀鞘中並且走開。

莫：為什麼呢？

坎伯：因為他被激怒了。此時他會因憤怒而殺人，這便成為一個個人行為，而他原來的目的是要去從事非個人的報復行為。

莫：你認為這類「非關個人」的態度，對大草原獵人的心理也多少有影響嗎？

坎伯：當然，絕對的。殺掉某個人並且將他吃掉，難道不是一個道德問題嗎？你要知道獵人對動物的看法和我們對動物的看法不一樣。我們認為動物是次級動物，他們認為動物和人類至少是平等的，有時候更在人類之上。

動物擁有人類所沒有的大自然力量。舉例來說，薩滿巫師經常會有一隻和他很親近的動物。也就是說，某些動物的「靈」是薩滿巫師的支撐力量，是他的導師。

莫：但是如果人類有能力去想像，並且從這段和動物的關係中，發現或創造出不平凡之處，那麼，人類便會比動物更占優勢，更高一等了吧？

坎伯：我認為獵人要求的是平等而不是高動物一等。他們向動物尋求忠告，動物也成為人類生活的典範。在這種情況下，動物確實是高人類一等。有時候動物甚至是某個儀式的給予者，就像有關水牛起源的傳奇故事。譬如說，黑足部落傳奇故事的「基調」便可看出這種平等關係，那是黑足部落水牛之舞儀式的原始傳奇，在這儀式中，黑足部落祈願動物在這個「生命之舞」中共創合作關係。

莫：那是什麼樣的關係。

✦水牛的墮亡

坎伯：這個故事起源於如何為一個龐大部落找尋食物這個問題上。為漫長的冬季取得肉食的方法之一，便是引導一群水牛穿過一片石頭峭壁，水牛會因此滑落跌倒，印地安人便能夠輕易地在峭壁底下殺死水牛。這就是大家熟知的「水牛的墮亡」（buffalo fall）。

這是一個很久很久以前有關黑足部落的故事，黑足部落的族人一直無法讓水牛走過斷崖，水牛會走向懸岩，但是到了邊緣又轉向另一邊去，不肯走下來。看來部落今年沒有足夠的肉可以過冬了。

有一天，部落中某個女孩（名叫明尼荷花）起個大早去汲水。她湊巧抬起頭看向懸岩。上面有許多水牛，她便向牠們說：「如果你們願意走下來，我便嫁給你們其中的一個。」出乎她的意料，水牛開始往下走。更令人驚訝的是，一隻老水牛向她走來，那是一隻水牛薩滿，水牛說：「好了，女孩兒，我們走吧。」

「不，我不要。」女孩說。

「喔，妳要，」老水牛說：「妳已經承諾了。我們水牛在這樁交易中遵守了我們的承諾，看看我這些鄉親，牠們都死了。我們走吧。」

女孩的家人起床後，四處張望卻沒有看到明尼荷花，明尼荷花在哪裡呢？她的父親在四周圍看了一看——你知道印地安人有從足印追蹤事物的本領——他說：「她和一頭水牛跑了，我要去把她找回來。」

他穿上走路穿的鹿皮軟鞋，帶著他的弓和箭出發穿過平原。在他感到疲倦，覺得最好坐下來休息一下時，才發覺自己已經走了很長的一段路。他坐下來休息，同時想想下一步該採取什麼行動。這時飛來一隻鵲鳥，這是一種具有預知能力的聰明鳥兒。

莫： 魔術般的特質。

坎伯： 沒錯。因此印地安人問牠：「啊，美麗的鳥兒，我的女兒是不是和一頭水牛私奔了？你看到她嗎？你願不願意幫我在四處找一找，看看能不能在大草原上找到她？」

鵲鳥兒說：「沒錯，我看過一個可愛的女孩兒和一隻大水牛在一起，在前面，在前面不遠處。」

「好的，」那男人說：「你可不可以去告訴她說，她爹爹在這裡，在水牛打滾的泥地這兒？」

因此鵲鳥向前飛去，找到女孩，她和一群水牛在一起，那些水牛都睡著了，女孩子正隨手編織些東西。鵲鳥飛過去向女孩子說：「妳爸爸在那片水牛打滾的泥地等著妳呢。」

「啊，」她說：「這真可怕，這很危險，這些水牛會殺了我們，你去叫他等一等，我會過去，我會找機會去會他。」

她的水牛丈夫正好在她背後，牠醒過來並且將頭上的角取下來，拿給他妻子說：「到那泥地去，幫我取一些喝的水來。」

因此，她拿著水牛的角走了過去，看到她爸爸就在那兒，他一把抓住女孩的手臂說：「跟我來！」

但是她說：「不，不，不！這真的很危險，整群水牛都會追殺過來。我必須想個辦法，現在先讓我回去。」

她拿了一些水，回到水牛那裡去。水牛哞哞的說：「我聞到一個印地安人的鮮血味。」——你知道的，就是那一類的事。女孩子說：「不，沒有的事。」水牛說：「沒錯，真的有！」牠大吼一聲，所有的水牛都醒過來了，接著牠們一起跳起舞來，一種很慢的水牛舞，跳舞時，水牛的尾巴豎起來，接下來牠們走到泥地那裡，把那個可憐的男人踏死了，一直踏到男人的屍體完全無跡可尋為止。他完全被踏成碎片，完全看不到了，女孩一直哭，她的水牛丈夫說：「妳哭得可傷心了。」

「當然，」她說：「他是我爸爸。」

「那可好，」他說：「我們怎麼辦？在峭岩底下的都是我們的孩子，我們的妻子，我們的雙親——妳才死了一個老爹就哭成這樣。」但是，牠是一隻有慈悲的水牛，因此他說：「好吧，如果妳能夠讓你爸爸活過來，我便放妳走。」她轉向那隻鵲鳥兒說：「請在附近轉一轉，看看可不可以找到一點點我爸爸的殘骸。」那隻鵲鳥照做了，牠帶回來一塊脊椎骨，就只有一小段骨頭。女孩說：「這就夠了。」她將骨頭放在地上，用她的毛毯蓋了起來，唱起一首讓死者復活的歌，這是一首有偉大力量、像魔法般的歌。一會兒——毛毯底下躺了一個男人。她看了一下，「沒問題，那是爸爸！」但是男人還沒有呼吸，她繼續又唱了幾節，男人站起來了。

水牛很訝異，牠們說：「很好，妳何不把死去的水牛都救活？我們教妳跳水牛舞，將來妳會要殺死水牛時，妳便跳水牛舞，唱這首起死回生的歌，我們全部又都活過來了。」

這就是其中的基本概念——透過儀式達到超越無常的層面，生命出自於此，也再回歸於此。

莫： 一百多年前白人來到北美洲，並且屠殺水牛這種神聖的動物，那時的事情是怎麼發生的？

坎伯： 那是違反聖禮的行為。十九世紀早期，喬治．卡特林[1]畫的許多美國西部大草原的畫中，證明在卡特林的時代，確實有成千上萬的美洲水牛分布在這片大平原上，一點都不誇張。

卡特林筆下的美洲水牛圍獵圖

但在接下來的半世紀內，西部拓荒者帶著來福槍，屠殺掉整個水牛族，剝下水牛皮去賣，任由屍體腐爛。這是褻瀆，悖逆天理的行為。

莫：他們的行為將人類對水牛的稱呼由敬語的「你」——

坎伯：——由「你」改為「它」。

莫：印地安人稱呼水牛時用敬語的「你」——視水牛為崇敬的對象。

坎伯：印地安人對所有生命都以「你」稱呼——包括樹、石頭和每一樣東西。你可以用「你」稱呼任何東西，一旦這麼做，你便可以感覺到自己心理狀態的變化。眼中看到「你」的自我，和眼中只有「它」的自我，不會是一樣的。一個國家和另眼中國家打仗時，媒體所犯的錯誤是稱呼敵對國家的人民為複數形式的「它」（its）。

莫：這種情況，不也發生在婚姻上嗎？還有小孩子身上。

坎伯：有時候「你」的稱呼會換成「它」，你就無從得知這是個什麼樣的關係。印地安人與動物的關係，和我們美國人視動物為次等生命形態的關係，簡直是正反兩極的差別。《聖經》便告訴我們說人類是主人。然而就像我說過的，對狩獵民族而言，動物在許多方面比人類更為優秀。一位波尼族印地安人[2]說過：「在萬物的開端，智慧和知識與動物同在。提拉氏這位在天上的神，並不直接與人類交談。他派遣特定的動物下來告訴人類，他透過了四隻腳的動物現身在人類面前。人類應該向動物學習，應該從星星、太陽和月亮身上學習。」

1 George Catlin，一七九六—一八七二，美國民族學家兼藝術家。

2 Pawnee，原居住於美國堪薩斯州與內布拉斯加州的印地安人。

✦洞穴內的祕密精神世界

莫：這麼說來，早在狩獵民族的時代，人類就感受到神話想像力的震盪，感受到事物奧祕的震撼教育了。

坎伯：沒錯，那是偉大藝術的湧現，神話想像力大噴發，這些全都一覽無遺。

莫：觀看這些原始藝術作品時，心中浮現出的反而是創作中的男女。這種情況曾經發生在你身上嗎？我就曾經猜想——那是誰畫的？

坎伯：這就是這些遠古的洞穴，會震撼你的地方。他們在創造這些意象時，心中在想什麼？他們怎麼爬進去那裡面？他們又如何看得到？他們的唯一光源只是一支閃爍搖曳的小火炬啊。

至於「美」這個問題——這種美是刻意造成的嗎？或只是自然表現出美麗之靈的某物？鳥兒美妙的歌聲是蓄意造成的嗎？怎麼樣算是蓄意的？或只是在表達鳥兒本身、鳥兒的精神之美而已，我看到這類藝術作品時，便常想到這些問題。所謂藝術家的意圖，表現到什麼程

美國肖松尼印地安人的麋鹿皮袍

度是「美學」？什麼程度是「意有所指」？洞穴藝術或只是這些原始人類的練習過程？蜘蛛結了一個美麗的蜘蛛網，這種美是出自蜘蛛的天性，那是一種本能的美。人類生活中的美，有多少成分是生命本身的美？其中又有多少成分是有意識、有計畫的？這是一個很大的問題。

莫： 你第一次看到這些洞穴壁畫的印象，還記得些什麼？

坎伯： 你不會想要離開那裡。你走入一間畫滿彩色動物的碩大無比的房間，有如一間大教堂。那裡面漆黑的程度是無法想像的。我們帶著電燈，但是有幾回導覽的人把燈關掉了，我不曾也不再待過比那裡更漆黑的地方。要怎麼來形容呢？那種情況就像是你與外界完全隔絕，你不知道自己身處何方，不論是向東、西、南、北任何方向看去都是一片漆黑，沒有任何光源，而你是處在一片從來沒有陽光「露臉」的黑暗中。燈再度打開時，在你眼前的就是這些壯麗的彩繪動物。牠們像是用充滿生命力的顏料畫在絲布上的日本浮世繪。其中一隻公牛有六公尺長，牠的腰部正好畫在石壁上一塊突起的地方。印地安人在作畫時，是將整體情況都考慮進去的。

莫： 你把它們稱作「洞穴廟堂」。

坎伯： 沒錯。

莫： 為什麼？

坎伯： 廟堂是一幅靈魂的風景畫。當你步入一間教堂時，你進入了一個充滿精神意象的世界。它是你精神生活的母性子宮——就像教會的本部（mother church）。它四周圍所有的外觀形體都具有精神價值的意義。

教堂內的雕像具有神人同形的形貌。上帝、耶穌、及聖徒，以及其他所有雕像都以凡人的形貌現身。印地安人洞穴中的意象則以動物的形貌顯現，但它們只是「貌離神合」。外在形貌是次要，所傳遞的訊息才重要。

莫： 這些洞穴所傳遞的訊息是什麼？

坎伯： 洞穴壁畫的訊息表現出一種短暫人生相對於永恆力量的關係，而這種相對關係就是在那個特定地點才會經歷到。

莫： 那些洞穴原來有什麼用途？

坎伯： 學者推測這些洞穴和男孩加入狩獵行動的入會儀式有關。男孩子不僅要學習如何打獵，也要知道如何尊重動物，要知道必須完成哪些儀式，以及如何在生活中表現得像個男人，不再孩子氣。你要了解這些狩獵非常非常地危險。這些洞穴是最早的男子成人儀式聖殿，在這裡，小男孩不再是媽寶，而成為父親的兒子。

莫： 如果我在小時候去參加其中的一個入會儀式，我會經歷什麼？

坎伯： 沒有人知道印地安人在洞穴中做了些什麼，只知道澳洲土著的情況。當小男孩到了有點難以管束的年齡，便會有幾個男人在一個風和日麗的日子來到小男孩家。這些男人全身赤裸，只在身上用自己的鮮血黏上一些白鳥的軟毛。他們手中揮舞著牛吼器[3]，代表「靈」的聲音，而這些男

沙特爾大教堂的西側正門

人是以神靈的身分到來的。

男孩首先會向他的媽媽尋求庇護，她會假裝要保護他。但是男人直接就帶走小男孩了。從今以後，為母的就沒什麼用了。小男孩不能再回到母親的懷抱了，他進入人生的另外一個階段了。

接下來男孩會被帶到男人的祕密聖地去經歷一連串的痛苦折磨：割包皮、割禮（subincision）、喝人血等等。就像孩童時期喝過媽媽的母奶一樣，現在換成喝男人的「血奶」。男孩因此「轉男人」了。儀式持續進行著，取材自偉大神話的故事情節也在男孩眼前上演。男孩得到部落神話的指引，他們終於被「調教」好了。成人禮結束後，男孩被帶回村子去，將來要嫁給他們的女孩也已經選定。現在，男孩換成了男人的身分回到村子。

原住民部落行割禮

男孩已經遠離他的孩童時代，奉獻出原來的身體，割禮及成人禮已經圓滿執行過了。現在男孩已經是「男人入身」了，在這麼一場「大秀」之後，他不可能再溜回去當媽寶。

莫：不再回到媽媽那裡去。

3 bull-roarer，繫繩旋轉即鳴的一種宗教儀式用品。

坎伯：不可能了。現代生活沒有這一類事情。反而是有人已經四、五十歲了，還必須要服從父親，他還得去看心理醫生才有辦法真正長大成人。

莫：他可以去看電影。

坎伯：電影或許就是「現代社會版」的神話再現了。只是拍電影的過程，並沒有加入和原始部落儀式相同的思考過程。

莫：電影是沒有這種思考過程。但是因為大部分成人儀式已消失殆盡，放映在大銀幕上的想像世界雖然有缺陷，但也提供了說故事的功能？

坎伯：這是沒錯。但是寫電影故事的人並沒有意識到他們的社會責任，這是現代人的不幸。神話故事是很深奧的，既創造生命也破壞生命。但是電影將這一切簡化，只為了賺錢，神職人員執行一項儀式應有的責任感也蕩然無存。這就是當代的問題。

莫：現在已經沒有任何這一類的儀式嗎？

坎伯：我想是沒有了。年輕人只有去創造他們自己的儀式，因此才出現幫派等等，那些都是一種自給自足式的成人禮。

莫：這麼說來，神話直接和典禮、部落儀式同進同出，神話一缺席，儀式也壽終了。

坎伯：儀式是神話的「實境秀」。參加了一場儀式，就好像參與了一個神話。

莫：神話的消失，對今日社會中的年輕男孩而言，代表了什麼？

坎伯：堅振禮是這些儀式的現代版。作為一個天主教徒，一個男孩子可以選擇自己的教名（confirmed name），也就是獲得新生後的名字。但是你不會少一塊肉，牙齒也不會被打斷，其他的細節和過程更都取消了。取而代之的是，主教會對你笑一笑，拍一拍你的臉頰，儀式就結束了。古代儀式已經如此簡化了，沒有任何事會發生在你身上，受戒禮[4]是堅振禮的猶太版。它是否真能夠促成一個人的心理轉化，我猜要視個別情況而定，但在從前是完全行得通的；男孩走進教堂，再出來時便已經是「男人身」了，他是真正地經歷了些什麼。

莫：女性的部分呢？洞穴廟堂中畫的大部分是男性，那是某種男人的祕密結社嗎？

坎伯：那不是祕密結社，那是男孩的必經歷程。這段期間，發生在女性身上的情況無法確實知道，因為可以提供資訊的證據太少了。但在今日的主要文化中，女孩子第一次月經來潮便主動「轉女人」了，這是大自然在她身上「作工」。她就這樣轉型成功，何需成人禮呢？通常她會在一間小木屋中坐上幾天，便明白自己已經是個女人了。

莫：她怎麼做的？

坎伯：她坐在那裡，她已經是女人。然而什麼是女人呢？女人是生命的乘載者。生命「占領」了她，女人是生命的全貌——女人將生命帶來這個世界、培育生命。她與大地女神同樣強大，她對自己這項能力必須要有所體認。男孩子沒有這一類的身體變化，因此他必須被迫「轉男人」，並且要自願服侍比他宏大的事物。

莫：這是神話想像力開始發揮作用的地方。

坎伯：沒錯。

莫：那段時期的重大主題是什麼？是死亡嗎？

坎伯：死亡的奧祕是其中一個，可以平衡生命的奧祕這個主題。死亡與生命是同一奧祕的兩個面向。下一個的主題是生死奧祕與動物世界的關係，動物世界同樣也是死而復生的世界。

4　bar mitzvah，猶太男孩十三歲時舉行的成人禮。

接下來是「取得食物」這個母題。女人與外在世界之本質的關係便在其中。接下來要考量「小孩轉大人」的問題。這項轉化是人類儀式生活中的基本關懷。現代社會也無可避免存在此一問題。小孩只是表現一種來自大自然的無邪衝動，要花很大的功夫才能將難以管束的小孩變成社會一分子。社會無法忍受任何不遵守規則的人。社會支持不了他們，會毀了他們。

莫： 因為他們是健全之整體的威脅？

坎伯： 這，當然囉！他們就像會摧毀身體的癌症。這些部落族群一直是生活在生存的邊緣。

莫： 生存邊緣之外，他們也開始探詢基礎的問題。

坎伯： 沒錯。但是他們面對死亡的態度和我們截然不同。他們很認真地看待「有一個超越的世界」這個觀念。

莫： 古代部落儀式的另一重要功能，是促使個人成為部落的一分子，成為社區、社會的一員。西方文明的歷史顯示，個人自社會分離的情況一直在擴大中：「我」第一，個人優先。

坎伯： 我不認為西方文明一路走來都是這樣的，因為這種分離並不只是把一個原始生物實體活生生地剝離而已。西方文明一直從其他文化「引進」精神層面的素材，直到最近才停止。如果有機會看看過去美國總統就職典禮的新聞影片，你可以看到美國總統是戴著一頂大禮帽，一直到威爾遜總統時代，他仍戴著那麼一頂高帽子。美國總統平常不戴這種大禮帽，然而以總統的身分出現時，他就必須要注意配合這個角色的儀式面向。現在美國總統會在打完高爾夫球之後，才慢條斯理的走進來，只會談我們該不該使用原子彈等乏味的話題。這是和以前完全不同的風格。儀式一直在簡化。在羅馬天主教會中，甚至原來譯自儀式語言的「彌撒」這個詞，都被改為和本土更「貼近」的字眼。在拉丁語中，「彌撒」這個詞的意思是將你**拋出**你的舒適圈。聖壇應該是倒轉過來的，神父是背對著你的，你可以跟隨著他一起向外自我表現。然而現在聖壇被轉了一個方向，看起來就像茱麗亞．查爾德[5]在示範如何調理美食一樣，一切都很家庭、很溫馨。

莫： 這些神父還彈吉他呢！

坎伯： 他們是彈吉他啊。他們忘了儀式的功能是要將你「趕」出去，不是將你包回來、裹入你的舒適圈。

莫： 婚禮的儀式也是將你「投」出去給另一個人。

坎伯： 確實是這樣的。可惜的是過去曾經傳遞內在真實的儀式，現在都只是徒具形式。社會儀式如此，結婚這類個人的儀式也免不了。

莫： 我現在能夠明白為什麼對很多人而言，宗教在某個層次已經變成無用之物了。

挪威拉普蘭人的婚禮照

5 Julia Child，美國著名美食及烹飪專家，電影《美味關係》中梅莉．史翠普所飾演角色的原型人物。

✦ 我們生活中有太多的儀式「死」了

坎伯： 說到儀式，它必須要能夠一直流傳下去才行。我們生活中有太多的儀式都「死」了。研究這些初等的原始文化是件極度有趣的事。你會知道他們如何將民俗故事及神話，隨時依照不同的環境來轉化。舉例來說，一個原以植物為主食文化的民族，離開原來生活環境到大平原上，原先的神話就不適用了。像在美洲大平原上以騎獵為生活方式的印地安人，過去是來自密西西比河文化的。他們或是住在密西西比河岸上適於居住的小鎮，或是以農業為基礎的村落裡。後來因為自西班牙人那裡交換到馬匹，使得他們能夠向外到大草原探險，並且可以去獵捕水牛這種大型動物。他們原始的植物神話在這個時期便轉型為一種水牛文化，在達科塔印地安人、波尼族印地安人、基歐瓦印地安人[6]，以及其他一些印地安人的神話中，都可以追溯出早期植物神話架構的蛛絲馬跡。

莫： 你是說環境可以形塑神話？

坎伯： 你要知道，人們是會對環境有所反應的。但是現在西方傳統對環境是「無感、無反應」的。這種傳統來自別處，自西元前一千年開始。自此以來，它從未再進一步消化、吸收任何當代文化質素，或是可能出現的新事物以及對宇宙的新觀點。神話必須被保留下來。而能夠把神話留存下來的人，必須是某種形式的藝術家。藝術家的功能就是將這個環境和世界以神話的方式表達出來。

莫： 你的意思是說藝術家是當代的神話製造家。

坎伯： 古代的神話製造家，就相當於今日的藝術家。

莫：藝術家在牆上畫畫，他們「演出」各種儀式。

坎伯：沒錯，德國有民俗詩歌（das Volk dichtet）這種古老浪漫的概念，意思是傳統文化的概念和詩篇來自於民間。其實並非如此。它們屬於一種菁英的經驗，出自一群有特殊天賦者的經驗，這些人的耳朵聽得到宇宙之歌，這些人能夠與大眾對話，大眾的反應也能夠被他們接收形成一種互動。儘管如此，形塑民俗傳統的推動力量，絕對是來自上層而不是底層。

莫：在你提到的那些早期基礎文化中，有哪些人相當於今日的詩人？

坎伯：就是那些薩滿巫師。薩滿巫師或男或女，他們在童年晚期或青少年早期，都經歷過排山倒海式的心理變化，而讓他整個人向內轉入內在的世界。這是某種精神分裂式的崩潰，整個無意識門戶大開，薩滿巫師一頭跌落進去，這一類的經驗記載車載斗量，由西伯利亞、北美大陸到南半球的火地島（Tierra del Fuego）都可發現。

莫：心靈的狂喜也是其中之一。

坎伯：是的。

西伯利亞的薩滿巫師

6　Kiowa，美國西南部的一支印地安人。

莫： 布希曼人的迷幻舞（trance dance）就是一個例子。

坎伯： 這裡有一個很不可思議的例子。布希曼人住在沙漠裡，日子非常艱困，過的是一種壓力很大的生活，男性和女性很有規範地被分開。只有在舞蹈時，男女才會聚在一起，他們在一起的方式是這樣的，女人坐著圍成一個小圈圈，或是聚成一個小團體，拍打著自己的大腿，為圍著她們跳舞的男人打拍子，男人則繞著以女人為中心的圈圈跳舞。女人以自己的歌聲及拍打著大腿的節拍，操控舞蹈以及男人的每一步驟。

莫： 女人操控舞蹈的意義何在？

坎伯： 女人是生命本身，男人是生命的奴僕。這是這類事物的基本概念。繞圈圈跳舞會進行整個晚上，然後，其中一個男人會突然昏倒，這是一種我們所謂「神靈附身」的經驗。這種經驗據描述還像是一道閃光、雷聲或閃電突然傳過骨盤，一直達到脊椎，再進入腦中。

莫： 這就是你在《動物生命力之道》所描述的。

坎伯： 「當人們唱歌時，我跳舞。我進入大地中，我走進一個地方，這個地方是大家喝水的地方。我走了一大段路，很遠的一段路。」他這時已經「進入」了，這是某次的經驗描述。「當我冒出來時，我已經在爬行。我沿著線爬行，這些線位於南方。我爬過一條線，然後離開它，再爬過另一條，然後我離開它又再爬過另一條……而當你來到神的地方，你讓自己變得渺小，你變得渺小，來到神的地方你變得無足輕重。你在那兒做你該做的事，然後你又回到眾人所在之處，並且將你的臉藏起來。你把臉藏起來才不會看到任何東西。你出來、再出來又再出來，最後再度進入你自己的身體，你後頭的人都等待著你——他們懼怕你。你進入、進入大地中，然後回來，進入你的身體……你說『唏～～唏～～唏！』那是你回到自己身體的聲音。接下來你開始唱歌。**安騰**（ntum）大師就在附近。」**安騰**是超自然的力量。「他們拿來白粉並且吹開——咻！咻！——吹向你的臉。他們扶著你的頭，並且吹向臉的兩邊。這樣你才能夠再活過來。朋友，如果他們不對你如此，你會死的……你剛才死了，真的死了。朋友。這個**安騰**是我做的，這個**安騰**是我所舞的。」

我的老天！這傢伙體驗與經歷了另一個完全不同領域的意識狀態。他們就好像飛在空中一樣。

莫：他之後便成為薩滿巫師？

坎伯：在布希曼人的文化中沒有薩滿巫師，他變成了迷幻舞的舞者，任何人都具有「出神」的潛能。

莫：西方文化中有沒有類似的經驗呢？我能想到的是美國南方文化中的再生經驗。

坎伯：必定有的。這是從地球到神話意象領域，到上帝，再到權力所在地的真實體驗。我對於基督教文化的再生經驗不清楚。我想到的是中世紀的靈視家（visionary），他們「親」見上帝，然後帶回來自己的真實故事，這些人的經歷比較類似迷幻舞者。

莫：在這種經驗中會有種狂喜感（ecstasy），不是嗎？

坎伯：據說是如此。

莫：你親眼看過這種儀式嗎？看過這類事情的發生嗎？你知道這種極度喜悅的經驗或親身體驗過嗎？

坎伯：我沒經歷過。我有認識的朋友經常去海地，並親自參與當地那種真的有人被附身的巫毒儀式。此外，現場也會進行可以刺激出神狂喜感覺的舞蹈。認為戰爭會令人發狂暴怒的想法自古就有，上戰場前夕士兵確實也會過度亢奮。實際上，士兵在戰鬥中應該真的瘋了吧！也就是所謂的戰鬥狂潮附身。

莫：這是人能夠經驗到無意識的唯一方法嗎？

坎伯：不是，它也可能會自己「找上」想都沒有這麼想過的人，那就好像某種突破性的發展突然出現，它「砰」地一聲就這樣降臨了。

莫：有過這種心理的體驗，這種創傷性的經驗、這樣的狂喜的人，就會成為特異經驗的詮釋者囉。

坎伯：是會成為神話生活這項珍貴遺產的詮釋者，沒錯，你可以這麼說。

莫：是什麼力量把他「拖」入那種經驗呢？

黑麋鹿的經驗

坎伯：黑麋鹿的經驗可能是這個問題的最好答案。

黑麋鹿是一個九歲左右的年輕蘇族男孩[7]，蘇族是美洲大平原的一個偉大民族。這件事發生在美國騎兵和蘇族正式發生衝突之前。小男孩生病了，是心理上的病，這是一個典型的薩滿巫師的故事。男孩開始顫抖，然後便不再動了。他的家人非常擔心，

黑麋鹿

請了一位薩滿來。這位薩滿小時候也有過同樣經歷。薩滿扮演的是類似心理分析師的角色，要將小男孩從這種混亂的精神狀態拉出來。但是這次薩滿並沒有將小男孩由神明的手中「抽身」出來，反而在中間牽線協助小男孩與神明感應起來。由心理分析的角度看來，這是兩個不同的問題，我記得是尼采說的：「小心當你為自己驅魔時，也將除去你最好的那部分。」在此，與小男孩黑麋鹿進行「第三類接觸」的神明——我們暫且稱呼祂們為「某種力量」——被留了下來。他們之間的銜接維繫住了，沒有被切斷。有這種經驗的人，都將成為自己族人的精神導師和賜福者。

而小黑麋鹿被附身後，他預見了自己族人的可怕未來。他把他預見的異象稱之為民族的「箍」（hoop），在這個異象中，黑麋鹿看到了許多個箍，他的族人的箍也是其中之一。這些箍究竟代表什麼意義？至今我們仍不完全明白。他看到所有的箍彼此合作。所有的民族排列成一個巨大的隊伍。不僅如此，黑麋鹿「預視」到自己的未來：他將親身經歷多個自己族人文化特有的精神意象領域，並進一步消化、吸收、整合其中的含意。接下來他說了一段偉大的陳述，對我來說，這是了解神話及其象徵性符號的關鍵。黑麋鹿說：「我看到我自己在世界的中央山脈上，一個最高的地方。我可以預見，因為我是透過神聖世界的眼光來看的。」這個神聖的中央山脈就是南達科塔州的阿尼尖峰。接下去黑麋鹿又說：「這個中央山脈無所不在。」

這句話反映出他對神話的真正了解和真正體悟，並且一下子就區分出下面二者的高下：阿尼尖峰這個在地崇拜的意象，以及阿尼尖峰作為世界中心這個隱喻。世界的中心就是世界軸心（axis

7 Sioux，北美印地安人的一個大族，居住地方以今日美國西部為主。

mundi），是中央點，是一切皆繞著它轉的軸。世界中心是動靜匯集的地方，動是時間，靜是永恆，此時此刻的生命其實是永恆的一個片段，短暫經驗中也存在永恆的面向，這就是一種神話經驗。

莫：這個印地安男孩是在說，所有的線都會交叉匯聚到一個亮點啊！因此，世界的中央山脈在哪裡？耶路撒冷？羅馬？伯納瑞斯[8]？拉薩？或者是墨西哥市呢？

坎伯：這確確實實是他要說的。

莫：他也在說「上帝不受邊界限制」嗎？

坎伯：已經有太多哲學家重複闡述過對上帝的同一個定義，他們認為上帝是一個能夠被理解的領域，是心識、而不是感官所能知悉的領域，上帝的中心處處皆是、無邊無界。這個中心正是你現在坐著的地方，還有另外一個中心則位於我坐著的地方，我們兩人都是這個宇宙奧祕的具體化現。這是一個很好的神話性體悟，這種體悟讓你有一種知道自己是誰、自己為何的感受。

莫：所以它是一種隱喻，一個代表實相的意象囉。

坎伯：沒錯，如果你無法了解在你面前這個人身上也有一個中心的話，那就只是一種粗糙的個人主義。能夠體悟到處處有中心，人人皆是中心，才是做為個人的神話之道。你就是那座中央山脈，而那座中央山脈無所不在。

8 Benares，瓦拉納西（Varanasi）的古名，位於印度北部恆河邊的印度教與伊斯蘭教聖地。

・第四章・

犧牲
與喜悅

Sacrifice and Bliss

湖邊的阿帕契印地安人，柯蒂斯（Edward S. Curtis）攝影。

假如你隨著內心直覺的喜悅而行，你便把自己放在一條早已等待著你的軌道上，於是你當下的生活便與你應該過的生活一致。不論你身在何處——假如你隨著內心直覺的喜悅而行，你就是享受那一直在你心內的爽心悅事。

莫：你寫過有關環境對於「說故事」的衝擊，讓我印象深刻的是，這些生活在大草原上的獵人、森林中的種植耕作者等，他們真的是全身投入在周遭的景觀環境之中，他們是他們世界的一部分，他們世界的每個特色對他們來說，都是神聖的。

坎伯：將當地景觀神聖化是神話的一個基本功能。這一點在納瓦荷人[1]身上，可以看得很清楚。納瓦荷人辨認北方的山、南方的山、東方的山、西方的山和中央的山。納瓦荷人小土屋門永遠是向東的。置於中央的火爐象徵宇宙的中心，當煙從天花板的洞升上去時，燃香的香味便跑進神明的鼻孔裡。於是，景觀和居所「合成」了一幅聖像。居住之地的景觀變成了一個文化表徵（icon），一個神聖圖像。無論你身處何處，你都與宇宙秩序相連結。

納瓦荷人的沙畫上面，總是會有一個圍繞起來的圖案，它可能代表海市蜃樓或彩虹等等，並總是會有一邊面向東方敞開，以便讓新的靈氣進入。佛陀坐在菩提樹下時，他面朝向東方——太陽升起的方向。

莫：我第一次到肯亞，獨自去到一個從前是湖岸的原始營區遺跡。我在那兒待到天黑去感受天地萬物的「現身」——在夜空下那廣大之地，好像我也屬於某種古老、卻仍舊活生生之物。

1 Navaho，現住北美西部的印地安人。

✦‧當你走進一座高大的樹叢時

坎伯： 我記得西塞羅（Cicero）曾說過，當你走入一座高大的樹叢時，你就會感覺到神的存在。神聖的樹叢到處都有。小時候我常常一個人走到樹林裡。我還記得我曾經崇拜一棵樹，一棵很高、很老的大樹，心裡想著：「老天，你一定知道許多，經歷過許多。」我想，這種對創造物存在的感受是人的基本情操。然而現代城市裡，到處充斥的只是人造磚石。身處樹林中有花栗鼠、大貓頭鷹為伴是一種完全不同的成長世界。所有這些事物都圍繞在你身邊，代表著生命的力量與神奇潛能，它們不屬於你，但又是生命的一部分，同時也對你開放。你會發現它在你心中迴盪，因為你就是自然之子。當一個蘇族印地安人抽菸斗時，他會把它朝向天空，好讓太陽「享用」他噴出的第一口煙。然後他會向四個方位分別噴煙，一直如此。在這種心靈架構中，你如能將自己朝向地平線、朝向你所在的世界，你就能夠安身立命。那是一種完全不同的生活方式。

莫： 你在《神話的意象》一書中寫到轉化中心這個概念，你認為在一個神聖的處所，時間之牆會消融、洩漏出神奇的祕密。擁有一個神聖處所，這是什麼意思？

坎伯： 這種「祕密基地」對今日任何一個人都是絕對必需的，你必須有一個房間，或者每天騰出一個小時左右的時間，今天早上報紙的消息、誰是你的朋友、你欠別人什麼、別人欠你什麼，這些統統拋開。這是一個可以單純體驗自己、並激發出可能潛力的地方。這是孵育滋養創造性潛能之處。最初並不會有什麼事發生。但如果你有個神聖的祕密基地並好好利用它，最後總會有什麼出現的。

莫： 這個神聖處所對你而言，就像大草原之於獵人一樣。

坎伯：對獵人而言，整個世界就是一個至聖所。但是現代人的生活導向太經濟化和實際化，年紀越大，周遭環境對你的要求越沉重，你迷失了方向，也不知道自己想要什麼。你總是做些別人要求你的事。何處是內心直覺喜悅的落腳處？你必須試圖找出來。找一部留聲機來放放你自己真正喜愛的音樂，即便是令人瞧不起的俗氣音樂也好。或者找一本你想看的書。在你自己的神聖處所，你可以得到一種「神性」的感覺。

莫：我們已談過景觀對人的影響與衝擊。人們對景觀的影響呢？

坎伯：人們創造神聖處所、將動植物神話化，藉此「認領」一塊土地——他們是在土地上「投資」精神力量。土地因此變成像座廟宇，可以用來沉思冥想。譬如說，納瓦荷人在「神話化」動物方面，便有卓越成就。在納瓦荷人的沙畫中，你可以看到各種小動物，每隻都各自擁有牠們的「身價」。這些動物並非以自然的形態畫出。牠們被造型化了。「造型化」在指涉牠們精神的特徵，而不只有生理上的特徵。例如，走在沙漠裡，時而有一隻大蒼蠅會偶爾飛下來停在你的肩頭。在納瓦荷人的神話中，牠被稱作大蒼蠅，也被稱作微風（Little Wind）。牠輕聲告訴那些接受父親試煉的年輕英雄們，所有問題的答案。大蒼蠅是聖靈顯露智慧的聲

《雅各的天梯》，威廉・布雷克。

音。

莫：這麼大費功夫的目的何在？

坎伯：「認領」土地。把自己居住的土地，轉變成有精神意涵的地方。

莫：所以當摩西朝向預許之地（the Promised Land）眺望時，他和其他精神領袖為其族人所做的事並無不同。那塊土地他「認領」下來了。

坎伯：沒錯。你記得雅各之夢（Jacob's dream）的故事吧！雅各一醒來時，那裡便成為伯利恆聖地，上帝的居所。雅各已經宣稱那是個擁有某種精神意義的地方。那個地方就是上帝播種能量之處。

莫：這種神聖處所在今日的美洲大陸，仍然存在嗎？

坎伯：墨西哥市曾經是個聖地，在遭到西班牙人破壞之前，它是全球最偉大的城市之一。西班牙人第一次見識到的墨西哥市（舊稱德諾提蘭〔Tenochtitlán〕）比當時歐洲任何城市都要偉大，而且是個擁有許多廟堂的神聖之都。墨西哥城必去景點主教座堂，正好位在原本太陽神廟的所在

《德諾提蘭的遊行》（*March on Tenochtitlan*），
墨西哥畫家迪亞哥．里維拉（Diego Rivera）。

地；那是基督徒強占土地的例證之一。你看，他們在其他宗教廟堂原址蓋上自己的教堂，硬是把同一景觀「翻轉」成自己的景觀。例如，到新大陸來的神父們便依據《聖經》的名稱，來為他們所到的地方命名。為紐約上州城市命名的人，心中是《奧德賽》、《伊里亞德》兩部古典名著，伊色佳（Ithaca）、悠蒂佳（Utica）這些名字因而紛紛出籠。

莫：在某種意義上，人們會對能夠賦予他們能量的土地，加以神聖化。土地以及人們「加蓋」上去的建築物之間，是一種有機的關係。

坎伯：是的。但那在大都會出現後便消逝了。

莫：在今日的紐約，蓋出最高樓，就是大家競相追逐的目標。

坎伯：這是一種建築上的耀武揚威。紐約這座城市擺明了在說，我們是金融權力的中心，見識一下我們的能力吧！它是一種美術鑑賞家的特技表演。

莫：今日的聖地在哪裡？

坎伯：它們不再存在。只有少數歷史古蹟可能讓人發思古之幽情，想想曾有重要歷史事件在那裡發生過。我們或許可以特別造訪基督教的聖地巴勒斯坦，因為那是西方宗教的發源地。但是，每一塊土地都應該是聖地才對。從景觀本身，我們就應該可以找出生命能量的象徵。這是所有早期文化傳統所做的事。他們神聖化他們自己的居住景觀。

例如，以下就是在八、九世紀早期的冰島移民所做的事。他們將不同的移居住所，以相隔四三二〇〇〇羅馬呎的排列關係建造起來。（四三二〇〇〇是許多傳統中的重要神話數字）。冰島的整個景觀組織，就是依照這樣的宇宙關係而成，所以不論你走到那裡，（如果你熟悉自己的神話）你與宇宙的關係都會和諧一致。同樣的神話在埃及也有，但是埃及風的象徵符號採用不同的外形，因為埃及國土的形狀也不是圓的而是長的。所以埃及的天空女神是一隻母的聖牛，兩隻腳在南，兩隻腳在北，也就是說它是個四方形的概念。但是我們文明中的精神性象徵表現，基本上已經失去了。那就是為什麼造訪天主教會占優勢的法國小鎮沙特爾（Chartres），是那樣美好的事。在那裡你早晚都聽得到鐘聲。

我把沙特爾當成是我的教區。我常去那兒，當年我在巴黎還是個學生時，整個週末的時間都會「膩」在教堂裡，研究那裡的每一個圖像。因為我在那裡待太久了，所以有一天教堂的執事問我：「要不要跟我上去敲鐘？」我回答說：「當然要。」我們爬上鐘塔的大銅鐘。那裡有一小塊像是蹺蹺板的平台。教堂執事站蹺蹺板的一端，我站另一端，我倆中間有個小木塊可以抓住。他用力推了一下、站了上去，接下來我也站上去。我們開始在高高的教堂上面，上上下下地擺動，風吹過我們的頭髮，鐘聲也開始向下傳，「噹～～噹～～噹～～」，這是一生中最令我興奮的冒險之一。

沙特爾大教堂

敲完鐘後我們走下來，教堂執事對我說：「我帶你到我的房間。」在教堂裡有中央部分的本堂，然後是兩側的外翼，東邊突出的半圓形小房間，四周圍繞著唱詩班的簾幕。他帶我穿過唱詩班簾幕中間的一個小門，在那兒有張小床，床邊一張小桌子上面有一盞小燈。從簾幕往外看就是黑色聖母的彩繪玻璃窗，這就是他的居住空間。這就是一種持續沉思冥想的生活，那是非常美麗動人的事。我從此去過沙特爾無數次。

莫：你在那裡發現到什麼？

✦與神聖的地方連結

坎伯：這些精神性原則帶給社會活力，而造訪沙特爾帶我回到了那個時代。你可以從當地最高的建築物「辨識」該社會的活力來源。當你前進中世紀的城鎮時，可以看到教堂是當地最高的建築。當你走向十八世紀的城鎮時，政治權力中心的宮殿是最高的建築物。而當你快進入一個現代城市時，最高的建築物則是代表經濟生活中心的辦公大樓。

如果你去鹽湖城，你可以看到上面三個元素整個展現在你面前。首先，廟堂就建在城市的中心。這是一個很適切的組織方式，因為廟堂是所有事物源頭的精神中心。然後是政府建築，猶他州首府的建築就位在廟堂旁邊，比廟堂還要高。而最高的建築物還是管理廟堂與政府事務的辦公大樓。這就是西方文明史；從哥德式建築，經過十六、十七、十八世紀的君主時期，一直到現在這個經濟主導的時代。

莫：所以，你在沙特爾時——

坎伯：我就像是回到中世紀。我又回到小時候那個羅馬天主教精神意象的世界，真是偉大！

莫：你不是那種懷舊感傷的人，不只是過去感動了你，對不對？

坎伯：不是過去，是現在。那個大教堂告訴我所有關於這個世界的精神轉化訊息。它是個適合沉思冥想的地方，就在附近走走、坐坐、看看那些賞心悅目的事物。

莫：你如此深愛的沙特爾大教堂，也表現出一種人與宇宙的關係，對吧？

坎伯：是的。教堂的外形如同一個十字架，中央有個祭壇，它是一個象徵性的結構。現在許多教堂蓋得像劇場一樣，很重視視野。對於天主教大教堂，視野卻一點都不重要。教堂的活動，大部分都在你的視線之外進行，重要的是象徵，不只有看「秀」。每個人都很清楚「秀」是怎麼回事。你從六歲起就開始看了。

莫：那麼，為什麼一直要上教堂呢？

坎伯：那就是神話的全部。我們為什麼想要一再談論這些事呢？因為它讓我們回歸，讓我們與精神生命的基本原型「連上線」。一天又一天的例行儀式活動使你保持在正軌上。

莫：但我們現在不再那麼做了。

坎伯：我們已經與那種關懷失去聯繫。早期人類的生活目標就是能夠一直意識到這種精神性原則。亞述人的宮殿裡有一個人頭、獅身、鷹翼、牛腳的複合野獸；也就是黃道十二宮當中的四「宮」被拼湊起來當作守門神。這四隻「神獸」也出現在以西結[2]的靈視中，並成為基督教傳統的四個傳播福音者。你記得睡前的禱詞吧：「馬太、馬可、路加、約翰，祝福我睡的那張床。」在這段禱詞中，你在中間，也就是基督所在之處，而圍繞你的四周那四個點，則是床的四個腳柱。

這個曼陀羅代表基督從超越時空的地帶出現。這四隻野獸代表遮蓋永恆的時間與空間的面紗。而在中央的耶穌則是突破、再生，代表由「時間—空間」這個宇宙女神的子宮降臨的世界之主。

莫：你說像沙特爾這樣的大教堂，象徵著以超越律則之意義為根基的知識，它不僅透過建築物以雄偉石塊的形式存在，也透過環繞、並融入這些形式的偉大沉默，在其中顯露。

坎伯：最終的精神指涉，都指向超越聲音的沉默。道成肉身是第一個聲音。超越這個聲音的，是「不可知」這個超越性的未知。它可以用「偉大的沉默」、「空虛」或「超越的絕對」來表達。

莫：當你談到神話如何把我們與神聖的地方連結起來，景觀如何把原始人類和宇宙連結起來時，我

亞述—巴比倫神話中的混沌怪獸

2 Ezekiel，猶太先知。

也開始想，這個你所了解的超自然，真的只是大自然而已。

坎伯：把某種高於自然界、在自然界之上的存在稱作「超自然」的觀念，是一種致命的觀念。中世紀時代，最後把世界變成一片荒蕪之地的，就是這個觀念。人們過著虛假的生活，從來沒有做過一件自己想要做的事，因為由神職人員主控的超自然律法，會要求人們怎樣過日子。在荒地裡，人們的人生目標並不真屬於他們自己，而是強加身上的無可逃避律法，不得不去完成。這真是個致命之傷。十二世紀遊唱詩人的宮廷愛情詩，便是在抗議這種以「超自然的真理之名，合理化對生活真實喜悅的侵犯」。同樣以愛情「抗衡」宗教的還有崔斯坦（Tristan）傳說，以及艾遜巴哈之烏法蘭[3]版的聖杯傳說。靈性、精神才是生命真正的花束。它不是被注入生命之物，它出自生命，這是母性女神宗教傳統的輝宏貢獻之一：世界就是女神的身體，本身就具有神性；聖靈並不是凌駕、統治墮落自然界之物。中世紀的處女崇拜（cult of the virgin）就具有這種精神，十三世紀那些漂亮的法國教堂也因為這種精神而興起。

然而，伊甸園墮落的故事視自然界為腐朽；就是這種神話把整個世界給腐化了。因為大自然是腐化的，每一個自發性的行動自然都罪孽深重而要抵死以抗。這就是「伊甸園墮落」神話的觀點。你的神話是把自然界視為墮落的淵藪？或者，自然界本身就是神性的化現，靈性則是自然界這種固有神性的展現呢？出發點不同，相關的文明和生活方式就截然不同。

莫：誰為我們詮釋大自然內含的神性呢？誰是我們的薩滿巫師？誰為我們詮釋看不見的事物？

✦ 藝術家是今日與神話溝通的人

坎伯：藝術家的功能就在此。藝術家是今日的神話傳達者。但他必須是了解神話與人性的藝術家，而不只是塞給你一套計畫的社會學家。

莫：其他人呢？那些不是藝術家或詩人的普通老百姓呢？那些沒有體驗過超越性狂喜的人呢？我們怎麼才能知道這些事呢？

坎伯：我告訴你一種方法，一種非常好的方法，坐下來讀書、讀書、再讀書。要讀對書，由對的人寫的書。你的心就會被帶到某個層次，你就可以一直擁有一種美好、溫和、慢慢燃燒的歡喜雀躍感。而且這種對生命的體悟，可以成為你生活中一種常態。當你發現一個真正能抓得住你的作者，就把他所有的作品都讀完。不要說：「我想知道某某某寫的東西」，也不要管暢銷書排行榜。只要讀這一位作者所寫的。然後你可以進一步讀這位作者讀過的書。這時世界便會以某種一致性的觀點，在你面前豁然開朗。如果你每個作者都蜻蜓點水地看一點，你是可以知道某某作者幾歲寫了成名作這種無關緊要的八卦，但你一點也不了解作者說了什麼。

莫：因此薩滿巫師在早期社會扮演的功能，就像今日的藝術家一樣。他們的角色十分重要，而不只是作為──

坎伯：他們扮演了傳統上神職人員在我們社會所扮演的角色。

莫：那麼，薩滿巫師屬於神職人員囉？

---

3 Wolfram von Eschenbach，約一一七〇—一二二五，中世紀德國敘事詩人，代表作為《帕斯瓦》。

坎伯： 在我看來，薩滿巫師與神職人員之間有個主要差別。神職人員算是某種社會性的專職人員，該社會以某種特定的方式崇拜某些特定的神祇，神職人員被任命為執行該項宗教儀式的專職人員。他所侍奉的神，是早就存在的神。但是，薩滿巫師的力量和地位，會象徵性地透過他熟悉且親身「交手」過的神明表現出來。他的權威來自一種心理的經驗，而非社會的任命。

莫： 薩滿巫師經驗到某種我不曾經歷的體會，並把這個經驗解釋給我知道。

坎伯： 以黑麋鹿為例，薩滿巫師是可以選擇性地將他看到的某些異象，「轉」成儀式為其族人「演」出來。那就是在把內在經驗帶入人們的外在生活。

莫： 這是宗教的開始嗎？

坎伯： 就我個人而言，我想是宗教的開始。但那只是猜測而已。我們並不是真的曉得。

莫： 有一個像耶穌的人走入未知的領域，經驗到心理上的轉化，他回來告訴人們說：「遵循我。」

這種情形也發生在這些原始文化中嗎？

坎伯： 那就是我們現有的證據。我們在所有的狩獵文化中，都可以發現薩滿的身影。

莫： 為什麼是狩獵文化？

坎伯： 因為獵人是個體戶。在某種意義上，獵人獨來獨往，農夫則不會這樣。在田地裡耕耘，等待大自然告訴你什麼時候該做什麼，是一回事，出外狩獵又是另一回事，每次狩獵都和上一次完全不同。而且獵人所受的訓練都是需要特殊天分與才能的個人技巧。

莫： 在人類的演化中，薩滿巫師這個角色怎麼變化的？

坎伯： 當人們生活重心逐漸轉移，並在村落定居下來時，薩滿巫師便失去原有的權力。事實上，有一組納瓦荷人、阿帕契人（Apache）等這些美國西南部印地安人的故事與神話，說的就是這個。

他們原是屬於狩獵文化，然後遷移到一個農業文化已發展成型的地區，最後也以農業為生了。他們的創世故事通常都會描述薩滿巫師受辱下台、神職人員上台接掌權力的有趣情節。薩滿巫師因為說了冒犯太陽的話，太陽消失了。但他們又說：「我可以把太陽帶回來。」於是他們便使出渾身解術施起各種法術。在故事中，這些情節都是以憤世嫉俗或調侃的語調加以描述。但是他們的法術失靈了，太陽沒有回來。於是薩滿巫師便降格、被打入「薩滿社會」這個冷宮，這就好像一種小丑社會。他們是有特殊力量的魔法師，但是他們的力量現在附屬於一個更大的社會。

莫： 我們談到狩獵大草原對神話的影響，這樣的空間顯然是被一個有圓頂天空的圓形地平線所圍繞著。但是居住在濃密森林中的人情況是怎樣呢？那裡沒有圓頂天空，沒有地平線，沒有遠近感。所有的只是樹、樹、樹。

坎伯： 騰博[4]說過一個有趣的故事：從未走出森林的小矮人被帶到山頂上，他們突然離開樹林到山丘上，眼前是一片開闊的大草原。可憐的小東西顯然嚇壞了。他沒有辦法判別方向或距離。他以為不遠處大草原上在吃草的小小動物，一定是螞蟻了。他完全被弄糊塗了，於是便趕快回到森林去。

莫： 地理對我們文化與宗教觀念的塑造，占有很重要的分量。沙漠之神不可能是大草原之神——

坎伯： ——也不是雨林之神或雨林諸神。沙漠裡只有一個天、一個世界，也只容得下一個神，但在叢林裡，沒有地平線存在，你從未看過離你超過九到十一公尺的東西，你就不會有那樣的概念。

莫： 這些人是把自己對上帝的觀念投射到這個世界嗎？

4 Colin Turnbul，一九二四—一九九四，英國人類學家。

坎伯：當然是如此。

莫：他們的地理環境塑造了他們的神性意象，然後他們再把這個意象投射出來，稱之為上帝。

坎伯：是的。神的概念總是受到文化制約，永遠如此。即使傳教士帶來了他所認知的上帝，他的神，那個神也會依照當地人對神性的理解而變形。夏威夷培麗（Pele）女神的女祭司有一天上門造訪當地一位英國傳教士。就某種意義而言，培麗女神的女祭司應該算是女神的化身。所以這個傳教士實際上是與一位女神在交談。他說：「我把上帝的訊息帶來給妳。」而那位女祭司說：「喔，那是你的神，培麗才是我的神。」

莫：「你不能在我面前崇拜其他的神」這個觀念純粹是希伯來的概念嗎？

坎伯：我從未在別處發現這樣的觀念。

莫：為什麼是「一神」？

坎伯：這是我不了解的。我確實知道的是，沙漠地區人民必然會特別重視在地的神祇。你的整個信念、承諾都繫於保護你的社會。社會永遠是父權的。自然則屬於母系的。

莫：你認為女神宗教的出現，是因為在人類教化的過程中，女性在這些早期社會的栽種與收成活動中，起了重要的作用所致嗎？

坎伯：這是毫無疑問的。就「神奇魔力」這點而言，那一刻女性立馬變成社會最重要的成員。

莫：外出狩獵的一直是男人——

坎伯：是的，現在是女人當家了。女人的神奇之處在於生育、滋養生命，就像大地一般，她的魔力支撐著這個大地的魔力。在早期傳統中，她是第一個栽種的人。一直到高等文化系統發明了犁鋤之後，男人才再度「接手」，成為農業的領導角色。於是把「犁鋤耕耘大地」擬想成男女交媾，成為一個占主導地位的神話人物。

莫：所以這些各自相異的神話進路，就是你所謂的「動物生命之道」、「播種大地之道」、「神聖天國光輝之道」以及「人之道」。

坎伯：這些不同的「道」都和象徵系統有關。人類透過特定的象徵系統，把當時人類的正常狀況象徵化、組織化，並提供了解它的知識。

莫：它的價值何在？

坎伯：支配生活的各種條件帶來的成果，就是它的價值。例如，獵人總是往外追捕動物。他的生命依存於與動物之間的關係。他的神話因此是外求的。但是農業神話比較「內向」：栽種植物、播種、種子的死亡、新植物長成。動物啟發了狩獵神話。當一個人想要獲得權力和知識時，他會到森林去齋戒、祈禱，然後會有一隻動物出現來為他指點迷津。

農人則以植物世界為師。植物世界和人類在生命序列上是一致的。這是一種向內發展的關係。

◆從腐爛中才有生命出來

莫：從捕獸獵食到播種為生，人類的神話想像力有何變化？

坎伯：那是一個戲劇性的全員大轉化，不僅神話，同時還有人類的心靈。動物是個完整的實體，包在一張皮毛之內。你殺了那隻動物，牠就死了，那是牠生命的終結。但是在植物的世界裡，並沒有自給自足的個體這回事。你砍掉一棵植物，另一株芽又長了出來。剪裁有助於植物的生長。整個植物界就是一個持續不斷的存在體。

另一個與熱帶樹林密不可分的觀念是，腐爛才有生命。我曾經看過數十年前被砍掉的大樹殘枝中，長出極美的紅樹林來。它們是從同一棵植物的殘枝中新生的聰明小孩。此外，假如你把植物的足枝砍掉，又會長出一個來。若把動物的手足截掉，除非是某種特殊的蜥蜴，不然是長不回來的。

所以在森林與栽植文化中，死不被看作是死，死是新生命所必需的。個人不是個人，他是一棵植物的枝。耶穌說：「我是葡萄藤，你們是分枝。」就是使用了這個意象。那種葡萄園意象與活生生的一隻隻動物，完全不同回事。有栽植文化，種植物為食便會隨之出現。

莫：這些栽種的經驗啟發了什麼樣的故事？

坎伯：你吃的植物，是從被砍死、掩埋的某個陪葬神祇或祖傳人物身軀長出來的。這類神話母題世界各地都有，特別是太平洋文化。

實際上，這些植物故事也「滲入」了一般認為屬於狩獵文化區的美洲大陸。北美洲文化就是個狩獵與栽植文化相交互動的強有力案例。印地安人以狩獵為主，但是他們也種玉蜀黍。阿剛琴人有一則玉蜀黍起源的故事，說的就是一個男孩看到的異象。他看到一個頭上戴著綠羽毛的年輕人走來，邀請男孩與他比賽摔角。年輕人贏了又再出現，結果又贏，就這樣「鬥」了好幾回合。但有一天年輕人告訴男孩，下次男孩必須把他殺掉，埋葬並照顧埋下他的地方。男孩照他的話去做，把這個俊美的年輕人殺掉並埋起來。過了一段時間，男孩回來，看到綠羽毛年輕人被埋下（或種下）的地方，已經長出玉米來。

描繪基督族譜的耶穌之樹（法國，沙特爾大教堂，13 世紀）

男孩一直很擔心自己年老的獵人父親，他不斷地想，除了狩獵之外是否還有其他取得食物的方法。他的這個靈視就是由他這個意念而生。在故事結尾，男孩對他父親說：「我們不需要再出去打獵了。」這個故事告訴我們，這些人一定經歷過某種大覺醒的時刻。

莫：關鍵是在這個異象中的綠羽毛年輕人必須先死、被埋葬，否則植物不可能從他的殘軀中長出來。這種故事在不同栽植文化的神話中，是不是很常見？

坎伯：是的。玻里尼西亞就有這個故事的重現。有個女孩喜歡在池子裡洗澡。有條大鰻魚也常在池子附近游晃。每次當她在洗澡時，牠就摩擦她的大腿。有一天牠變成一個年輕人，成為她的愛人，他一度離去又回來，來來回回好幾次。有一天當他再回來時，他說了和阿剛琴人故事中的綠羽毛人一樣的指示：「下次我再來看妳時，妳必須殺掉我，把我的頭砍下，埋了它。」她依言照做，在埋下頭的地方長出了一棵椰子樹。椰子就真的和頭的大小差不多，甚至可以看出是眼睛和小結結的地方。我們要是相信大多數美洲人類學家所說的，就會以為太平洋文化以及北美洲栽植神話淵源的中美洲文化之間，沒有任何關聯。

莫：所以，完全不搭嘎的文化卻出現相同的故事。這有什麼意義嗎？

坎伯：這是神話最令人驚訝的地方之一。我一生都和這些神話打交道，但對其間準確的重複性，仍然感到吃驚。就好像是同一個故事，同一事件，映照在另一個媒介裡。只是這裡不是玉米或玉蜀黍，而是椰子。

莫：在栽植文化的諸多故事裡，令我吃驚的是，第一次有人從大地的子宮中「冒」出來。在許多這類故事中，大地的子宮一再重複出現。

坎伯：這點在「第一個人類自大地『出土』」的美國西南部印地安人傳說故事中特別顯眼。這些人從緊急出口爬出來的那個洞口成為聖地，或為世界的軸心。它與某座山有關。

故事是說在地底深處有某些人，他們不是真正的人，他們甚至不知道自己是人。他們其中有個人打破了沒人知道的禁忌，於是洪水灌了進來。他們必須往上爬，用繩子爬過世界天花板的洞口出來，他們來到了另一個世界。另一個故事是說薩滿巫師們的思想變得太積極了，並且侮辱太陽和月亮，它們因此消失，整個世界便成為一團漆黑。

薩滿巫師們說，他們可以把太陽弄回來。他們把樹吞下去，再從肚臍口吐出來。他們把自己埋在地上，只露出兩隻眼睛。他們變盡了神奇的戲法。但是這些法術都沒有用。太陽並沒有回來。於是神職人員說，現在讓老百姓試試看吧！由所有的動物組成的「老百姓」便圍成一個圓圈。這些獸人就開始跳舞又跳舞。這些老百姓的舞蹈帶出小山丘，山丘變成大山，再進一步成為崇高的世界中心。人類也就由此產生。

接下來有趣的事發生了。以上所說的故事都是某個特定族群的版本，但是當他們出來時，另一族人早已經落地生根了。這就如同亞當的兒子們要去哪裡找太太的問題一樣。以上純屬某個印地安族的「限定版」創生故事，世界上其他早已存在的人則是另一個意外帶來的。

莫：這就是上帝選民的概念。

坎伯：當然是。每一個民族在自己心目中都是上帝選民。好笑的是，他們給自己民族取的名字通常就是「人類」的意思，給其他民族取的名字則非常古怪，例如滑稽臉或扭曲鼻等。

莫：美洲東北森林地帶的印地安人，有一則故事說到一位女人從天上掉下來，並生了一對雙胞胎。西南部的印地安人則有「處女產下雙胞胎」的故事。

栽植文化與人的犧牲

坎伯：是的。「天女下凡」故事的原創版來自狩獵文化，「大地之女」則是從栽植文化而來。雙胞胎代表兩個互相對立的原則，但是和《聖經》中該隱與亞伯所代表的相對原則大不相同。在易洛魁印地安人的故事裡，雙胞胎中一個男孩叫史普勞特（Sprout）或普蘭特男孩（Plant Boy），另一個叫福林特（Flint）。福林特在出生時，他的母親因難產而死。福林特與普蘭特男孩分別代表兩個傳統。打火石[5]是用來殺動物的利刃，所以福林特代表狩獵傳統；而普蘭特男孩[6]代表的當然就是栽植傳統。

在《聖經》傳統裡，普蘭特男孩相對於該隱，福林特相對於亞伯。亞伯其實是個牧人而非獵人。所以在《聖經》中是牧人與栽種者相互對立，栽種者是被深惡痛絕的那位。狩獵民族或游牧民族在入侵栽植文化的世界後，就是透過這種神話「抹黑」他們所征服的對象。

莫：這聽起來像是從前在美國西部的大規模戰爭。

坎伯：是的，在《聖經》傳統中，第二個兒子永遠是勝利者，而且是善的那位。第二個兒子是新來者，也就是希伯來人。大兒子是以前就住在那裡的迦南人。該隱代表的立場，出自以農業為基礎的城市。

莫：這些故事相當程度解釋了當代的衝突，不是嗎？

坎伯：是的，的確如此。比較入侵的栽植社會，或狩獵、遊牧民族如何與栽種者發生衝突又團結在一起，是很有意思的。在全世界的不同文化都可以找到這樣的復刻品——兩個系統相互衝突、然後又結合。

莫：你說天女下凡前已懷有身孕，雙胞胎之母也是處女受孕。這麼多文化中都出現處女生下「死而復生」英雄人物的傳說，你認為這有何意義？

坎伯：救世主這樣的人物會死亡再復活，是所有這些傳說的共通母題。例如，在玉蜀黍源起的故事中，總會有一位善人出現在年輕男孩的靈視中，給他玉蜀黍並死去。然後植物會從死去的軀體長出來。某人必須先死去，新生命才得以「出頭」。我因而注意到「死亡賦予生命，生命帶來死亡」這個不可思議的模式。上一代必先死去，下一代才能出生。

莫：你寫過：「從墜落的樹木和葉片中，清新的芽生出來，從這個故事得到的教訓是，從死亡中冒出生命，死中有新生命。從這裡得出的冷酷結論是，增加生命就是在加速死亡。因此，地球整個赤道帶的特色就是一股犧牲狂潮——植物、動物與人類的犧牲。」

坎伯：新幾內亞男性社會有個儀式，就是在如實上演栽植社會的「死亡、復活、同類相食」神話戲碼。儀式在一個聖地舉行，鼓聲先響起，接著是唱誦聲，然後暫停下來。如是進行四到五天，接續不斷。這種儀式很無聊，會把你累壞，就是因為這樣你才能夠突破進入新的歷程。最後是偉大時刻的到來。一場打破所有規則的「真槍實彈」性狂歡派對開始了。已經參加過成人禮成功「轉大人」的年輕男孩，正要開始他們的性「初」體驗。在有一座用二根柱子支撐，加上許多圓木的大棚屋裡。裝扮成神祇的一個年輕女人走進來，躺在這個大屋頂之下。大約有六個男孩在鼓聲與唱誦聲中，一個接一個地與這個女孩性交。當最後一個男孩與她剛好達到高

5　打火石原文為flint，音同福林特。

6　普蘭特原文為plant，字義為植物。

潮時，支撐的柱子被撤離，圓木掉落下來，壓死他們兩人。在此刻男女再度重合，有如最初兩性尚未分離前一般。這是生殖與死亡的合一。它們是同一件事。

接著這對男女被拉出來，烤過後當夜就被吃掉。這個儀式是在重複「殺掉救世主並以其為食物」這個原始行為。在彌撒犧牲儀式中，你被告知喝下救世主的身體和血液。於是你向內轉，救世主在你的內在開始作工。

莫： 這些儀式點明的道理為何？

坎伯： 生命的本質必須經由生命的行動才得以了解。在狩獵文化中，祭品是用來奉獻給神的禮物或賄賂，神則是受邀來為人類做事或給予東西。但在栽植文化中，犧牲作為祭品的人物，就是神本尊，死去的人會被埋葬然後變成食物。基督被釘死在十字架上，精神食糧也就來自他的軀體。原本牢不可破的植物意象，在基督的故事裡進一步得到了昇華。耶穌被釘在神聖十字架上，他自己就是樹的果實。耶穌是永恆生命的果實，也就是伊甸園中第二株禁果之樹上面的果實。人們因為偷吃知曉善惡之樹的果實，而被逐出了伊甸園。伊甸園是一元的，沒有男女、善惡、神人之分的地方。一旦偷吃了二元的禁果，你就必須滾蛋。回歸伊甸園之樹就是不朽生命之樹，你重返伊甸園並了解到「我與天父是一體的」。

回歸伊甸園是許多宗教的目標。耶和華把人扔出伊甸園，然後他安排了兩位天使守在門口，中間有一柄燃燒的劍。佛教寺廟內除了坐在不朽菩提樹下的佛陀外，大門口有兩名護衛——他們也是守門天使，你必須穿過他們，才能到達不朽生命之樹。在基督教傳統中，十字架上的耶穌是在不朽生命之樹上面，他是樹的果實。十字架上的耶穌，菩提樹下的佛陀，他們是同樣的人物。門口的兩名天使是誰？在佛寺中你會看到其中一個張大嘴巴，另一個閉緊嘴巴，他們是代表恐懼與欲望的成雙對立。在進入類似的庭園時，如果你對生命仍感恐懼，你就會覺得這兩個人物既真實又恐怖，庭園也不得其門而入了。如果你不再執著於你的自我實存，而是將自我的存在視為一個更大的永恆總體的函數，並且能夠偏愛較大者而不是較小者，那麼你就不必擔心這兩位人物，可以堂而皇之地通過那道門。

我們所以被拒於伊甸園門外，就是因為我們對自認為是生命中的美好事物，存有失去的恐懼，以及占有的欲望。

莫：難道不是所有的人隨時都覺得自己被排拒在終極真實、喜悅、歡樂、完美、上帝之外嗎？

坎伯：是沒錯，但也是有達到忘我境界的時候。日常生活與忘我境界的生活是有所差別的，這就是活在伊甸園內、外的差別。你是可以超越恐懼與欲望，超越成雙對立的。

莫：進入和諧嗎？

坎伯：進入超越之境。這是任何一種神祕主義的體悟都會有的基本經驗。你的肉身死去了，靈性卻誕生了。

你認同的是意識狀態、是生命，身體只不過是工具罷了。工具雖死，意識卻與那工具所承載的事物合而為一。那就是上帝。

植物傳統認為，在二元現象的表面背後是二元。所有化現的背後，是照耀萬事萬物的唯一光芒。藝術的功能是透過創作出來的客體顯露出這個光芒。當你看到一個因緣際會組合而成的美麗藝術作品時，你就只能驚嘆道：「啊～～」就某一方面而言，這一聲驚嘆恰符合你自己生活中的秩序，並引領你去覺察宗教想要傳達的第一要事。

莫：死就是生，生就是死，而且二者和諧一致？

坎伯：你必須在生死間得到平衡，它們是同樣一件事的兩個面向：存有與生成。

莫：所有神話故事都在談這些？

坎伯：是的。它們全都是。我不知道有抗拒死亡的故事。「犧牲」（being sacrificed）的原始觀念完全不是我們想像得到的。馬雅印地安人有一種籃球遊戲。在這個遊戲裡，獲勝那一隊的隊長必須在球場上為輸的那一隊獻身。他的頭要被砍掉。在人生勝利的那一刻尋求犧牲，是早期犧牲觀念的精髓。

莫：這種犧牲的觀念，尤其是勝利者的犧牲，對我們而言太陌生了。現代人的主要基調則是贏者全得。

坎伯：這個馬雅儀式的名稱就是「像神一樣值得被犧牲」。

莫：你認為失去生命者獲得生命，是真的嗎？

坎伯：那是耶穌說的。

莫：你相信是真的嗎？

坎伯：我相信，假如你是有目的的犧牲的話。據十七世紀加拿大東耶穌會傳教士的報導，有一個年輕的

馬雅人玩球（圓筒彩繪，600-800 年）

易洛魁族勇士被敵對的部落逮到，他要被折磨至死。美洲東北部印地安人，有一套「有系統地折磨男俘虜至死」的習俗，受盡折磨凌虐而不膽怯，是男子漢的最後試煉。這個年輕的易洛魁人被帶去承受這個恐怖的苦刑；讓耶穌會傳教士大為驚訝的是，他好像是在慶祝自己的婚禮一般，裝扮自己並高聲吟唱。逮捕他的人對待他有如主人在迎接貴賓。他明知自己的悽慘下場，仍然與他們「玩」下去。在現場「實況報導」的法國傳教士完全嚇呆了，他們稱這種儀式前的「禮遇」為「無情的嘲弄」，並將年輕勇士的俘虜者「醜化」成一群野蠻的畜生。並不是這樣的！他們可是這位年輕勇士的犧牲儀式主持人。如果這可類比為祭壇的犧牲，那麼這個男孩就像是耶穌的角色。這些法國傳教士可是每天都在慶祝彌撒啊，卻不知道彌撒正是「釘上十字架這個野蠻犧牲」的複製品。

在隱藏版的基督教《使徒行傳》中，就在耶穌前去受刑之前，描述了一段與此相當的場景。這是基督教文獻中最動人的橋段之一。馬太、馬可、路加、約翰福音都只是輕描淡寫地說：在最後晚餐即將終了時，耶穌和他的弟子們在他出發前，唱了一首讚美詩。但是在《使徒行傳》中就有這首讚美詩的逐字說明。就在最後晚餐結束，耶穌要走出去到花園時，他對同行弟子說：「讓我們跳舞吧！」他們便手拉手圍成一個圓圈，耶穌被圍在圈內唱著：「榮耀歸你，天父！」弟子們回應唱出：「阿門。」

「榮耀歸你，基督！」

接著又是：「阿門。」

「我會被生，也會生！」

「阿門。」

「我會吃，也會被吃！」
「阿門。」
「跳舞的你，看我所為，因為你的男子漢熱情，我正要受苦！」
「阿門。」
「我會逃跑，也會待下來！」
「阿門。」
「我會被統合，也會統合！」
「阿門。」
「我將走向催我前行的門……我將走向旅人的道路。」
跳舞終了，他走到庭園，被捕，然後被釘死在十字架上。
當你以神的方式死去，從神話的意義上來說，你是走向你的永恆生命，所以沒有什麼好悲哀的。讓我們死得壯烈，就像它本來的樣子。讓我們慶祝它。

莫：死神就是舞蹈之主。

坎伯：死神與性神是同樣一回事。

莫：你的意思是？

坎伯：讓人驚訝的是，在一個又一個的故事中，你會發現死亡之神，同時也是創生之神。海地巫毒教傳統中的死神蓋德（Ghede）同時也是性之神。埃及主神奧西里斯是法官，也是死神兼生命再生之神。「死去的會再生」是一個基本主題。你必須死亡，才能有生命。

慈悲使生命能繼續下去

這是東南亞（特別是印尼），獵人頭這個習俗的源起。獵人頭是個神聖的行為，一種神聖的殺生。在一個年輕人「夠格」結婚生子之前，他必須先完成他的獵頭任務。除非有死亡，不然不可能有生命。其中的意義在於上一代必須先有「死」，下一代才能夠有「生」。一旦你養育了小孩，你就是該死的那個。小孩是新生命，你只不過是保護新生命的人。

莫：你的時間到了。

坎伯：這就是為什麼生養子女和死亡之間，有如此深刻的心理關聯。

莫：你剛剛所說的，和父母願意為孩子犧牲生命這個事實，有沒有一點關係？

坎伯：叔本華寫過一篇偉大的文章。在文章裡他問說，為什麼人可以不經思考立即去參與他人的苦難，並為他人犧牲自己的生命呢？我們通常認為，自我存續是自然首要法則，為什麼它能夠突然被打

婆羅洲原住民肯雅族的長屋派對

破呢？

四、五年前在夏威夷發生的一個非比尋常事件，足以代表這個問題。那是一個叫帕里（Pali）的地方，自北方吹來的信風會穿越一片大山脊。人們喜歡爬上去讓風吹吹頭髮、舒暢一下，或者去自殺，就像從舊金山金門大橋跳下去那樣。有一天，兩個警察開車上帕里時，看到預防車子滾落的欄杆邊，有個年輕人準備往下跳。警車立即停下來，右座上的警察衝出去在千鈞一髮之際抓住年輕人，警察也差點被拖下去，幸好第二個警察及時趕到把他們兩個拉上來。

你能了解那個警察為什麼能夠為了一個素未謀面的年輕人幾乎喪命嗎？他拋下一切──他對家庭的責任、他對工作的責任、他對自己這條命的責任──所有他對生命的期許和願望都消失了。他幾乎要去送死。

後來一個記者問他：「你為什麼不放手？你可能因此而死掉。」他的回答是：「我不能放手，假如我放掉那年輕人的手，我沒有辦法再多活一天。」為什麼呢？

叔本華的答案是，這種心理上的危機，代表某種形而上體悟的大突破：你和他人是一體的，你們是一個生命的兩面，而你們表面上的分離，只不過是在現有時空條件下，以我們自己的方式去體驗形相所得出的結果罷了。「我們與所有生命的結合一致」才是真正的實情。這個形而上的真理，在危機之下就可能瞬間體悟到。因為它就是你生命的真理。

英雄就是為了在某種程度上實踐這個真理，而付出自己有形生命的人。「愛你的鄰居」這個概念，就是讓你能夠與這個事實「合拍」。不論你是否愛你的鄰居，一旦這種體悟「抓住」了你，你隨時可以犧牲自己的生命。那個夏威夷警察並不認識要自殺的年輕人，也不知道自己是為誰而冒生命危險。叔本華最後如此總結：在許多小地方，我們可以看到這類事天天都在發生，人們常常為了彼此付出無私的行為。

莫： 所以當耶穌說：「愛你的鄰人，像愛自己一樣。」他實際上是說：「愛你的鄰人，因為他就是你自己。」

坎伯： 東方傳統中有一個偉大的人物——菩薩。他的本質就是無限的慈悲，據說從他的手指會流下仙饈玉饌到地獄的最深處。

莫： 這個的意義是？

坎伯： 在《神曲》的最後，但丁體悟到，上帝的愛滋潤了整個宇宙，甚至到最深層的地獄深處。這是非常相近的意象。菩薩代表慈悲，有了它，生命才有可能。生命是痛苦的，有慈悲，生命才得以繼續。菩薩是已了悟無生境界的人，卻自願再回來投身、參與這個痛苦的世界。對照被「降生」在這個俗世上，自願投身、參與這個世界是非常不同的。那正好就是保羅在給《腓立比書》中關於基督的主題：耶穌「不認為需要堅持神格這一點，而是以僕人的形貌出現在地球上，甚至被釘死在十字架上。」那是對破碎生命的自願參與。

莫： 那麼你是同意十二世紀阿伯拉[7]的說法，他說耶穌在十字架之死，不是繳納贖金式的償還，也不是懲處，而是整個人類的救贖。

坎伯： 這是基督為何必須被釘上十字架，或是他為何被選中的最不落俗套的詮釋。早些時期的詮釋是伊甸園的原罪，使得人類不得不出賣自己給魔鬼，上帝必須把人類從魔鬼這位典當商人手中贖

7 Pierre Abelard，一〇七九—一一四二，法國中世紀的神學家，才華突出。和教士的年輕姪女哀綠綺思（Heloise）的戀情不見容社會，留下纏綿悱惻的書信往來。

回來，所以祂獻出自己的兒子耶穌作為交換人質。教宗葛萊哥利（Pope Gregory）提出這個把耶穌當成誘餌、引誘魔鬼上鉤的詮釋。那是種償債、償還的觀念。在另一個版本中，上帝被人類在伊甸園中傲慢無恥的行為冒犯了，所以祂震怒了，並把人類逐出祂慈悲的範圍之外。而唯一能彌補上帝之怒的，便是獻出一個和原罪一樣沉重的犧牲。單靠人類的犧牲不夠，所以上帝的兒子便親身變成凡人來還這個債。

但是阿伯拉的想法是，基督自願被釘到十字架上，以激發人心對生命苦難的慈悲之情，並去除人對這個物質世界的盲目執著。在基督的慈悲裡，我們轉向了基督，負傷者成了我們的救主。這點就反映在「受傷的國王」這個中世紀觀點；飽受無法治癒之傷折磨的正是著名的聖杯國王。負傷者成為救主。苦難激發人類心中的人性。

莫： 那麼你也會同意阿伯拉所說的，人類之渴求上帝，上帝之渴求人類，交會在十字架上的慈悲。

坎伯： 是的。有時間存在，就有苦難。除非有過去，否則不可能有未來。如果你戀上當下，不論那是什麼它都將成過去。失去、死亡、出生、失去、死亡，周而復始下去。冥思十字架，就是在冥思人生奧祕的象徵。

莫： 真正的宗教轉化或改變信仰，常常帶有極大的痛苦。因為很難放下自己。

坎伯： 新約教我們要讓自我死去；真實地承受由這個世界及其價值所帶來的死亡之痛。這是神祕論者的用語。自殺也是一個象徵性的行為。意思是讓你擺脫掉當時的心理狀態，以便使自己更優、更健全。你要「死於」當前的生活，才可能有另一種生活。但誠如榮格所言，你最好不要在過程中陷入象徵性情景的泥沼。你不需要真的去死，真的，你只需要在精神上死去，然後以更開闊的生活方式重生。

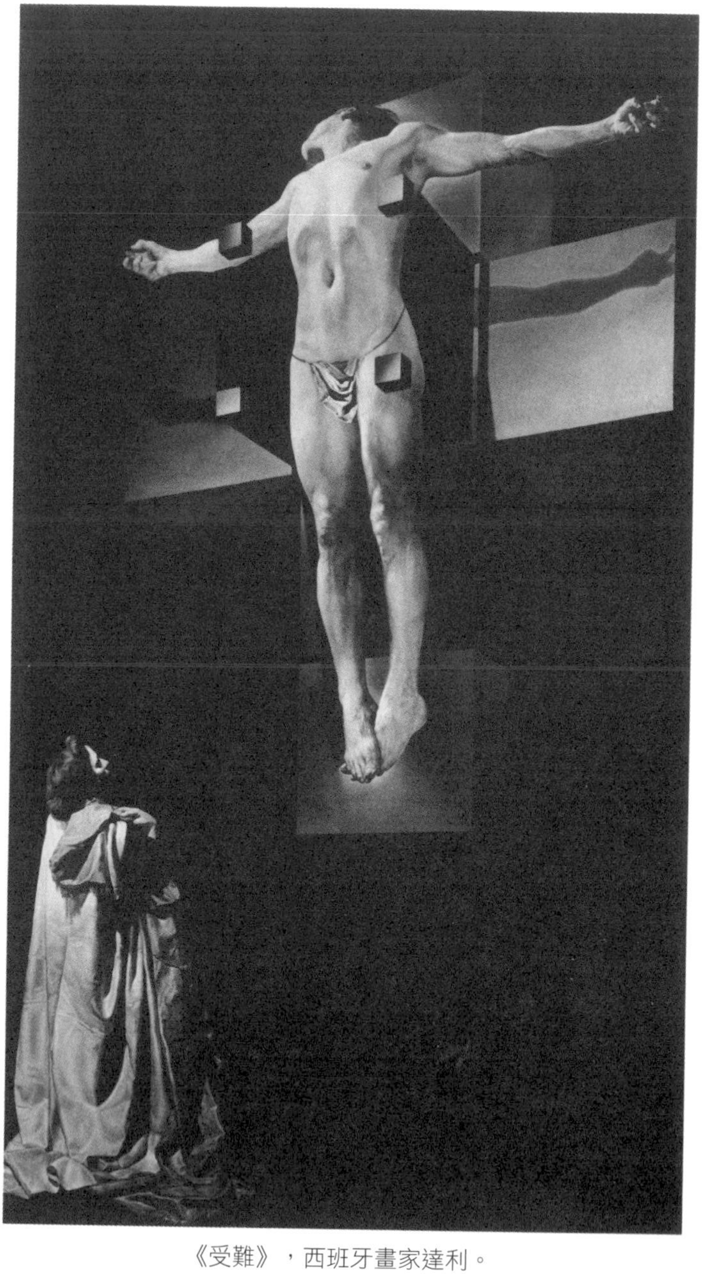

《受難》，西班牙畫家達利。

莫：這對現代社會而言太陌生了。信仰太輕鬆了！你和它的關係好像穿上外套去看電影一樣。

坎伯：是的，大部分的教堂是提供社交集會的好場所。你喜歡那裡的人，他們是值得敬重的老朋友，自己、家人與他們相識多年。

莫：這個自我犧牲之救主的神話觀念，在現今的文化中變成什麼樣了？

坎伯：在越戰期間，我記得在電視上看到一群年輕人，冒著極大的危險衝出直升機搭救他們的同伴。他們不一定要這麼冒險的。同樣的事又在這裡發揮作用了，誠如叔本華說的，願意為他人犧牲自己生命。有時人類坦白承認他們喜愛戰爭，因為戰爭讓自己覺得真正活著。朝九晚五的生活是不會有那種感覺，在戰爭中，你卻突然「被迫」回到真正活著的狀態。生命是痛，生命是苦，生命很恐怖，但是因為有上帝，我們才活著。那些越戰年輕人冒死勇敢救他們的同袍時，他們是真正地活著。

越南西寧省

莫：不少人每天都過著單調無聊的通勤上下班生活，就有人告訴我：「我每天都在一點一點地死去，但我為了家庭才繼續忍耐。」日常生活中就會有小規模的英雄行為，毋須訴諸那些誘惑人逞英雄的「惡名」，它自然就會發生。例如，母親為了家庭而忍受孤獨。

坎伯：作為母親是一種犧牲。我們夏威夷家中的走廊上，會有鳥來築巢餵食。每一年都會有一、兩隻母鳥。你會看到母鳥被小鳥爭相取食所折磨，五隻小鳥，有些體積比她還大，拍著翅膀在她身上竄來竄去。你於是想：「這就是母性的象徵，把你自己、把自己僅有的一點東西都給了後代。」這就是為什麼母親會成為大地之母的象徵。她是生養我們、供我們取食的對象。

莫：你這麼說，讓我想到《動物生命力之道》一個讓我覺得像是基督的人物。你記得匹瑪印地安人創世傳說中的救主人物嗎？

坎伯：記得。那是個富教育意義的故事。他是個帶給人類生命的經典救主人物，但人類後來把他撕成碎片。你知道有句古諺：救人性命等於為生命製造敵人。

莫：當世界被創造出來時，他從大地的中心冒出來，後來又把他的族人從地下引導出來，但是他們轉而背叛，不止殺他一次，而是好幾次——

坎伯：甚至把他碎屍萬段。

莫：但他總是又回到這個世界。最後他走入山中，因為山路曲折難辨，所以沒有人跟得上他。那是一個「類基督」的人物，不是嗎？

坎伯：是的。同時也有迷宮的母題。山路細微難辨，但是如果你識破迷宮的祕密，就可以去造訪住在那兒的人。

莫：假如你有信仰，你便可以追隨耶穌。

坎伯：你可以。祕密宗教成員經常學到的一件事就是，迷宮阻擋了你，但同時也是通往永生之路。這是神話最後的祕密——教導你如何洞察人生的迷宮，好讓生命的精神價值破困而出。那也是但丁《神曲》中提出的問題。危機開始於「我們生命的中途」。當身體開始衰弱時，另一套神話組合闖入你的夢中世界。但丁這麼說，他在中年時期迷失在一座危險的森林之中。他在那裡受到象徵驕傲、欲望、恐懼的三種動物所恐嚇。後來，羅馬詩人維吉爾（Virgil）這位具有詩般洞見的擬人化人物出現，並引導他通過由欲望、恐懼的執著化現而成的地獄迷宮，也就是使他不能通往永恆的障礙。但丁被帶到上帝的綺麗願景之中。匹瑪印地安人的故事也出現相同的神話意象，只是規模較小而已。匹瑪人是北美洲最單純的印地安文化之一。但是他們也能夠透過自己的方式，運用了和但丁同等級的高度精緻意象。

莫：你曾寫過：「十字架這個符號必須被視為，『肯定過去與未來的永恆符號』。它不僅象徵十字軍東征的歷史性時刻，而且也象徵『上帝現身時空、並參與萬物之苦難』這個奧祕。」

◆心對慈悲的覺醒

坎伯：中世紀神話的重大時刻乃是心對慈悲的覺醒，並從熱情轉化到慈悲。對受傷國王的慈悲，是聖杯故事的核心之所在，並藏有阿伯拉版的「十字架受刑之詮釋」：上帝之子降臨塵世來受十字架處死之苦，以喚醒人們對慈悲的覺醒，並將我們戀棧世俗生活的心識，轉移到「共享苦難中的自我付出」這項人類專屬價值。就這點而言，聖杯傳說的殘廢國王，乃是基督的對等人物。他的出現是在喚起慈悲，並且為死去的荒原帶入生命。這其中還夾帶著「現世苦難的精神性功能」這個神祕概念。一如既往，受難者基督來到我們面前，激發人們從捕食的野獸，變成真正的人類。他要喚起的便是慈悲。這個主題喬伊斯「傳承」了下來，並在《尤里西斯》（*Ulysses*）

一書中繼續衍義。他的英雄戴達勒斯（Stephen Dedalus）透過與布羅姆（Leopold Bloom）共享的慈悲，而真正對人性有所覺醒。那是他的心對愛、對道的開展與覺醒。

喬伊斯在這之後的下一部鉅著《芬尼根守靈》（*Finnegans Wake*）中，有一個神祕號碼一直出現，那就是「一一三二」。它會以日期的形式出現，有時候會反過來變成地址，西十一街三十二號。在每一個章節裡，「一一三二」都會以某種形式出現。當我在寫《芬尼根守靈之鑰》（*A Skeleton Key to Finnegans Wake*）時，我用盡方法去想像：「『一一三二』這個數字是什麼鬼？」然後我想起在《尤里西斯》中，布羅姆在都柏林街頭閒逛時，有一個球從塔上掉下來指出正午時分，而他想：「落體定律，每微秒三十二英呎。」我就想，「三十二」一定是落體的數字；十一可能是每十年的重新計算，一、二、三、四、五、六、七、八、九、十，然後是十一，然後就重新開始。《尤里西斯》中還有許多其他的線索讓我這麼想：「『三十二』這個數字大概是落體的數字，『十一』是救贖；代表原罪與寬恕，死亡與新生。」《芬尼根守靈》與發生在都柏林代表性公園鳳凰園的某個事件有關。鳳凰鳥燃燒自己然後重生。鳳凰園因而成了墮落之始的伊甸園，亞當屍骨上插了十字架的地方也是伊甸園：「喔，鳳凰罪鳥！」（*O felix culpa*）這麼一來死亡與救贖都齊備了。這似乎是個好答案，也是我在《芬尼根守靈之鑰》一書中提供的答案。但後來某個晚上我在為比較神話備課時，我重讀使徒保羅寫給羅馬人的書信，並偶遇一個奇特的句子，似乎可以概括《芬尼根守靈》整本書。保羅寫道：「因為上帝已經給所有的人『安上』了反叛的罪名，所以祂才能對所有的人都施以憐憫。」你不能反叛到連上帝的憐憫都「追不上」你的地步，所以給祂一個機會。就像路德所說「勇敢地表現你的原罪」，然後看看可以祈求到多少上帝的憐憫。偉大的罪人是上帝慈悲的偉大覺醒者。這個概念是關於道德與生命價值的矛盾中，最重要的一項。

所以我對自己說：「哇！嗯～～嗯～～，這才是喬伊斯的真正意思。」所以我把它寫在我的喬伊斯筆記簿上：「羅馬人，第十一章，第三十二節。」你能想像當下我吃驚的程度嗎？又是同樣的數字，一一三二，真是好樣的！喬伊斯早在他的著作中把基督信仰的自相矛盾，作為他最偉大著作裡的座右銘。在書中，他早就毫不留情地描繪出一部人類「完全罪惡史」，揭露人類在生活和行動中，各種公私怪異百態的深度。全在那兒，帶著愛陳述了出來。

莫： 將神學拋在一邊不去談論的神祕經驗，西方人能夠體會嗎？假如你完全受制於自己文化中的上帝意象，並靠科學決定你對真實的看法，你如何能經驗到薩滿巫師口中的這個終極根基？

坎伯： 確實有人經驗到它。中世紀那些有此體驗的人，通常都因異端邪說之名被燒死。其實西方最大的異端邪說之一便出自基督之口。他一字一句親口這麼說：「我和天父是一體的。」他因為說了這話，而被釘死在十字架上。基督死後九百年的中世紀時代，有位偉大的蘇菲派祕士說：「我與可敬的上帝是一體的。」他也被釘死在十字架上。當他走向十字架時，他祈禱說：「喔，我的主，假如你曾教導這些人你教給我的道理，他們便不會這樣對待我。假如你沒有如此教導我，這種事也不會發生在我身上。讓我讚美主與祂的作為。」另外有一位蘇菲派祕士這麼說：「正統社群的功能是在滿足神祕經驗者的渴望，亦即通過苦修和死亡與上帝合一。」

莫： 是什麼「削弱」了這種經驗？

坎伯： 就是多數法則這個民主特質。多數法則不僅被認為在政治中有效，對於思考也行得通。而說到思考，當然多數總是錯的。

莫： 多數總是錯的？

坎伯：在這類事情上，多數總是錯的。與精神、靈性相關的事情上，大多數人的「職責」，應該是要聆聽那些有超越俗務經驗的人，並讓自己敞開、接納那種經驗。你讀過劉易士的《巴比特》（*Babbitt*）[8]嗎？

莫：很久沒讀了。

坎伯：還記得最後一句嗎？「我一生中從來不曾做過我想做的事。」這個人從來不曾遵循他內心直覺的喜悅而活。我在莎拉．勞倫斯學院教書時，真的親耳聽見過這句話。在結婚以前，我習慣到鎮上的餐廳吃午餐及晚餐。星期四晚上是布朗士維爾（Bronxville）女傭的休假夜，所以很多家庭都外出吃飯。有個夜晚我在我最喜歡的餐廳用餐，鄰桌坐的是父親、母親，和一個大約十二歲、骨瘦如柴的小男孩。父親告訴男孩說：「喝你的番茄汁。」男孩說：「我不要。」

父親提高聲量對他說：「喝你的番茄汁。」

這時母親開腔了：「不要勉強他做他不願做的事。」

父親看著母親說：「他不能一生都只做他要做的事。假如他只做他要做的事，他便無法生存。看看我，我一生就不曾做過任何一件自己想做的事。」

當時我想：「我的天，那是巴比特轉世嘛！」

那就是從未遵循他內心直覺喜悅而活的人。你也可以在現實生活裡很成功，但想想看，那是什麼樣的生活呢？那樣有什麼好呢？你可是一生從未做一件你自己想做的事。我總是告訴我的學

8　Sinclair Lewis，一八八五—一九五一，美國首位諾貝爾文學獎得主，擅長以幽默嘲諷當時社會風氣，經典代表作包括《大街》等。《巴比特》這部小說發表於一九二二年，描繪美國經濟繁榮時期的城市生活，主人翁巴比特也成了庸俗市儈的代名詞。

生，前往你身體和靈魂要你去的地方，然後保有它，不要讓任何人影響你。

遵循內心直覺的喜悅而行

莫： 如果遵循了內心直覺的喜悅而行，會怎樣呢？

坎伯： 你會得到喜悅。在中世紀，出現「財富之輪」這個「最愛」意象的情境，簡直多不勝數。輪子中間有個轂，四周則是可旋轉的輪圈。你如果依附在財富之輪的輪圈，你要不從上到下，要不從底上升。但是如果你處在輪轂，你永遠都在同一個地方。這就是結婚誓言的意義——不論健康或生病、富有或貧窮、得意或失意，我都願意。我把你當成我的中心，你是我的喜悅，不是因為你會帶給我財富或社會地位，而是你這個人本身。這才是遵循你內心直覺的喜悅。

莫： 若有人想要汲取永生之泉、當下的喜悅，你會怎麼建議？

坎伯： 我們一生會有許多經驗，有時會有一些線索，讓我們更加了解何處是自己內心直覺的喜悅。抓住它，沒有人會知道那是什麼，你必須學習去辨識自己的深度。

財富之輪（法國，14 世紀）

莫： 你是什麼時候體會到的？

坎伯： 喔，當我還是個孩子時。我從不讓旁人干擾我的方向。我的家人總是支持我，我只要做我真的、真正喜歡做的事。我甚至不知道那會有問題。

莫： 我們身為父母的人該如何幫助孩子去辨識出他們的真實喜悅呢？

坎伯： 你必須了解你的孩子並關注他們。你可以幫上忙的。當我在莎拉．勞倫斯學院教書時，至少每兩個星期我會和學生單獨會談，每次大約半小時。有時候在談到學生的課業時，會突然「觸動」了學生讓她有所感應，你可以看到學生張大眼睛，表情也變了。生命的可能性由此展開了。你只能對自己說：「我希望這個孩子能緊緊把握住。」也許可能，也許不可能，如果她們真能做到，她們就在那房間裡找到生命。

莫： 人們不需成為詩人，就可以做到這點。

坎伯： 詩人只是把他們的「內心直覺喜悅」，變成一種職業或生活方式。大部分人關注的是其他的事。我們投入經濟、政治活動，或被徵召去打一場與自己毫不相干的戰爭。在這些情境下，也許就很難掌握住這個重點。如何掌握，是每個人都得自己想辦法磨鑄出來的技巧。

雖然大多數人的日常都屬於所謂的「偶爾關心一下就好」的生活領域，但是他們仍舊擁有覺醒、並前進到另一個場域的潛能。我很清楚，我看過這樣的學生。

以前我在一所男子預科學校教書，不時會諮詢那些無法決定未來職業的孩子。他們會問我：「你認為我可以做這個嗎？你認為我可以做那個嗎？你認為我可以成為一個作家嗎？」

「喔，」我回答：「我不知道。你能忍受十年被無視嗎？你認為自己第一本書就能大賣？假如不論如何你都有勇氣堅持你真想要的，你就去做吧！」然後孩子的老爸會干涉說：「不，你應該學習法律，因為你知道那可以多賺點錢。」如果這樣，你就是在輪圈，而不是輪轂，不是遵循你內心直覺的喜悅。你想要的是金錢財富，還是你的直覺喜悅呢？

我在一九二九年從歐洲學成回到美國，正好是華爾街崩盤的前幾週，我也有五年沒工作。一個工作機會也沒有。但對我而言，那真是一段美好時光。

莫： 美好時光？經濟大恐慌？那有什麼好的？

坎伯： 我不覺得窮，只覺得沒錢。那時人們彼此都很友善。例如，我「發現」了德國學者費羅貝尼烏斯[9]。他突然吸引了我，我覺得必須閱讀他所有著作。所以我寫了封信給紐約的出版公司，他們寄來了書，並告訴我在找到工作前——那是四年後的事了，不需要付錢。

有個老好人住在胡士托（Woodstock），他以每年二十元的租金，出租一小塊土地給他認為在藝術方面有潛力的年輕人。那裡沒有自來水，只有井和汲水器。他說他不會裝自來水，因為他不喜歡沒有自來水就無法生活的人。那是我做基礎閱讀和寫作的地方。真美好，我遵循了我內心直覺的喜悅。

我會有「內心直覺的喜悅」這個觀念，是因為在梵文這個世界最具精神性指標的語言裡，有三個字詞可代表躍入超越性大海的邊緣地帶：薩特（Sat）、啟特（Chit）和阿南達（Ananda）。「薩特」表示存有。「啟特」表示意識。「阿南達」是喜悅或狂喜的意思。我就想：「我不知道我的意識是否健全；我不知道我對自己的存有的理解是否適切；但我知道我的狂喜在哪兒。所以讓我先握緊狂喜，那會帶來我的意識與存有。」我想這辦法奏效了。

莫：我們會知道真理嗎？我們真的找得到它嗎？

坎伯：每個人都可以擁有自己的深度與經驗，以及「已經和自己的薩特－啟特－阿南達『連上線』」的小確幸；你可以自己透過自己專屬的意識與喜悅，而擁有獨家限定版的存有。宗教家告訴我們，除非死後上天堂，不然不可能真的經驗到喜悅。但我相信活著的時候，就可以盡情地擁有這種經驗。

莫：喜悅就在當下。

坎伯：在天堂，你可以盡情仰望上帝而擁有美妙的時光，你不會有一點自己的經驗。那不是體驗喜悅的地方，這裡才是。

莫：我偶爾會感覺有一雙看不見的手在幫忙。你在遵循內心直覺的喜悅時，是否也有類似的「感應」？

坎伯：一直如此。它美極了。因為一直有看不見的手在幫助我，我甚至有點小迷信地認為，假如你真隨著內心直覺的喜悅而行，你就把自己放在一條早已等待好的軌道上，而且你當下的生活就會與你應該過的生活一致。當你可以看到這一層，你便開始遇到你想要遇到的人，而且他們會為你開啟心門。我說，要遵循你內心直覺的喜悅，不要害怕，門就會為你而開，而你無法預期它們會帶你到哪裡去。

莫：你對那些沒有看不見的手幫忙的人，是否同情呢？

坎伯：誰會沒有看不見的手幫忙呢？是的，他是值得同情的，可憐的小傢伙。生命之泉就在這裡，而

---

9 Leo Viktor Frobenius，一八七三—一九三八，德國民族學家和考古學家，是德國民族學的先驅之一。

他還在周遭搖搖晃晃，真是讓人覺得可惜。

莫： 永恒生命之泉就在這裡？哪裡？

坎伯： 不論你在何處，只要你遵循你內心直覺的喜悅，你就可以享受到那份清新、一直在你內在的生命。

・第五章・

英雄的歷險

The Hero's Adventure

美國人權領袖金恩博士（攝影，1963 年）

我們甚至不用單獨去冒險，因為萬世的英雄已在我們之前走過；迷宮已徹底為人所知；我們只要遵循英雄的路線便可。當我們以為自己碰到了可憎的事物，我們找到了神祇；當我們想要殺害他人，我們應該先殺死自己；我們想要向外馳遊之處，正是自己的存在中心；我們以為自己無所依靠，實際上是與整個世界同在。

莫：為什麼在神話故事中，有這麼多的英雄？

坎伯：因為那是值得大書特書之事。甚至在流行小說中，主要的角色也都是個英雄或英雌。他們或發現，或完成一些超越正常範圍內的成就與經驗。英雄就是把自己的生命，奉獻給比他偉大事物的人。

莫：文化不同，英雄穿的外衣也不同，他們行為的內涵又是什麼呢？

坎伯：有兩種不同的行為。第一種是肢體的行為。英雄在戰場上勇敢作為或解救生命。另一種是精神層面的行為，英雄經驗超常態的人類精神生活，然後回到現世傳播訊息。

會展開英雄歷險的人，經常是自己有所失，或是覺得其他社會成員有所匱乏。接著這個人便開始一連串的歷險，不是去找回他失去的事物，就是去找尋某種滋養生命的萬靈丹。歷險通常是個循環，有去有回。

這個歷險的結構以及相關精神意義，在一些早期部落社會的成人禮或啟蒙儀式中，便預期得到。透過這些儀式，孩子被迫放棄他的兒童期，而真正長大成男人。死去的可說是幼稚的人格與心靈，重新回來的則是一個負責任的成人。這是每個人都必須經歷的一個基本心理轉化。未成年前，我們有十四到二十一年的時間依賴於他人的保護與監督。如果你要攻讀博士學位，依賴期可能會持續到三十五歲。因此你絕不是一個能自我負責、自由行動的人，而是一個服從命令的依賴者，隨時等待別人的發落，或接受懲罰與獎賞。要從這種心理上不成熟的「地位」，脫胎換骨擁有自我負責、自我擔當的勇氣，就必須要死一次然後再活回來。那就是所有英雄歷險的基本母題——出離某種境界並發現生命的來源，以將自己帶入另一個更多采多姿而成熟的境界。

莫： 所以，即使我們不是拯救社會的大英雄，我們在心理上、精神上都必須要經歷這樣的「旅程」。

每個人出生時都是個英雄

坎伯： 正是如此。蘭克[1]在他那本重要的小書《英雄誕生的神話》（*The Myth of the Birth of the Hero*）中宣稱，每個人在出生時都已經是個英雄了，出生的過程就是一個兼具心理與生理的極大轉化，每個新生兒都從一個充滿羊水環境的小水生動物，變身成一個呼吸空氣的哺乳動物，最後還會

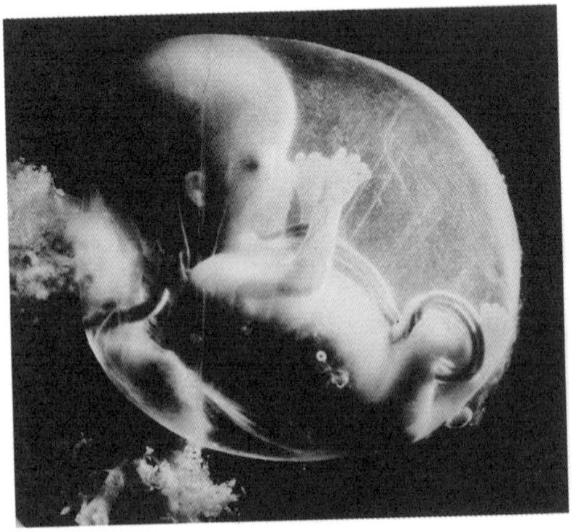

胚胎

站立起來。那是個巨大的轉化。假如這是個有意識的過程，那一定是一種英雄行為。而母親那一方也是種英雄行為，因為這一切都是她帶來的。

莫：那麼英雄不全是男性了？

坎伯：喔，不是的。男性通常會是個較顯著的角色，那是因為生命的條件使然。他在外頭的世界，女人則待在家中。但以阿茲特克人為例，他們會依據人死亡的狀況把靈魂分配到許多不同的天堂，而死於戰場的戰士和因分娩而死的母親，所歸屬的天堂是同一個。生產確實是一種英雄行為，在那個過程裡，分娩者把自己交付給另一個生命。

莫：你不認為我們的社會已經捨棄了這個真理，認為出外賺大錢比在家養小孩，更「英雄」了嗎？

坎伯：賺大錢更有廣告效果。你知道那個古老的諺語：「狗咬人不是新聞，人咬狗才是新聞。」一再發生的事，不論多「英雄」，都不算新聞。你可以說，母性已經不再有新鮮感了。

莫：然而那是個多麼美妙的意象啊——母親是英雄。

坎伯：對我來說一直是如此。那是我讀遍神話所學到的。

莫：那是個旅程——你必須從你已知、傳統的生活舒適圈，走出來進行這趟旅程。

坎伯：你必須從少女轉化成母親，那是個很大的改變，有許多危險。

莫：當你帶著孩子一起從旅程回歸時，你也為這個世界帶來某些東西。

坎伯：不僅如此，你前頭還有一輩子的生命志業等著你。蘭克對這點作了說明。他說，有許多人認為自己在出生時的英勇行為，足以使他們獲得全人類的尊敬與支持。

1　Otto Rank，一八八四—一九三九，奧地利精神分析學家。

莫：但是那以後，仍有旅程要繼續走下去。

坎伯：接下來是充滿試煉的更大規模旅程。

莫：英雄的試煉、考驗與折磨有何意義？

坎伯：從主觀意願上來講，試煉是用來驗證有「成英雄」意圖的人，是否真能成為一個英雄？他是否真能匹配這個任務？他可以克服危險嗎？他有勇氣、知識和能力服務他人嗎？

莫：在這個簡易速成的宗教文化中，我們似乎忘記了三大宗教的教導：英雄旅程的試煉是人生重要的一環，沒有捨棄，不付出代價，就不會有收穫。《古蘭經》說：「你認為你可以不經歷和在你之前死去人們一樣的試煉，便能進入充滿極樂的伊甸園嗎？」耶穌在《馬太福音》中說：「通往生命的門是偉大的，路是窄小的，極少人能發現它。」猶太教傳統的諸位英雄在達到他們的救贖之前，也都經歷過大考驗的。

坎伯：假如你能夠體悟真正的問題所在——放下自己，把自己交付給更高的目的或他人，你就能體悟這才是終極的試煉。當我們的思考不再以我們自己或我們的自我維護為主時，我們便在意識上經歷一場真正的英雄式轉化。

所有的神話都必須處理某種意識上的轉化。你一直以某種方式思考，現在你必須以另一種方式來思考。

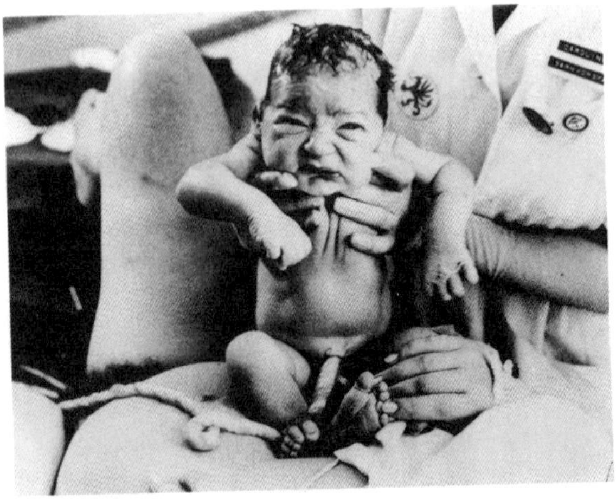

誕生

莫： 意識如何轉化呢？

坎伯： 要不通過試煉本身，要不通過啟示。試煉與啟示就是轉化的全部了。

莫： 這些故事中不是常常會出現「救贖的關鍵時刻」嗎？像是：解救被龍怪擄走的女人、城市免於遭到消滅、英雄在緊要關頭脫困而出？

坎伯： 是的。除非有成就，否則就不算是英雄行為。失敗的英雄並不是沒有，但他通常代表一種小丑角色，也就是那種假裝自己有能力的「膨風」英雄。

莫： 英雄與領袖怎麼個不同法？

坎伯： 這就是托爾斯泰在《戰爭與和平》中處理的問題。當時拿破崙橫掃整個歐洲，正準備入侵俄國。托爾斯泰提出這樣的問題：領袖真是個領袖嗎？或只是乘風破浪前進的人呢？以心理學術語來分析的話，領袖可說是「察覺到可成就事物，然後去執行」的人。

莫： 一般的看法是，領袖會先研判不可避免的趨勢，然後領先採取行動。拿破崙是個領袖，不是個英雄，因為他浮誇自大地說自己是為人道而戰，但其實不是。他是為法國而戰，為法國的光榮而戰。

坎伯： 那麼他就只是法國的英雄。這是今日世界的問題。當我們的關懷場域是整個地球時，某個國家或民族的英雄仍舊會是我們所需的嗎？十九世紀的拿破崙就相當於二十世紀的希特勒。拿破崙蹂躪歐洲是極其恐怖的。

莫： 所以區域性神祇不一定能通過更高層次的考驗？

坎伯： 是的。被供奉為在地神祇沒有問題，但是對於該神祇所征服的人們而言，就是敵人。是英雄還是怪物，就看稱呼者的意識聚焦在哪裡而定。

莫：從更廣大的神話意義上來說，我們在冠上「英雄行為」這個稱號時，必須更加小心，因為那可能完全不是那麼回事。

坎伯：我不知道，行為本身或許確實是一項英雄行為，例如，某人為自己的族人犧牲生命。

莫：啊，是啊。為國捐軀的德國士兵——

坎伯：——和被派去殺他們的美國士兵一樣是英雄。

莫：所以，英雄主義是否含有道德目的？

坎伯：道德目的就是去解救某個民族、某個人、或力挺某個理念。英雄為某個事物犧牲自己，這就是它的道德性。當然就另一個立場而言，你可以說他所犧牲奉獻的理念，並不值得尊重。這是出自另一個立場的判斷，並無損於已執行之行為的固有英雄精神。

莫：這和我孩提時代看待英雄的角度不同，那時我讀到普羅米修斯（Prometheus）為人類盜火的故事。人類因此受益，他自己卻因而受到許多磨難。

坎伯：是的，普羅米修斯把火帶給人類，文明並因此誕生。附帶提一下，偷火賊是個宇宙共通的神話主題。常常是個精靈動物或鳥偷了火，並把它交給接力的動物或鳥，帶著火跑下去。有時候這些動物在傳接火炬時，會被火焰燒傷，這個插曲是用來說明牠們深淺不一的膚色。偷火賊是非常普遍的全球性故事。

莫：那是因為每個文化都在試圖解釋火從何處來嗎？

坎伯：這類故事並不是試圖要解釋火的來源，它和火的價值更有關係。偷火賊拉大人類與動物的差距。晚上到樹林裡去，你會點燃火炬，動物也會因此遠離你。你可以看到牠們閃閃發亮的眼睛，但牠們是在火的範圍之外。

莫：所以，這些人說故事的目的不只為激勵別人，或陳述道德觀點而已。

坎伯：不，這是在評估火的價值，以及火對人類的重要性，也在說明是什麼造成人獸的差距。

莫：不論是一百萬年前或是一千年後，人類的共同點就是在追尋「人類抱負與思想的標準模式」；你的神話研究是否得出這樣的結論？

坎伯：有一種可稱之為「靈視之追尋」（vision quest）的特定神話類別，那是在追尋一種恩賜、一個靈視，它的形式在每一個神話都相同。那是我在第一本書《千面英雄》當中想要呈現的。神話各異，追尋的本質卻都一樣。英雄離開當前身處的世界，然後或深入、或遠行、或攀高，在那裡找到平日生活世界所欠缺的東西。之後的問題是，要不就留下來、拋掉現實世界，不然就是帶著那個恩賜歸來，並且在回到舊有生活時，仍能堅持它。那不是件容易的事。

PROMETHEVS.

ARTES ET INGENIVM, VEL ARTIVM INVENTORES.

PLato in Protagora ſub perſona Socratis, huiuſmodi narrat de Artium origine fabulam: Erat, inquit, aliquando tempus, quo dij quidem erant, mortalium autem genera non erant. Poſtquam autem & his tẽpus fatis conſtitutũ venit, vt crearentur, formabant ipſa dij intra terrã ex terra & igne permixtis, & ex iis quæ igne ac terra permiſcẽtur. Quũ verò in lucẽ iam illa producturi eſſent, illorum ornandorum facultatumq; ſingulis, pro vt deceret, distribuẽdarũ curã Prometheo & Epimetheo demãdarũt. At Epimetheus ſibi diſtribuẽdi munus depoſcit, & Prometheo, dum ego diſtribuo, dicit, Aſpice & conſidera. Sicque illo perſuaſo, diſtributionem facit. Hic verò aliis robur abſque celeritate apponebat, alia debiliora velocitate ornabat, alia armabat, aliis inermi data natura, aliam quandam facultatem ad ſalutem excogitabat. Quæ enim ex ipſis parua fecerat, iis volatilem fugam aut ſu
terraneam habitationem tribuebat. Quæ verò magnitudine auxerat, ea hac ipſa ſeruabat, & relic
hoc modo exæquans diſtribuebat: ea induſtria, vt caueret, ne quod genus interiret. Poſtquam v
mutuæ corruptionis effugia ipſis ſuppeditaſſet, facilitatem anni tẽpora & varias cœli tempeſta
ſub dio ferendi excogitabat: induens illa denſis pilis, & ſolidis pellibus, quæ & hyemem & æſtum
cere poſſent: & quæ ſingulis cubilia petentibus proprium ac naturale ſtratum itidem eſſent: &
pedibus alia vngulis, alia pilis & coriis ſolidis ac exunguibus muniuit. Necnon alimenta aliis a
ſuppeditabat, his herbam ex terra, illis arborum fructus: aliis radices, quibuſdam verò aliorum a
malium laniatum in alimentum dabat. Et his quidem paucam ſobolem tribuebat, his verò quæ
illis dilaniarentur, multã, quo genus ipſum conſeruaretur. Proinde Epimetheus, vt qui non vſqu
deò ſapiens eſſet, non animaduertit, ſe facultates in bruta animantia expendiſſe. Reſtabat adh
ipſi inornatum hominum genus, & quid cum ipſo ageret, ambigebat. Quo dubitante, venit Prom
theus, inſpecturus diſtributionem, & videt reliqua quidem animalia accuratè omnia habere, hom
nem verò nudum, non calceatum & inermem, iamque fatalis dies aderat, qua etiam hominem
terra in lucem prodire oportebat. Conſilij itaque inopia præhenſus Prometheus, & quamnam h
mini ſalutem reperiret neſciens, Vulcani & Mineruæ artificioſam ſapientiam vnà cum igne fu
tur. Fieri enim nullo modo poterat, vt illa abſque igne ab vllo poſſideretur, aut vllo vtilis eſſet: &
illam homini largitur. Sapientiam itaque circa parandum victum hoc modo homo accepit: art
verò verſandi in rep. non habebat. Illa enim apud Iouem erat. Prometheo autem Iouis arcem i
gredi non licebat, quoniam Iouis munitiones horrendæ erant. at in communem Mineruæ & Vulc
ni domum, in qua artes exercebantur, furtim ingreſſus erat, & furto ſublata ignea vulcani arte,
alia mineruæ, eas homini contribuit. Et ex hoc contigit homini victus facultas. Prometheus v
poſt eam quæ fertur furti penam Epimethei cauſſa dedit. Poſtquam autem homo diuinæ ſortis p
ticeps factus eſt, primùm quidem propter Dei cognitionem ex igne contractam, ſolus inter om
animantia deos eſſe putauit, iiſq; aras & ſtatuas dicauit. Deinde vocem & nomina breui per art
articulauit, habitationes, veſtes, calceos, ſtrata, & alimenta ex terra inuenit. Hoc autem modo i
ſtructi initio homines ſparſim habitant, nullas habentes ciuitates. Cùmq; feris imbecilliores eſſe

普羅米修斯為人類盜火（法國里昂，插圖，1586 年）

✦英雄主動追求，不只是個冒險家

莫：這麼說來，英雄主動**追求**某種事物，他不只是在找刺激，不只是個冒險家？

坎伯：這兩種類型的英雄都有。有的主動承擔，有的不是。有一種歷險是英雄刻意且負責任地出發執行任務。譬如說，奧德賽的兒子鐵勒馬秋（Telemachus）會出發尋父，是被女戰神雅典娜告知說：「去找你的父親。」「尋找父親」是以年輕人為主的英雄歷險。那是一種找出你的人生目標、找到你的生命本質和來源的歷險。你是刻意去進行的。蘇美人天空女神伊娜娜（Inanna）的傳說也屬於這一類，她主動下「凡」到冥府世界，經歷死亡之後把她的愛人「死而復生」地救回來。

也有被硬拖進去的歷險，如被徵召從軍。你不是自願的，但你已經身在其中了。你經歷過死亡與復活而歸，你換穿另一套服裝，你是另一種生物了。

王子獵人是經常出現在凱爾特（Celtic）神話中的英雄，他會尾隨麋鹿，一路追到一座陌生的森林。那隻誘惑英雄的動物會變身成林間仙后[2]那一類的人物。這類歷險英雄還在狀況外，就突然發現自己身處一個魔幻的領域。

莫：非自願者在神話的意義上是位英雄嗎？

坎伯：是的，因為他隨時準備好要出發。在這些故事裡，英雄平時就在「備戰」的那個歷險就是他命定的那一個。就象徵意類而言，歷險是他個性的化現。甚至景觀以及環境的各種條件，都在成就他。

莫：在喬治．盧卡斯的《星際大戰》裡，梭羅（Solo）先以商人的角色出現，最後卻變成英雄，解救了天行者路克。

坎伯：是的。梭羅做出為別人犧牲自己的英雄行為。

莫：你認為英雄是罪惡感造就出來的嗎？梭羅是因為拋棄天行者而心生罪惡感嗎？

坎伯：那要看你以哪一套理念系統來解釋。梭羅是一個很實際的人，至少他認為自己是個物質主義者。但是他同時是具慈悲心的人，只是他不知道罷了。這個歷險激發出他性格中不自知的面相。

莫：或許我們每個人內在就潛伏著英雄，只是我們不知道而已？

坎伯：我們的生命會激發我們的性格。隨著你的成長，你會更了解自己。所以你最好讓自己處於能夠正向激發你的情境中。「不要把我們帶向誘惑。」

奧特加．加塞特[3]在《論唐吉軻德》（*Meditations on Don Quixote*）中就談到環境與英雄。唐吉軻

唐吉軻德

2 Queen of Faene Hills，英國民俗故事人物，也是莎士比亞《仲夏夜之夢》的原型人物之一。

3 Ortega y Gasset，一八八三—一九九五，西班牙哲學家、人文主義者。

德是中世紀最後一位英雄。他騎馬出去找巨人，但是他的時代環境製造不出巨人，只能製造出風車。奧特加指出，唐吉軻德的故事背景發生在開始以機械觀點詮釋這個世界之際，所以環境已經無法再從精神層面對英雄做出回應。英雄碰上一個冷酷的世界，絕不會回應他的精神需求。

莫： 風車？

坎伯： 是的，不過唐吉軻德沒有白費功夫，還是參與了一場精彩的歷險，因為他虛擬了一個情境，認為是魔術師把他碰到的巨人變成風車了。你也可以這麼做，假如你有詩一般的想像力。但是，早先的社會並不是機械性的世界，而是一個活生生的世界，當英雄已經在精神上準備就緒時，這個世界也可以適時地做出回應。現在的世界已經變成「純」機械化世界，正如物理科學、馬克斯社會學、行為主義心理學所詮釋的，人類成為只會對刺激有所反應的可預測線形模式。這個十九世紀的詮釋，已把人類的自由意志「擠」出當代生活之外。

莫： 從政治意義上來講，這些英雄神話有沒有可能會「教壞」我們去「遠觀」他人的偉大行為，彷彿只是在圓形劇場、體育館或電影院觀看別人的出色表現，藉以安慰自己的無能？

坎伯： 我想這是近來才全面席捲西方文化的玩意兒。那些觀賞運動競賽而不自己參與運動的人，是會有一種替代性的成就感。但是，當你想到西方文明中人們的實際境遇，你就會意識到作為現代人是一件非常嚴峻的事。大多數人不得不養家餬口，生活單調而艱辛，簡直是一輩子消耗精力的事。

莫： 我以為那是古人才要消受的折磨。

坎伯： 他們的生活模式比我們積極活躍得多。我們只能坐在辦公室裡，上班族的日常很枯燥的，西方文明中的中年危機問題不容忽視。

莫：你似乎是有感而發。

坎伯：我已過了中年，所以我對此多少知道一點。我們這種久坐不動的生活模式，特徵就是心智上或許會有些刺激，但是身體卻跟不上來。所以你必須刻意去從事機械性的運動，每天十二次等等。我覺得我很難喜歡這樣的事，但事實卻是如此，否則你全身上下都會對你抗議說：「喂！你完全忘了我的存在，我快變成一條阻塞的溪流了。」

莫：我仍然覺得這些英雄故事極可能會成為某種鎮靜劑，在我們身體發揮作用，使得我們只會被動觀看，卻不行動。另一方面，我們世界的精神價值似乎枯竭了。人們充滿無力感。對我而言，那是對當代社會的詛咒，因為人們愈是覺得無能、倦怠，對周遭世界秩序的疏離感就會愈大。或許我們需要一個英雄來為我們發聲，表達出我們的深切渴望。

以中庸之道飛行

坎伯：你所描述的正是艾略特《荒原》的場景，停滯在人們身上的不真實生命和生活，造成社會的全面性窒息。它激發不了我們的精神生活，我們的潛能甚至身體的勇氣，統統沒了。最後，大家都捲入了非人性的戰爭。

莫：你該不會是反科技吧？

坎伯：一點也不。達德勒斯（Daedalus）這位古希臘科技大師和他兒子伊卡勒斯（Icarus）都裝上他製作的人工翅膀，好一起「飛」出也是他發明的克里特迷宮，他告誡兒子說：「以中庸之道飛行。別飛太高，否則太陽會熔掉你翼上的蠟，你會摔下來。也別飛太低，大海的潮汐會把你捲走。」達德勒斯自己以中庸之道飛行，但是他兒子卻愈飛愈興奮，而飛得太高了。於是翅膀上的蠟熔化了，男孩掉落大海中。不知為什麼，後人更熱衷於八卦伊卡勒斯的命運，好像翅膀本身需要對這位年輕飛人的墜落負責。但這不是工業或科學該負責的案例。可憐的伊卡勒斯掉入水中，但是以中庸之道飛行的達德勒斯，卻成功地安全到達彼岸。

某一部印度教經典說：「危險的道路正如剃刀的鋒口。」這也是中世紀文學的母題。當蘭斯洛（Lancelot）前去援救桂妮薇兒（Guinevere）時，他必須赤手赤腳走過湍川急流上方的劍山。當你從事一項全新的突破性歷險時，總會有過度激情或忽略某些技術細節的危險。不論那是科技性的突破，或只是一種旁人插不上手的生活方式。於是你墜落了下去。「危險的道路就是這樣。」當你遵循你的欲望、熱情、情緒的道路時，也要控制你的心識，別讓它強把你拖入災難了。

莫： 你有個十分有意思的學術論點，你不相信科學與神話是衝突的。

坎伯： 是的，它們不衝突。科學現在已越過突破點、進入奧祕的向度，它已經「攻」入神話所討論的範疇。發展到邊緣了。

莫： 這個邊緣是——

坎伯： 這個邊緣就是在「可以被知道」以及「永遠不能被發現」兩者之間的界面，因為人生的奧祕是超越人類所能探究的。生命的來源是什麼？沒有人知道。我們甚至不知道原子是什麼，是波還是粒子？它兩者皆是。我們對這些事情的真相毫無概念。

這是人們會談論神性的原因。宇宙確實有超越性的能量淵源。當物理學家觀察次原子粒子

達德勒斯和他兒子伊卡勒斯

（Subatomic Particles）時，他看到的只是螢幕上的痕跡而已。痕跡出現了會不見，來了會去，我們也是一樣，所有的生命都是如此。這個能量是生成萬物的能量。神語的崇拜儀式就是針對這個能量。

莫： 你有最喜愛的神話英雄嗎？

坎伯： 我小時候有兩位英雄。一位是費邊[4]；另一位是達文西（Leonardo da Vinci）。我希望成為二者的合體。今天，我沒有任何一位英雄偶像。

莫： 我們的社會有嗎？

坎伯： 有的。是基督。美國是華盛頓、傑弗遜，以及後來的伯恩[5]等人。當今生活是如此複雜，變化如此之快，沒有事物可以在被丟棄以前凝塑成形。

莫： 我們崇拜的似乎是名人，而非英雄。

坎伯： 是的，那太糟了。布魯克林一所中學進行的問卷問道：「你想成為什麼樣的人？」三分之二的學生回答：「名人」。他們完全沒有「付出自己以成就某種事業」的念頭。

莫： 只要成名。

坎伯： 只要成名，擁有名氣。太糟糕了。

莫： 社會需要英雄嗎？

坎伯： 是的，我想需要。

莫： 為什麼？

坎伯： 因為社會必須有凝聚力量的意象，讓各種分離的傾向能夠通力合作，一起朝向明確的目標。

莫： 好讓大家有可遵循的路徑。

坎伯：我想是。國家必須有某種意念，才能以統一的力量運作。

莫：人們對約翰．藍儂之死所流露的真情，你的看法如何？他是個英雄嗎？

坎伯：喔，他絕對是個英雄。

莫：請用神話意義來解釋。

坎伯：就神話的意義而言，他是個創新者。披頭四帶來的藝術形式是當時社會所引領期盼的。他們與他們的時代完美契合。假如他們早出道三十年，他們的音樂在流行一陣子之後，便會逐漸退燒、消沉下來。公眾英雄對他的時代需求要夠敏感。披頭四把一種新的精神深度注入當時的流行音樂之中，開啟對冥想和東方音樂的時尚熱潮。東方音樂在這之前早就有了，但只是被當成一種新奇玩意兒。拜披頭四之賜，年輕人似乎知道它是這麼回事了。這類音樂愈來愈普遍了，也依照原始設定用在協助冥想上頭。這就是披頭四帶動起來的。

莫：有時我覺得，我們應該對英雄感到可憐，而不是羨慕。他們許多人為了他人而犧牲掉自己的需要。

坎伯：他們都是如此。

莫：他們的成就又經常因為追隨者的短視而粉碎掉。

坎伯：是的。你從森林中帶著黃金出來，最後卻變成灰燼。那是神仙故事的著名母題。

莫：奧德賽的故事中有一個嚇人的小插曲。奧德賽的船隻被巨浪打碎，船員被拋出船外，奧德賽也

4 Douglas Fairbanks，一八八三—一九三九，美國電影演員、製作人。

5 Daniel Boone，一七三四—一八二〇，美國探險家。

隨著海浪載浮載沉。他抓住一根桅桿終於安全上岸，於是故事這麼寫：「最後，孤獨了，最後，孤獨了。」

坎伯： 奧德賽的歷險有點複雜，不是三言兩語就可以說清楚。你說的船難發生在太陽島這座最高明覺之島。假如船沒有失事的話，奧德賽也許還留在島上成為瑜伽行者，並在達到最高覺悟後，就永遠停留在極樂的境界不再回來。但是，「價值要揚名並在生活中實踐」這個希臘的觀念，促使他回歸了。太陽島還有個禁忌，人不該殺食太陽神的公牛。但奧德賽的部下因為非常飢餓，就殺掉太陽神的牛群，這就是沉船事件的肇因。那是因為他們雖然置身那至高的精神之光，較低級的意識狀態仍然作用著。當你有幸直面如此榮光時，你不應該想：「咦，我肚子餓。給我一份烤牛肉三明治。」奧德賽的部下尚未準備好或還不夠格接收這種「免費送上門」的經驗。那是俗世英雄達到最高檔次的明覺後，又返回俗世的典型故事。

莫： 你在寫到奧德賽這個苦樂交摻的故事時說道：「奧德賽的悲劇精神正來自於對人生之美麗和卓越的深切喜悅——窈窕淑女的高貴可愛、男子氣概的真正價值等。但故事的結局卻只是塵土灰燼。」我們可以從中得到什麼啟發？

坎伯： 你不能因為它的終點是墳墓，就說生命是無用的。品得[6]在祝賀一位剛得到匹西亞（Pythian）比賽摔角冠軍年輕人的詩中，有一段發人深省的句子。他寫道：「生命如蜉蝣，他是什麼？他不是什麼？人哪，不過是一影一夢。然而，當天賜的一縷燦爛陽光照耀時，人們身上散發出耀眼的光芒，是的，柔情似水的生命。」「空虛，空虛，全都是空虛！」這則令人沮喪的古諺其實並不全是空虛。時光的瞬間本身不是空虛，它是勝利、是喜樂。這種「在勝利的時刻強調完美顛峰」的精神，是非常希臘的。

✦英雄是新事物的創建者

莫： 不是許多神話裡的英雄都為世界而死嗎？他們受苦，他們被釘死。

坎伯： 他們確實犧牲了生命。但神話裡也接著說從他們付出的生命中，有新生命出來。它也許不是英雄的生命，但它是個新生命，或是一種存在或生成的新方式。

莫： 這些英雄故事因不同文化而有所差異。東方文化的英雄和西方文化的英雄有何不同？

坎伯： 是明覺的程度或在行動上的不同。典型的早期文化英雄會四處屠殺龍怪。那是一種史前時期的冒險形式，那時人類還在從危險、尚未定型的荒野中塑造他們的世界。走透透殺龍怪是一種常態。

莫： 所以「英雄」就像其他大多數的概念和觀念一樣，會隨時間演化的？

坎伯： 英雄會隨著文化的演化而演化。例如，摩西就是個英雄人物。他登上山頂，在頂峰面見耶和華，

6　Pindar，古希臘抒情詩人。

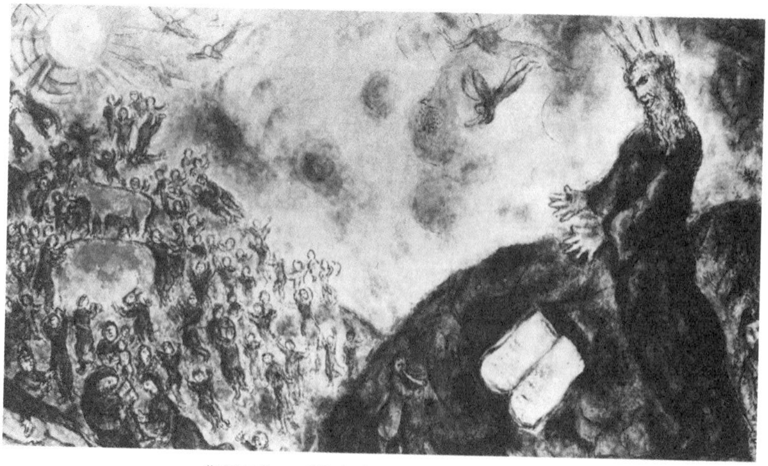

《摩西》，猶太裔俄法畫家夏卡爾。

然後帶回規範整個新社會的戒律。那是典型的英雄行為三部曲——出發、完成、返回。

莫：佛陀也是英雄人物嗎？

坎伯：佛陀的成道之路與基督大致相似；只是佛陀比基督早了五百年。你可以逐一比對這兩位救主人物，就連他們的近身弟子或使徒的角色、性格，相似度也很高。譬如說，阿難（Ananda）與聖彼得就好像一對難兄難弟。

莫：你為何把你的書叫做《千面英雄》？

坎伯：因為從全世界各地以及歷史各個時期的故事裡，都可以找出一種特定、典型的英雄行動序列。基本上，神話英雄的原型只有一個，這個原型在許多土地疆域、不同民族的故事裡被複製。傳奇式的英雄通常是某種事物的創建者——新時代的創建者、新宗教的創建者、新城市的創建者、新生活方式的創建者等等。為了創建新的事物，英雄必須離開舊有環境，去尋找像種子般的觀念，一種能萌生新事物的觀念。

所有宗教的創建者都經歷過類似的尋求歷程。佛陀獨身隱修，爾後坐在象徵不朽知識的菩提樹下，他所成就的正覺，照亮亞洲達二千五百年之久。

在得到施洗者約翰的浸禮後，耶穌在沙漠待了長達四十天，並帶回天國的福音。摩西走上山頂帶下來十誡的律則。此外還有新城市的創建者。幾乎所有古希臘的城市，都是創建該城的英雄先往外「出尋」、歷經驚奇歷險後的「動章」。人生的創建者也是「追」出來的，不論是你的人生或是我的人生，如果我們能夠「活出」自己的生活，而不是在模仿他人的生活。

莫：為什麼這些故事對人類這麼重要？

坎伯：那要看是什麼樣的故事。假如故事代表的是一種所謂的原型歷險，例如小屁孩轉大人、年少輕

上圖：
佛陀與四弟子

下圖：
《以馬忤斯的晚餐》，龐托莫（Jacopo da Pontormo），1525年。

狂的年輕人對新世界覺醒然後變成熟等，它就提供了一個應付這種成長發展過程的模式。

莫：你說過故事可以幫助我們度過危機。我小時候讀的故事都有個快樂的結局。那是在我發現人生充滿沉重負擔、誘惑，以及殘酷現實前的一段時光。我想就像我們買一張票去看幽默劇作家吉伯特（Gilbert）和作曲家蘇利文的詼諧表演，進入戲院才發現是品特[7]的嚴肅戲劇。或許是童話故事讓我們無法適應現實。

坎伯：童話故事是娛樂性的。你要區分兩種故事。就「社會與自然秩序」面而言，神話和嚴肅的求生存問題有關；另一種則是某些母題相同的故事，卻是為了娛樂之用。但即使大部分的童話故事都有快樂結局，但在這之前一定會出現典型的神話母題，例如陷入麻煩，然後聽到某個聲音或有人前來救援這類的情節。

童話故事是講給小孩聽的。通常和不願意長大「轉女人」的小女孩有關。在跨越那道成長危機的門檻時，她就突然止步不前。她就跑去睡覺，直到王子突破層層障礙而來，誘使她覺得到另一端去或許也不錯。許多格林童話故事，都在描繪這種陷入困境的小女孩。故事中所有斬殺龍怪和跨越門檻的情節，都是為了要從困境中突圍。

原始社會的成人禮儀式都有神話意義作為基礎，目的都在殺掉幼稚的自我、帶出成熟的大人，而且男女適用。但是男孩要比女孩困難，因為生命一直緊追著女孩，不論她自己願意與否，她都會變成一個女人，小男孩就要先有「轉男人」的意念才行。第一次月經來潮，女孩就變成女人了。接下來便是懷孕、成為人母。男孩首先得切斷自己對母親的依戀，把力量集中在自己身上，然後向前出發。那就是神話中，「年輕人，去找你的父親」這句話的意思。在奧德賽的故事裡，鐵勒馬秋和母親一起生活。當他二十歲時，雅典娜女神現身對他說：「去找你的父親。」

那是貫穿整個故事的主題。有時候這個主題是尋找謎樣的父親；有時候是指生理上的父親，就像奧德賽的人物設定。

所以，童話故事是屬於孩童的神話。人生各階段自有最適切的神話。年紀漸長就需要更「健壯」的神話。「十字架受刑故事」這個基督教傳統的基本意象，訴說「永恆降臨時空場域並遭到支解」之外，也有談到「通過」時空場域、進入永生世界。也就是說我們釘死自己在塵世的「暫存」身軀、大卸八塊，透過支解進入超越一切塵世痛苦的精神領域。就有一種十字架受難圖稱作「基督的勝利」，他的頭沒有下垂，也沒有血從身上流出，相反地，頭抬得高高的、眼睛睜開，好像是自願來受刑。聖奧古斯汀就寫道，耶穌走向十字架有如新郎迎見他的新娘。

莫：所以有適合年長者的真理，也有適合孩童的真理。

坎伯：喔，是的。我記得有一次亨利．吉謨在哥倫比亞大學演講印度教，提到人生如夢境、如泡影，一切都是幻象的觀念。演講結束後，有個年輕女孩走向他說：「吉謨博士，你對印度哲學的演講很精采！但是**幻象**，我不了解，我對它沒感覺。」

「喔，」他說：「不要沒耐心！妳還沒到時候，親愛的。」就是這樣，當你年紀漸長，你認識、原本活得好好的人都走了，世界本身也在流逝，這時「人生如幻象」的神話便走入你心坎。但對年輕人而言，世界有待相遇、打交道、學習、戰鬥，所以需要另一種神話。

莫：作家貝利[8]說，一切關鍵在於「故事」。故事是我們指派給生命和宇宙的情節，是我們對於事情

7 Harold Pinter，一九三〇—二〇〇八，英國劇作家，二〇〇五年諾貝爾文學獎得主。

8 Thomas Berry，一九一四—二〇〇九，美國文化歷史學家。

該如何運作的基本假設與信仰。他說我們現在麻煩了，「因為我們『卡』在新舊故事之間。舊有故事支撐我們很長一段時間了。它塑造我們的情緒態度、提供我們生活的目標、供給行動的能量、神聖化我們的苦難、引導教育我們。我們在清晨醒來，很清楚自己是誰，我們回答得出孩子們的提問。每件事都條理清楚，因為我們有故事。現在老故事不再起作用。而我們還來不及學習到新的故事。」

✦‧宗教英雄的精神追尋

坎伯： 我只有部分同意，原因是仍然有還在發揮作用的老故事，那是屬於精神追尋的故事。「內在自我的追尋」是我在四十年前[9]寫的那本小書《千面英雄》中，所要說的故事。神話和宇宙觀、社會觀要建立起關係，必須先等待人類適應他所處的新世界。現在的世界不同於五十年前的世界。但是人類內在的生命則完全一樣、絲毫不變。如果先把世界起源（科學家會告訴你是怎麼回事）的神話放一邊去，回歸到「什麼是人類追尋的神話」、「什麼是它的不同理解階段」、「從幼稚過渡到成熟會有哪些試煉」、「成熟的意義」這些問題，就會發現故事一直在那兒，也一直存在所有宗教裡。

以耶穌的故事為例，那是一個放諸四海皆準的英雄行為。他首先做出屬於他那個時代前衛觀念的事——受洗於施洗者約翰。然後他跨越關鍵門檻在沙漠中待了四十天。在猶太教傳統裡，「四十」這個數字是個具有神話性意義的數字。

以色列之子在荒野裡流浪了四十年，耶穌在沙漠待了四十天，經歷了三種誘惑。首先是民生問題，魔鬼走向他說：「你看起來餓壞了，年輕人！何不把這些石頭變成麵包呢？」耶穌回答說：「人不是只靠麵包而活，而是為了上帝說出的每句話而活。」接下來是權力的誘惑。耶穌被帶到山頂，世界諸國在他腳底下一字排開，然後魔鬼對他說：「假如你臣服於我，你就可以控制這些國家。」這是成功的政客必須汲取的教訓，只可惜至今知道的人還不夠多。耶穌拒絕了。最後魔鬼說：「好，你很出世，我們到希律（Herod）神廟之頂去，讓我見識一下，你就從那裡跳下去吧，上帝會把你接住，你連個小瘀青都不會有。」這就是所謂的靈性膨脹。我是如此出世，我超越肉體與世俗的需要。但是耶穌是上帝的肉身，不是嗎？所以他說：「你不應該誘惑主，不應該誘惑你的上帝。」這就是基督的三大誘惑，它們在今天的意義就和西元三十年的時候完全相同。

佛陀也是一樣，他到森林中和當時的頂尖宗教修行大師學習。然後，他超越了他們，並在經過一連串的試煉與尋覓之後，來到明心見性的菩提樹下，也同樣經歷了三個類似的誘惑。第一個是貪欲，第二個是恐懼，第三個則是順服大眾意見、照規定行事。

在第一個誘惑裡，貪欲之王在佛陀面前「秀」他的三個漂亮女兒。她們的名字分別是欲望、滿足、懊悔，象徵未來、現在、過去。但是已斬斷感官欲望的佛陀不為所動。

然後貪欲之王變身成死神，並把怪物大軍充當武器投擲到佛陀身上。但是佛陀之心已安置在永恆這個不受時間影響的不動之點。所以他仍不為所動，所有投向他的武器，全都變成崇拜的花

9《千面英雄》先後被兩間出版社退稿後，於一九四九年由紐約波林根基金會（Bollingen Foundation）出版。

朵。

最後欲神死神變身成為社會責任之神，並爭辯說：「年輕人，你還沒讀早報吧？你難道不知道今天該做什麼嗎？」佛陀以他的右手指尖輕輕觸地作為回答。於是宇宙母神像天邊響起的雷聲般出聲了：「我兒，這是他已經把自己奉獻給世界的表示，這裡已沒有人可以被規範，不要搞這些無聊的把戲了。」這時社會責任之神騎乘的大象向佛陀跪拜致敬，全力進攻的敵軍陣營頓時像夢一般消失了。那天晚上，佛陀成就了正覺，然後留在世上教導人們如何消除自我中心的束縛，長達五十年之久。

前兩個誘惑——欲望與恐懼，也呈現在提香[10]於九十四歲高齡構畫、現存西班牙普拉多美術館的「亞當夏娃受惑圖」。當然，畫中那棵樹就是神話世界的軸心，在這個軸心點上，時間與永恆、動與靜合成一體，萬事萬物也環繞著它轉動。但是，這幅畫中的樹只呈現出它的時間面向，那是一棵善惡、得失、欲望與恐懼的知識之樹。在右邊的是夏娃，她的誘惑者以小孩的形貌出現，提供她一個蘋果，於是她被欲望左右了。對面的亞當看著「蛇」這位誘惑者模糊不清的下半身，而被恐懼所撼動了。欲望與恐懼是控制世界上所有生命的兩種情緒。欲望是餌，死亡是釣鉤。

亞當與夏娃為其所轉，而佛陀卻不為所動。亞當與夏娃帶來生命並受上帝詛咒，而佛陀教我們如何從生命的恐懼中解放出來。

莫： 畫中那個代表生命的小孩——危險、恐懼、苦難都跟著來，不是嗎？

坎伯： 現在我八十多歲，正在寫好幾本書。我非常希望能活到完成這些工作為止。我也想要那個小孩，這就會讓我恐懼死亡。假如我沒有「一定要完成這本書」的欲望，我就毫不在乎「死」這件事。佛陀與耶穌都解脫了死亡，從荒野回來傳授弟子，弟子們再把這個福音傳達全世界。雖然摩西、佛陀、基督、穆罕默德這些宗教大師要傳遞的訊息差異極大，但是他們的靈視之旅卻大體上相同。穆罕默德被上帝選中時，是個不識字的駱駝商旅客。但他會每天離開在麥加的家，到山上洞穴中去打坐冥思。有一天有個聲音叫他：「寫下來。」於是他照做，便成了今日的《古蘭經》。這是個很老、很老的故事了。

莫：在每一個個別案例中，接收恩惠者對這些「英雄訊息」的詮釋，真是五花八門、什麼都有。

坎伯：也有某些導師回歸後決定不傳授任何事，因為不知道社會有什麼反應。

莫：要是英雄歷經磨難而歸，人們卻棄之如敝屣，會怎麼樣呢？

坎伯：那是很正常的。並非人們不識貨，而是不知道怎樣接受它、怎樣把它制度化。

莫：——如何保存，如何創新。

坎伯：是的，如何讓它持續下去。

莫：我一直很喜歡「生命從枯骨、廢墟、殘骸重生」這個意象。

坎伯：「二線」英雄會去重新活化傳統。這種英雄重新詮釋傳統，把它從過時的陳腔濫調，「更新」成行得通的生活經驗。這是所有的傳統都必須要做的工作。

莫：許多宗教之始都是它們自己的英雄故事。整個東亞都因為佛陀帶回來的律法教義而受惠，而西方則是受到摩西從西奈山帶下來的律法護佑。部落或地方的英雄為單一民族而執行其英雄行

10 Tiziano Vecellio，一四八八（九〇）－一五七六，文藝復興後期、威尼斯畫派開創者之一。此處提到的畫作名稱為《亞當與夏娃》（*Adán y Eve*）。

為，世界性英雄如穆罕默德、耶穌、佛陀，則從遠方帶回訊息。這些宗教英雄帶回來的是上帝的神蹟，而不只是一張上帝的藍圖。

坎伯：舊約裡是有一大堆律法。

莫：但那是宗教轉化或神學。宗教始於驚奇感、敬畏感，以及透過說故事來和上帝「搭上線」這個雄心壯志。然後它才成為一套神學作品，每件事都被簡化成規範或教義。

坎伯：那是將神話「降格」成神學。神話是非常具有流動性的。大部分神話都是自相矛盾的。你甚至可以在一個特定文化裡，發現同一奧祕有四、五種不同版本的神話詮釋。神學出現後，事物的解釋也僵固了。神話是詩，詩的語言非常有彈性。宗教把詩變成散文：真的有位上帝住在天堂；他真的是這麼想；這是你應有的行為方式，才能和上頭那個神保持適當關係。

莫：你不需要相信有亞瑟王這號人物，仍然可以得到故事中的啟示。但基督徒認為，我們必須相信救世主的存在，否則奇蹟便不會發生。

坎伯：這就像希伯來先知以利亞（Elijah）展現的奇蹟一樣。一大群奇蹟懸浮在空氣，就像粒子一樣。這道行高的人到哪裡，所謂「奇蹟」便聚集到他四周來。這些奇蹟的故事只是要讓我們知道，這位奇人所傳授的是一種精神秩序，不僅止是他的肉體面，所以，奇人能展現精神奇蹟，這一點都不奇怪。但這並不一定表示他真的顯了奇蹟，當然可能性是存在的。我也曾看過類似奇蹟的事發生，我們並不曉得可能的界限在哪裡。但是傳說中的奇蹟不一定是確實發生過的事。佛陀行走在水上，耶穌也有此「特異功能」。佛陀也曾上了天，又回來。

與真正的自己接觸

莫：我記得你曾在演講中畫了一個圓圈，然後說：「那是你的靈魂。」

坎伯：那只是教學用的道具罷了。柏拉圖曾說，靈魂是個圓。我借用這個概念，在黑板上畫個圓表示心靈的整個範圍。然後我從中間畫了一條水平線，代表意識與無意識的分界。我用一個在圓心的黑點表示我們生命能量來源的中心，而且它是在水平線下面的位置。嬰兒的每個意念都是來自他那嬌小身體的需求。那就是生命開始的方式。大體上嬰兒就是生命的衝動。然後心識出現，就會想要知道事情是怎麼一回事？我要的是什麼？我怎麼得到它？

在水平線上的是自我，我用四方形來表示我們自認為是中心的，也就是「自我」這個意識狀態的面向。但是它距離真正的中心尚非常遙遠。我們認為「自我」是自己人生大秀的主導動力，但其實它不是。

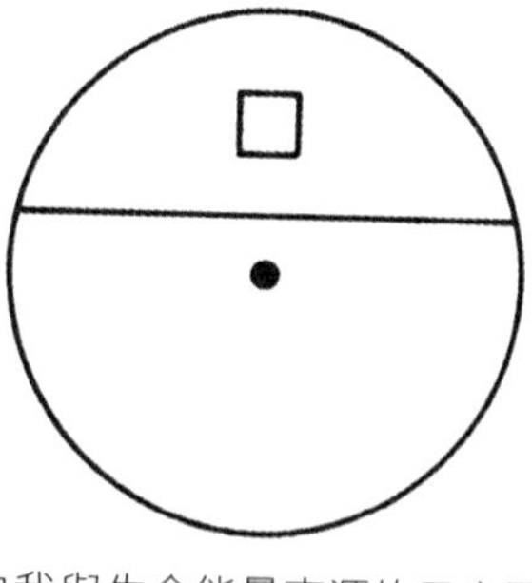

自我與生命能量來源的示意圖

莫：人生大秀的主導動力?!

坎伯：看從下方湧上來的是什麼，那就是主導動力。人們是從青春期開始意識到自己沒有主導權，這段時期身體開始變化，強勢地產生一套全新的需求系統。青春期的男孩子完全不知道如何處理這個情況，只能納悶是什麼在推動自己，而推動女孩子的動力就更神祕了。

莫：很明顯的是，我們以嬰兒之身來到這個世界時，已隨身攜帶某種記憶盒子。

坎伯：更令人驚訝的是記憶盒中藏有的龐大資料庫。當奶頭含在嘴裡時，嬰兒就知道要做什麼。那裡有一整套我們稱之為「本能」的內建行動系統，就像我們在動物身上看到的。那是生物性的根基，但是就會有某些不能發生或不得不做的事，讓我們感到厭惡、困難、恐懼，甚至有罪惡感，那就是惱人心理問題的開端。

在這類事情的基本教化上，神話扮演了一個主要的角色。今天的社會並沒有提供我們該有的神話性指導，因此年輕人也很難「動」起來。我有個理論，如果你知道哪裡「卡」住了，就一定可以在神話中找到與之相對應的「專屬」通關問題。

莫：我們常聽人說：「和你自己接觸。」你認為這句話如何解釋？

坎伯：由於深受周遭他人的理念和命令影響，你對自己真正想要什麼、可能成為什麼？根本一無所知。我認為，在極端嚴格、威權的社會情境中成長的任何人，都不太可能了解自己。

莫：因為你總是聽命於人。

坎伯：每次都有人確切告訴你要做什麼，每分每秒。你是在軍隊裡啊。這就是這個社會的做法。從小在學校，總是有人告訴你該做什麼，所以你才會算日子等待放假日，因為那是你做自己的時候。

莫：如何與另一個自己、真正的自己接觸，這點神話怎麼說？

坎伯：首先要遵循神話本身，以及宗教導師的提示，他們應該知道的。這就像運動員找教練一樣。教練告訴他如何把自己得能量好好在比賽中發揮出來。一個好的教練不會告訴跑者如何提起手臂之類的事。他會看著他跑，然後幫助他調整他自己天生的模式。一個好的老師守護年輕人、辨識他的可能性，然後再給建議，而不是命令。命令會是：「這是我的方式，所以你必須這麼做。」某些藝術家是以這種方式教導學生沒錯。但是在任何情況下，作為老師的都應該好好跟學生談，給他們一些線索。假如沒有人這麼守護你，你必須自己絞盡腦汁、從無生有，就好像重新改造輪子一樣。

莫： 我知道有一種好方法：你有什麼困擾，就去找一本在處理相關問題的書，一定會給你一些線索的。我自己就從閱讀湯瑪斯．曼和喬伊斯的書中受益良多，他們兩人都是把基本的神話主題，用來詮釋當代社會年輕人的各種問題、疑問、體悟和關心的事。你可以透過了解這些事的優秀小說家作品，找到你專屬的「神話引導」母題。

那是讓我感興趣的地方。假如我們夠幸運的話，假如神和繆思都在微笑的話，大約每一世代都會有啟發我們想像力的人出現，讓我們踏上自己的旅程。在你的年代是喬伊斯和湯瑪斯．曼。在我們的時代，大概就是電影吧。電影是否創造了英雄神話呢？你認為像《星際大戰》那樣的電影，是否有滿足「創立英雄典範」的部分需求呢？

坎伯： 我曾聽到年輕人使用喬治．盧卡斯的某些用語如「原力」（the Force）和「黑暗面」（the dark side）等。所以它一定有某種影響力。我認為，它是個很好的教學素材。

莫： 我想那某種程度地解釋了《星際大戰》的成功。它並不只是一部製作精良、值得一看的佳片，它推出的時機也正好符合人們以「熟悉的意象觀賞善惡交戰」的需求。他們需要理想主義來給自己提個醒，想要觀賞基於無我而非自私的羅曼史。

坎伯： 「邪惡力量不等同於任何特定國家」，這個事實意味著它是一種抽象的力量，它代表一種原則，而不是特定的歷史情境。這個故事講的是原則的運作，而非國與國的交戰。電影裡頭演員戴的野獸面具，代表當今這個世界的真正野獸勢力。達斯．維達（Darth Vader）面具下面是個未成形的人，一個尚未發展成為人類個體的人，是一張奇怪、可憐、未分化的臉。

莫： 它的意義是什麼？

坎伯：達斯維達尚未發展出他自己的人性。他是一個機械人。他是一個官僚，活著不是為自己，而是為了一套外加的系統。這是對我們生活的威脅，是我們今日共同面臨的課題。系統將打敗你、否定你的人性呢，還是你能運用這個系統來造就人性化的目的呢？你要和這個系統保持怎樣的關係，你才不至於被迫受制於它？意圖改變它以符合你的思考系統是沒有用的。它背後的歷史動能太強大，因此要從個人行動衍生出真正有意義之改變的機會太過渺小了。你要做的是去學會活得像個人。這和改變大環境完全不同一回事，而它是可以做到的。

莫：怎麼做呢？

坎伯：堅持你對自己的理想，就像天行者路克一樣，拒絕系統強加在你身上的非人性要求。

莫：我帶我兩個兒子去看《星際大戰》，故事來到最後激戰的最高潮，肯諾比（Ben Kenobi）的聲音對天行者說「關掉電腦、關掉機器、自己來做、遵循你的感覺、相信你的感覺」。路克這麼做了，他成功了，我的兩個兒子和所有觀眾一起大聲鼓掌。

《帝國大反擊》中的維達和費特

✦願原力與你同在

坎伯：你看，這部電影確實有在跟年輕人溝通。它是以年輕人的語言來和年輕人交談，這點很重要。這部電影要問的是：「你要做一個有良心、有人性的人，因為那是從『心』而來的生命之所在，還是要依照所謂的『意志力量』（intentional power）所要求的去做呢？」肯諾比說的「願原力與你同在」，指的是生命的力量與能量，不是設定好的政治意志。

莫：我對原力的定義感到好奇。肯諾比說：「原力是所有生命產生的能量場。它環繞著我們，它穿透我們，它把宇宙銀河結合在一起。」《千面英雄》中也針對世界臍心、神聖處所、創世剎那的力量有類似的描述。

坎伯：是的。當然，原力從內部移動而出。但是帝國的原力卻是立基於征服並統治的不良意圖上。《星際大戰》不是一齣簡單的道德劇，它講的是生命的各種力量；透過人的行動，這些力量或得以實現、或被打破和壓抑。

莫：我第一次看《星際大戰》時，我想：「這真是老掉牙故事穿上新科技戲服的演出。」年輕的故事主人翁被召喚前去歷險，英雄出外面臨試煉與折磨，然後帶著給社會的恩賜凱旋而歸——

坎伯：確實，電影中出現的都是「準」神話人物。提供諮詢意見的智慧老人，讓我想到日本的劍道師父。我認識一些劍道師父，肯諾比是有一些他們的特質。

莫：劍道師父是做什麼的？

坎伯：他是全方位的武士專家。東方的武術修行遠超過我在美國體操館內所見識過的那些。東方武術修行同時結合了生理與心理的技巧。《星際大戰》中的這個角色也具有劍道師傅的特質。

莫：電影中也出現了神話的元素……有個陌生人出現提供英雄某種工具，以幫助他——

坎伯：他不僅提供物質的工具，也提供了心理上的承諾以及心理的中心。這個承諾超越了純意志系統。英雄現在「撩」下去了。

莫：我最喜歡的一場戲，他們在垃圾壓縮機裡面，兩面牆不斷靠近，我想：「那裡就像吞下約拿（Jonah）的鯨魚之肚。」

坎伯：那就是他們所在之處，鯨魚肚的深處。

莫：肚子的神話意義何在？

坎伯：肚子是進行消化以及生成新能量的黑暗地方。「鯨魚之腹的約拿」這則故事就是神話性主題的最佳例子。它的宇宙共通性在英雄進入魚腹，最終脫困而出，並且已經轉化了。

莫：為什麼英雄一定要這麼做？

坎伯：那是一種闇夜迫降。心理層面的意義在，鯨魚代表困鎖在無意識裡的生命力量。從隱喻的觀點來說，水是無意識，水中的生物則是無意識裡的生命或能量，由於無意識已經淹沒意識人格，所以必須要被削弱、克服、控制。

約拿與鯨魚

在這類歷險的第一階段，英雄會離開他熟悉、而且能有所控制的領域，來到一個關鍵門檻，比如說湖邊或海邊，在那裡會有來自深淵的怪獸在等著他。接下來有兩種可能性。在約拿這個型態的故事中，英雄被吞噬到深淵中，等待稍後的復活。這是「死後復活」這個主題的改編版。意識人格現在已經接觸到難以應付的無意識能量之流，所以必須先要承受恐怖夜海之旅的試煉和啟示，並學習如何與這個黑暗的力量共處，最後，浮出水面迎向嶄新的生活方式。

另一個可能是，英雄意外碰上黑暗力量、克服它、殺了它，就像斬殺龍怪的齊格飛（Siegfried）和聖喬治（St. George）一樣。但齊格飛也學習到，他必須要先嚐龍血，才能取得龍的力量。齊格飛斬殺了龍怪、喝了龍血之後，他聽到了自然之歌。他已經超越他的人性，並且和自然的力量重新「接上線」。這個自然的力量也就是生命的力量，心識的運作卻讓我們與之脫離。

你看，意識自認為它是負責營運的店長。但它只是一個完整人類的次要器官，它不應該主控一切。它必須臣服於身體的人性，並為之服務。當它親自下海主控一切時，你就變成像《星際大戰》中達斯維達那種人，也就是「選邊」靠向意識、意志的人。

莫： 黑暗的人物。

《聖喬治屠龍記》，烏切洛（Paolo Uccello），約 1470 年。

坎伯： 是的。就是歌德《浮士德》中魔鬼梅菲斯特所代表的人物。

莫： 但我想有人會說：「神話那玩意兒只是對喬治・盧卡斯的奇想有利，只會對喬瑟夫・坎伯的學術研究有用，但那不是我生活中的事。」

坎伯： 它最好是，假如你不能認同它，它可能把你變成達斯・維達。假如人只堅持一個特定的程式，而不傾聽自己內心的要求，他就可能成為精神分裂症的候選人。這種人自己偏離了中心。他已經為自己的生活做好了規畫，而這根本不是身體感興趣的那項計畫。這個世界有許多人或不曾停下來傾聽自己，或只會遵循周遭他人的指令，告訴他們該做什麼、該如何表現、什麼是他們的生活價值。

莫： 就你對人類的了解，我們是否可以想像有一個超越真實與虛幻想衝突的智慧存在，讓我們的生活得以通過它重歸完整？我們能夠發展出新的模式嗎？

坎伯： 這種智慧早就存在各大宗教裡了。對它們的時代而言，所有的宗教都「很真實」。假如你能認識到宗教之真實的永恆面向，並把它和宗教在現世的應用區分開來，你便找到了存在的智慧。我們已經討論過了：為了肉身得到精神上的支撐，而捨棄身體的生理欲望和恐懼；身體是否能在時間的場域中，學會理解並展現出它自己最深刻的生命力？我們每個人都必須傾全力找到我們人性花朵的最優孕育方式，並全心投入奉獻給它。

莫： 不是第一因，而是較高的原因？

坎伯： 我會說是更為內在的原因。「較高」指的是在上面某處，但是根本沒有「上面某處」存在。我們很清楚。在上面的老人[11]已經隨風逝去了。你必須找出你內在的原力。這是為什麼東方的宗教導師這麼讓年輕人信服。他們說：「它就在你內在，去找它。」

莫： 但，只有極少數人能夠面對一個全新真實的挑戰，並在生活上依教奉行的啊！

坎伯： 完全不是這樣！也許只有少數人可能成為教化人的導師或領袖，但這種挑戰是每個人都做得到的，就像每個人都能自動自發在緊急情況下拯救生命一樣。生命的價值，不是只侷限在維護身體和關心當天的經濟民生，每個人都應該認識到這一點。

莫： 我小時候讀的《圓桌騎士》就激起我的「英雄夢」。我想要出征屠龍，我要到黑森林中斬殺邪魔。神話讓奧克拉荷馬農夫之子「肖想」成英雄，這點你有什麼看法？

神話使你知道自己的完美、力量的圓滿

坎伯： 神話啟發你的覺察能力，你知道自己的完美、力量的圓滿，以及把陽光帶入世界的可能性。斬殺龍怪便是斬殺闇黑事物。神話從內心某處抓住了你。小時候，你能做的有限，像我就只是埋頭讀我的印地安人的故事。後來，神話可以教給你的愈來愈多。我想任何曾經認真鑽研宗教或神話概念的人，會告訴你，我們從小便在某個層次上認識了神話，但是之後會有更多層次被揭「密」出來。神話的啟示是無限的。

莫： 我如何斬殺我內在那隻龍怪呢？什麼樣的旅程是我們每個人都要去經歷的？是你所謂的「靈魂的最高歷險」嗎？

11 指擬人化的上帝。

坎伯：我給學生的總原則是「遵循你內心直覺的喜悅」。找出它，然後勇敢去遵循。

莫：它是我的工作還是我的人生嗎？

坎伯：假如你做的工作，是因為喜歡而選擇的工作，那就是了。但是假如你想：「喔，不！我不能那樣做！」那就是你內在的龍怪鎖住了你。「不，不，我不能成為一個作家」，「不，不，我做不了某某人做的事」。

莫：就這點而言，和普羅米修斯或耶穌這些世紀英雄不同的是，我們不是走在解救世界的旅程上，而是要解救自己。

坎伯：但那樣做的同時，你救了這個世界。生氣蓬勃的人就會帶來充滿活力的影響，這點是毫無疑問的。沒有靈性的世界是一片荒原。人們總是認為，改變事情、改變規則、換一個當家做主的人……才能解救世界。不，不！任何有生氣的世界都是「正確」的世界。要緊的是帶入生命。而唯一的方法，便是根據你自己的情況，找出你的生命所在，並活出自己的生命力來。

莫：當我上路去斬殺龍怪時，我只能靠自己嗎？

坎伯：假如有人可以幫你，那很好。但是最終一擊還是得靠自己完成才行。就心理意義而言，龍怪是自己對自我的一種執著。我們被拘囚在自己的龍穴中。精神科醫生要解決的問題是「瓦解」那隻龍，把牠剖開，好讓你有更廣闊的人際關係。究竟之龍就在你心裡，是你的自我把你壓制住了。

莫：自我是什麼？

坎伯：你認為你想要的、你願意相信的、你覺得自己負擔得起的、你決定去愛的對象、你認為你應該執著的。它也許毫不起眼，但它可以把你釘死。假如你只是照周遭人所說的去做，你就一定會處處動彈不得。那些人便是從你的內在反射出來的龍怪。

西方的龍怪代表的是貪婪，而中國的龍則不同。牠代表沼澤的生命力，舞動全身發出如雷鳴般的吼叫聲跳躍出水。「哇！哈、哈、哈～哈～哈。」那是種可愛的龍，會帶來豐饒水域的恩賜，是一種非常偉大而美好的禮物。西方故事中的龍怪會收集、霸占每一樣東西。在牠祕密的洞穴中，牠護衛著戰利品不放手：成堆的黃金和一個被抓來的處女。牠不知道該怎樣處理，牠就只是護著、存著。世上就有這樣的人，我們稱之為「黏人的討厭鬼」。他們沒有生氣，不會施予。他們只是黏著你、纏著你，想從你身上「榨」出生命來。

榮格有個病人找上門，她覺得自己隻身一人站在岩石上，這樣活在世上很孤獨。她畫了一幅示意圖：她在一處灰陰陰的海岸，腰部以下都困在岩石中。風吹著，她的頭髮也被吹動了，黃金、生命的喜悅都被埋在岩石中，離她遠遠的。然而她畫的下一幅圖，簡直就是按照榮格說過的話畫出來的。一道閃電打到岩石上，一片黃金碟子彈跳出來。岩石裡的黃金都在外面，岩面上到處都是黃金碎屑。在接下來幾次的會面裡，這些黃金碎屑也被指認出來了。那是她的朋友。她不是獨自一人。她把自己閉鎖在狹小的房間和生活中，然而她還是有朋友。她的這些體認，只有在殺了龍怪之後才出現。

莫：我喜歡你在提到西修斯（Theseus）和阿麗亞德妮（Ariadne）這則古老神話時說的話。西修斯對阿麗亞德妮說：「假如妳能指引我一條出迷宮的路，我將永遠愛妳。」所以她給他一個絲線纏繞成的球，他進入迷宮時也一邊打開，最後只要按照原路出來就好了。你說：「他所有的只是那絲線。這是你需要的全部。」

坎伯：那是你需要的全部——阿麗亞德妮的絲線。

莫：有的時候我們會期待有巨大的財富或強大的力量來拯救我們，或是偉大的觀念來救我們，然而我們所需的只是那條絲線。

坎伯：要找到並不容易啊。但有人給你線索，是件美事。那是老師的工作，幫助你找到你的阿麗亞德妮絲線。

莫：像所有的英雄一樣，佛陀並沒有告訴你什麼是真理本身，他告訴你通往真理的道路。

坎伯：但是，那必須是你自己的路，而不是他的路。例如，佛陀無法告訴你如何去除掉你自己特有的恐懼。不同的老師會有不同的建議，但它對你很可能不見得有效。老師所能做的只是建議。他像一座燈塔般指出：「那裡有岩石，離開它。外頭那裡有條航道。」

任何年輕人生活中會面臨的大問題，就是在找出能夠啟發自己未來可能性的模式。尼采說：「人是病態的動物。」人是不知道怎樣處理自己的動物。心識有許多可能性，但我們一生只能活一次。我們該怎樣「處置」自己？一個「活」神話就能帶出多個當代的生活模式。

莫：今天，我們擁有無窮可能的各種模式。許多人最終試了一堆模式，還是一點都不清楚自己是誰。

坎伯：當你選擇職業時，你實際是選擇了一個適合你的模式，至少可以撐好幾年。例如，一個人過了中年以後，別人就很容易分辨出他的職業為何。不論我走到那兒，別人都知道我是教授。我不知道是因為我做了什麼，或是看起來的樣子，但是我也看得出教授與工程師、商人的不同。你是被你的生活所塑型。

莫：《亞瑟王》的故事中有個很棒的意象。當時圓桌騎士正要進入黑森林中尋找聖杯的下落，說故事的人說：「他們認為成群結隊走進去是降格之舉。」所以每個人都分別選了自己的入林點。你的詮釋為：這個故事表現出「強調個人生活之獨特現象」的西方觀點，每個人都要獨自面對黑暗的挑戰。

坎伯：當我閱讀十三世紀《聖杯的追尋》（*Queste del Saint Graal*）一書時，讓我有所啟發的是，它概括了一個西方特有的精神目標與理想，那就是，只有你可能把你內在的潛力表現在生活中，其他人都不可能。

我相信這是偉大的西方真理：我們每個人都是獨特的生命，假如我們要獻給這個世界禮物，它一定是出自我們自己的體驗，出自自我潛能的實現，不是任何其他人。另一方面，在傳統的東方，以及所有強調傳統的社會裡，個人就像用模具製造出來的餅乾一樣。他的責任絕對而精確地加在他身上，不可能打破。當你找上宗教導師尋求精神指引時，他只知道一些老套的做法：依據傳統，你現在在哪個階段、下一步該去哪裡、你該怎麼做才能達到目的等等。他會讓你有樣學樣、看起來像他一樣。那可不是西方認可的教學方式。我們必須讓學生依照自己的樣子發展，老師則在這個基礎上給他們指導。一個人在生命裡必須尋求的是前所未有的經驗，必須是從他自己獨特的經驗潛能所產生的東西，是他自己獨一無二且空前絕後的經驗。

莫：那是哈姆雷特問的問題：「你面對了你的命運嗎？」

✦征服對死亡的恐懼，就是重獲生命的喜悅

坎伯： 哈姆雷特的問題是，他沒有面對。他面臨的命運太巨大，使他無法承擔，因而被擊得粉碎。那也有可能發生。

莫： 哪種神話故事可以幫助我們了解死亡？

坎伯： 你無法了解死亡，你要學會默認死亡。我認為基督以人類僕役的形貌出現，甚至死在十字架上，這是讓我們學習接受死亡的主要課題。伊底帕斯與史芬克斯（Sphinx）的故事也提供了解釋。伊底帕斯故事中的史芬克斯，不是埃及的人面獅身像，而是有鳥翼、獸身和人頸、人乳、人臉的一個女性。她代表的是所有生命的命運。她帶給世界一場瘟疫，要解除瘟疫，英雄必須回答她提出的謎題：「什麼東西出生時用四隻腳、長大後用兩隻腳、老了用三隻腳走路？」答案是「人類」。嬰兒手腳並用在地上爬，成人用兩腳走路，老年人撐著拐杖走路。史芬克斯的謎題，是生命本身的恆久意象——孩提時代、成熟、老化、死亡。你能無懼地面對、並接受史芬克斯的謎題，死亡於是不再「扒」住你，史芬克斯的詛咒就消失了。征服對死亡的恐懼，就是重獲生命的喜悅。只有當一個人能不把死亡當作是生命的對立，而是生命的一個面向來接受它，才可能體驗到對生命的無條件肯定。生命在生成過程裡便一直受到死亡威脅，一直瀕臨死亡。克服了恐懼，生命的勇氣便油然而生。無懼與成就是每個英雄歷險的主要入門禮。

我記得小時候讀過，印地安勇士在衝向卡士達將軍[12]陣營的槍林彈雨時，會發出激勵士氣的戰鬥吶喊聲。「今天是我的死日，多麼美好啊！」完全沒有對生命的執著。那是神話最偉大的訊息

之一。就我所知，「我」不是我生命存在的最後形式。不論如何，我們已經實現的自我，都必須不斷地死去。

莫：你可以用一個故事說明這點嗎？

坎伯：葛溫爵士（Sir Gawain）與綠騎士的古老英國故事，是有名的例子。有一天一個綠色巨人騎著一匹巨大的綠馬，來到亞瑟王的宴會大廳。「我挑戰這裡所有的人。」他說：「拿這柄我帶來的大戰斧，砍掉我的頭，明年此時和我在綠教堂會面，屆時我會砍掉他的頭。」

大廳中唯一有勇氣接受這項怪異邀約的騎士，便是葛溫。他站起來，綠騎士跳下坐騎，把戰斧交給葛溫，並把自己的頭伸出來，葛溫一揮戰斧就乾淨俐落地把頭砍了下來。綠騎士站得直挺挺的、撿起自己的頭、收回斧頭、騎上馬。當他騎馬揚長而去時，還對震驚不已的葛溫說：「一年後見。」

那一年裡，每個人都對死期逐漸逼近的葛溫好聲好氣、溫柔以待。在快到死約之前，他騎馬出發去找綠教堂，前赴綠騎士之約。隨著時間的接近，在大約只剩三天左右的時候，葛溫來到一間獵人小屋，並在那兒問路。應門的是一位和藹又親切的獵人，他回答說：「教堂就在這條路下去幾百公尺的地方。你何不與我們共處最後這三天？我們很歡迎你。到時候你的綠色朋友便會出現。」

葛溫同意了。當晚獵人告訴他：「明天一早我會出去打獵，晚上就會回來，到時我們將交換當天的獵物。我會給你打獵的全部收穫，你也給我你獲得的東西。」他們大笑，葛溫也同意這樣

---

12 George Armstrong Custer，一八三九—一八七六，美國歷史傳奇人物，一九六七年好萊塢電影《卡士達將軍》（*Custer of the West*）的原型人物。

做。於是他們便上床睡覺。

一大清早葛溫還在睡，獵人就騎馬外出了。這時獵人的美艷太太走了進來，搔他的下顎並搖醒他，熱情地要與他親熱起來。他是亞瑟王宮殿的騎士，背叛他的主人是他這種等級的騎士最不能忍受的，所以他極力抗拒。然而她很堅持，步步進逼不斷魅誘他，直到最後她無奈地對他說：「那麼讓我吻你一下吧！」所以她大大地給了他一個狂吻。事情就這樣結束了。那個晚上，獵人帶了一大袋各式各樣的獵物回來，丟在地上，於是葛溫給他一個狂野的大吻。他們大笑，事情也就告一段落。

第二天早上，獵人的太太又來到房間，比以往更加熱情，這一次接觸的「誘果」是兩個熱吻。晚上獵人回來時，獵物只有一半，卻得到二次親吻，他們又和昨天一樣大笑。

到了第三天早上，美艷動人的人妻媚態加倍，葛溫則是即將赴死、盡可能保住項上人頭和騎士榮譽的年輕人，這次接受了三個吻，以作為他奢侈生命的最後獻禮。親吻他之後，她求他接受她的動帶以作為愛的象徵。她說：「它被施了魔法，可以幫助你度過難關。」所以葛溫接受了動帶。這次獵人只帶回來一隻又笨又臭的狐狸，把牠扔在地上，葛溫獻上三個親吻，動帶自已留了下來。

看得出年輕騎士葛溫面臨的考驗是什麼嗎？前兩個與佛陀是一樣的。一個是欲望、貪念，另一個是對死亡的恐懼。葛溫證實他有足夠的勇氣持續這個歷險。但是動帶已經更上層樓了，是另一種等級的誘惑。

當葛溫接近綠教堂時，他聽到綠騎士磨著大斧的聲音——咻、咻～咻～咻。葛溫到達時，綠色巨人只對他說：「把你的頸子伸過來這裡。」葛溫照做，綠騎士高舉斧頭卻停在那兒不動。

「不，再伸長一點。」他說，葛溫照做，巨人又把巨斧舉起來。「再伸長一點。」他又說了一次。葛溫竭盡所能地伸長脖子，然後咻一聲，斧頭只在葛溫頸上劃了一小道傷口。然後，實際上是獵人變身而來的綠騎士對他解釋說：「這一斧是為了勳帶。」

據說，這是英國騎士勳章中，地位最高的嘉德勳位（the order of the Knight of the Garter）由來故事。

莫：這個故事的道德教訓是？

坎伯：我想，道德是英雄事業的第一要件，其中包括了忠貞、節制、勇氣這三項騎士美德。這個例子裡的忠貞，有兩種程度或說兩個效忠的對象：第一是既定歷險，第二是騎士勳業的理想。後者似乎讓葛溫處於佛陀的對立位置，因為當佛陀被社會責任之神要求對所屬的社會階級盡特定義務時，佛陀置之不理，當夜成就正覺、解脫輪迴再生。就像奧德賽忠於塵世、並從太陽島回到妻子潘娜洛普（Penelope）身邊一般，葛溫是歐洲人，他接受對生命的承諾，忠於這個世界的生活價值，沒有逃避。然而誠如所見，不論是佛陀或葛溫的中道，完成使命的道路，滿是欲望和恐懼帶來的危難。

第三個立場較接近葛溫，仍舊忠於現世的生活價值，也最能表現在尼采的《查拉圖斯特拉如是說》。尼采以寓言故事的形式，描述了他所謂的「精神三轉化」。第一種是駱駝，代表孩提與青年時代的轉化。駱駝跪下來說：「把行李放在我身上。」這是服從的時期，從要求於你的社會那裡接受指示和資訊，目的是在過一種承擔責任的生活。

駱駝滿載之後，牠艱難地跑向沙漠，在那裡轉化成為一隻獅子——原來的承載愈重，轉化後的獅子也就愈強大。獅子的任務是去屠龍，龍怪的名字就是「你應該」。在這隻鱗片動物身上的每一吋肌膚都刻有「你應該」[13]的標記：從四千年前到今天早上報紙的頭條新聞，自古至今都有，一點都不新鮮。駱駝（小孩）必須要歸順於「你應該」；獅子（青年）的任務在把負擔卸下，而能夠真正了解自己。所以，當這隻龍怪在克服了所有的「你應該」，而徹底斷氣後，獅子便轉化成一個人子，慢慢從自己的本性中「遷出」，就像轉輪由輪轂被推了出來一樣。不再需要服從規則。再也沒有歷史需求或社會任務所衍生出來的規則，只有花樣般生命裡的純粹生活脈動而已。

莫： 我們回到了伊甸園？

坎伯： 回到墮落前的伊甸園。

莫： 人子需要擺脫的「你應該」有哪些？

坎伯： 就是那些約束他達成自我實現的每一個障礙。對駱駝而言，「你應該」是文明化的不可或缺推力。它把尚具獸性的人類，「皈依」成為文明的動物。但青年時期屬於自我發現以及轉化成獅子的人生階段。這些規則應該終身隨心所欲地活用，而不是強迫性的「你應該」，不歸順不行。每一個對藝術持嚴肅態度的學生，都必須認識這類事情，並且認真以待。譬如說你去找大師學藝，你非常勤奮地遵照大師的每一項指示。但是該「出師」的時候，你就要不為所限地以自己的方式來運用這些規則。這是「猛獅出籠」行動的時候。你可以把規則放一邊，因為它們已經被內化了。你是位藝術家，原來對技巧一無所知的你，已經出師了，已經發生質變了。你已經脫胎換骨和藝術素人完全不同了。

踏出舒適圈，就能啟動歷險

莫：你說時間到了。一個孩子怎麼知道他的時間到了呢？在古代社會，男孩子通過某種儀式，知道他的時間到了。他知道自己已經長大，他必須丟開別人的影響，有自己的主見。我們社會裡沒有這種清楚明白的時刻，或是立意明確的儀式，來告訴我兒子說：「你是個男人了。」今日社會的過道（passage）在哪裡？

坎伯：我沒有答案。我想你必須把這個問題留給孩子，由他自己摸索。連小小鳥都會知道自己的起飛時刻呢。我家窗外附近有二、三個鳥巢，駐紮過好幾任小鳥家庭。這些小東西不會犯錯。牠們一直待在樹枝上，直到能飛為止。我想在一個人的內心，總是會知道的。

我可以從我知道的藝術工作室學生中，舉幾個例子。時候到了，他們終於學成了，藝術家可以傳授的統統學會了。他們已經吸收了師父的技藝，並準備好要自己單飛了。某些藝術家允許他們的學生這麼去做。他們期待學生起飛。有些藝術家想要建立學派，學生就必須要有反叛的行為——對老師態度惡劣、說他的壞話——才能夠自己單飛。但這是老師自己不對。他應該要知道什麼時候放手。我所認識的學生、那些真正「夠格」的學生，都知道什麼時候該加把勁以便獨立自主。

莫：有句古老的禱詞說：「主啊！告訴我們何時該放下。」我們每個人都應該知道這點，不是嗎？

坎伯：那是父母親的大問題。為人父母是我知道最磨人的職業。當我想到自己的父母為了成就家庭所

---

13 Thou Shalts，意即道德律。

做的犧牲，我真的很感激。

我父親是個商人，他當然會希望兒子和他一起做生意，並承繼父業。事實上，我的確曾經跟隨父親從商好幾個月，然後我想：「哇，我做不來這種事。」他就隨我去了。每個人生命都會有個時刻，要自己去檢核是否該獨立了。

莫： 神話過去能夠告訴我們什麼時候該放下。

坎伯： 神話把事情公式化。例如說，你幾歲該「轉大人」、某個年齡是最佳平均年齡等等。但實際上每個人的差異極大。某些人開花結果得比較慢，年紀要相當大才能達到某個階段。你自己的敏感度要夠。每個人都只可活一次，你不需要為他人而活。不要忽略它了！

莫： 追求幸福又如何呢？假如我是個年輕人，我只想要得到幸福，神話能告訴我什麼？

坎伯： 要找到你的幸福，你必須「專心」關注在你覺得最快樂的時刻。這種快樂不是興奮或樂不可支，而是很深刻的喜悅。這需要一點自我分析的幫忙。是什麼讓你感到快樂？你就堅持下去，不管別人怎麼說。這是我所謂的「遵循你內心直覺的喜悅。」

莫： 但是，神話是如何告訴你，是什麼讓你感到快樂？

坎伯： 它不會告訴你快樂在哪裡，但它會告訴你，當你開始「隨心所樂」時會如何？而你又會碰到哪些障礙？

例如美洲印地安人故事中有個母題，我叫它：「拒絕求婚者。」有個年輕的女孩漂亮又誘人，年輕人紛紛向她求婚。「不，不，不，」她說：「我旁邊的男人都不夠好。」這時蛇王登場了，如果拒絕成婚的是男孩，就換成是大湖的女蛇王出場。一旦你做出「拒絕求婚」這種抗拒生命的事，你就把自己「升級」到舒適圈之外，能量更高、危險加大的場域。問題是，你「壓」得住嗎？

另一個印地安人的神話母題，則出現一個母親和兩個小男孩。母親說：「你們可以在房子附近玩耍，但不可以到北邊去。」他們偏偏往北邊去，於是便開始了他們的歷險。

莫： 其中的道理是？

坎伯： 拒絕求婚、不肯乖乖留在安全界限內，歷險便啟動了。你進入一個沒有防護、新奇的場域。反過來說，除非你丟掉那些束縛你的僵固規則，你不可能會有創造性。

有個易洛魁人的故事，正是拒絕求婚者這個神話母題的最佳說明。有個女孩與她母親住在村落邊緣一個簡陋的帳棚小屋。她很漂亮卻極端自負，眼睛長在頭頂上不肯接受任何男孩的追求。母親也被她搞得很火大頭痛。

有一天她們外出到離村子很遠的地方去收集木材。當她們在外面時，一股不祥的黑暗妖氣降臨到她們頭上。這不是夜晚到來的黑暗。當你碰到這種「黑氣」時，就表示有會魔法的人在背後搞鬼。所以母親說：「讓我們收集些樹皮，搭個小屋，再找些木材生火，我們晚上就住在這裡吧。」

於是她們就這麼做，並準備了簡單的晚餐，母親後來睡著了。突然間這個女孩抬頭一看，有個非常健壯的年輕人站在她面前。那是位身配貝殼飾帶及漂亮黑羽毛的英俊青年。他說：「我來向妳求婚，我會等妳的答覆。」

她說：「我必須問我媽的意見。」

母親也接受了這個年輕人，他把他的貝殼飾帶給她母親作為聘禮。然後他問這個女孩：「今晚我希望妳到我的營地來。」於是她就跟著他去了。普通人類這個年輕女孩看不上眼，現在她如願獲得非常特別的東西。

莫： 假如她沒有對第一個依傳統禮儀來求婚的人說不——

坎伯： 她就不會有這場歷險。這場怪奇的歷險還沒有完。她陪這個男人到他的村落，並進入他的棚屋。他們度過了甜蜜的兩天兩夜，到了第三天，他告訴她說：「今天我要外出打獵。」於是他便離去。但當他把出口門簾關上後，她聽到外面有奇怪的聲音。她白天獨自待在小屋中，夜晚降臨時，又再度聽到那個奇怪聲音。突然門簾被撞開，一隻口吐蛇信的巨蛇滑行進來。他把他的頭靠在她的膝上，對她說：「幫我找頭上的寄生蟲。」她找出各式各樣可怕的東西。當她把這些東西都處理掉之後，蛇便把頭收回去，滑行出去。門簾關起來不久後，又再度掀開，進來的是她那年輕英俊的夫婿。他問說：「你害怕我剛才進來時的樣子嗎？」

她回答說：「不，我一點也不怕。」

第二天他依然外出打獵，她則頭一次離開小屋去收集燒火用的木材。首先映入眼簾的是一隻在岩石上取暖的大蛇，然後看到另一隻、又一隻。她開始覺得很詭異、想家、頹喪，然後又回到屋中。

那個晚上，蛇君又再度滑行進來，然後又離開，變身成一個男人走進來。第三天當他離去後，這個年輕女孩決定要離開這個地方。她離開屋子，單獨在樹林中站著想事情。這時她聽到一個聲音，轉身一看，原來是個小老頭。他對她說：「親愛的，你有麻煩了。你結婚的對象是七兄弟中的一個。他們都是厲害的魔法師，就像其他許多這類人一樣，他們的心不在他們的身體中。回到小屋去，藏在你夫婿床底下的包包中，你會發現七顆心臟。」這是標準的世界級薩滿巫師神話母題。因為心不在身體內，所以魔法師殺不死。你必須找到心並毀掉才行。

她回到木屋，找到裝滿心的袋子，拿著它拔足狂奔，後面有個聲音在叫她：「停下來，停下來。」這當然就是魔法師的聲音。但她並未停下來。後面又傳來聲音說：「妳也許以為可以擺脫我，別肖想了。」

就在她要虛脫昏倒時，她又聽到小老頭的聲音，他說：「我會幫妳。」她嚇了一跳，因為小老頭正把她拉出水面。她不知道自己在水中。換言之，她因為結婚，而從理性、意識的領域，進入了強制性的無意識場域之中。水底的歷險總是如此。故事中的角色已經從可控制的行動領域，滑入超個人的義務和事件領域。這也許是個人可以處理，也許不能。

接下來，老人把她從水中拉出來，她發現自己站在一群老人當中，每個老人都和救她的人長得一模一樣。這些人是雷神、天空的力量。換言之，在她拒絕求婚之後，她一直處於超越的境界，只有在遠離負面的力量後，她才真正擁有了正向的力量。

這個易洛魁人的故事還很長：女主人翁在高等力量的協助下，摧毀來自深淵的負面力量；在那以後，一陣暴風雨把她引導回到媽媽的小木屋。

莫：你會用這個故事來說明「歷險本身自有回報」嗎？假如你遵循你內心直覺的喜悅、假如你願意

史蒂芬・巴頓（Steven Parton）的插畫作品

坎伯：全心全意把握生命裡的機會，假如你做自己想做的。歷險本身就是它自己的回報——它必然是危險的，也同時會有正、負面的可能性，而且這些都是無法控制的。我們是遵循自己的路，而不是父母親的路。所以我們是在一個沒有保護傘、超越了我們所知的更高力量場域之中。人必須對這個場域可能會有的衝突，有點了解，像上面這種原型故事，就能幫助我們了解可能會碰到的事。假如我們過於輕率，對於我們該扮演的角色又完全不勝任，那就會是一個一團亂、又很糟糕的婚姻。然而即使到了這種地步，仍然會有救援的聲音出現，可以讓歷險變成超越我們想像的美好結局。

◆少了承擔，生命變得乾枯

莫：待在家裡，待在媽媽的子宮裡，不要出去冒險。

坎伯：是的，但是因為你不去承擔自己應有的歷險，生命變得乾枯。另一方面，我也知道完全「翻轉」的例子。我曾遇到有人從青年時代開始，人生從頭到尾、徹徹底底為他人所控制和主導，真是令我驚訝。我有個朋友是西藏人[14]，他被認為是自十七世紀起便不斷投胎轉世的寺院住持的化身。他四歲左右便被帶到寺院中，從那時起，他從未被問過想做什麼，而是完全依照他師父的規則和指示來行事。他整個人生已經依據西藏佛教寺院生活的儀軌安排好了。他精神發展的每個階段都會有慶祝儀式。他的個人生活被「翻轉」成一個原型之旅，所以雖然表面上他完全沒有個人的生活，但實際上他卻是在一種極高的精神層次上，過著類似神仙的原型生活。

在一九五九年，這樣的精神生活結束了。中共在拉薩的軍事基地轟炸達賴喇嘛的夏季行宮，一連串的殺戮於是開始。拉薩附近有多達六千名出家人所在的寺廟遭到摧毀，喇嘛及住持不是被殺害就是受刑。許多出家人與數以百計的其他難民，穿越那幾乎無法通過的喜馬拉雅山，逃到印度去。那是個可怕的故事，大部分不為外人所知。

最後，這些筋疲力竭而支離破碎的逃難藏人，終於抵達了印度這個難以照顧好自己龐大人口的國家，這些難民包括達賴喇嘛自己，以及其他已被摧毀的大寺廟住持和官員。他們都認同說西藏佛教已經完了。我的朋友以及其他逃出來的年輕喇嘛，因此被勸告把過去受的戒誓拋掉，自由選擇繼續做喇嘛，或是還俗、按現代世俗生活的標準，重新塑造自己的人生。

我的朋友選擇後者，當然他並不了解這將會帶來挫折、貧窮、苦難。他曾經歷一段非常困難的時期，但因為他聖人般的意志與沉著，而存活了下來。沒有事情會讓他覺得迷惑或煩擾。我認識他、和他一起工作至今超過十年了。在這段期間，我從來不曾聽過他對中國的指控，或是抱怨他在西方受到的待遇。從達賴喇嘛口中，你也從未聽到一句憎恨或譴責的話。這些人是一場可怕動亂和暴力的受害者，可是他們沒有憎恨。我從這些人身上學到什麼是宗教。這是當今社會真正的「正港」宗教，鮮活而真摯。

莫：愛你的敵人。

坎伯：愛你的敵人，因為他們是你命運的憑藉。

莫：上帝在相當短的時間內，連續奪走某個家庭的兩個兒子，然後又接連帶來一個又一個的折磨，

14　這裡是指坎伯的朋友羅桑（Rato Khyongla Nawang Losang），坎伯曾花三年的時間協助羅桑寫自傳，並於一九七七年出版《我的一生與諸生：一個西藏人輪迴轉世的故事》（*My Life and Lives: The Story of a Tibetan Incarnation*）。

坎伯：從神話的角度怎麼看這個例子？我記得佛陀年輕時，因為看到老朽的生命而感慨說：「可恥啊！生命！因為每個人一出生就開始變老。」神話對於苦難是什麼觀點？

既然提到佛陀，我就談談那個例子。佛陀小時候的故事是這樣的。他是個王子，在他出生的時候，有個先知告訴他父親說，這個小嬰兒長大不是變成世界的統治者，就是世界的導師。這個老好人國王只對自己的王位感興趣，他最不樂意他兒子長大後成為老師。所以他把他兒子「關」在一個特別漂亮的宮殿裡長大，讓他不會去體驗到任何醜陋或不舒服的事，這樣他就不會心生嚴肅的思想。從此以後，每天都有美麗的宮女奏樂陪伴著小王子。那裡有漂亮的花園、荷花池，一切應有盡有。

有一天，年輕的王子對他最親近的馬車夫說：「我想出去看看城裡真正的生活是什麼樣子。」他的父親聽到後，便設法美化一切，讓年輕的王子看不到任何世上的痛苦與悲哀。然而眾神已看出老父親的計畫終歸破滅。

忠貞的馬車夫啟程往城裡駛去，到處都被打掃得乾乾淨淨，任何醜陋的東西都被藏了起來，只有一個神明化身的枯槁老人站在視線範圍內。年輕的王子問車夫：「那是什麼？」他得到的答案是：「那是個老人，那是老化的人。」

「每個人都會變老嗎？」王子問。

「啊，是的。」車夫回答。

「生命真可憐啊！」精神受創的年輕王子說，然後帶著沉痛的心情要求返家。

第二次出遊時，他看到一個生病的人，瘦弱而蹣跚。在得知自己看到景象的意義後，他心情低落地返駕回宮。

第三次出遊，王子看到一列送喪隊伍。「那是死亡。」車夫這麼說。

王子說：「返駕，我要找出老、病、死這些毀滅生命者的解脫之道。」

只差臨門一腳了，王子再次出遊，這次看到了一位托缽僧侶。「這是什麼樣的人？」他問。

「那是位聖者，」車夫回答：「放棄這個世界的物質享受，沒有恐懼地活著。」回宮的路上，年輕的王子決心離家去尋求解脫世間苦痛之道。

✦生命是與苦難共存的

莫：大多數神話都說受苦是生命不可或缺的一部分，躲不了的，不是嗎？

坎伯：我想不出有任何神話說可以不受苦地活著。神話告訴我們，如何面對、承擔、詮釋苦難，也從來沒有說生命能夠全無苦難，或不會有苦難。

佛陀宣稱苦痛逃之有道，那個地方就是涅槃，但涅槃並不是一個像天堂的地方，而是一種可以解除欲望與恐懼的心理狀態。

莫：於是生命就變得——

坎伯：——和諧、有重心、積極肯定。

莫：即使在受苦也一樣？

坎伯：正是如此。佛教徒有菩薩的概念。菩薩是了悟無生法相，仍自願進入破碎時間的場域，主動而喜悅地參與世界的苦痛。不僅去經驗自己的苦痛，而且慈悲地參與他人的苦痛。慈悲是心從獸性般的自私自利，轉化成人性的覺醒。「慈悲」意味「與他人一起受苦」。

莫：但你不認為慈悲赦免苦難，是吧？

坎伯：當然慈悲赦免苦難，因為它體認到苦難就是生命。

莫：生命與苦難共存。

坎伯：和你的苦難共存。你不可能擺脫得了它的。什麼時候或是在哪裡，曾經有人躲得過苦難嗎？我曾經從一位嚴重病痛多年的女性身上，獲得一個明覺的經驗。她的病痛來自多年的口腔痼疾。她是虔誠基督教徒，她認為這一定是上帝對她做了什麼，或是沒做什麼的懲罰。她的痛苦不僅止是生理上，也是精神上的。我告訴她，如果她要得到解脫，她應該要肯定她的痛苦就是她的生命，而非一味否定，還有，就是因為她的痛苦，她現在才能成為一位如此令人敬重的人。當我這麼高談闊論時，我心想：「我是誰？怎麼能對一個真正痛苦的人這樣說話，我最多只有過一點牙疼而已。」但是在這樣的對話中，她肯定自己的苦難就是型塑、教育她生命的力量，她也當下經驗到了某種大轉變。我從那時起一直都和她保持聯繫，那已是多年前的事了，她真的已經脫胎換骨轉化成為一個完全不一樣的人。

莫：當時有「明覺的那一刻」吧？

坎伯：就在那兒，我看著它發生的。

莫：它是你所說的「神話性事物」嗎？

坎伯：是的，雖然它有點難以解釋。我帶給她「信仰」，讓她相信她自己才是她受苦的「因」，是她在某種情況下「招惹」來的。尼采有個很重要的觀念叫 Amor Fati，意思是「愛你的命運」，生命實際上就是如此。誠如他所說，如果你否定生命中的單一因素，你其實就已經破壞了整個生命。更進一步而言，被同化和肯定的情況或環境，愈具有挑戰性或威脅性，你所成就的人格境界就愈崇高。你吞下去的苦果會帶給你力量，而且人生的痛苦愈大，生命的回饋也愈大。

我這位女性朋友曾經這麼想過：「都是上帝做的。」我告訴她：「不，是你這麼對待自己。上帝在你的內在。你自己是你的創造者。如果你在內心找到產生這件事情的原因所在，你就可以和它共存並肯定它，甚至可以像享受生命一樣地享受它。」

莫：唯一的另一種選擇，就是不要活了。

坎伯：佛陀說：「所有的生命都是苦難。」而喬伊斯有一句話：「生命值得缺席嗎？」

莫：如果年輕人說：「我沒有選擇出生，是我父母為我做的選擇。」你覺得怎樣呢？

坎伯：弗洛伊德告訴我們，可以責怪父母帶給我們的所有缺點，馬克斯告訴我們責怪社會的上層階級。但唯一能怪的只有你自己。那是印度業力觀念派得上用處的地方。你的生命是你自己行為的果實。你不能怪別人，只能怪自己。

莫：但是運氣呢？醉漢駕車撞到你，那不是你的錯。你不曾對自己做什麼啊！

坎伯：從那種角度來看的話，你生命中發生的哪一件事不是運氣造成的呢？這是能不能接受的問題。生命的最終「後援」就是機會、運氣、意外、偶然這一些，例如你父母相遇的機會。機會，或是看起來像機會的東西，是生命得以實現的手段。問題不是去責怪或解釋，而是去面對、處理新生出來的生命。又一個戰爭在世界某處發生，你被徵召入伍，五、六年的時間就這樣經歷了一套全新的偶然事件。最好的建議是全盤接受它，**就好像**是出自你自己的意念一樣。因為這樣，你激發出你的參與意志。

莫：出現在神話當中的所有這些旅程，有個大家都想要找到的地方。佛教徒說是涅槃，耶穌說是和平，莫衷一是。那是英雄旅程的基本配套嗎？真的有個可被找出來的地方嗎？

坎伯： 那個地方就在你自己的內在。我從運動競技中學到有關這方面的一些道理。位於顛峰狀態的優秀運動員，在自己的內在都有一處平靜的地方，就是因為有這個平靜之處，才有行動。假如他一直處於不斷在動的行動場域，他不可能有好的表現。我太太是個舞者，舞蹈也是如此。每個人的內在都有一個寂靜的中心，我們必須了解它並掌握住它。假如你失去那個中心，你就會處於緊張的狀態，而且整個人會開始四分五裂。

佛教的涅槃就是這種平靜的中心。佛教是一種心理的宗教。它從「受苦」這個心理問題開始：生命皆苦；然而有解脫苦痛之道，解脫的境界就是涅槃。那是一種心識或意識的狀態，而不是像天堂這樣的地方。它就在這裡，就在動盪混亂人生的正中心。當你不再被強制性的欲望、恐懼，以及社會承諾所驅使，那就是涅槃；當你找到自由的中心，而且可以從此自在地行動，那就是涅槃。出自這個中心的自主行動，便是菩薩之舉，也就是喜悅地投身加入世界的苦痛。你不再動彈不得了，因為你已經把自己從恐懼、欲念或責任，這些掠奪者的手中釋放出來。這些都是世界的統治者。

西藏佛教有一種教學用的圖畫，畫的就是所謂的再生之輪。在寺廟裡，它不會出現在修行室內，而是畫在外面的牆上。畫的是當人還困在對死神的恐懼之中時，心識中的世界意象。六道眾生則是以不停旋轉之輪子的六個輪輻來表現：一個畜牲道，另一個是人道，還有天界眾神，第四個是受罰的地獄道眾生，第五個是好戰的阿修羅眾生，第六個，也是最後一個是餓鬼道，因為他們對他人的愛有執著和期待，所以流入此道。餓鬼有飢餓的巨大肚子，可是只有像針一樣細的嘴。每一道都畫了個佛，指涉出解脫與明覺的可能性。

在輪子的輪轂中，有三個象徵性的動物——豬、雞、蛇。那是推動輪子旋轉的力量——無明、欲望、嗔恨。輪緣代表受限的視界，任何視界受限者的意識狀態，都受到輪轂這三重力量的驅策，並且被死亡的恐懼掐得死死的。在中心圍繞著輪轂的東西，也就是所謂的「三毒」，被稱為「三毒」的靈魂在黑暗中降落，其他的則在明覺中昇華了。

所有事物都有一道永恆之光

莫： 何謂明覺？

坎伯： 明覺是去體認到，所有事物都有一道永恆之光貫穿其中，不論這些事物在時間視域中的評斷為善或惡。要達到這種境界，你必須先徹徹底底地從物質世界的得與失解脫出來。耶穌的話語如下：「不要判斷你不能判斷的。」布雷克也寫到：「如果知覺之門已清掃乾淨，人便可以『永恆無限』這個本然面目來看待萬事萬物。」

莫： 那會是個艱難的旅程。

坎伯： 那會是**天堂般**的旅程。

莫： 但這是聖人與修道士專屬的吧？

坎伯： 不，我想藝術家也包括在內。真正的藝術家，是能夠體認並處理喬伊斯所稱的「一切事物的『光芒』」，來顯現或表現其中的真實。

莫： 但這不就把我們這些剩餘的平凡朽物，統統「棄」置在岸邊了嗎？

坎伯：我不相信有「平凡朽物」這回事。任何人在平常生活經驗中，都自有其精神狂喜的潛能。我們要做的只是去體認它、修鍊它，並與它同在。「平凡朽物」這個字眼讓我覺得很不舒服，因為我從未見過任何一個平凡的男人、女人或小孩。

莫：藝術是唯一達到明覺的方式嗎？

坎伯：藝術與宗教是兩個值得推薦的方式。我不相信透過純學術性的哲學到達得了，因為它完全被概念束縛住了。只要在生活中打開自己對他人的慈悲之心，便是對所有事物完全開放的一種方式。

莫：所以明覺的經驗是人人皆可達成，不限定於聖人或藝術家。如果它真的潛藏在我們每個人記憶深處那個已經解鎖的記憶盒裡頭，我們又該如何開啟它呢？

坎伯：你藉由別人的幫助來打開它。好朋友或好的老師都可以。外在助力可能像這樣來自一個活生生的人，也可能來自一場車禍，或是一本具啟發性的好書。在我的人生中，大部分是來自書本，雖然我有一長串偉大導師的名單。

莫：我邊讀你的書邊這麼想：「老莫，神話把你安置在一株古老大樹的樹枝上。你是這個社會的一部分；它在你之前早已存在，你死後很久它依然存在。它滋養你、保護你，你必須滋養、保護它以作為回饋。」

坎伯：你說的是一種對生命的美好支持，我很確定。這種資源湧入我生命後所起的作用，是非常偉大而驚人的。

莫：但人們總是問說，神話不是謊言嗎[15]？

坎伯：不，神話不是謊言，神話是詩，它是隱喻性的。有一種說法很好，神話是「準終極真實」（the penultimate truth）。它是「準」終極真實，因為終極真實不能化為語言。它超越語言、超越意象，超越佛教再生之輪受到限制的輪緣。神話將我們的心識投向那輪緣之外，投向那可以知曉卻不能言說之物。所以這就是準終極的真實。

重要的是，生活要與神話奧祕的經驗和知識結合，也要與你自己這個奧祕的經驗和知識結合。這麼一來，生活中便注入了一道新的光芒、新的和諧、新的光輝。以神話的語言來思考，可以幫助你與這個苦海紅塵協調一致。生活中那些看似負面的時光或面向，你要學會去體認它們的正面價值。這其中最重要的關鍵問題是，你能否對你的歷險打從心底、由衷地說一聲「是的，我是這麼認同」。

莫：英雄的歷險？

坎伯：是的，英雄的歷險，讓自己真正活著的歷險。

---

15 這裡暗藏了一個小故事。坎伯曾為了一九八三年出版、獲頒紐約全國藝術俱樂部（National Arts Club）文學榮譽勳章的《動物生命力之道》（*The Way of Animal Power*），進行巡迴宣傳活動。最常被問到的問題就是「什麼是神話？」更有一個廣播節目主持人，一開場就咄咄逼人地問坎伯說：「神話是謊言。對吧？」這個主持人沒能問倒坎伯，反而被坎伯問倒，節目狼狽收場。

·第六章·

女神的贈禮

The Gift of the Goddess

上圖：
早期的女神

下圖：
空氣之神舒正在拉開以四肢罩著大地形成天空的女神娜特，以及平躺形成大地的蓋布這對亂倫的孿生子。

偉大女神的神話，教導所有的眾生慈悲：
由於慈悲，你開始欣賞大地本身的聖潔，
因為它就是女神的自身。

莫： 對主的禱詞是這麼開頭的：「我們在天上的父親……」，它可能以「我們的母親」開始嗎？

坎伯： 這是一種象徵性的意象。所有宗教與神話的意象，都是指涉意識的某個層面，或是屬於人類精神潛能的各種經驗場域。這些意象會激發各種經驗與態度，有助於冥思「人類存在根源」這個奧祕。

有的宗教系統以母親做為該宗教源頭的「戶長」（piume parent）。母親確實比父親更親近小孩，因為每一個孩子都是母親生出來的，而且任何嬰兒的第一個經驗都是母親。我常認為神話是母性意象的昇華。「大地之母」就是大家耳熟能詳的。埃及有娜特女神（Goddess Nut）這位統轄整個天堂的天空之母。

莫： 我第一次看到娜特女神這號人物，是在埃及一座神廟的天花板上的畫像，當時我就深深地受到震懾。

坎伯： 是的，我知道那座神廟。

莫： 它讓人心生敬畏，也具有感性的特質，真是無與倫比！

坎伯： 是的。女神的觀念來自我們都是母親生下來的，卻未必知道父親是誰、或父親可能已死這些事實。在史詩中常有這樣的故事：英雄誕生時，父親已死或在遠方，然後英雄開始尋找他的父親。

在耶穌重生的故事中，耶穌的父親是天父，至少在象徵性的意義上是如此。當耶穌走上十字架時，他是在背離母親走向父親。然而象徵大地的十字架，其實便是母親的象徵。所以在十字架上，耶穌把肉身留給生他、給予他軀體的母親，然後走向那超世俗的終極奧祕來源，也就是父親。

莫： 這個著名的尋父故事，幾個世紀以來對我們造成了什麼影響？

坎伯： 這是神話中重要的主題。在許多與英雄一生相關的故事中，都會出現另一個和父親有關的小母題。孩子會問：「媽媽，爸爸在哪裡？」母親會回答說：「你的父親在某某地方。」然後孩子就會出發去尋找父親。

在《奧德賽》中，奧德賽離家加入特洛伊戰爭時，奧德賽的兒子鐵勒馬修（Telemachus）仍然在襁褓之中。戰爭持續了十年之久，而回家途中，奧德賽又在神話般的地中海神祕世界，迷航了十年。女戰神雅典娜來到已是二十歲成年人的鐵勒馬修面前，對他說：「去找你的父親。」他不知道父親在哪裡，便去問特洛伊戰爭的老將聶斯特（Nestor）：「你想我父親可能在哪裡？」聶斯特回答說：「去問海神普洛提斯（Proteus）。」尋父之旅於焉展開。

莫： 在《星際大戰》中，天行者路克對他的同伴說：「我真希望知道我的父親是誰。」尋找父親的意象很動人、很有氣勢，但為什麼不曾有尋找母親的意象呢？

女神的身體就是宇宙

坎伯： 母親就在你身邊。她生你、養育你、教誨你，把你拉拔長大，直到一定年齡你必須去尋找父親了。

發現父親，就是發現你自己的性格與命運。有一種說法認為，性格遺傳自父親，身心則來自母親。你的性格才是奧祕之所在，你的性格正是你的命運。所以「發現你的命運」便以「父親之追尋」這個象徵來表示。

莫：當你找到你的父親，你就找到你自己了嗎？

坎伯：在英文裡有一個字，在父親那裡得到「補償」（at-one-ment）。你記得耶穌十二歲時，在耶路撒冷迷路的故事吧！他的父母四處尋找，最後發現他在廟宇中與一群法律博士們談話。他們問他：「你為何棄我們不顧？你為什麼要讓我們擔心焦慮呢？」他說：「你們難道不知道我必須學習父親的事業嗎？」他那時是十二歲，正是青春期初始、尋找自我的年齡。

莫：原始社會出奇崇敬女性神祇人物、偉大女神、大地之母，這條線是怎麼發展出來的呢？這是怎麼回事？

坎伯：這主要和農業文化、農業社會有關。它與大地有關。女人生育就好像大地孕育植物一樣。女人養育孩子也像植物一樣，所以女人與大地一樣神奇；他們是相關聯的。賦予並滋養生命的能量一旦被人格化，便會恰如其分地以女性的形相（form）出現。在古美索不達米亞平原、埃及尼羅河三角洲以及早期的農業文化中，神話的主尊形相都是女神。

至今為止，已經有好幾百個歐洲新石器時代的小型女神雕像被發掘出來，但幾乎完全沒有任何男性的神像。公牛以及一些特定的動物，例如野豬、公羊等，有時會被用來象徵男性的力量，但是女神是當時唯一可見的神祇形象。

造物者若是一位女神，她的身體就是宇宙。她與宇宙是同一件事。那就是你在埃及神廟看到的娜特女神的意涵。她就是整個生命宇宙的全部。

莫：你記得娜特女神吞噬太陽的那個景象嗎？

坎伯：這個圖像要表達的概念是，她在西方把太陽吞下去，然後在東方「生出」太陽，太陽通過她的身體時，便是晚上。

莫：所以對於想要解釋宇宙神奇現象的人們而言，以女性人物作為他們日常生活所見現象的解釋，是很自然的一件事。

坎伯：不僅如此，當你以哲學觀點來看時，女性代表的就是**幻象**（maya），正如女神象徵體系至今仍占主導地位的印度女神宗教。以康德哲學的術語來說，女性代表了所謂的**感性的形相**（forms of sensibility）。她就是時空本身，超越她的這個奧祕也超越了所有的成雙對立。所以這個奧祕既非男性，亦非女性。既非是，也非不是。**一切**都在女性之內，眾神就是她的孩子。你所能想到、所能看到的每件事物，都是女神的產物。

我曾經看過一部有關原生質（protoplasm）的科學電影，內容精采極了。它對我無異是個大啟示。它沒有一刻是靜止的，它不斷流動。有的時候它好像以某種方式流動，然後就形塑出事物來。它有把事物塑形的潛力。我在北加州看過這部電影後，沿著海岸一路開車下來時，舉目望去都是原生質：草地的原生質被母牛的原生質吃下去；鳥的原生質飛撲水魚的原生質。簡直就是一個產生萬事萬物的無盡深淵。但是每個形體都各有自己的意志、自己的可能性，這也就是意義之源，而不是原生質本身。

莫：讓我們再回頭談談印地安人，他們相信賦予萬事萬物生命與能量的，就是大地。你曾引用《奧義書》裡的一段話：「你就是那藍黑色的鳥，你就是那紅眼的綠鸚鵡；你撫育閃電有如自己的

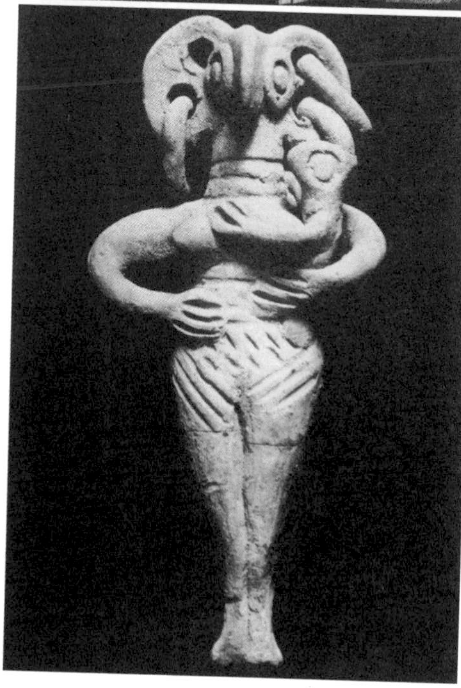

上圖：
出生意象

下圖：
代表重生的貓頭鷹女神

孩子。你創造季節與海洋。不知從何時開始，你就與神性合一，萬物由此而生。」這就是說，我們與大地沒有兩樣，是嗎？

但是在各種科學新發現的強力證明下，難道這種想法不會消失嗎？我們現在知道植物不是從死人屍體長出來的，它們是依據種子、土壤、太陽的法則而生長的。難道牛頓不是消滅了神話嗎？

坎伯： 哦，我想神話現在又回來了。最近有個年輕的科學家使用了「基因形態磁場」這個名詞，也就是說，產生生命形體的就是這個磁場。那就是造物女神，產生形體的磁場就是造物女神。

莫： 這對我們有何意義？

坎伯： 它表示你應該要去尋找你生命的來源；你的身體、你的生理外形，與這個使它成形的能量之間，有什麼關係？沒有能量的身體，就不是活人了，不是嗎？在一個人的生命裡，是有身體的生命，以及能量和意識的生命，這兩種區別的。

印度最常見的終極象徵，就是生殖之神的陽具（印度人稱作 lingam），穿入造物女神陰道（印度人稱為 yoni）。冥想這個象徵就好像在冥想所有生命生起的那一刻。生命發生的全部奧祕，都透過這個圖像而得以進行象徵性的沉思冥想。

所以，在印度以及全世界大部分地區，性的奧祕都是個神聖的奧祕。它就是生命發生的奧祕。生育小孩的行為，是一種宇宙的行為，而且是神聖的。而最能直接代表的這個「生命能量注入時空場域」之奧祕的象徵，便是陽具與陰道了，也就是男性與女性之創造性力量的交合。

✦假如我們祈禱「我的母」而非「我的父」……

莫：假如從某個時候開始，我們祈禱說「我的母」，而非「我的父」，對我們有何意義嗎？它會帶來怎麼樣的心理變化呢？

坎伯：它當然會對我們的文化性格產生不同的心理影響。譬如說，西洋文明是在尼羅河、底格里斯—幼發拉底河、印度河以及恆河這些大河流域誕生的。這些地區都是崇奉女神的世界；例如恆河本身就是女神甘伽（Ganga）的名字。

然後便是外族入侵。事態變嚴重是在西元前四世紀，接著便愈演愈烈。他們從北方和南方夾擊，一夜之間就橫掃許多城市。打開舊約《創世記》，我們就會讀到雅各的族人在示劍市（Shechem）瓦解時的暴行。在一夜之間，這些突然出現的游牧民族就毀掉一切。入侵的閃族是牧羊族，而印歐民族則是牧牛族。兩者以前都是狩獵為生，所以基本上是動物導向的文化。獵人基本上就是個殺生者。放牧民族也是殺生者，因為他們不斷逐水草而居，永遠在與其他民族發生衝突，並佔領土地。這些入侵行為會引進戰神、雷神，例如宙斯與耶和華便是。

莫：劍與死亡於是取代了陽具與繁衍生育，是嗎？

坎伯：對的。而且它們是等量齊觀的。

莫：你說過一個推翻母性女神查馬特（Tiamat）的故事。

坎伯：這個故事可被視為「關鍵的原型事件」。

莫：你稱之為歷史的關鍵時刻。

坎伯：是的。閃族侵略了以母性女神為神話系統的世界，男性導向的神話於是變成主流，母性女神有點變成了祖母級的歷史陳蹟。

那時正值巴比倫城興起的時候。這些早期的城市，都有它們自己的護城男神或護城女神。帝國主義傾向的民族特性，就是把自己的地方神祇，推舉成整個宇宙的主宰。其他的神都不是神。實現的方式就是把當地原有的神或女神消滅掉。在巴比倫神馬杜克（Marduk）之前的神祇，就是個全方位的母性女神。這個故事一開始是說，有一大群男神在天上召開會議，每個男神就是一顆星星。他們聽說宇宙之源的母性女神，祖母級的查馬特即將到來。她會以巨魚或巨龍的形相出現，哪個神有勇氣挑戰她呢？當然有此勇氣的神，就是這個偉大城市的現任神祇。他就是那個勇者。

當查馬特張開她的大嘴時，這個巴比倫的年輕神祇馬杜克就趁勢把風送進她的喉嚨和腹部，把她割成碎片並整個支解，從她身體的部分殘骸中，形塑出大地和天空。「把原初存有支解掉，從它的身體造出宇宙」這個母題，就以各式各樣的形式出現在許多神話當中。在印度是普魯夏（Purusha）神這號人物，而他的身體反照出來的影像，便成為宇宙。

在原有的母性女神神話當中，母性女神自身就是整個宇宙了，馬杜克神的偉大創造行為其實是多餘的。他無須把她支解、再多此一舉地從中創造出宇宙來，因為她已經是宇宙了。但是男性導向的神話已經接手、開始主控一切，**他**顯然變成了造物主。

莫：利益從造物女神轉手給她兒子，這位年輕政治新貴——

坎伯：具體來講，是由巴比倫城的男性總督接手了。

莫：母系社會開始退位、讓給一個——

坎伯：哦，在西元前一七五〇年左右，母系社會就結束了。

莫：有些當代女性主張說，女神的精神已經流亡了有五千年之久，從——

坎伯：沒有五千年那麼久。她是古希臘時期地中海區域一位非常有權勢的神祇，她在羅馬天主教傳統中，以聖母瑪利亞的身分「回歸」。你在歷史上再也找不到比十二、十三世紀法國天主教堂，更加美麗而奇妙地崇拜女神的傳統，每一座教堂的名稱都叫聖母院。

莫：沒錯，但是當時所有的宗教議題都掌握在神父、主教等排斥女性的男性手中。所以不論這個女神形相對信徒有怎樣的意義，出於權力的考量，女神這個意象卻掌握在占主導地位的男性手中。

坎伯：你是可以這麼強調，但我認為這個論調太過強烈了些，因為那時也有偉大的女性聖徒。賓根[1]，她是足以與英諾森三世（Innocent III）匹敵的人物。還有阿奎坦（Aquitaine）之艾蓮娜[2]，我不認為中世紀有哪個人的氣度能與她相提並論。我們現在當然可以事後聰明地來爭論整個情境，但是當時女性的處境絕不至於那麼糟。

莫：不，這些女聖徒沒有一個成為教宗。

坎伯：成為教宗並不是什麼了不得的事，真的。那是個管理的職務。沒有一個教宗可以成為基督的母親。需要扮演的角色很多。男人的工作便是保護女人。

莫：那就是父權觀念的開始。

坎伯：女人是戰利品、是商品。城市淪亡後，所有的女人都會被強暴。

莫：你在書中有提到這樣的倫理衝突，並摘錄《出埃及記》裡的話：「你不應殺生，你不應垂涎鄰人的妻子，異域不在此限。你要把所有男人置於劍下，女人作為你自己的戰利品。」那是《舊

1 Hildegarde von Bingen，一〇九八—一一七九，被封為中世紀音樂奇女子的德國女作曲家，也是史上第一位有記載的女性音樂家。

2 Eleanor，一一二二—一二〇四，法王路易七世之妻，中世紀歐洲傳奇文學的重要催生者。

約聖經》裡說的。

坎伯：舊約《申命記》。這些章節的說法很殘暴。

莫：你覺得他們對女人的看法是什麼？

坎伯：他們說到《申命記》的部分更多。與他們的鄰族比較起來，希伯來人絕對是凶殘的。這些章節是大多數社群導向神話中，某種固有元素的極端代表。也就是說，愛與慈悲保留給自己人，攻擊與凌虐針對他人。慈悲保留給自己的族裔，對待外族的方式就像《申命記》所描述的。然而現在地球上已經沒有外族了。當代宗教的課題，就是如何讓這種性質的慈悲全人類都能雨露均霑。但攻擊行為呢？這是當代必須面臨的課題，因為攻擊行為與慈悲同樣是自然的本能，更為直接，而且一直都會發生。這是種生物的事實。在聖經時代，當希伯來人入侵這個地區時，他們確實把造物女神的地位完全抹去。舊約中用「可憎之物」（Abomination）來稱呼迦南人（Canaanite）女神。以《列王紀》所記載故事的年代為例，這兩種崇拜明顯地互有消長。在舊約中，許多希伯來國王因為在山頂拜神而遭受譴責。而這些山岳都是造物女神的象徵。希伯來神話中抗拒造物女神的主張特別強烈，這在印歐神話系統就找不到。在印歐神話中，宙斯與造物女神結婚，兩人一起玩樂。所以《聖經》裡的情形是個極端的例子，而我們西方之所以把女性降於次要地位，都要「歸功」於聖經的思考模式。

莫：因為當你用男性來取代女性之後，你的心理狀態不同，文化上的「偏愛」也不同。而且你的文化也允許你有樣學樣地跟神做同樣的事，所以你就……

✦從處女之身到救世主之母

坎伯：確實如此。我對實際情形的看法是這樣的。首先是造物女神獨樹一幟，男性之神毫無重要性可言。然後情勢逆轉，男神取代了女神的角色。最後便是經典的男神、女神交互影響階段，在印度便是如此。

莫：這是從哪裡開始的？

坎伯：它是從印歐民族的態度演變而來，因為他們並未全盤否定女性原則。

莫：處女生子又怎麼說呢？突然間，造物女神又以童貞純潔的形相回歸，被選定為上帝行動的載具。

坎伯：在西方宗教歷史中，這是極為有趣的發展。舊約中，上帝創造了一個沒有任何一位女神的世界。但是《箴言》中又冒出智慧女神蘇菲亞。她說：「當上帝創造世界時，我也在場，我是祂最大的喜悅。」但是在希伯來傳統中，上帝有一個兒子的概念是被排斥的，它完全沒有被考慮在內。彌撒亞是以上帝之子的身分出現，但他實際上並不是上帝的兒子。他是個擁有上帝的性格與尊嚴，而可比擬為上帝之子的人。我確定在希伯來傳統中，並沒有處女生子這個概念。處女生子是「借道」希臘傳統進入基督教的。例如《四福音書》當中，唯一出現處女生子記載的是《路加福音》，而路加是希臘人。

莫：希臘傳統中是有處女生子的意象、傳說、神話嘛！

坎伯：哦！是的。麗達與天鵝、冥府女王波瑟芬妮（Persephone）與蛇精，以及其他許多例證皆是。處女生子的概念俯拾即是。

莫：所以處女生子的概念在伯利恆並不新鮮。然而意義是什麼呢？

坎伯：我想回答這個問題最好的方式，是談一下在印度系統中所謂的心靈發展階段。在印度，他們認為脊骨上有一個由七個心理中心點組合而成的系統。它們分別代表關心、意識與行動的心理層面。第一個點是在直腸，代表營養，也就是基本的維持生命功能。蛇是這種強迫作用的最佳代表——就像一條蠕動的食道，不斷地吃、吃、吃。如果我們不持續不停地進食，就無法活下去。你吃的東西沒多久前還是活生生之物。這是聖禮般的吃食奧祕，我們坐下來進食的時候，很少會想到這層意義。進食前祈禱感謝主的恩典，實際是感謝帶給我們食物的聖經人物。早期神話中，人們坐下來進食前，會感謝他們將要吃的動物，因為動物自願犧牲自己「進貢」給人類。

麗達與天鵝（油畫，巴奇雅卡〔Il Bacchiacca〕，16世紀）

在《奧義書》中有個美妙的說法：「哦，美極了！哦，美極了！哦，美極了！我是食物，我是食物，我是食物！我是進食者，我是進食者，我是進食者。」我們現在已不這麼看待自己了。

「執著自我，不讓自己成為別人的食物」是否定生命的負面行為。你阻斷了生命之流。順其自然也是一種偉大的神祕體驗，這是感謝動物犧牲自己、成為人類食物而來的。你啊！最後也是要「獻出」自己的。

莫：我是自然，自然就是我。

坎伯：是的。第二個心理中心點，在印度的精神發展系統中，是以性器官作為其象徵，它代表繁殖的衝動。第三個中心點在肚臍的位置，它是追求權力、支配與成就的意志中心，就其負面意義而言，是去征服、掌控、擊潰、貶抑他人。這是第三個功能，也就是積極進取的功能。在認識了印度心理系統的象徵意義後，我們就很清楚，第一是供給生命食物的功能，屬於動物本能；第二是生殖功能，也屬於動物本能；第三是操控與征服的功能，還是屬於動物本能。這三個中心，都象徵性地設置於骨盆腔的位置。

第四個中心位於心臟的高度，代表「打開慈悲」之意。到了這裡你也離開了動物行為的場域，進入一個恰屬於人類與精神的場域。

這四個中心都各自有一個預想的象徵性形相。例如，在底層第一個中心點的象徵便是陽具與陰道，男女性器的交合。而在心臟這個中心**也**是陽具與陰道、男女性器的交合，只不過在這裡是以黃金來象徵「處女生子」，那是「自獸性之人誕生出靈性之人」的意思。

莫：它在何時發生——

坎伯：我們在心的層次上覺察到慈悲、同體大悲、共同分享的苦難：與他人共同承受苦難的經驗。那是人性的開始。而對於宗教的探索思考，也理所當然地由心的層次開始。

莫：你說那是人性的開始。但是在這些故事中，那是諸神誕生的時刻。處女生子——現身的是一個神祇。

坎伯：你知道出現的那個神是誰嗎？就是**你**。神話中的這些象徵指的都是你。你可能會「卡」在**外在**事實，以為一切都只是**外在**的客觀事實。所以你才除了「耶穌如何受苦」的感傷情緒之外，想不到別的了。但那個苦應該是發生在你的內在才對。你是否已經在精神上重生了？你是否已經死於你的動物本性，並且以一個慈悲之人的化身重獲新生命呢？

莫：為什麼一定要是處女呢？它有什麼意義？

坎伯：因為只有處女才能夠生下神靈之子。這是一個精神生命。處女耳聽神諭而隔空受胎。

莫：神諭來似一道電光。

坎伯：是的。據說佛陀也同樣神奇地從母親腋下、心臟明點的位置生出。

莫：心臟明點是什麼？

坎伯：哦，是與心臟有關的象徵性中心。明點是「圓周」或「範疇」之意。

莫：所以佛陀是從——

坎伯：——佛陀是從母親的腋下出生。那是一種象徵性的出生。他並非真的從母親腋下出來，而是象徵性地從腋下出生。

莫：但是基督與你、我的出生方式是一樣的。

坎伯：是的，但是基督是處女生的。而且依據羅馬天主教的教義，她的處女之身在生產後又恢復了。所以，生理上沒有發生任何改變。處女生子的象徵性意義並非指涉耶穌肉體的誕生，而是精神意義上的誕生。那是處女生子所代表的意義。英雄、半神人的「出生」之所以「超凡」，乃是因為他們生於慈悲，並非為了權力、性欲或自我的存續。

上圖：
天使報喜與聖嬰，出自居福（Antoine Dufour）編著的知名女性畫集。

下圖：
佛陀的一生（印度，手稿封面局部）

這是二度出生的意義，當你從心的層次開始生活時，便是再生。在心臟明點以下的三個較低層次並不需要加以否定，而是要去超越，它們臣服於心、服侍於心。

莫：遠古時代就有聖母瑪利亞這位救世主之母的意象嗎？

坎伯：聖母瑪利亞最古老的原型其實是埃及司受胎的伊西絲女神（Isis），以及懷抱在她胸前的兒子太陽神何瑞斯（Horus）。

伊西絲與乳兒何瑞斯

伊西絲女神

莫：伊西絲女神？

坎伯：這說來話長。事實上整個故事十分複雜。伊西絲與她的丈夫奧西里斯（Osiris）是造物者娜特女神的龍鳳胎孿生子。他們另外兩位年輕的手足沙特（Seth）和奈芙蒂斯（Nephthys），也是娜特女神的孿生子。

有天晚上，奧西里斯與奈芙蒂斯睡在一起，誤以為是伊西絲，你可以說這是漫不經心的結果。

於是奧西里斯的長子阿努畢斯（Anubis），並不是出自自己的正妻。奈芙蒂斯的丈夫沙特把這事看得很嚴重，並計劃殺掉自己的長兄奧西里斯。他祕密的量度了奧西里斯的身形尺寸，並叫人造了一個尺寸完全相符的美麗人形石棺。然後，在某個眾神聚會的晚宴中，沙特帶著那個石棺現身了，並宣稱如果有人尺寸相符，可以把它收為陪葬的禮物。宴會上的每個人都試過，輪到奧西里斯時，毫無意外地大小剛好。於是立刻就有七十二名沙特的同謀合力衝出、蓋上蓋子、綑綁起來、丟入尼羅河。一個神明就這麼喪命了。在神話中，每當有神這麼死去，下一步必然就是這位神的復活。

在象徵意義上，奧西里斯之死，與尼羅河每年定期氾濫以滋養土地的功能有關。這就好像是奧西里斯腐敗的軀體，滋養並活化了埃及的土地。

奧西里斯被投入河後，沿著尼羅河漂流而下，最後被沖上敘利亞境內的岸邊。那裡長出一株充滿香氣的樹，而且還把那個石棺包藏在樹幹內。湊巧當地的國王喜獲麟兒，要新蓋一座宮殿。而因為那株樹的香氣十分美妙，於是把它砍下作為宮殿主要大廳的棟梁。

此時，可憐的伊西絲女神正啟程去尋找被投入尼羅河中的丈夫屍首。這種「神祇尋找自己靈魂伴侶」的主題，是當時最主要的神話故事主題：尋找失蹤配偶或愛人的女神，透過忠貞以及潛入冥界，終成他的救贖者。

伊西絲及時趕到敘利亞皇宮，而且打聽到大殿中有枝散發出香氣的梁柱。她懷疑這和奧西里斯有關，於是便喬裝成新生皇兒的保母。她以手指餵食嬰兒，畢竟她是個女神，委屈忍辱是有限度的。不過她很喜愛這個小孩，便決定用火燒去他的必死之軀以換得不朽的永生。以她的女神法力，孩子在過程中不會被火燒到。因此每天晚上當孩子在火中燒烤時，她變成了一隻燕子，然後在包藏她丈夫的梁柱四周哀鳴飛繞。

某天晚上，孩子的母親意外進到房間，看到火爐裡的「烤乳嬰」，不意外地失聲尖叫，這麼一來咒語便破了，小孩必須從灰燼中救出。這時燕子已經變回妝扮華麗的保母兼女神，她將整個情形解說清楚，並且對皇后說：「順便告訴妳，我的丈夫在那根梁柱內，如果妳能讓我帶他回去便感激不盡。」聞訊趕到現場的國王答應說：「當然可以，沒有問題。」於是命人移開梁柱，將它交給伊西絲，而包藏著奧西里斯的美麗石棺，則被放置在一艘皇室的船艦上。

在回尼羅河三角洲的路上，伊西絲把棺蓋移開，躺在她死去丈夫的身上，然後便懷孕了。這是古代神話中一直以不同象徵形式反覆出現的母題——**死亡帶來生命**。船艦靠岸後，伊西絲女神在紙草沼澤中，生下了她的孩子何瑞斯；而這幅「聖母懷抱隔空受孕的上帝之子」圖像，日後便成為聖母瑪利亞的原型。

莫：而燕子則變身成聖鴿，不是嗎？

坎伯：飛翔空中的鴿子，確實普遍被用來作為一種精神象徵，就像基督教中的聖靈——

莫：是與神聖的母親有關嗎？

坎伯：與設想成聖靈的母親有關，沒錯。但還有一點細節要在這兒補充。嫉妒的小弟沙特這時霸占了奧西里斯的王位。然而，要取得正名，他必須與伊西絲結婚。在埃及的聖像研究中，伊西絲就是王位的代表。法老王坐在伊西絲這個王座上，就好像孩子被母親懷抱在膝上。你站在沙特爾大教堂前面，會在西側正門上方看到一個聖母的意象，她擺出王座之姿，她的小孩耶穌像君臨天下的王者般坐在上面。這正是從古埃及傳承下來的意象，早期的神父與藝術家是刻意接收這些意象的。

莫：基督教神職人員採用了伊西絲的意象？

坎伯：確實如此。他們自己這麼說的。在某些經文中你會讀到：「以往只是神話形相的這些形相，現在已確實地在我們救世主的身上再生了。」這裡的神話指的是那些死而復活的神：阿提斯（Attis）、阿多尼斯（Adonis）、吉爾伽米什（Gilgamesh）、奧西里斯等等。神的死亡與復活不管在哪裡，都與月亮有關，因為月亮每個月都有類似死亡與復活的變化。月亮再生需要二到三個晚上，而基督由墓中復活也需要三天三夜的時間。沒有人確實知道耶穌是哪一天生日，但十二月二十五日在過去是冬至日，也就是黑夜開始變短、白日開始變長的那一天。那是「重生之光」的時刻，也正是波斯光神、太陽神米詩拉（Mithra）的誕生日。

莫：這是什麼意義？

坎伯：對我而言，我們的生活和想法中，本來就有「死於過去、生於未來」的觀念：死指的是動物性的死亡，而生則是精神性的誕生。這些象徵所代表的不外乎這些。

莫：所以伊西絲大可這麼昭告天下：「我是萬物的自然之母，所有自然元素的女性主宰，神聖力量的領袖，地獄眾生的女王，天堂眾生的尊長。眾神與女神都由我化現而生。」

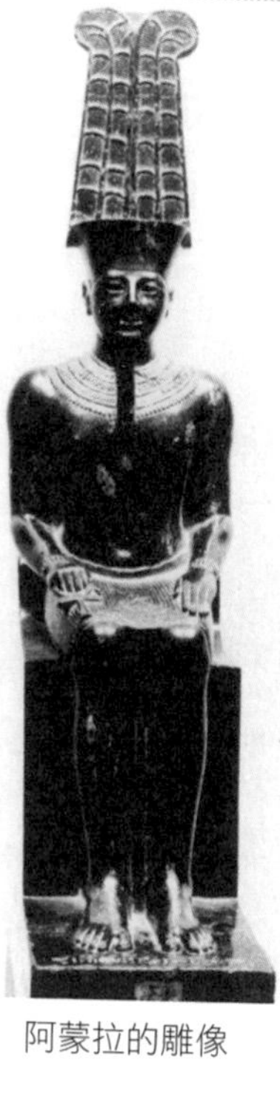
阿蒙拉的雕像

坎伯：那是這整個故事發展到非常晚期的說法了。它出自第二世紀阿普雷斯[3]的《金驢記》（*Golden Ass*），這本人類史上最早期的小說之一。書中的主角是個英雄人物，但因貪欲而被變成驢子，因此，他必須經歷一段痛苦、羞辱的磨難，才能從伊西絲女神那兒得到救贖。她現身時手執一株玫瑰（象徵神之愛，而非貪欲），驢吃下玫瑰後便恢復人身。他不再是一個普通人，而是一個明覺之人、聖人。他歷經第二次的處女生子。所以原來只是動物般肉欲的凡人，通過精神上的死亡就可以再生。而第二次的出生，屬於一種崇高的精神生命。這一切都是女神帶來的。一個人的第二次出生，是透過一位精神上的母親而完成的。巴黎聖母院、沙特爾聖母大教堂，這些都是我們的母性教堂。我們一進、一出教堂，就可以在精神上獲得重生。

女性是再造宇宙的泉源

莫：女性是有一種獨特的力量吧！

坎伯：在這個故事中是如此，但不必然只有女性有此力量。你也可以透過男性獲得再生。不過在這套符號系統中，女性就是再造宇宙的泉源。

莫：那麼西元四三一年以弗瑟[4]會議召開，並宣稱瑪利亞是上帝之母，這並非是歷史上的第一次？

坎伯：不是第一次。事實上這種論點在教會已盛傳多時。但是最後決定這個原則的地點以弗瑟，剛巧是羅馬帝國境內規模最大的女神阿特蜜斯（Artemis 也就是戴安娜）的神廟所在地。據說在爭論這個原則時，以弗瑟的群眾走上街頭、高聲讚頌著瑪利亞：「女神，女神，她當然是女神。」一方面是把彌撒亞視為代表結合世俗與精神力量的希伯來父權一神論觀點，另一方面是偉大女神之子是死而復活的救世主這個古希臘觀點，這兩者在當時的天主教傳統中漸漸合而為一。因此許多救世主就這麼起死回生。

在近東一帶，降臨世間的神祇，原本是個女神。耶穌取代女神的角色，慈悲地來到凡間。一旦聖母默默成為了上帝示現人間的軀殼時，她就已經對救贖這件事產生了影響。聖母的苦難與兒子的苦難一般無二這種看法，已經愈來愈普遍了。我想在天主教裡，現在她的稱號就是「共同的救世主」。

莫：這種「男女團圓」提供怎樣的說明？原始社會長久以來，是以女性為神話意象的「主角」。雄性、攻擊性、戰神般的意象是「後起之秀」，然後很快地又回到扮演創造、繁衍角色的女性身上。這說明了男女彼此需要的基本渴求嗎？

坎伯：是的沒錯。但是我寧願以歷史的概念來看待它。有趣的是，這個母性女神正是跨越歐亞大陸遠在印度河谷（Indus Valley）的印度女王。她是「統領」愛琴海到印度河的主導人物。之後，印歐民族由北往南入侵波斯、印度、希臘、義大利，男性導向的神話系統也隨之入侵，一直影響到今天。在印度是吠陀傳統，在希臘則是荷馬風的傳統。在這之後又過了大約五百年，女神開始回歸了。西元前七世紀左右，印度出現了奧義書傳統。當時正好也是女神重現愛琴海文化的時候。一群吠陀神祇聚在一起，他們看到一種奇怪的、不固定形狀的煙霧狀事物。他們問：「那

3 Apuleius，約一二四—一八九，古羅馬作家。

4 Ephesus，位於今日的土耳其，傳說中的聖母瑪利亞終老之處，以弗瑟廢墟為旅遊土耳其的著名景點。

是什麼？」他們沒有人知道那是什麼。所以有一個神提議說：「我去探問個究竟。」於是他走入煙霧中，並說：「我是火神阿格尼（Agni）；我可以燒毀任何東西。你是誰？」從那煙霧中飛出一根稻草桿掉在地上，並有個聲音說：「看你怎麼燒掉它。」阿格尼發現自己不能把它點燃，於是對別的神說：「這真的很奇怪！」接著風神說：「讓我試試。」他走了過去。「我是風神筏玉（Vayu），我可以吹走任何東西。」一根稻草桿被丟出來。「看你怎麼吹走它。」他也失敗了。所以他也乖乖回去了。接下來是最偉大的吠陀神因陀羅走上前去。當他靠近時，那個幻象便消失了，接著一個神祕、漂亮的女人出現了，她指示眾神，剛才的現象乃是他們存在根基這個奧祕的示現。她說：「這是所有存在的終極奧祕，因為它，你們才有神力，它可以隨意奪走你們的神力。」這個萬物之存有的印度名號為**婆羅門梵天**（Brahman），它是個中性名詞，既非陽性亦非陰性。而那位女性的印度名字是馬雅—夏克提—德維（Maya-Shakti-Devi），意思是「生命女神與萬物之母」。在該奧義書章節中，她心懸吠陀諸神的力量，和存在之終極根基與來源，而以他們的導師之姿現身。

莫：這是女性的智慧。

坎伯：賦予形相生命的就是女性。她是賦予生命的人，她知道它們來自何處。它超越男、女。它超越有、無。既非是，也非非。它超越所有思想與心識的名相。

莫：在新約中有一段好文字：「在耶穌中，沒有男女。」就事物的終極意義而言，確實都沒有。

坎伯：它必須如此。假使耶穌代表了我們存在的來源，那麼我們全都是他心中的念頭而已。他也就是成就吾人肉身之道。

莫：你、我身上都擁有男性和女性的特徵，對嗎？

坎伯：身體是如此。關於這點，我完全不清楚也不知道確切的細節，不過在胚胎期的某個階段，很明顯可以看出這孩子會是男的還是女的。性別確定的同時，身體還是有「彎」向男性或女性發展的潛在可能性。

莫：因此，我們才一直都會偏好某一種傾向，或壓抑另一種傾向。

坎伯：在中國的陰陽圖中那隻黑色的魚的圖案，裡面有個白色小點。而在白色的那邊則有個黑點。這就是他們「互連」的方式。你不可能和你完全無關的事物相連結。這也就是為什麼把神的概念視為「絕對的他者」，是個匪夷所思的念頭一樣。絕對的他者，不可能和其他事物發生任何關係或建立起任何關係的。

莫：在你說的這種精神轉化中的改變，應該是取決於女性特徵，諸如撫育、創造力、協作合作等等，而不是競爭吧？這不就是女性原則的核心嗎？

✦母親給孩子自然生命，父親則賦予孩子社會性格

坎伯：母親愛自己的孩子，愚笨、聰明、頑皮、乖巧都一視同仁，不論他們性格的不同。所以女性代表對子孫的包容之愛。父親較為嚴格、守紀律。他比較會讓人聯想到社會秩序、社會性格。這實際上就是社會運作的方式。母親「生」給孩子他的本性，父親則賦予孩子社會性格，也就是說，孩子長大後在社會上「運作」的方式。

所以，回歸自然必然會再度帶出母性原則。我不知道這要如何與父性原則產生關聯，因為地球

這個組織將劇烈地活動起來，而那是男性的功能，所以你無法預測將會產生什麼新事物。但可以確定的是，又會吹起一股「自然風」了。

莫：所以「拯救地球」，就是拯救自己。

坎伯：是的。所有希望社會能有所改變的想法，必須要等待人類心靈有所改變，能有一種體驗社會的全新方式，才有可能實現。我認為就這點而言，關鍵的問題只是，你願意認同哪個社會、哪個社群？是認同地球上的所有人類，或只是自己的國家、民族？基本上，這也就是當年美國建國者所思考的問題。如何把十三州聯合成一個國家，又不會侵犯到某些州的特殊利益呢？為什麼不能這樣來思考今日的世局呢？

莫：在討論男性女性原則、處女生子，以及二次生命的精神力量這些關懷時，會帶出一個問題。每個時代的智者都說，如果我們學會過精神性的生活，我們就有個良善的生活。但是我們這個血肉之軀，如何學習精神性的生活呢？保羅說：「肉體的欲望和靈性是對立的，靈性的欲望也和肉體對立。」我們如何學會過著精神性的生活呢？

坎伯：在古代，那是老師的工作。他會提供你精神性生活的線索，那也是牧師存在的理由，同時也是宗教儀式存在的理由。儀式可以被定義為神話的**再現**。參與一項儀式，你就可以實際體驗一種神話的生活。正由於這種參與，人們學會過著精神性的生活。

莫：神話故事確實指出了通往精神性生活的道路？

坎伯：是的。你必須要有線索才行。你必須有個類似地圖的東西，而這些線索或地圖就在我們身旁。但是它們並不完全相同。很多都只照顧到自己團體的利益，或是某個部落神祇的專屬限定版。當然，那些偉大女神所開示的神話，則教導我們眾生的慈悲。你因此也會開始欣賞聖潔的大地，因為大地就是女神身軀。當耶和華創造世界時，他從大地造出男人，然後把生命吹入已成型的身體中。所以，人本來並不存在於那個身體之內的。但是，女神同時在內也在外。你的身體就是來自她的身體。這種神話才能讓人體認到一種普世的認同感。

莫：我就是因此不確定，人類一族的未來以及人類的救贖之旅會是在外太空。我認為這個未來就在地球上、身體內、在我們存有的發源之處。

坎伯：它的確是如此。就算到了外太空，身體還是同一個，如果你尚未轉化，太空是無法轉化得動的。但外太空也許可以幫助你體悟到某些道理。這幅跨頁的宇宙地圖中，可以看到我們的銀河系之外還有許多銀河系，我們的銀河系之內還有太陽系。從這幅圖你就可以了解宇宙之大。這是個沒有窮盡又激烈變動的宇宙。四散滿布著數十億、上百億怒吼的熱核熔爐。每個熱核熔爐就是一個恆星，太陽也只是其中之一。它們有許多會自己炸得粉碎，然後這些浮塵與氣體，撒散在最遙遠的太空中，這些浮塵與氣體正不斷「新生」由行星環繞的恆星。在這些之外、更遙遠的星際太空中傳來陣陣宇宙音聲，它們是宇宙發生之初的大爆炸（the big bang）所產生的回音短波，某些大爆炸甚至發生在大約一百八十億年前。

這就是我們所在的宇宙，孩子，了解這點，你便了解自己是如何地重要，你知道的——你是那廣大無邊宇宙的一個微粒啊。然後你可以經驗到，你與它在某種意義上是一體的，你共享無邊宇宙的所有這一切。

莫：而它從自己這裡開始。

坎伯：從自己開始。

·第七章·

愛情與婚姻的故事

Tales of Love and Marriage

《馬內塞古抄本》（*Manesse Codex*）內頁的遊唱詩人

所以，愛從眼睛，觸及內心：
因為，眼是心的斥候，
於是眼睛四處偵察，
能讓內心喜悅去擁有的事物。
當它們和諧一致
而且心意堅決時，
完美的愛誕生。
從眼到心。
除了一念傾心之外，
愛不會誕生，也不會畢業。

是恩典之所賜，是命運的必然
從心、眼、事物，從它們所生的快樂，
愛誕生了，它衷心的希望
是去慰藉她的友人。
因為真正的戀人
都知道，愛是完美的慈悲，
無疑地，它是由心與眼所生。
眼睛使它開花；心滋養了它：

愛，是這些種子的果實。

——古義勞特・德・勃涅（GUIRAUT DE BORNELH，約一一三八—一二〇〇？）

✦ 十二世紀歐洲的遊唱詩人與現代愛情觀

莫： 愛情這個主題太廣泛了，如果我說：「我們來談談愛情吧。」你會從哪裡開始呢？

坎伯： 我會自十二世紀的歐洲遊唱詩人（troubadour）說起。

莫： 他們是誰？

坎伯： 遊唱詩人是古時候法國西南部的貴族，爾後更出現在法國其他地方，以及歐洲各地。他們在德國叫做戀歌詩人（Minnesinger），Minne 是中世紀德文愛情的意思。

莫： 他們是那個時代的詩人嗎？

坎伯： 他們是詩人沒錯，是一群有特定特質的詩人。遊唱詩人盛行的時代是十二世紀。整個遊唱詩人的傳統，在一二〇九年所謂的阿爾比教[1]改革運動中，自法國消失了，阿爾比教改革運動是由教宗英諾森三世[2]發起的。這個運動也是歐洲歷史上公認最荒謬的宗教運動之一。遊唱詩人是因為讓人聯想到當時阿爾比教派中逐漸興盛的摩尼教異端，才受到教會的清除——其實阿爾比教改革運動的目標，是針對當時腐敗的教會神職人員。因此，遊唱詩人以及他們對愛情觀的轉化，就這麼十分複雜地和宗教生活混在一起。

莫： 愛情觀的轉化？這是什麼意思？

坎伯：遊唱詩人對愛情心理學非常感興趣。他們是西方現代愛情觀的先驅——也就是認為，愛情是一種人對人的關係。

莫：在這之前的愛情觀是怎麼樣的？

坎伯：在這之前，愛情只是刺激性欲的愛神愛洛斯[3]。愛洛斯的愛情，不是遊唱詩人所理解的那種墜入愛河的經驗。愛洛斯的愛情不是墜入愛河，也和個人無關。當時的人並不知道什麼是愛摩兒[4]。愛摩兒是遊唱詩人認可的、個人專屬的愛。愛洛斯和愛格匹（Agape，神對世人的愛）的愛**非關個人**。

莫：請解釋。

坎伯：愛洛斯代表生物性的渴望。它是對彼此身體的狂熱，和個人因素沒有關係。

莫：愛格匹呢？

坎伯：愛格匹的愛是「愛你的鄰人就像愛自己一樣」——是一種精神性的愛，不管這位鄰人是怎麼樣的人。

莫：這不是愛洛斯式的激情，我認為那是一種慈悲。

坎伯：沒錯，那是一種慈悲，是打開自己的心胸，但它不像愛摩兒那樣富有個人色彩。

---

1 Albigensian，十一至十三世紀在法國南部阿爾比地方頗具勢力的反天主教宗派。

2 Innocent III，一一六〇——一二一六。一一九八年他即位教宗，便不斷強化教宗的權威以及政治影響力，並成功鞏固教廷的勢力直到十三世紀末。

3 Eros，也就是丘比特。

4 Amor，拉丁文「愛」的意思。

莫：愛格匹是一種宗教的衝動。

坎伯：沒錯，愛摩兒也可能成為一種宗教衝動，遊唱詩人認為，愛摩兒是至高的精神體驗，愛洛斯的經驗則是一種被擄獲的感覺。在印度，愛神是一位高大、活力充沛的年輕人，他手上握著一張弓以及滿滿一筒箭。這些箭的名字有「促死之苦」和「打開心房」等等。真的，愛神是會帶給你這些感覺的，是一種生理上和心理上的全面大爆發。另一種愛，愛格匹，則是一種愛鄰人像愛自己一樣的愛，不論這個人是誰，愛都必須是一樣的。因為這個人是你的鄰居，你就必須愛他。愛摩兒是一種純粹個人的「純愛」，四目相遇就被「電」到了，就像遊唱詩人傳統中描述的，一種人與人的純愛經驗。

莫：你的書中有一首詩描述到這種四目相遇的經驗：

「愛從眼睛，觸及內心……」

坎伯：這種經驗完全背離當時教會「力挺」的一切。它是一種個人的、個別的經驗，而且我認為這種經驗是西方之所以偉大的精髓之處，也是西方有別於其他傳統的獨特之處。

莫：這麼一來，勇敢去愛變成肯定自己對抗教會傳統的勇氣囉！為什麼這對西方文化的演化這麼重

印度史詩中的一幕，愛神伽摩（Kama）趁著女僕去呼喚吉栗瑟拏（Krishna）之際，用花箭瞄準牧牛女（印度，17 世紀）。

要？

坎伯：西方文化強調個人的重要性這點，就是來自這些遊唱詩人：一個人應該對自己的體驗有信心，而不僅是口口相傳他人之言。它強調在人性、生活、價值上，個人的經驗是可信的，以對抗無差別、一致性的整體系統（monolithic system）。整體系統就是一個機器系統：因為是同一家廠商出廠的，所以每一台機器的功能都應該和其他機器完全相同。

莫：你曾說過西方的浪漫愛情，是從「自然本能超越宗教信條」（libido over credo）開始的，你的意思是？

坎伯：宗教信條說「我相信」，我相信的不只是法律，是被上帝制度化、無可爭辯的法律。這些上帝制定的法律是我身上的沉重負擔，若不遵守便是原罪，也無法得到永生。

莫：那就是宗教信條嗎？

坎伯：那就是宗教信條。你信奉它，你去告解，你逐條檢查自己的原罪，算算自己犯了幾條。你不是對神職人員說：「祝福我吧，神父，我這星期表現得不錯了。」而是一直「冥想」自己的原罪，然後就真的成為一個罪人了。這真的是在譴責生存的意志，宗教信條就是這樣。

莫：而自然本能呢？

坎伯：那是生命的衝動，它來自「心」。

◆心是一個向外開放的器官

莫：這個「心」是——

坎伯：——心是一個向外開放的器官。這是人類不同於只關心自己利益的動物特質。

莫：這麼說，你談的是相對於情欲、激情、宗教情操的浪漫式愛情？

坎伯：沒錯，傳統文化中婚姻由家庭安排。完全不是個人對個人的決定。至今印度報紙仍有一欄廣告，提供給婚姻掮客刊登待嫁女子的資料。我認識的印度家庭中有女兒要出嫁，她從沒見過未來的丈夫，便會一直問她的兄弟說：「他長得高嗎？他皮膚是深色或淺色的？」中世紀的婚姻需要經過教會的認可，因此遊唱詩人一對一式的愛情觀，會危害到教會。

莫：因為它是異端嗎？

坎伯：不只是異端，那是通姦，精神上的通姦，因為當時的婚姻完全由社會安排，所以四眼交會的愛情便具有較高的精神價值。

譬如說，在崔斯坦的中世紀傳奇中，伊索德和馬克王訂婚了。但是兩人從來沒有見過面。崔斯坦的任務是護送伊索德到馬克王的城堡成婚。伊索德的母親準備了愛情春藥，即將結婚的年輕男女喝下去後，便會對對方產生真正的愛情。這帖愛情祕方由伊索德的陪嫁奶媽看管著。由於奶媽一個疏忽沒看好，崔斯坦和伊索德意外喝下了愛情「良藥」，因為他們以為那只是普通的酒。他們立刻為對方的愛所佔領，其實他們早就相愛，只是自己不知道而已，這帖愛的藥劑只不過點燃了早已存在的愛情火花罷了，任何人年輕時都有過類似的經驗。

由遊唱詩人的觀點來看，問題出在馬克王和伊索德兩人身上。他們雖然要結婚了，卻還沒有真

維納斯、丘彼特、放蕩與時間（油畫，布龍齊諾〔Il Bronzino〕，1540-1546）

愛，他們甚至於沒有看過對方。真正的婚姻要能認識到自己與對方是一體的，生理上的結合只不過是肯定這層意義的聖禮。婚姻不能反其道而行，先從生理的興趣開始，再提升到精神層次，是不可能的。它必須從「愛摩兒」這個愛的精神衝擊開始。

莫：基督說過，「『心』的通姦者」是對「心」在各方面之精神結合的侵犯。

坎伯：由社會安排的婚姻，因為不是隨「心」安排的，所以是一種侵犯。以上就是中世紀的宮廷愛情觀。它和當時教會的做法完全背道而馳。愛情（AMOR）這個字，由後面拼過來是羅馬（ROMA），也就是羅馬天主教會，它認為婚姻的正當性只是它在本質上符合了政治與社會的需求。後來才有這個「個人抉擇合法性」的反動運動出現，我稱之為「遵循你直覺的喜悅」。當然也會有危險。在崔斯坦的羅曼史裡，年輕戀人喝下愛情之藥，伊索德的奶媽這才發覺，她跑去向崔斯坦說：「你已經喝下你的死期。」崔斯坦回答說：「我的死期，你指的是愛情之苦？」——這就是故事的重頭戲之一，也就是說，戀愛中人也應該對「愛情之病」有感才對。因為一個人在愛情中所經歷的那種認同感，是不可能在這個世上完全得到滿足的。於是崔斯坦說：「如果你說的死期，是指隨著愛情而來的巨痛，那麼我甘之如飴。如果你說的死期，是指在事情曝光後，我們會受到的責罰磨難，那麼我會接受它。如果你說的死期，是指地獄煉火的永久懲罰，那麼我也接受它。」這真的是大～事～不～妙～了！

莫：尤其是中世紀的天主教徒，他們真相信有一個具體的地獄存在。崔斯坦這段話的重要性何在？

坎伯：他所說的是，愛情比死亡、比痛苦、比任何事物更為重大。這是在大動作地肯定生命的痛苦。

莫：他寧可選這種愛情之苦，儘管隨之而來的，可能是永無止境的痛苦，以及被罰下地獄永不得超生。

坎伯：任何追隨直覺所選擇的生命職涯，都應該具有這種精神——沒有人嚇得了我。不論發生什麼事，這都是我生命和行動的認證。

莫：在選擇愛情時也是一樣嗎？

坎伯：在選擇愛情時也是一樣的。

莫：你的「地獄觀」就像你對天堂的看法一樣：到了那裡後，你就知道那是你的歸屬，也是你的終點。

坎伯：那是蕭伯納的觀點，也是但丁的觀點。下地獄的懲罰就是你想要的，你一輩子都會擁有。

莫：崔斯坦選擇他的愛情，他要他的喜悅，他願意為此受苦。

坎伯：沒錯。布雷克在他的格言系列《天堂與地獄的婚姻》（*The Marriage of Heaven and Hell*）中說：「我走在地獄之火……凌遲折磨天使的地獄之火。」意思是說，對於那些不是天使的地獄「住民」，煉火並不痛苦，而是歡樂的火焰。

莫：我記得在《神曲》的〈煉獄〉篇，但丁在地獄裡觀望歷史上的偉大情人，他首先看到了海倫，又看到克麗歐派屈拉，緊接著是崔斯坦，那有什麼重要性嗎？

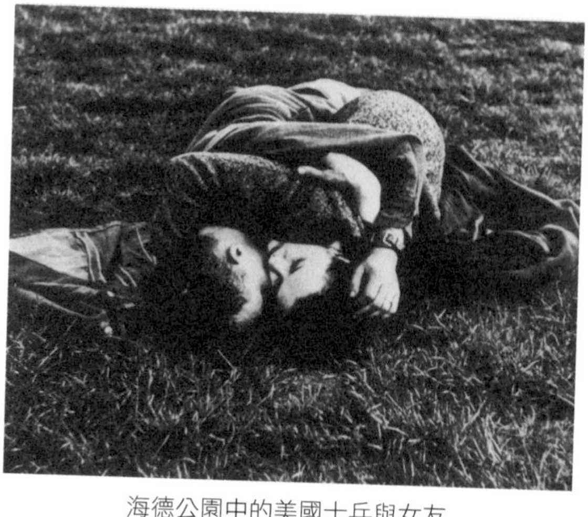

海德公園中的美國士兵與女友
（英國倫敦，攝影，1944）

坎伯：但丁選邊站在教會的觀點，認為這三人下了地獄並受盡折磨。他也看到兩個與他同時代的義大利年輕人，帕奧羅和法西絲卡。法西絲卡和她的小叔帕奧羅兩情相悅。但丁卻擺出社會科學家的姿態說：「親愛的，這是怎麼發生的？究竟是為什麼？」緊接著是《神曲》最有名的一段話，法西絲卡說，帕奧羅和她坐在花園中的一棵樹下，讀著蘭斯洛和桂妮薇兒的故事，「而當我們讀到他們第一次接吻時，我們凝視對方，那一整天再也讀不下去了。」那就是他們墮落的開始。

這種美妙經驗卻被譴責為原罪，遊唱詩人反對的就是這種說法。愛情是生命的全部——它是生命中的最高點。

莫：華格納在他描寫崔斯坦和伊索德的偉大歌劇中就是這樣說的。他說：「這就是我自己的天地，不論是入地獄或是被救贖。」

坎伯：沒錯，那正是崔斯坦所說的。

莫：意思是，我要我的愛情，我要我的生活。

坎伯：這就是我要的生活。我願意為它付出任何代價。

莫：這需要一點勇氣不是嗎？

《黎密尼的法蘭契》，戴斯（William Dyce）。

坎伯：難道不是嗎？就算只是動了念頭？

莫：難道不是——你用的是現在式。

坎伯：沒錯。

莫：在現代社會也是如此嗎？

坎伯：是的。

✦浪漫愛的開始

莫：你談到古代愛情先驅要做自我實現的主人、決定自我實現的方式，他們也了解愛情是大自然最尊貴的產物，他們要從自身的經驗中得到智慧，而不是經由教條、政治，或任何現行的社會公益概念。這是不是西方傳統中「把事物交給個人」這個浪漫想法的開端呢？

坎伯：絕對是如此。東方文化中也可以發現一些類似的例子，但並沒有發展成一種社會系統。這種概念在西方世界已經成為理想化的愛情。

莫：從自身經驗中得到愛情？將自己的體驗作為智慧的泉源，是嗎？

坎伯：沒錯，那就是所謂的個體。西方傳統最珍貴之處，就在認可、尊重每一個個體都是個活生生的實體。社會的功能就是在培養個體，支持社會並不是個體的功能。

莫：如果是這樣的話，社會的機構團體要怎麼辦？像大學、公司企業、教會、政治機構——如果每個人都去追著自己的愛情跑的話？這其中不會有緊張關係存在嗎？不會有個人與社會的對立嗎？一定要有某種正當的立足點來約束個人隨著直覺、性衝動、欲望、愛情、衝動任意而為，否則便會出現社會騷動或無政府狀態，而沒有機構團體能夠存活。你真的認為，不論會導致什麼結果，我們都應該追隨我們的直覺、我們的真愛嗎？

坎伯：你必須用你的頭腦，有人說，狹窄的道路是非常危險的道路——像是剃刀的邊緣。

莫：這麼一來，頭腦和心不應該是對立的囉？

坎伯：不是的，它們應該是合作的關係，頭腦要時時保持清醒，心應該時時諮詢頭腦。

莫：心會引導頭腦嗎？

坎伯：在大多數情況下，這是最理想的。中世紀騎士的五大美德可以運用在這裡，那就是節制、勇氣、愛、忠誠及禮儀。禮儀也就是尊重你生活中的社會禮節。

莫：這麼說，愛情不能單獨存在，要與其他事物共存。

坎伯：愛是社會眾多功能中的一項。要讓社會抓狂無法運作，就是讓某個功能支配整個系統，而非效力於社會秩序。在中世紀時代，雖然遊唱詩人反抗教會的威權是個事實，但是他們也尊重自己生活其中的社會，做的每一件事都要依循社會規則。兩個騎士對陣是為**道德**而戰，不會破壞交戰規則。該有的禮儀必須謹記在心。

莫：當時有法律規則嗎？有愛情規則嗎？譬如說，對通姦有所規範嗎？在那個時代如果一個人的眼神和不是自己太太或自己先生的人「傳情」，該怎麼反應？

坎伯：那就是宮廷愛情關係的開端，確實有遊戲規則，而且大家都會依據遊戲規則在玩。那些人自有一套不屬於教會系統的規則，是為了能夠和諧地玩遊戲，並且得到預期的結果。你做的每一件事情都有一套規則在規範，裡面明列著該如何做、如何才做得好。所謂「藝術是讓事物更美好」，就是如此。你可能是個笨拙的大老粗，但是在愛情遊戲中，如果能夠掌握某些讓感情表達得更流暢、更令人滿足的規則，不是更好嗎？

莫：而隨著騎士年代的茁壯，浪漫式愛情也向外擴散了。

坎伯：我認為兩者是同一件事。當時是一個很奇怪的時期，因為一切都非常粗暴野蠻。當時並沒有中央律法，每個人都要靠自己，一切都會受到嚴重侵犯。但是在這種野蠻的環境中，自有一股文明的力量，而女人是這股力量的中堅，因為是女人建立上述的愛情遊戲規則，男人則必須依據女人的要求來玩遊戲。

莫：女人如何去掌握支配性的影響力？

坎伯：如果一個男人動了念頭想和一個女人做愛，女人就已經占到上風了。女人讓渡自己給一個男人的專業說法是「憐憫」。女人施捨她的憐憫。這可能是允許追求 者在聖靈降臨節[5]吻她的頸背一次這類的事，她也可能一次付出她全部的愛，一切都要看她對候選人性格的評估結果而定。

莫：這麼說，是有套規則來決定測試結果囉？

坎伯：沒錯，而且還有項基本要求。候選人必須有一顆溫柔的心，有能力去愛、而不僅有著性欲的心。女人會去測試她的競愛者是否真的有一顆溫柔的心、是否真的有愛的能力。

這些淑女都是貴族出身，當時貴族不論是殘酷或溫柔的手段，都表現得非常老練而高明。今天，我不認為有辦法從一個人的氣質測驗出是否具有溫柔的心，我甚至不認為有人會講求溫柔心這個理想。

莫：對你而言，溫柔心這個想法暗示了什麼？

5 Whitsuntide，復活節之後的第七個星期日。

坎伯：表示一個人有能力去——嗯，怎麼說，對我而言，關鍵字是慈悲。

莫：意思是？

坎伯：一起受苦。「慈悲」（Compassion）這個字，後半部的「熱情」（Passion）就是「受苦」的意思，而前半部的「同」（Com）是「和……在一起」的意思。用德文來解釋便更清楚了：德文mitleid這個字當中，「mit」是「和」的意思，而「leid」是「苦難或受苦」。愛情測驗就是要確定這個男人會為了愛而忍受一切，不只是為了情欲。

莫：這種愛情測驗雖然源自遊唱詩人的時代，但到了一九五〇年代早期仍然盛行於德州東部。

坎伯：那就是這種愛情立場的影響力。它發源自十二世紀法國西南部，而在二十世紀的德州仍然可見。

莫：近來也不是那樣盛行了。我的意思是，我不確定它是否還是原來的那個愛情測驗。我樂見——大概吧，我不確定……

坎伯：有的測驗會叫一個小伙子去保衛一座橋。在某種程度上，中世紀的交通也是因為這些護橋小伙子而經常大塞車。有的測驗是真槍實彈的交戰。一個無情狠心、在同意付出自己之前便叫候選人去冒生命危險的女人，會被認為是野蠻人，而不經過愛情測驗便付出自己的女人，也是**野蠻人**。那是一種很不錯的心理評估遊戲。

莫：遊唱詩人的目標，不是要瓦解婚姻或這個世界吧？他們的目標不是要消除淫蕩的性交、瓦解愛欲，或甚至清除上帝的靈魂吧？你曾寫說：「反之，他們在愛的體驗中讚美生命，他們認為愛情是一股淬鍊過的昇華力量，是開放自己的心胸接受生命中的酸甜苦辣，是一個人自己的苦與樂。」他們不是想破壞掉一切吧？

坎伯：不，你要明白，遊唱詩人身上並沒有那種動機，而是個人體驗以及提升自我的動機，兩種動機完全不同。他們並沒有直接攻擊教會。他們是要將生命提升到一種精神體驗的層次。

莫：愛情就在眼前。愛摩兒就是展現在眼前的道路。眼睛——

坎伯：——眼神交會，就是那種概念。「所以，愛從眼睛，觸及內心：因為，眼是心的斥候。」

莫：遊唱詩人對賽姬[6]知道多少？大家都聽過賽姬的故事——愛洛斯和賽姬的神人戀——我們必須了解自己心靈的說法很普遍。遊唱詩人對於人類的心靈有什麼特別的發現？

坎伯：他們發現的是其中特定的個別面向，那是無法只用一般性語言來談論的。個人的體驗，個人對這個體驗的認同，個人認同並融入這個體驗，這就是一些主要重點。

莫：愛情指的不是泛泛的愛情，而是情有獨鍾於**特定的**女人吧？

坎伯：是為了那個特別的女人，是的。

莫：你認為為什麼我們會愛上某個人，而不是其他人呢？

坎伯：我不是這方面的專家。愛情充滿著奧祕。先是會發出電波，隨之而來的是極大的痛苦，遊唱詩人嘔歌愛之痛，這是醫生無法醫治的病痛，解鈴人還需繫鈴人。

莫：意思是？

坎伯：是我的熱情造成這個傷口，是我對這個人的愛才帶來巨痛。唯一可以醫好傷口的人，也是使出致命一擊的人。這把製造傷口的長矛，就是以象徵性形式出現在許多中世紀故事中的母題。只有當長矛再接觸到傷口，愛情創傷才能被治好。

---

6 Psyche，希臘羅馬神話中靈魂的人格化，常化身為有蝴蝶翅膀的美女，為愛洛斯的愛人。

✦．聖杯傳說與慈悲

莫：聖杯的傳說中不是也有類似的概念嗎？

坎伯：修道院版的聖杯故事中，聖杯和基督受難[7]密不可分。聖杯是在最後晚餐中出現的聖餐杯，也是基督自十字架上被移下來時，用來接他的鮮血的高腳杯。

莫：聖杯代表什麼呢？

坎伯：有關聖杯的來源，有一段很有意思的說法。某個早期版本的寫法是，聖杯是由中立的天使自天堂帶下來的。天堂那一場上帝與撒旦的善惡大戰中，有些天使站在撒旦那一邊，有些是站在上帝那一邊。聖杯則是由那些站在中間的天使帶下凡的。它因而也代表在成雙對立、恐懼與欲望、善與惡之間的靈性通道。

聖杯傳奇的主題講的是土地、國家，以及整個人類關懷的領域都被廢置一旁，被稱之為荒原。荒原的原貌又是什麼呢？荒原的居民都過著一種不真實的生活：別人怎麼做，你就怎麼做，別人告訴你怎麼做，你就怎麼做，沒有勇氣過自己要過的生活，那就是荒原，正是艾略特在他的長篇史詩《荒原》中所說的意思。

在荒原中，事物的表象無法代表內在的真實，荒原中的人過著一種不真實的生活。「我一生中從來沒有做過我要做的，我一直遵照別人告訴我的去做。」你能夠了解嗎？

莫：聖杯便成為了？

坎伯：聖杯便成為——該怎麼說好？聖杯成為那些按照自己方式生活的人所實現的成就。聖杯代表人類實踐其意識狀態的最高精神潛能。

以聖杯之王為例好了，他是一個可愛的年輕人，但這個頭銜並不是他自己去贏得的。有一天他由古堡中騎馬出來高聲吶喊著「愛摩兒」提振士氣。年輕人當然可以這麼高喊，但這種行為不適合聖杯監護人的身分。在他向前騎去時，有一位在當時被視為異端的穆斯林騎士，由樹林中騎著馬衝出來。他們兩人都將自己的長槍瞄準對方，聖杯之王的長槍殺死了異教徒，異教徒在死前及時將聖杯之王去勢。

天使握住聖杯（英國，古書插圖，15 世紀）

這個故事的意義在點出物質和精神的分離、生命活力與精神領域的分離、自然恩典與超自然恩典的分離，這些都是基督教在作祟，也是基督教將大自然去勢了，歐洲的心識、歐洲的生活也因此被閹割。物質與精神結而成的真正精神性事物，已經被謀殺了！故事中的異教徒又代表什

7 Christ's passion，受難（the Passion），特別指耶穌生前的最後一段時期：造訪耶路撒冷、在街道遊行、最後晚餐、被逮捕、判罪、被釘死在十字架上。

麼？他是來自伊甸園近郊的自然之子。他的長槍上刻著「聖杯」兩個字，也就是說，大自然就是聖杯本身。靈性生活是花束、是香水，是一個人生活的開花結果與實踐，而不是加諸其上的超自然美德。

因而，賦予生命真實性的是大自然的脈動，而不是超自然威權的規範——那便是聖杯隱含的意味。

莫： 這就是湯瑪斯．曼說的，「人類是最崇高的傑作」，因為人類是自然與精神的結合。

坎伯： 沒錯。

莫： 自然與精神一直在渴求這種經驗的相遇。這些浪漫傳說中要找的聖杯，乃是這兩個分離事物合而為一的象徵，同時也代表結合所帶來的和平。

坎伯： 聖杯象徵自行決定、自行推動的真實生活。這種生活讓我們在好與壞、光明與黑暗的對立生活中，找到平衡。聖杯傳說的作者之一，就以下面這首短詩做為其史詩鉅作的開端：「任何行為都同時有好、壞兩種結果。」生命中的任何行為都會產生對立的結果，我們只能竭盡心力傾向光明，傾向因同理他人而來的和諧關係。這種和諧關係也是因為擁有「願意和別人一起受苦」的慈悲才有的。這就是聖杯的意義，這就是中世紀歐洲傳奇的內容精髓。

聖杯傳說的另一號人物是帕斯瓦（Perceval），年輕的他由母親獨自在鄉間撫養長大。他的母親排斥宮廷生活，也不希望帕斯瓦接觸任何宮廷生活的繁文縟節，帕斯瓦一直率性地依據自己的身心脈動而活，並且漸漸地成熟「轉大人」。後來有人將帕斯瓦訓練成騎士，並想要把女兒嫁給他，帕斯瓦拒絕了，他說：「我必須自己贏得自己的太太，而不是由別人自動送上來。」這就是歐洲的開端。

莫：歐洲的開端？

坎伯：沒錯——獨樹一格的歐洲，聖杯歐洲。再回到原來的故事，當帕斯瓦來到聖杯古堡時，正好撞見受了傷的聖杯之王被擔架抬了進來，他是因為聖杯才留著最後一口氣，否則早就死了。帕斯瓦的慈悲讓他不由得想問：「大叔，你怎麼了？」但是他沒有真的問出口，因為他的師父教他說，一個騎士不應該問不必要的問題。他遵守了規則，但英雄的歷險生涯也暫告失敗了。之後，帕斯瓦又多花費了五年的時間，歷經各種折磨與阻礙，才又再回到古堡，問了原來沒有問出口的問題，治癒國王也療癒這個社會，這個一開始該問、而沒有問出口的問題是一種慈悲的表現，那不是因為社會禮教規範的教導。是因為一個人的心很自然地開放給另一個人所致，這就是聖杯的精神。

莫：它是一種愛——

坎伯：它是一種自然流露的慈悲、與他人一起受苦的精神。

莫：榮格這麼說——他說，靈魂找到另一半之前永遠不可能平靜，而另一半永遠是另一個自己，這就是浪漫式——？

坎伯：沒錯，正是，這就是傳奇（romance），也就是神話的內涵。

莫：不是煽情的羅曼史（romance）。

坎伯：不是，煽情是暴力的回聲，它不是一種健康的表達方式。

莫：你怎麼看浪漫式愛情？對我們個人有何意義？

坎伯：它告訴我們說，人類身處兩個世界，一個是我們自己的世界，另一個是「外派」給我們的世界，課題就在如何維持兩者之間的和諧關係。我們來到這個世界，當然必須依據這個社會的條件來生活，不這麼做很荒謬，因為就不是真正活著。但我又不能讓這個社會對我發號施令，告訴我該怎麼生活，因為每個人都必須建立起自己的價值系統，這可能和社會對個人的期望衝突，或不為社會所接受。但是，生命的要務就是，活在能真正支持你的社會所提供的場域之內。這時出現一個問題——戰爭時期被徵召入伍的年輕人面對一項巨大的抉擇：也就是社會對你的要求，你可以做到什麼程度？像是殺死你不認識的陌生人，為什麼？為了誰？這一類事情。

莫：這就是我剛才說的。如果社會的每一顆心都漂泊不定，每一雙眼睛都四處遊蕩，這個社會便無法存續。

坎伯：那當然，但是有些社會是沒有存在必要的。

莫：它們遲早會——

坎伯：——瓦解。

莫：遊唱詩人瓦解掉舊社會。

坎伯：我不認為瓦解舊社會的是遊唱詩人。

莫：是愛情。

坎伯：是愛情沒錯，但是那和遊唱詩人是同樣一回事。就某個意義而言，馬丁·路德是一位基督的遊唱詩人。他對神職人員的定義，自有他的想法。而他這個想法真的就摧毀了整個中世紀的教會，而且永遠無法再恢復原貌。

思考基督教的歷史很有意思。在最初的五百年間，身為基督徒的方式很多，也有許多不同型態的基督教。然後在第四世紀的狄奧多西[8]時期，羅馬帝國唯一的合法宗教便是基督宗教，而唯一合法的基督教形式只有拜占庭的基督教。當時對異教殿堂古蹟的蓄意破壞行為，在世界歷史上也算是空前絕後了。

莫： 教會組織下令破壞的嗎？

坎伯： 是教會組織。為什麼基督徒不能與其他宗教共存？他們有什麼問題？

莫： 你認為呢？

在婚姻中，愛和寬恕天天運行

坎伯： 權力，是權力。我認為權力的衝動是歐洲歷史的最基本推動力量。而這個推動力也侵入了我們的宗教傳統。

關於聖杯的傳說有件十分有趣的事。聖杯傳說是在基督教「登陸」歐洲之後五百年才出現的，因此代表了兩個傳統的融合。

大約在十二世紀末的時候，菲奧雷（Floris）的修道院長約阿希姆[9]寫下精神的三個時代。他說，自人類從伊甸園墮落後，上帝為補救這個災難，因此把靈性原則重新引入歷史。上帝選擇了一個民族作為祂的溝通工具，這就是天父和以色列的時代。然後，以色列人榮選為神的傳道民族以勝任「乘載上帝肉身」的重責大任，聖子也因此降生了。這麼一來，很清楚地，精神的第二個時代就屬於聖子與教會的時代，這時就不只是單一種族，而是全人類都開始接收上帝的

8　三四七—三九五，古羅馬皇帝，將基督教定為國教。

9　一一三五—一二〇二，義大利神學家。

屬靈旨意的訊息。

第三個時代是「神、人直接溝通」的聖靈時代，依據大哲學家約阿希姆在一二〇六年所言，當時聖靈時代正要展開，任何人只要能將神諭融入或帶進自己的生命中，他便與耶穌一般無二。這就是第三個時代的意義。在這個階段，一如教會組織視以色列為陳舊的過去，教會組織也被這種個人的體驗視為過時的制度。

「精神第三時代說」引發了一股「隱士遁入森林中接收體驗」狂潮。被認定代表這個運動的頭號人物是阿西西（Assisi）的聖哲方濟各[10]。他是基督的等身，他是聖靈在這個物理世界的化現。

這就是聖杯之追尋的幕後故事。追尋聖杯的圓桌騎士加拉罕（Galahad）就等同於基督。身披焰紅盔甲的他在聖靈降臨節（Pentecost）的宴會上，被帶到亞瑟王的宮廷。這個節日是在慶祝聖靈以火的形式降臨到使徒身上。我們每個人都有成為加拉罕的潛能。這是諾智派（Gnostic）有關於基督教訊息的立場。狄奧多西時代埋在沙漠中的諾智派文獻中就表達出了此一觀念。

譬如說在諾智派的《湯瑪斯福音書》中，耶穌就曾說：「從我口中飲者，將成為我，我也將成為他。」這就是聖杯傳奇故事中的概念。

加拉罕與圓桌騎士（中世紀手稿）

莫： 你說十二、十三世紀，是人類感情與靈性意識的重大變動時期，就此展現出一種新的愛情體驗方式。

坎伯： 是的。

莫： 這與凌駕「人心」的教會「獨裁」唱反調，因為教會要求人們和教會或父母指定的對象結婚，特別是年輕女孩。這對熱情的心會造成怎樣的影響？

坎伯： 我先說句公道話。我們必須認知到，即使是憑媒妁之言的婚姻，丈夫與妻子在家庭生活中也可以培養出愛的關係來。換言之，這種經過安排的婚姻也是有愛存在的。家庭之愛就是那個層次上的豐富愛情生活。但是你卻無法從中獲得另一種愛，那是在他人身上找到靈魂伴侶而帶來的震懾迷眩感。這正是遊唱詩人力挺的，也成為今天的理想愛情。

但婚姻就是婚姻，婚姻不是戀愛。戀愛是完全不同的一件事。婚姻是對你自己的一種承諾。你的婚姻夥伴實際上是另一半的你自己。所以你和自己的另一半是一體的。戀愛不是如此，而是一種追求享樂的關係，當它變得不快樂時，關係便結束。但是婚姻是一生的承諾，是你一生最主要的關懷。假如沒有把婚姻擺在第一位，你等於沒有結婚。

莫： 浪漫的愛情可以在婚姻中持續嗎？

坎伯： 在某些婚姻中是如此。在其他的婚姻中，則非如此。遊唱詩人傳統中的大字報就是「忠貞」這兩個字，這也是問題之所在。

莫： 你說的「忠貞」是指什麼？

---

10 St. Francis，逝世於一二二六年，知名的苦行僧。

坎伯：不欺騙、不變節，不論經過怎樣的試煉與苦難，你都能真誠不變。

莫：清教徒稱婚姻為「教會中的小教會」。在婚姻中，「愛」和「寬恕」是天天都在運行的。它是一個持續進行的聖禮——愛、寬恕。

坎伯：我想「嚴峻考驗」才是更貼切的字眼。個人臣服於比自己更占優勢的事物。真正的婚姻生活或真正的戀情，都應該是這種關係才對。你了解我的意思嗎？

莫：不，對這點我不清楚。

坎伯：就像陰陽這個象徵一樣。這是我，那是她，我倆會在一起。我的犧牲不是為了她，是為這個關係而犧牲。對個人的怨氣就是完全搞了錯對象。生命就是這樣的關係，也是你生命的所在之處。那就是婚姻。戀愛的話，只要兩人能夠配合，就算這段關係不是那麼牢靠，也能夠維持一段時間。

莫：在神聖的婚姻中，上帝促成的是個整體，不可能被人為破壞。

坎伯：從一開始，婚姻就象徵性地重新敘述這種結合。

莫：從一開始？

坎伯：婚姻就像是象徵性的身分認證。

✦ 泰叡西爾斯的傳說

莫：你知道有關盲者先知泰叡西爾斯（Tiresias）的有趣古老傳說嗎？

坎伯：是的，那是個宏偉的故事。泰叡西爾斯有一天走過森林時，看到兩隻正在交配的蛇。他把他的拐杖放在牠們當中，自己就變身成為一個女人，活了好幾年。有一天，女版泰叡西爾斯走過森林時，看到兩隻蛇正在交配，她把竿子放在牠們當中，於是又變回男人身。然後，某天在眾神的國會山莊宙斯之丘——

莫：奧林匹克山？

坎伯：是的，奧林匹克山。宙斯和他的妻子爭論，是男人還是女人在性交中享受到較大的樂趣。當然現場沒有人能夠決定，因為你可以說這些神都只是一個整體的某一面。於是某個人提議說：「讓我們問問泰叡西爾斯吧！」

所以他們找到泰叡西爾斯，問了這個問題。他說：「為什麼？當然是女人。女人比男人多九次性高潮。」結果不知道為何，宙斯的妻子天后希拉（Hera）聽了很生氣，便把他打瞎了。宙斯覺得自己需對此負責，便賦予泰叡西爾斯盲眼先知的本領。這裡有個道理：當你看不到擾亂注意力的各種現象時，你就自動仰賴你的直覺，反而能夠與事物的基本形態——所謂的形態學——連上線。

莫：透過兩隻蛇變成男人，又變成女人的泰叡西爾斯，同時擁有男、女性的經驗，比男神或女神知道得更多，這裡頭的「點」在哪裡？

坎伯：你說的沒錯。更進一步說，他象徵性地代表了男女二合為一的事實。當奧德賽被女巫瑟西（Circe）遣送到冥界時，他是在遇到泰叡西爾斯、並了解到男女一體的道理後，才真正得到啟蒙的。

莫：我常想，如果一個人能夠與內在陰性或陽性面接觸的話，將可能擁有神的本領，或甚至超越神所知道的。

坎伯：那就是結婚的真諦。婚姻就是你與自己內在的陰性面接觸的方式。

莫：當你遇對了人而突然發現「我戀愛了！」那是什麼樣的感覺？

坎伯：那是個謎。就好像你已經知道將與此人共同生活，你知道她就是與你共度此生的人。

莫：那是不是來自我們記憶庫的東西，只是我們不知道、不認得罷了？碰對了人——

坎伯：就像是在回應未來，未來的你正和你對話。這點和時間的神祕性與超越性有關。我想這是一個非常深的奧祕。

莫：這只是一種「可以晾在一邊就好」的奧祕，或者是成功擁有婚姻或愛情關係的機會呢？

坎伯：從技術層面而言，當然可以，為什麼不呢？

莫：但事實是，一旦結婚就少有戀愛的感覺，一旦陷入熱戀，就難以對婚姻保持忠誠。

坎伯：我想個人必須自己找出平衡點來。結婚後仍可能迸出愛的火花；如果你不把握這個機會的話，火花四射的愛的體驗，也很可能就為之黯淡。

莫：我想這是問題的核心。假如眼睛負責搜尋對象，並真能找到心所強烈渴求的對象，那麼心是不是一次就滿足了呢？

坎伯：我就直說了，愛不能使人對其他人際關係免疫。但人是不是可以擁有成熟的愛情、一個真正完整的愛情，還能夠忠於婚姻呢？我不認為那是可能的。

莫：那是因為？

坎伯：關係會因此破裂。但是保持忠貞的同時，也可以對另一名異性深情款款。騎士傳奇故事經常這麼描述，既忠於自己的愛人，也對其他女性溫柔以待，這是十分優雅而細緻的。

莫： 所以遊唱詩人會對愛人傳情，即便是關係進一步發展的希望極為渺茫。

坎伯： 是的。

莫： 就算失去了愛，曾經擁有過，是不是比較好呢？這也是神話的觀點嗎？

坎伯： 基本上神話並不處理個人的愛情問題。每個人所選擇的婚姻對象，都是基於現實的因緣條件，譬如說門當戶對啦，依此類推。

莫： 那麼愛情和道德有什麼關係？

坎伯： 愛情違犯道德。

莫： 違犯道德?!

坎伯： 是的，只要是愛，就不會以社會認可的生活方式來表達。那也是愛情如此神祕的緣故。愛情與社會秩序無關，它是比社會規範的婚姻更高階的精神體驗。

莫： 當我們說上帝就是愛的時候，有沒有浪漫愛情的成分在裡面？神話是否把上帝愛和浪漫愛情加以連接？

坎伯： 它確實如此。愛是聖靈所賜，因此更優於婚姻。那是遊唱詩人的理念。假如上帝是愛，愛也就是上帝。愛柯哈特曾說：「愛情不知道痛苦。」這正是崔斯坦下面這句話的真意。「我願為我的愛接受地獄之苦。」

莫： 但你也曾說，愛必然帶來苦難。

坎伯： 那是另一個概念。崔斯坦是在經驗愛，愛柯哈特則是在談論愛。愛情之苦並不是另一種苦，而是生命本身的苦。何處是苦，何處便是你的生命，你可以作如是觀。

莫： 保羅在哥林多書中有一段話：「愛可以忍受一切、承擔一切。」

坎伯：那是同樣一件事。

✦撒旦是上帝的愛人

莫：我最喜歡的神話之一，是來自波斯的故事。它說撒旦被譴入地獄，是因為他太愛上帝所致。

坎伯：是的，那是穆斯林對撒旦的基本觀念。他們認為他是上帝的最愛。理解撒旦的方式很多，你所說的是以下面這個問題為基礎：為什麼撒旦會被打入地獄？故事標準型態是這樣。上帝創造天使，祂告訴他們只能對自己鞠躬致敬。然後上帝造了人類，祂把人當作高於天使的生命形式，並要求天使為人服務。但是撒旦不願向人頂禮致敬。

我記得小時候學到的基督教傳統，把這個情形詮釋為撒旦的自我中心作祟。因為他不願向人頂禮。但是在波斯版的故事中，撒旦之所以不能向人頂禮，是基於他對上帝的愛，他只能向上帝頂禮致敬。是上帝朝令夕改在先，你看出來了嗎？但是撒旦不能違反自己的原始初衷。在他的心裡，他不能對上帝以外的任何人服務，因為他只愛上帝。所以上帝便對他說：「不要讓我看到你！」

一般所描述的地獄之最，便是沒有敬愛的上帝存在之痛楚。所以撒旦怎麼撐得下去呢？他只能由記憶中上帝的聲音得到慰藉，因為當上帝說「去死吧」，那便是愛的表現。

莫：人生確實如此，地獄之最就是和你所愛的人分離，這是我喜愛這個波斯神話的原因。撒旦是上帝的愛人——

坎伯：——而他與上帝分離了，對撒旦而言那是非常痛苦的事。

莫：波斯還有一則故事是關於父母的起源。

坎伯：那是個偉大的故事。一開始他們是一體的，然後長成某種植物。後來他們分離成兩個人，並且開始生育孩子。他們非常愛孩子，便把孩子吃掉。上帝想：「不能再這樣下去。」所以祂把父母對子女的愛大幅減少，那麼父母便不會把孩子吃掉了。

莫：這個神話是什麼意思——

坎伯：人們會說：「這是個美味的小東西，我可以吃掉它。」

莫：這是愛的力量？

坎伯：是愛的力量。

莫：愛的強度太高了，必須要減低。

坎伯：是的。我曾看過一幅圖畫，上面是張大、不斷吞噬東西的嘴，嘴裡面有一顆心。那就是會把你吞噬的那種愛。也是做母親的要學習去淡化的那種愛。

莫：上帝，教教我何時該放手。

坎伯：在印度有個小宗教儀式協助母親不執著，特別是對兒子的感情。家庭的宗教導師會來到家

印度街景
（攝影，懷特〔Margaret Bourke-White〕）

裡，並要求母親給他自己珍藏的東西。那可能是非常貴重的珠寶或其他的東西。母親會不斷被要求交出最珍貴的東西，並在這個過程中學會放棄她認為最寶貝的事物。最後她也必須放棄她的兒子。

莫： 所以愛有苦也有樂。

坎伯： 是的。愛是生命的燃點，既然人生是苦的，愛也是如此。愛的強度愈大，痛苦也愈大。

莫： 但是愛可以忍受一切。

坎伯： 愛本身是苦，愛可說是真正活著的痛苦。

·第八章·

永恆的面具

Masks of Eternity

伽梨女神殺死羅乞多毗闍阿修羅（印度，18 世紀）

神話的意象乃是我們每個人靈性潛能的反照，透過對這些意象的冥想，我們可以把神話的力量在自己的生活中激發出來。

莫：在你遍學各種世界觀，品味不同的文化、文明與宗教之後，是否發現每個文化對上帝的需求，都有某種共通之處？

✦有一個比人類更偉大的世界存在

坎伯：任何人只要有過神祕經驗都會知道，宇宙中有某個次元是超越人類感官所能察覺的。在《奧義書》中有一段相當貼切的文字，可以用來說明這個情況：「當你凝神注視日落或山崖之美而發出『啊』的讚歎時，你便融會在神性之中。」在此融會的剎那，我們了解到存在的奇妙與完美。生活在自然界中的人們，每天都可以經驗到這個真實。他們了解到，有一個比人類更偉大的世界存在。然而人類的天性會想把這種經驗擬人化，或是把自然之力人格化。

西方人的思考方式，是把上帝當成是神奇宇宙能量的終極來源或肇因。但在大部分的東方思想以及原始部落的想法裡，神明是非人格化能量的化現或供應者。他們並不是宇宙的終極真實。神是能量表現的工具，而每個神祇所擁有或代表的能量大小與品質，即決定了該神祇的特性與功能。有凶暴的神、慈悲的神，有結合陰陽兩界的神，也有在戰爭中充任國王或國家的保護神。他們都是人格化的宇宙能量；但是這些能量的終極來源仍然是個奧祕。

莫： 這難道不就讓命運等同於一種無主狀態、不同勢力的不斷爭戰嗎？

坎伯： 沒錯，正如人生本該如此一樣。我們內心面對抉擇時，也會有爭戰。我們與他人的互動也經常有四、五種可能性。我心中的主導神祇就是影響我做決定的力量。假如我的引導神祇是粗暴的，我的決定也會是粗暴的。

莫： 這對信仰會有何影響？人是有信仰的奇妙動物，而且——

坎伯： 不，我不一定要有信仰，我有體驗。

莫： 哪一種體驗？

坎伯： 我有奇妙生命的體驗，我有愛的體驗。我有恨、有惡意、有想要揍人的衝動體驗。從象徵性意象形成的觀點來看，這些都是在我心中運作的不同「勢力」。我們不妨把驚奇、愛、恨，都視為受到不同神祇啟發的結果。

當我還是個羅馬天主教家庭的小孩時，大人告訴我，我的右邊有個保護我的天使，左邊有個誘惑我的魔鬼，我在人生中所做的決定，取決於天使與魔鬼的較勁結果。身為一個小孩，我將這些思想具體落實在生活中，我想我的老師們也是如此。我們都認為確實有天使存在，認為天使真有其人，魔鬼也是真有其人。現在我當然不再認為他們真有其人，他們不過是推動、引導我的各種生命衝動的隱喻而已。

莫： 這些能量打哪兒來？

坎伯： 來自你自己的生命，來自你自己身體的能量。身體的不同器官，包括你的頭部，都相互衝突。

莫：你的生命來自哪裡？

坎伯：來自宇宙生命的終極能量，然而你會追問：「一定有某個造物主創造這些能量吧？」為什麼你會這麼追問呢？為什麼終極的奧祕不能超越人格化的神這個概念呢？

莫：大家能夠接受非人格化的神嗎？

坎伯：可以的，而且向來如此。只要走到蘇伊士河東岸去就好了。你知道，在西方我們傾向於把神明人格化、人性化：譬如說，耶和華不是憤怒之神、就是執行正義與懲罰的神祇，或是像在〈詩篇〉中讀到的，耶和華是支持生命的友善之神。但是在東方，神祇的概念就單純得多，「人」的色彩較淡，反而更像是一種大自然的力量。

莫：當某人說：「想像上帝的樣子！」西方的兒童會說：「上帝是個有鬍鬚、著白色長袍的老人。」

坎伯：在西方文化中確是如此，我們習慣將上帝想像成男性的形貌。但許多傳統的神聖力量，基本上都是以女性的形貌出現的。

莫：根本的問題在於，我們無法想像不能人格化的事物。你認為我們可能集中心識在柏拉圖所謂的「不朽而神聖的思想」嗎？

坎伯：這就是所謂的冥想。冥想意味不斷地觀照同一主題。它可以存在於任何層次。我不會把我的思考截然劃分成肉體和精神兩個不同範疇。例如，金錢就是一個絕佳的冥想主題。而照料家庭是另一個很重要的冥想主題，但是也有孤獨的冥想，例如走入一座大教堂。

莫：這麼說，祈禱實際上就是一種冥想。

坎伯：祈禱是冥想宇宙奧祕並與之「搭上線」的修行。

莫：召喚內在的力量。

坎伯：羅馬天主教有一種以唸珠不斷持誦相同禱詞的冥想方式。這就是把心帶入修行中。在梵文中，這種修行叫做「加帕」（japa），意思是「重複聖名」。它可以隔斷其他雜念，讓你專注在一件事上，然後依據你個人的念力，去體驗宇宙神祕力量不可測知的深度。

莫：這種深刻的體驗要如何達成？

坎伯：只要你的「感應」夠深刻就可以。

莫：假如上帝只是一個念力所及的神祇，我們又如何對上帝造物的神聖產生敬畏感呢？

坎伯：我們會因為一場夢而驚嚇到嗎？你必須突破自己原有的上帝意象，去體認其中所蘊涵的意義。心理學家榮格就有一段相關的說明：「宗教是針對上帝的經驗而設的防禦措施。」宇宙的奧祕已被化約成一組概念與想法，強調這些概念與想法的結果，反而造成意涵豐富之超越性經驗的「短路」。「終極宗教體驗」的正確看待方式，應該是「宇宙奧祕的強烈震撼」才對。

莫：「要了解耶穌，必須先超越基督教信仰，超越教義和教堂」，這麼相信的基督徒已不在少數——

坎伯：你必須超越自己所想像的耶穌意象。否則，自己心目中的神的意象，會成為我們的最後障礙和終極絆腳石。因為你緊緊地抱住自己的意識型態以及淺薄的思考態度不放，當一個更偉大的神性體驗降臨，當一個超過你已準備好要接受的經驗「上身」時，你也就只能抱著你心中的意象起飛。這就是所謂的「信仰保鮮」。

通過不同的體驗中心或原型階段，你得以了解何謂精神之提升。一開始是飢餓、貪婪等最基礎的動物性體驗，然後是性的狂亂，接著是某種肉體上的熟練控制。這些都是心靈體驗的前奏。一旦心靈的核心被觸動了，對他人或其他受造物的同體慈悲心便會頓然覺醒，你就能夠體悟，你和他人在某種意義上是同一種生命的受造物，一個全新階段的精神生命於是開展出來。這個「心」對外開啟的過程，就是「處女生子」這個神話象徵的意義。它意味著精神生活從原本只為滿足健康、繁衍後代、權力、物欲之樂等物質目的的基本生活需求中，誕生了出來。現在人類來到了另一個階段。這種對他人的慈悲、相契、合一，超越自戀、自利、自以為是的我執，只要經歷過一次，就理所當然地為宗教生活與經驗拉開序幕。這個初步體驗，可能促使個人開始去追求大我生命整體感的充實體驗，在那樣的世界中，所有時空暫有的存在形式，都只不過是這個整體生命的反映罷了。

這個所有生命存在的終極基底可以從兩個層次來體會，一個是有形的，另一個是無形或超越形相的。當你以有形的方式體驗你的神祇時，就會有你所觀照的心識，也會體驗到該位神祇。有一個主體，也有一個客體。但是神祕主義的終極目標，是要與個人專屬的神祇合而為一。這樣才能超越二元對立，各種形相也就消失。無人、無神、無你。你的心識超越了所有概念，和你自己的存在基底已經「心心相映」、互相認同了，因為你所經驗到的神的隱喻性意象，指涉的正是你自己的存在這個終極奧祕，也是這個世界的存在奧祕。就是這樣。

莫：基督信仰的中心意旨在「上帝就是在基督身內」，你所說的這些基本推動力量，就體現在耶穌這位神人合體的人類身上。

✦ 生命中的基督精神

坎伯： 是的，而且佛教以及基督教諾智派的基本概念，都認為那不但對你是真實的，對我亦然。耶穌是歷史上實際證悟到他與他所稱的天父是合一的真實人物，而他終其一生也都能活出他自己的「基督魂」來。

我記得有一次在演講中提到，要活出我們的內在基督，而聽眾中有一位牧師（我事後才知道），轉頭輕聲告訴坐在他身旁的一位女士說：「這是褻瀆聖靈的言論。」

莫： 你所謂的「內在基督」是什麼意思？

坎伯： 我的意思是，你不能全按照你的自我系統、自己的欲望而活，而必須活出所謂的「人本精神」——也就是你的內在基督。印度有則諺語：「只有神能夠崇拜神。」如果你想要正確地崇拜祂並依教奉行，你必須能在某種程度上認同你的神所代表的精神原則，不論其內容為何。

莫： 內在的神、內在基督、由內而發的明覺或覺醒，這些有沒有可能讓我們變得自戀或是對自己著魔，並造成對自我和世界的扭曲觀感？

坎伯： 當然，那是可能的。那是類似電流短路的現象。但是我們的大目標在超越自我、超越對自我的概念，認識到自己也只不過是個不完美的化現。舉例而言，當你在靜坐冥想後，你應該放下所有因靜坐而來的獲益，統統「轉讓」給這個世界、給芸芸眾生，而不是自己緊抱不放。

對「我是上帝」一語有兩種思考方式。假如你認為「此刻我這個血肉之軀和必朽生命就是上帝」，那麼你是瘋了、「短路」了！你是上帝沒錯，但不是你這個膨脹的自我是上帝，而是你最深層的存在，你在那個層次與非二元的超越性合而為一。

莫：你曾經提過，我們可以成為自己生活圈內孩子、妻子、愛人、鄰居的救助人物，但是我們永遠不可能成為救世主。你說我們可以是為人父母者，但永遠不可能是天父或聖母。這是不是一種對個人極限的體認。

坎伯：沒錯。

莫：那麼你對救世主耶穌有何看法？

坎伯：我們對耶穌所知有限。我們知道的只有相互矛盾的《四福音書》所標榜的「耶穌言行錄」。

莫：《四福音書》是在耶穌死後多年才完成的。

坎伯：是的。但儘管如此，我想我們大概知道耶穌說了些什麼。我想《四福音書》記載的耶穌言論，基本上是「原文照錄」。例如，基督的主要教導就是「愛你的敵人」。

莫：在不容忍敵人的所作所為、不接受敵人侵略的情況下，你如何愛你的敵人？

坎伯：我告訴你如何才能做到：不要挑剔敵人眼中的微塵（小缺點），而要摘取自己眼中的橫梁（大缺點）。沒有人有資格否定自己敵人的生活方式。

莫：你認為如果耶穌還在世，他會成為一位基督徒嗎？

坎伯：不會是我們所知道的那種基督徒。也許某些真正了解高等靈性奧祕的修道士，很有可能接近耶穌的人品了。

莫：所以，耶穌不太可能屬於好戰一派的教會囉？

坎伯：耶穌根本不好戰。我在《四福音書》中看不到任何相關的描述。彼得割掉僕人的耳朵，而耶穌說：「把劍收回，彼得。」但是彼得劍已出鞘，再也收不回了。

我幾乎活過整個二十世紀了，我從小就知道有某個從不是、也絕不會是我們敵人的民族。而為了把他們「抹黑」成我們的敵人，為了合理化我們對他們的攻擊，一場仇恨、誤解、抹黑的爭鬥隨之展開，其後的餘波一直迴盪至今。

莫：我們都知道上帝是愛。你曾經引述耶穌的話：「愛你的敵人，並為那些處死你的人祈禱，你可以成為天父的子民；因為祂讓陽光普照善惡，義與不義者都能得到雨水的滋潤。」你曾經把這句話當成是基督教最崇高、最尊貴、最敢言的教理。你現在仍然這麼認為嗎？

坎伯：我認為慈悲是宗教經驗的基礎，除非有慈悲，不然我們一無所有。

莫：對我而言，基督教新約全書中最緊扣心弦的一段話是：「我願相信。上帝請幫助我祛除對祢的不信。」我相信這個終極的真實，我能感受、也確實感受到它。真的有上帝嗎？我相信這個問題是存在的。但是我對自己的問題沒有答案。

坎伯：兩年前，我有個非常有趣的經驗。我在紐約運動家俱樂部的游泳池畔，認識了一位在天主教大

基督受背叛，安傑利科修士（Fra Angelico）

學擔任教授的神職人員。我游泳完後，斜坐在一張躺椅上，而那位教授正坐在我旁邊，他問我：「坎伯先生，你是位神職人員嗎？」

我回答：「不是，神父。」

他問我：「你是天主教徒嗎？」

我回答：「我過去是，神父。」

然後他又發問——我覺得他的措詞很有趣——他說：「你相信有個人格化的神嗎？」

「不相信，神父。」我說。

他回答說：「我想我們是無法用邏輯來證明人格化神的存在。」

「假如有辦法的話，神父，」我說：「那麼信仰還有什麼價值呢？」

「坎伯先生，」這位神學教授很快地說：「很高興認識你。」然後就離去了。我覺得我漂亮地使了一招柔道的過肩摔。

對我而言，那是極富啟發性的一段對話。一位天主教神父問我「你相信人格化神的存在嗎？」這個事實，意味著他其實也體認到是有個非人格化的神，也就是說「神」本身就是超越性的根基或能量。佛性這個概念可說是「給予萬事萬物活力」的一種內在、明覺的意識狀態。我們不假思索地活在其殘碎片段之中。但是，宗教生活之道不在活出特定個人此生的自利意圖，而是依據那個更廣大意識的洞見而活。

一九四五年在埃及出土的基督教諾智派湯瑪斯福音書中，有一段非常重要的文字：「『什麼時候天國會降臨？』基督的門徒問。」我想是在《馬可福音》第十三章說到的，世界末日即將到來。也就是說，「世界末日」這個神話性的意象，被視為一個實際存在的歷史事件。但是在

《湯瑪斯福音書》中，耶穌回答的是：「天國不會因人的祈求而到來。天國無所不在，人們卻看不到它。」就這句話的意義而言，我現在看著你，聖靈顯現的光芒就透過你讓我感受到。

莫：透過我？

坎伯：當然是你。耶穌說：「從我口中喝水的人，將成為我，我也將成為他。」他是從我們稱之為「基督」這個「存有之存有」（being of beings）的觀點出發，而有此一說。「把這段話在生活中實踐出來的人，就等同於耶穌」，這就是耶穌這段話的精義之所在。

莫：所以這就是你說的「我把上帝的光芒照向你」的意思。

坎伯：是的，你是如此。

莫：你也把光芒照向我嗎？

坎伯：我是非常認真在說這些話。

莫：我也相信這是真的。我確實可以感覺到另一邊照過來的神性。

坎伯：不僅如此，你在這個對談所呈現的，以及你想要表達的，都是這些精神原則的體悟。所以你是工具。你是靈性的光芒。

莫：這對每個人都是真實的嗎？

坎伯：對於那些已經在生命中達到性靈階段的人，是真實的。

莫：你真的相信有一個心靈專屬的地域存在嗎？

坎伯：這只是比喻性的說法，不過，有人確實是活在性器官的層次，那就是他們生活的全部；他們生命的意義。弗洛伊德的哲學不正是如此嗎？而阿德勒的權力意志哲學，則認為生命就只有重重的障礙以及如何克服這些障礙。當然，這樣的生活也挺好，生命的障礙也是聖靈的形式之一。

但是它們是屬於動物的層次。在這之後會進入一種「犧牲自己服務他人」的生活方式。這就是「打開心房」所象徵的意義。

莫：這種精神性生活的源頭為何？

坎伯：想必是認識到他人的存在，以及我和他人為共同的生命體。上帝就是呈現這個生命共同體的意象。我們會自問這個共同生命來自何處，而那些認為「凡事必有其創造者」的人就會想「那一定是上帝創造的」。所以上帝當然就是所有一切的源頭。

✦圓是人類最偉大的基本意象

莫：這麼說的話，宗教又是什麼呢？

坎伯：宗教（religion）這個字的字源，是「連接回去」（religio）的意思。假如說，我們兩人為一個共同的生命體，那麼，我這個獨立的生命就是「連接在」此一共同生命體上頭。這層意義已經象徵性地表現在代表這個連接鎖鏈的宗教意象之中了。

莫：著名心理學家榮格曾說，最具影響力的宗教象徵之一便是圓。他說圓是人類最偉大的原始意象，而在思忖「圓」這個象徵時，我們便是在自我分析。你認為呢？

坎伯：整個世界就是個圓。觸目所及的所有圓形意象都在反映我們的心靈，所以建築物的設計以及我們精神功能的實際結構之間，或許有些關係存在。

當魔術師要耍魔術的時候，他會擺個圓圈把自己「框」起來，就在這個嚴密封閉起來的圓形界限內，圈外失效的力量被引進圈內而產生效力。

莫：我記得讀過一段印地安酋長說的話。「我們搭帳篷時，我們搭圓的帳篷。老鷹築的巢是圓的。我們注視地平線時，地平線也是圓的。」圓形對印地安人非常重要是嗎？

坎伯：是的，但在我們繼承的許多閃族神話中亦是如此，上下左右四個基點構成的三百六十度的圓就是一例。閃族的官方曆法中，一年有三百六十天，外加不計算在內的五個聖假日。這五天是時間之外，人們會在這些日子舉行祭天典禮。現代人已失去這種時間是圓的感覺，因為我們用數字計算時間，只會聽到時間滴答、滴答過去的聲音。從滴答聲計數的時間裡，你只覺得時光不斷流逝。紐約賓夕法尼亞車站的鐘，是個有小時、分鐘、秒、十分之一秒和百分之一秒的計時器。當你看到百分之一秒的計時，你更會有時光飛逝的體會。

另一方面，「圓」代表的是總體。圓內的一切都是同一回事，都被這個圓所包納、含容。這是空間的面向。從時間的面向來看，「圓」意味著你離開、到別處，總是又會回來。上帝是一切，是生命的源頭，也是終點。「圓」暗指一個完美的總體，不論時空皆是如此。

莫：無始也無終。

浮士德與梅菲斯特

坎伯：循環，循環，再循環。就以一年的時間為例。每年到了十一月，又要過感恩節了。然後來到十二月，又要過聖誕節。不僅只有月分會循環，月亮和日子也在循環。當我們看自己戴的錶，就會想到時間循環不止。雖然時間一樣，卻是另一天了。

莫：中國向來自稱「中心王國」，而阿茲特克人對他們的文化也有類似的說法。我認為每個文化都以「圓」作為宇宙秩序的象徵，並把自己放在核心的位置。為什麼你把「圓」賦予宇宙共通性的象徵意義呢？

坎伯：因為它隨時可以被經驗到——某一天、某一年、外出打獵或任何探險活動、回家後。此外，「圓」也有「子宮與墳墓之奧祕」這個更深刻的經驗。人們入土下葬是為了再生。再生是葬禮這個概念的起源。入葬之人是被放回大地之母的子宮，然後再生。非常早期的女神意象就是一位「回收」靈魂的母親。

莫：你的作品《上帝的面具》、《動物生命力之道》、《神話的意象》等，經常會出現圓形的意象，不論是在古今的神奇設計或建築中；不論是印度的圓頂廟宇、羅德西亞舊石器時代的石雕、阿茲特克人的日曆石、古中國的青銅盾，或是舊約先知以西結看到的「空中之輪」異象。我一直會「遇見」這個意象。我戴的結婚戒指也是個圓。到底「圓」象徵什麼呢？

坎伯：那要看你對婚姻的理解程度而定。「象徵」（sym-bol）這個字本身代表兩個事物合體在一起。某個人擁有一半，另一個人擁有另一半，然後他們結合在一起。這個認知來自戒指這個完整的圓圈。這是我的婚姻，這是「個人生活在更大之二人生活」中的一種融合，生活其中的那兩個人其實是同一個人。婚戒表示我們同在一起圍成一圈。

莫：新任教宗正式登基時會戴上漁夫戒，那也是個圓。

坎伯：教宗登基時戴的那個戒指，是象徵耶穌呼喚捕魚為生的使徒們。他說：「我將使你們成為漁人。」這是比基督教更古早的母題。希臘神話中，豎琴手奧斐斯被稱作「漁人」，他垂釣的對象，是以魚身生活在水中的人類，這些人會跳出水面化入光之中。由魚「變形」成人是個古老得不得了的想法了。魚代表我們性情中最粗俗的動物本性，宗教就是意圖把你從中「拉」出來。

莫：英國的新加冕國王或王后都會戴加冕戒指。

坎伯：是的，那是因為戒指還有「約束」這層意義。作為一個國王，你必須受制於原則的約束。你不能只依照自己的方式而活。你已經被關注了。在啟蒙儀式中，一旦人們被祭獻和紋身，他們和其他人、社會就緊緊相連。

莫：榮格把「圓」說成是「曼陀羅」（Mandala）。

坎伯：「曼陀羅」是梵文中的「圓」這個字，但這是個經過特別調整，或利用象徵性手法設計出來的圓，以表現出宇宙秩序的意義。當你在用心構思曼陀羅的時候，你便是在調整你個人的「小」圓，以呼應宇宙這個「大」圓。以一個非常精緻的佛教曼陀羅為例，中央有個象徵能量與光明源頭的佛本尊，在其周邊的各種意象，則代表佛本尊光芒的不同化現或面向。如果你是自己獨自完成一個曼陀羅，你需要先畫個圓，沉思你生命中各種不同的衝動系統與價值觀。然後調和它們並找出你的中心點。創作曼陀羅是一種訓練，訓練你將生活中那些散亂的面向匯聚起來、找出一個中心點，並讓自己歸屬於這個中心點。你讓自己的圓和宇宙的圓調和一致。

莫：把自己放在中心點？

坎伯：是的，在中心點。譬如說，納瓦荷印地安人的心理治療儀式便是透過沙畫來進行，大部分是畫在地上的曼陀羅。被治療者進入曼陀羅，就好像進入他即將參與其中的神話情境世界。這種沙畫形式的曼陀羅，以及把它運用到冥想的概念，在西藏也有。西藏喇嘛會練習創作沙畫，並繪製各種宇宙意象，來代表在我們生活中運作之精神力量背後的推力。

莫：這些行為顯然是試圖將個人生命中心「對準」宇宙中心的努力。

坎伯：——透過神話意象的方式，是這樣沒錯。這些意象協助你認同象徵化的力量。人很難去認同無差別的事物。但是如果賦予它具引導作用的特性，那麼當事人便能有所遵循。

莫：有一種說法指出，耶穌最後晚餐中所用的聖杯，代表完美和諧的中心，以及對完美、總體、合一的追尋。

坎伯：聖杯的來源有好幾種說法。其中之一是，它來自無意識深處、海神華夏中一個能量豐足的大鍋。我們生命的能量，正是從這個無意識深處浮現出來。這個大鍋正是所有生命動力永不枯竭的泉源與中心。

莫：你認為那就是無意識嗎？

坎伯：不僅是無意識，同時也是世界的基礎。新的事物不斷在你身邊出現。生命力不斷灌入這個世界，它就是源自一個永不枯竭的泉源。

莫：被時空分隔的截然不同文化，卻出現相同的意象群，你對此如何解釋？

坎伯：這就說明了，心靈中某些特定力量是全人類共通的，否則不可能會有如此細密的吻合。

莫：如果許多不同的文化都談到創世的故事，處女生子的故事，救世主降臨、死亡又復活的故事，那就表示這些故事說的是我們內在的事、我們想進一步了解的需要。

坎伯：沒錯。神話的意象乃是我們每個人靈性潛能的反照。透過對這些意象的冥思，我們可以把神話的力量在自己的生活中激發出來。

莫：所以宗教聖典上說，人是以上帝的意象被創造出來，它是指人類共有的某些特性，儘管在宗教、文化、地理、傳承上都不同？

擺脫恐懼與欲求的束縛，就能找到生命的源頭

坎伯：上帝是人類的終極基始概念。

莫：最原始的需求。

坎伯：我們都是以上帝的意象被創造出來的。這就是人類的終極原型。

莫：艾略特曾提出，在變動的世界中有個靜動同時存在的不動之點這個概念；他也提到，時間的流動與寂靜的永恆合而為一之所在的輪轂。

坎伯：聖杯就代表那永不枯竭的宇宙中心。生命剛「成形」時，它無恐懼也無所欲求，只是不變地變化著。當它成為生命後，它開始產生恐懼並有所欲求。你若能擺脫恐懼和欲求的束縛，回到生命剛出現的狀態，你就能找到生命的源頭。歌德就說，原神（Godhead）會在活人而非死人身上作用，會在生死變化的世界而非變化完成、已定形的世界中作用。他說：理性關懷的是如何透過生死變化來趨近聖靈，另一方面，智力則利用可知或已知的固定事物，來形塑我們的人生。但是追求自我了解這個目標，則需要追溯到你內在的燃燒點，也就是超越世俗善惡、無懼無求的那個即將生成之物。這就是戰士勇往直前的條件。那是生命的律動。那就是戰爭神祕的

地方，也是植物生長的精髓。我以草皮為例：我家每兩個禮拜就有一個小伙子用割草機整理草皮。然而，草還是不斷長出來。這就是能量核心的概念。就是聖杯、永不枯竭的水池、生命泉源這些意象的意義。生命泉源對它所創造的生命並不在乎。至關重要的是生命的賦予和形成，這就是你生命中的生成點。這也是神話想要傳達的。

比較神話學的研究會將一個神話系統的意象與另一個系統的意象進行比較，而進一步得出兩者的意義，因為A會強調某個意義面向，並給予清楚的解釋，B則會提供另一個面向的意義。它們互相澄清。

當我開始教授神話學時，我曾經害怕會毀掉我學生原本的信仰，但結果正好相反。父母「傳承」給她們的宗教傳統，其實對她們意義不大，但是我們將它們與其他更為內向性和精神性的傳統進行比較之後，這些意象突然以一種新的方式，讓她們得到新的啟發。

我的學生有基督徒、猶太教徒、佛教徒，還有兩、三名祆教徒，他們都有共同的體驗。在詮釋宗教系統的象徵時，把它們視為隱喻而非事實，並沒有任何不妥之處。這樣做，反而能把它們「轉」成為你帶來內在經驗與生命的訊息。宗教系統「瞬間」變成個人的經驗。

莫：我現在對自己的信仰感到更加堅定了，因為知道其他人也有同樣的嚮往，並尋求相似的意象，來試圖表達超越人類一般語言所能表達的體驗。

坎伯：這就是小丑與小丑宗教的用處。日耳曼神話以及凱爾特神話都充滿了小丑人物，滿是真正怪異的神祇。這是有道理的，小丑不是終極的意象，只是某種真實的滑稽表相：「看穿我，看透我！」

莫：非洲傳統有個故事，非常有趣。有個神走在路上，頭上戴著一頂半紅半藍的帽子。傍晚田裡的農夫回到村莊後，他們問說：「你們看到那個戴藍帽子的神嗎？」其他人回答說：「不、不，他戴的是紅帽子。」於是他們起了爭執。

坎伯：是的。那是奈及利亞的惡作劇之神艾得秀（Edshu）。更糟的是，他有時還變換行走的方向，帽子也會換邊戴，是紅是藍就更分不清了。當前述兩派人馬起了爭執，被帶到國王面前裁決時，這個惡作劇之神出現了。他說這是他的錯，是他造成的，而且他是故意這麼做。因為四處製造鬥爭糾紛是他最大的快樂。

莫：這個故事有它的道理在。

坎伯：當然有。古希臘哲學家赫拉克里特司說：「鬥爭是所有偉大事物的創造者。」在艾得秀這個象徵性的惡作劇之神的概念中，可能就內含了這層意義。在我們的傳統中，伊甸園的蛇就扮演了這個角色。正當一切都完好沒事、無風無浪時，他便在平靜的畫面中擲出一顆禁果。不論是哪一種思想體系，都不可能無所不包。當你認為一切都不過是如此時，惡作劇之神就出現、毀掉一切，你就得再度改變、重新再生。

莫：我注意到你在說這些故事時，總是帶著幽默感。你似乎一直樂在其中，即使故事內容離奇古怪又殘暴不仁。

普威布羅印地安人的小丑

坎伯：神話學以及西方的猶太—基督宗教的關鍵區別，就在於神話意象群的呈現可是滿滿的幽默感。你會了解意象只是某個事物的象徵。你和它是有距離的。但是在我們的宗教裡，每件事都是單調無聊，而且非常、非常嚴肅。你不能對耶和華隨便開玩笑或亂來。

莫：你如何解釋心理學家馬斯洛（Maslow）所謂的「高峰經驗」，和喬伊斯所謂的「神性顯現」？

坎伯：這兩者並不太相同。高峰經驗指的是你生命中某個實際的時刻，在這個時刻你體驗到自己與存在的和諧相處關係。我自己的高峰經驗都是事後才知道的，它們全來自運動比賽。

莫：哪個是你的「第一」高峰經驗？

坎伯：我在哥大賽跑有幾次的經驗真是美極了。在第二次比賽時，我知道我將贏得比賽，儘管我沒有理由知道，因為我是接力賽跑的最後一棒，而當我接到接力棒時，領先的對手離我已有三十公尺之遙。但是我就是知道，那是我的高峰經驗。那天沒有人能擊敗我。那是一種極致狀態的存在，而且又真的了然於心。我不認為在我生命中，還有比這兩次賽跑表現得更遊刃有餘的時候了。那是一種能力推到了極致，並且完美地成就了事物的經驗。

莫：並非所有的高峰經驗都是屬於生理上的。

坎伯：不，當然還有其他類別的高峰經驗。這是我信手拈來有關我個人高峰經驗的兩個例子。

莫：喬伊斯的「神性顯現」呢？

坎伯：這是不同的事物。喬伊斯的美感經驗準則是：美感經驗不會讓你想要去占有「美」的物品。讓你想要占有的藝術品，他稱之為淫穢之作。美感經驗也不會讓你去批評或排斥「美」的物品。這種藝術品他稱之為說教或社會批判。美感經驗是一種單純對事物的激賞之情。喬伊斯說，你把它放置在一個框架內，首先視之為一整個事物，這麼做的同時，你便會意識到部件與部件之間、每個部件與整體之間，以及整體與其所屬的部件之間的關係。這就是律動這個最基本的美感因素，也就是各種關係之間的和諧律動。當藝術家幸運地敲擊出一個律動時，你就會感受到光芒四射。你被美所捕獲了。這就是「神性的顯現」。以宗教的術語來說，這也就是所謂「無所不在的基督精神的展現」。

莫：這是不是就是親見上帝時的聖徒臉龐呢？

勝利女神（約西元前 200 年）

✦崇高的昇華體驗

坎伯：是誰並不重要。你也可以把想像的怪獸當成是神性顯現的對象。美感經驗超越倫理與教條。

莫：這點我和你意見不同。我覺得為了要經驗到神性的顯現，你可「遠觀」卻不占有的對象，必須「夠美」才行。剛才你談到賽跑時的高峰經驗，你說它美極了！「美」是一種美學用語。美是一種和諧。

坎伯：是的。

莫：而你卻說「美」也會出現在喬伊斯所謂的「神性顯現」，而且與藝術、美學相關。

坎伯：是的。

莫：我覺得它們是一樣的，只要是美就行。但你怎麼可能看到怪獸而產生「神性顯現」之感呢？

坎伯：另外還有一種與藝術有關的情緒並非因為「美」而來，而是因為昇華。所謂的「怪獸」可被視為一種昇華的經驗。它們所代表的力量太大了，一般的生活形式無法包容它們。空間的無限擴展也是一種昇華。佛教徒就很懂得把寺廟建築在適當的地點如高山上，以造成這種效果。有些日本的寺廟花園就經過精心的設計，親臨其中立刻會與庭園的安排產生近距離的親密感。這時你好比在爬山，突然間你突破一片屏障，廣闊的視野豁然展現在眼前，隨著自我執著逐漸減弱、減輕，你的意識狀態也擴展到一種崇高的昇華體驗。

另一種類別的昇華，是因巨大的能量、外力或力量而來。我認識許多經歷過二次大戰期間，英美聯合地毯式大轟炸的中歐人，這個非人道的經驗對他們當中某些人而言，不僅僅是恐怖而已，更一定程度地提升成為一種昇華。

莫：我曾經訪問過一個二次大戰老兵，談到他在布格（Bulge）之役中的體驗。那是個寒風刺骨的冬天，德軍即將奇襲成功。我問他：「你回想過去，那是什麼樣的體驗？」他說：「那是一種昇華。」

坎伯：怪獸以神的形式出現。

莫：你所說的怪獸所指為何？

坎伯：我說的怪獸是嚇人的妖怪或幽靈，出現打破所有你對和諧、秩序、倫理道德的判斷標準。例如，印度教三大神之一毗濕奴，便在世界末日以怪獸之姿出現。他現身摧毀宇宙，首先用火燒，然後用暴流洪水把火和其他的一切統統撲滅。除了灰燼外別無一物。整個宇宙以及所有的生命完全被一掃而空。這是上帝以毀滅者的姿態現身。這類經驗已經超越倫理或美學的判斷。倫理已經「過時了」！另一方面，西方宗教因為是以人為中心，所以也特別強調倫理——上帝必定是善的。不！不！上帝很恐怖。能夠創造出地獄的神，絕不可能是救世軍的人選。想想看，世界末日呢！不過呢，伊斯蘭教倒是有一種關於死亡天使的說法：「當死亡天使接近時，他很恐怖。但是當他降臨到你身上時，是一種喜悅。」

在佛教系統中，特別是西藏佛教，靜坐觀想的佛本尊會以兩種不同的面向出現，一個慈眉善目，一個怒目金剛。假如你緊握住自己的自我意識不放，眷戀塵世的苦樂、親人，那麼怒目金剛的佛本尊便會現形。他看似凶惡可怕。一旦你去除了我執，你觀想到的，便是布施喜樂的佛本尊。

莫：耶穌確實說過他會攜帶一把劍來，我不相信他想用來對付自己的子民。他是想藉此打開我們的自我，以劍斬斷自我的限制，使我們得到自由。

坎伯：這在梵文中叫 Viveka，是「分別」的意思。有一尊很重要的佛，他手持一把著火的劍，高舉過頭。這劍要做什麼呢？這是「分別」之劍，將塵世與永恆分開、分離。這柄劍把「時間不斷流逝的塵世」，從原本與此相連的永恆世界切割開來。滴答滴答流逝的時間把我們阻隔在永恆之外。我們生活在這樣的時空場域。但是在這個時空場域，反映出來的卻是永恆原則的化現。

莫：永恆的經驗。

坎伯：我之所以為我的經驗。

莫：是的，但不管永恆為何，它當下就在這裡。

坎伯：無別處可尋。不在任何別的地方。假使你當下不能體驗到它，你也不可能在天堂裡找到。天堂不是永恆，它只是長久延續而已。

莫：我不明白這個道理。

坎伯：對天堂、地獄的描述通常是「永久的」。天堂只是不間斷的時間，但那不是永恆。永恆超越時間，是在時間之外。時間的概念和永恆不相容。所有這些來來去去的塵世苦難，都是來自「對永恆的深刻體驗」這個基礎之上。佛教的菩薩道觀念，便是自願而喜悅地參與塵世的苦難。只要有時間的地方，就有苦難。但是這種苦難的體驗，可使你更進一步體驗到永恆的存在，那也是我們真正的生命。

莫：某些濕婆神的意象，就是以「火繞身」的「造型」出現。

坎伯：那是神明躍動的光輝。濕婆之舞便是宇宙本身。在他的頭髮中有個骷髏頭和一個新月，生死同在萬物生成的一瞬間。他一隻手握著一面小鼓，發出滴、滴、滴、滴的聲音。那是時間之鼓，時

毗濕奴化身為宇宙豬婆羅訶殺死惡魔將官
（印度，約 1800 年）

間滴、滴之聲，使我們對永恆無所知。我們被時間所困。濕婆神另一隻手握著一枝火炬，能把覆蓋時間的面紗燒去，讓我們的心識朝向永恆開敞。

濕婆是個亙古的神祇，也許是今日被崇拜的最古老神祇。西元前二千到二千五百年留傳下來的神像，就可以看出上面印的人物很明顯就是濕婆。

濕婆的某些化現非常恐怖，代表了生命本質中許多不得了的面向。他是破除人生幻象的原型瑜伽士，同時也是生命的創造者、發動者和覺悟者。

莫： 神話處理的是形上學。宗教除了形上學之外，也處理倫理學、善與惡、我你之間的關係，我該如何對待你？如何對待同是上帝子民的他

摩訶伽羅（大黑天）（西藏，18 世紀）

極樂淨土（西藏，15 世紀）

人？在神話學中，道德倫理佔有怎樣的地位與角色？

坎伯：形而上的經驗，是指你了解到自己和其他人是一體的。倫理學是教導你，如何落實「他人與自己一體」的生活態度。你毋須一定要有「感同身受」的體驗，因為宗教教義中所教給你的行為模式，必然包含了對他人慈悲的精神。宗教教導你自私自利的行為是原罪，並依此鼓勵你行善。那就是對你必朽身軀的認同。

莫：愛你的鄰人有如天父，因為鄰人就是天父本身。

坎伯：當你依教奉行時，你就會有如此的體會。

✦不朽是此刻生命中的永恆

莫：你覺得為什麼那麼多人都渴望永生？

坎伯：這點我並不了解。

莫：這是否因為對地獄恐懼，再加上還有令人嚮往的另一個選項？

坎伯：那是標準的基督教教義——世界末日時會有一場最後審判，善人會上天堂，惡人則下地獄。

文殊師利菩薩（西藏，14-15 世紀）

這個主題可以回溯到古埃及。奧西里斯是死後復活的神，而他的永生之軀會以死者判官的面向出現。木乃伊化是為死者面對神明審判的準備。但有趣的是，埃及的死者向神報到，是為了確認自己與神是一體的。基督教傳統中，這是不被允許的。所以如果只能天堂和地獄二選一的話，那就給我永遠的天堂吧！但是，當你意識到天堂是上帝美善意象的榮光表露，那一瞬間即是永恆的時刻。時間爆破了，所以永恆不是可以長久延續的某個東西。你立刻就可以擁有，就在塵世的人際關係經驗之中立即體會到它。

我已經有許多好友過世，父母也已過世。我非常非常敏銳地意識到我並沒有失去他們。我與他們共處的時光，到現在一直還活在我的心中。那段時光仍然與我同在，那是一種不朽之感的暗示。

莫： 神話就充滿了渴求不朽的例子，不是嗎？

坎伯： 是的，但「不朽」若是被誤解成是「軀體的永遠存在」，那實在是一齣鬧劇。另一方面，「不朽」若是被看成是你此刻生命中的永恆，那又不同了。

釋迦牟尼佛有一次遇到一位因喪子而陷於悲痛萬分的女人。他說：「我建議你去找找看，在這個世界上，是否有人從未失去過寶貝的兒子、丈夫、親戚、朋友。」要理解「生命之必朽」以及「我們內在某種超越必朽之物」，這兩者之間的關係，是一項人生大挑戰。

莫： 你說過，整個生命的問題，就只有「存有與生死變化的對立」？

坎伯： 是的，但是變化永遠只是部分，存有才是全部。

莫： 這是什麼意思？

坎伯： 假設你將要變成一個完全的人，在最初幾年你是個孩子，只是人的一小部分。過幾年你到了青

宇宙之舞的濕婆神（南印度，11 世紀）

春期，那也只是人的一小部分。到了你成熟長大，你仍然只是一小部分的人，你不再是個孩子，但是你還沒有真正變老。在《奧義書》中有個意象，是關於促使宇宙發生的原初、能量高度集中的大爆炸，也就是這個大爆炸，將所有的事物分派到破碎的時間架構中。要從破碎的時間看透生命源頭的完整力量，則是藝術的功能。

莫：美是對「活著」感到喜樂的一種表達。

坎伯：每一個瞬間都應該是如此

莫：與此一經驗相比，明天會變成什麼就不重要了。

坎伯：這是個偉大的瞬間啊！我們要做到的，正是透過我們不完全的表達方式，來掌握我們的主體存在。

莫：假如我們不能描述上帝、假如我們的語言不足以表達，我們是怎麼搭建出這些崇高的建築物啊?!藝術家是怎樣把他們所想像的上帝，反照到他們的作品上呢？人類是怎樣做到的呢？

坎伯：那就是藝術所反照的啊！那就是藝術家心目中的上帝！那就是人們的上帝經驗！但是最終那無形無象的奧祕，是超越人類經驗的。

莫：所以，不論我們經驗到什麼，我們語言表達了什麼，都無法觸及此奧祕。

坎伯：沒錯，那就是詩存在的功能。詩是一種必須深入浸淫、體會的語言。詩的創作涉及了字詞的精確選擇，所選擇表達的這些字詞，將具有超越文字本身的含義和暗示。於是你才會經驗到「神的榮光」，經驗到「神性的顯現」。神性的顯現是存在本質的展露。

莫：所以說，對上帝的經驗是超越文字所能描述的，但是我們都感到不得不去描述它嗎？

人生是個人內在意志的傑作

坎伯：是的，叔本華在他著名的文章〈論個人命運中的意志〉（On an Apparent Intention in the Fate of the Individual）裡指出，當你活到了一定的歲數時，回頭看看你的一生，似乎是有秩序、有計畫的，彷彿由小說家創作出來一樣。那些當時看起來只是偶然發生的小小事件，後來卻成為你整個人生情節中，不可或缺的創作要素。是誰創作了這個劇情呢？叔本華認為，正如同你的夢境是由你的意識所未能察覺的某個面向的你所創作出來的一樣，你的人生也是你內在意志的傑作。正如同顯然是你不期而遇的人，後來卻成為建構你生命的領路者一樣，你也不自覺地扮演著賦予他人生命意義的媒介角色。這整個事件就像是一首大交響樂曲一般，每個環節都不自覺的緊扣其他環節。叔本華的結論是，我們的人生就好像是宇宙夢者一個宏偉大夢裡的不同情節，在這個宇宙大夢裡，各個夢中人物也各自做著不同的夢。所以每件事物都「勾動著」其他事物，而由單一的宇宙求生意志在推動著。

印度神話意象中，就有「因陀羅的天網」（The Net of Indra）這個富麗堂皇的概念。這是由各種寶石交織而成的一張大網，在每一個絲絨交會處的寶石，都會反照出其他寶石的折射影像。每件事物都互為其他事物的緣起，所以沒有人是絕對錯誤的。這會讓人覺得背後彷彿有個意志存在，並不斷地賦予現象界意義，但沒有人了解是何意義，也不知道自己是否遵照這個意義而活。

莫：我們每個人的生命都自有其目的，你相信嗎？

坎伯：我不相信生命是有目的的。生命只是一堆原生質（protoplasm），渴求再生和不斷存在罷了。

莫：這不對、這不對。

坎伯：等一等。「純生命」的狀態不能說是有目的的，你只要看看「生命」在各個地方的目的都各自不同，就很清楚了。但是，每個輪迴轉世的肉身自有其生命潛能，人生的任務便在於發揮那個潛能，這是沒錯的。如何做到呢？我的答案是：「遵照你內心直覺的喜悅而行。」在你內心深處自然會知道，你何時活得有重心，也知道你是否走在正軌上。如果你「脫軌」沉醉於物欲中，你就已經失去你的生命。如果你一直活得有重心，即使不賺任何錢，你仍然擁有你心靈深處的喜悅。

莫：我很喜歡「目的不重要，旅程才重要」這個觀點。

坎伯：是的，格拉夫[1]曾說：「當你在旅程中，而目的卻愈來愈遠，你便了解到旅程才是真正的目的地。」

納瓦荷印地安人有一種他們稱之為「花粉之道」的有趣意象。花粉就是生命的源頭，花粉之道則是通往生命核心之路。納瓦荷印地安人說：「啊！『美』在我的前方、後方、右方、左方、上方、下方，我走在花粉之道上。」

莫：過去沒有伊甸園，但將來會有。

坎伯：伊甸園**現在就是**。「天國遍布人間，只是人們看不見它。」

莫：伊甸園**就是現在**，在這個充滿痛苦與受難、死亡與暴力的世界嗎？

坎伯：那只是感受的方式，但這就是伊甸園，伊甸園就在這裡。天國遍布人間，舊有的生活方式不復存在。那就是俗世的終結。世界末日不是一件將要發生的事件，而是一種心理上的轉化，一種視野的轉化。你看到的不是由固定事物組成的世界，而是光輝的世界。

莫：我將「道成人身」這句神祕、強有力的陳述，詮釋為呈現「在人生旅程或我們經驗中」的永恆原則。

坎伯：你也可以在自己身上找到「道」。

莫：如果不在自己身上找，還有何處可尋？

坎伯：常言道：詩就是在表達超越文字的精神。歌德就說過：「萬事萬物都只不過是隱喻罷了。」所有曇花一現的無常事物，都只不過是隱喻的指涉對象罷了。我們都是。

莫：只不過是隱喻而不是真實，為何人們會崇拜隱喻、愛戀隱喻、為隱喻而死呢？

坎伯：那是全世界人們所做的事——為隱喻而死。但是如果你真正意識到「嗡」（AUM）聲這個四處可「聞」的神祕單音詞的意義，你便不需要外出尋找、或為任何目標而死，因為它已經涵容一切。你只需安靜坐下來，看到它、體驗它、知道它就是了。那是個高峰經驗。

莫：請你解釋一下這個「嗡」聲。

坎伯：「嗡」對我們的耳朵而言，是所有現象事物基礎的宇宙能量之音。你先從口腔後部發出「啊」（Ahh）聲，然後是張大到極致的「哦」（Oo）聲，再接下來是閉口的「嗯」（Mm）聲。當你能正確發這三個音時，所有的母韻聲都包括在內，也就成為「嗡」聲。子音在此只被當成打斷基本母音的聲音。所有的字音都只是「嗡」聲的片段而已，正如所有的意象，都只是終極意象的片段一樣。「嗡」是一種具象徵意義的聲音，使你與那響徹宇宙的宇宙保持聯繫。如果你曾聽過西藏喇嘛唱誦「嗡」聲的錄音，你就會知道這個聲音的意義。那是存在世界上的宇宙「嗡」

1 Karlfried Graf Dürckheim，一八九六—一九八八，德國精神科醫師。許多人會將格拉夫搞混成法國社會學家涂爾幹（Émile Durkheim，一八五八—一九一七），坎伯就曾在演講中特別指出這一點。

聲。能與此聲接觸並領會到它的真諦，乃是最高峰的實存體驗。「啊—哦—嗯」（A—U—M）是出生、成長與死亡的循環三部曲。「嗡」被稱作是「四格音節」。除了啊—哦—嗯之外，第四格音是什麼？那便是沉默之聲，嗡聲由此而生，由此而滅，它也是嗡聲的基礎。我的生命是啊—哦—嗯之聲，但還有一個沉默之聲作為基礎。那就是我們所謂的不朽。這是必朽，那是不朽，如果沒有不朽，就不會有必朽。在一個人自己的實存之中，必須要會區別這兩個生命面向。在與我已逝父母相處的經驗中，我了解到在我們時間序列的關係外，還有更深刻的層次存在。當然也是因為時間序列關係中的某些時刻能夠強調我們的關係為何，才讓我了解其中的更深刻意義。我清楚地記得這些時刻。它們是「神性顯現」的時刻，是天啟與光輝的時刻。

莫：顯然這層意義是無法用言語表達的。

坎伯：是的，言語永遠是有資格限定的，也永遠有侷限。

莫：然而，我們渺小人類所能擁有的，也只是這可悲的語言罷了，不論它多美麗，總是無法表達出我們想要說的——

坎伯：是的，高峰經驗超越一切、超越了現在與未來。

圖片出處

彩頁

1. The Dean and Chapter of Winchester Cathedral
2. American Museum of Natural History
3. From the Nasli and Alice Heeramaneck Collection, Museum Associates Purchase, Los Angeles County Museum of Art
4. Gift of Mr. & Mrs. Lessing J. Rosenwald, Philadelphia Museum of Art
5. Museum für Volkerkunde, Basel
6. Wheelright Museum of the American India
7. Art Resource
8. American Mueum of Natural Histor
9. Kate Flynn
10. Scala/Art Resource
11. Scala/Art Resource
12. Bayerische Staatsbibliothek
13. Scala/Art Resource
14. Giraudon/Art Resource
15. Joslyn Art Museum, Omaha, Nebraska
16. Scala/Art Resource
17. Josse/Art Resource

頁 ii——The Cleveland Museum of Art, purchased form J.H. Wade Fund

第一章 神話與現代世界

第二章 內在的旅程

第三章 第一個說故事的人

頁 136——The Brooklyn Museum
頁 138——Giraudon/Art Resource
頁 139——Fritz Gordo, *Time/Life* Picture Agency, ©*Time* Inc.
頁 143——Culver Pictures, In.
頁 145——Smithsonian Instituion
頁 148——Smithsonian Instituion

第四章 犧牲與喜悅

頁 152——Rare Book Division/The New York Public Library/Astor, Lenox and Tilden Fondations
頁 155——The British Museum, courtesy of Bridgeman/Art Resource
頁 156——SEF/Art Resource
頁 158——Marburg/Art Resource
頁 161——Alinari/Art Resource
頁 169——Giraudon/Art Resource
頁 176——Roll-out Photos © Justin Kerr
頁 179——The British Museum
頁 183——The Metropolitan Museum of Art, gift of the Chester Dale Collection
頁 184——UPI/Bettmann Newsphotos
頁 190——Giraudon/Art Resource

第五章 英雄的歷險

頁 196——UPI/Bettmann Newsphotos
頁 198——Lennart Nilsson
頁 200——Lennart Nilsson
頁 203——Rare Book Division/The New York Public Library/Astor, Lenox and Tilden Fondations
頁 205——Culver Pictures, Inc.

頁 209——Culver Pictures, Inc.
頁 213——Scala/Art Resource
頁 215（上）——Borromeo/Art Resource
頁 215（下）——Scala/Art Resource
頁 226——©Lucas Films, Ltd.
頁 228——Culver Pictures, Inc.
頁 229——National Gallery, London, courtesy of Bridgeman/Art Resource
頁 245——Illustration by Steven Parton ©1988

第六章 女神的贈禮

頁 258（上）——The Augustus C. Long Health Sciences Library, Columbia University
頁 258（下）——Culver Pictures, Inc.
頁 263（上）——Collection of Ajit Mookerjee, Thames and Hudson
頁 263（下）——Courtesy of Dr. Marija Gimbutus
頁 270——The Metropolitan Museum of Art, The Jack and Belle Linsky Collection
頁 273（上）——Giraudon/Art Resource
頁 273（下）——The Metropolitan Museum of Art
頁 274——Marburg/Art Resource
頁 277——Scala/Art Resource

第七章 愛情與婚姻的故事

頁 286——Heidelberg University Library
頁 290——The Metropolitan Museum of Art, gift of Jeffrey Paley
頁 293——National Gallery, London, courtesy of Bridgeman/ Art Resource
頁 294——Ralph Morse, *LIFE* magazine, © 1944 Time Inc.
頁 296——National Gallery of Scotland, courtesy of Bridgeman/Art Resource
頁 303——Trustees of the Victoria and Albert Museum

頁 308——Bibliothèque Nationale, Paris
頁 315——Margaret Bourke-White/ *LIFE* magazine, © Time Inc.

第八章 永恆的面具

頁 318——The Cleveland Museum of Art, Edward L. Whittemore Fund
頁 326——Scala/Art Resource
頁 330——Culver Pictures, Inc.
頁 336——Museum of New Mexico
頁 338——Giraudon/Art Resource
頁 341——The Metropolitan Museum of Art, gift of Jeffrey Paley
頁 342（右）——From the Nasli and Alice Heeramaneck Collection, Museum Associates Purchase, Los Angeles County Museum of Art
頁 342（左）——From the Nasli and Alice Heeramaneck Collection, Museum Associates Purchase, Los Angeles County Museum of Art
頁 343——Los Angeles County Museum of Art, gift of Doris and Ed Wiener
頁 345——The Cleveland Museum of Art, purchased form J.H. Wade Fund

神話的力量
神話學大師坎伯畢生智慧分享，讓我們重新認識神話、發現自我、探索心靈的真理

作　　者　喬瑟夫·坎伯（Joseph Campbell）、
　　　　　莫比爾（Bill Moyes）
編　　者　貝蒂·蘇·孚勞爾（Betty Sue Flowers）
譯　　者　朱侃如
編輯協力　吳佩芬、李韻柔
校　　對　謝惠鈴
美術設計　朱陳毅
內頁構成　藍天圖物宣字社、高巧怡
行銷企劃　蕭浩仰、江紫涓
行銷統籌　駱漢琦
業務發行　邱紹溢
營運顧問　郭其彬
責任編輯　張貝雯
總 編 輯　李亞南
出　　版　漫遊者文化事業股份有限公司
地　　址　台北市103大同區重慶北路二段88號2樓之6
電　　話　(02) 2715-2022
傳　　真　(02) 2715-2021
服務信箱　service@azothbooks.com
網路書店　www.azothbooks.com
臉　　書　www.facebook.com/azothbooks.read
營運統籌　大雁出版基地
地　　址　新北市231新店區北新路三段207-3號5樓
電　　話　(02) 8913-1005
訂單傳真　(02) 8913-1056
初版一刷　2021年9月
初版四刷 (1)　2024年9月
定　　價　台幣499元

ISBN　978-986-489-496-3

This translation published by arrangement with Doubleday, an imprint of The Knopf Doubleday Group, a division of Penguin Random House, LLC.
Through Bardon-Chinese Media Agency.

國家圖書館出版品預行編目 (CIP) 資料

神話的力量 : 神話學大師坎伯畢生智慧分享, 讓我們重新認識神話、發現自我、探索心靈的真理 / 喬瑟夫. 坎伯(Joseph Campbell), 莫比爾(Bill Moyes) 著 ; 朱侃如譯. -- 初版. -- 臺北市 : 漫遊者文化事業股份有限公司, 2021.09
372 面 ; 17×23 公分
譯自 : The power of myth
ISBN 978-986-489-496-3(平裝)
1. 坎伯(Campbell, Joseph, 1904-1987) 2. 神話
280　　　　110010771